“秦岭及天山等重点成矿区带航空物探调查”（DD20160066）二级项目资助

敦煌—阿克塞地区航磁调查及地质找矿应用研究

丛丽娟　赵廷严　贾志业　主编

地质出版社
·北　京·

内 容 简 介

该书系统总结了敦煌—阿克塞地区利用直升机开展1∶5万航磁测量的技术方法和地质找矿研究成果。全书分为概论、航磁测量技术方法、数据处理与图件编制、区域磁场特征、基础地质研究、航磁异常特征研究、找矿远景预测共7个部分。

研究区位于阿尔金山与祁连山构造交汇部位，铁、铬、镍、铜、铌钽、铅、锌、金等金属矿产丰富。本次调查为开展基础地质研究和找矿预测提供了高精度航磁数据。利用航磁测量数据开展了岩性构造解释，编制了岩性构造解释图件，为基础地质研究提供了最新成果；基于航磁异常特征进行了成因分析和找矿潜力评价，并建立了典型矿床找矿标志，圈定了找矿远景区，为寻找铁、铬、镍、铜、铌钽、铅、锌、金等金属矿产提供了有利地区。

本书适合从事基础地质研究、矿产资源调查工作的科研工作者和大中专院校的师生阅读和使用。

图书在版编目（CIP）数据

敦煌—阿克塞地区航磁调查及地质找矿应用研究 / 丛丽娟，赵廷严，贾志业主编．—北京：地质出版社，2024.9

ISBN 978-7-116-13204-7

Ⅰ.①敦… Ⅱ.①丛… ②赵… ③贾… Ⅲ.①成矿带-航空磁法勘探-研究-甘肃 Ⅳ.①P612②P631.2

中国版本图书馆 CIP 数据核字（2022）第 123606 号

DUNHUANG-AKESAI DIQU HANGCI DIAOCHA JI DIZHI ZHAOKUANG YINGYONG YANJIU

责任编辑：杨　艺
责任校对：张　冬
出版发行：地质出版社
社址邮编：北京市海淀区学院路 31 号，100083
电　　话：（010）66554528（邮购部）；（010）66554590（编辑室）
网　　址：https://www.gph.clmpg.com
传　　真：（010）66554686
印　　刷：北京地大彩印有限公司
开　　本：889mm×1194mm　1/16
印　　张：16　**插页：**7 页
字　　数：500 千字
版　　次：2024 年 9 月北京第 1 版
印　　次：2024 年 9 月北京第 1 次印刷
定　　价：88.00 元
书　　号：ISBN 978-7-116-13204-7

《敦煌—阿克塞地区航磁调查及地质找矿应用研究》

编 委 会

主编： 丛丽娟　赵廷严　贾志业

参编： 范正国　余学中　李　健　杨　雪　徐　崑

高　姗　周志杰　郭　亮　杜　发　张琦洁

梁秀娟　蒋久明　孙嫣然　张秀萍　吴　云

李逸川　曹宝宝　谢文欣

前　　言

《敦煌—阿克塞地区航磁调查及地质找矿应用研究》是中国自然资源航空物探遥感中心组织实施的“重要矿产资源调查”计划—“重要油气盆地和成矿区带航空物探与遥感调查”工程—“重点成矿区带航空物探调查与技术应用示范”项目—“秦岭及天山等重点成矿区带航空物探调查”二级项目下的“敦煌—阿克塞地区航磁综合研究”子项目的成果反映。工作周期为2015—2017年。子项目编号为12120115039901、DD2016006607；任务书编号为［2015］02-12-02-013，航遥科审［2016］02-07、［2017］02-02。

子项目总体目标任务是：通过对敦煌—阿克塞地区开展1∶5万高精度航磁调查，查明航磁异常分布特征，研究成矿地质背景，为矿产资源调查评价提供高质量的航空物探资料和解释成果。内容包括两部分：一是完成敦煌—阿克塞地区1∶5万高精度航磁调查80000测线千米，通过航磁资料综合分析，研究区域地质构造，推断断裂带、岩性地质体，编制岩性-构造图，提高该区基础地质研究程度；二是结合地质、地面物化探资料，进行综合研究和分析，筛选和查证一批可能的矿致异常，进行铁、铜、铅锌、金等多金属找矿预测，为该区进一步开展地质找矿工作提供可能的矿致异常和找矿预测区。

子项目完成测量工作量86180.4测线千米，2015年测区平均飞行高度是110m，2016年测区平均飞行高度是93m。磁场总精度为1.95nT。编制基础图件4套（航迹图、飞行高度图、航磁ΔT剖面平面图和等值线平面图），数据位场转换图4套（化极图、垂向一阶导数图、上延图、剩余图），成果解释图件2套（推断岩性构造图和找矿预测图）。选编航磁异常751处，其中有找矿意义的异常53处，圈定找矿远景区17处。招标确定地勘单位查证异常43处，地表发现矿化5处，其中金铁矿化1处、铁矿化2处、铜镍矿化2处。

本书共分7章，内容如下：

第一章为“概论”，介绍了测区自然地理概况、基础地质、物化遥特征、找矿勘查工作程度。由赵廷严、贾志业、孙嫣然、吴云、李逸川完成。

第二章为“航磁测量技术方法”，介绍测网设计、航空物探测量系统集成、飞行方法、数据收录与质量控制。由李健、郭亮、蒋久明、贾志业完成。

第三章为“数据处理与图件编制”，介绍数据处理、基础图件编制和位场转换图件编制方法及成果。由杨雪、高姗、梁秀绢、张琦洁、贾志业完成。

第四章为“区域磁场特征”，介绍测区野外磁化率测量成果和区域磁场分区研究成果。由丛丽娟、赵廷严、贾志业、徐崑、孙嫣然、李逸川完成。

第五章为“基础地质研究”，介绍航磁解释推断的岩性和构造填图方法和成果。由赵廷严、丛丽娟、贾志业、徐崑、孙嫣然、范正国、余学中完成。

第六章为“航磁异常特征研究”，介绍航磁异常的成因分析和找矿意义评价成果。由贾志业、丛丽娟、赵廷严、徐崑、张秀萍、李逸川、曹宝宝、范正国、余学中完成。异常查证部分由甘肃省地质矿产勘查开发局第二地质矿产勘查院周志杰、杜发、谢文欣等完成。

第七章为“找矿远景预测”，总结测区成矿规律，建立典型矿床找矿标志，确定找矿远景区。由丛丽娟、赵廷严、贾志业、范正国、余学中完成。

全书最终由丛丽娟、赵廷严、贾志业定稿，张琦洁完成图件处理工作。

全书是在二级项目负责人范正国、余学中和教授级高工徐崑的指导下，由中国自然资源航空物探遥感中心敦煌—阿克塞地区航磁调查项目组和甘肃省地质矿产勘查开发局第二地质矿产勘查院航磁异常查证项目组共同完成的。

在此，向给予支持和指导的各级部门、领导以及参与项目工作的同事表示衷心的感谢。

目　　录

第一章　概　　论

第一节　概　　况

一、区域自然地理特征

测区位于甘肃省酒泉市敦煌市—阿克塞哈萨克族自治县一带，测区范围为东经 92°52′03″~96°07′08″、北纬 38°26′18″~40°17′49″。行政区划属于甘肃省敦煌市、阿克塞哈萨克族自治县、肃北蒙古族自治县和青海省海西蒙古族自治州。测区东西长 280km，南北宽 200km，控制面积 44956km^2。2015 年测区位于敦煌—肃北地区，2016 年测区分布在阿克塞—多坝沟地区（图 1-1）。

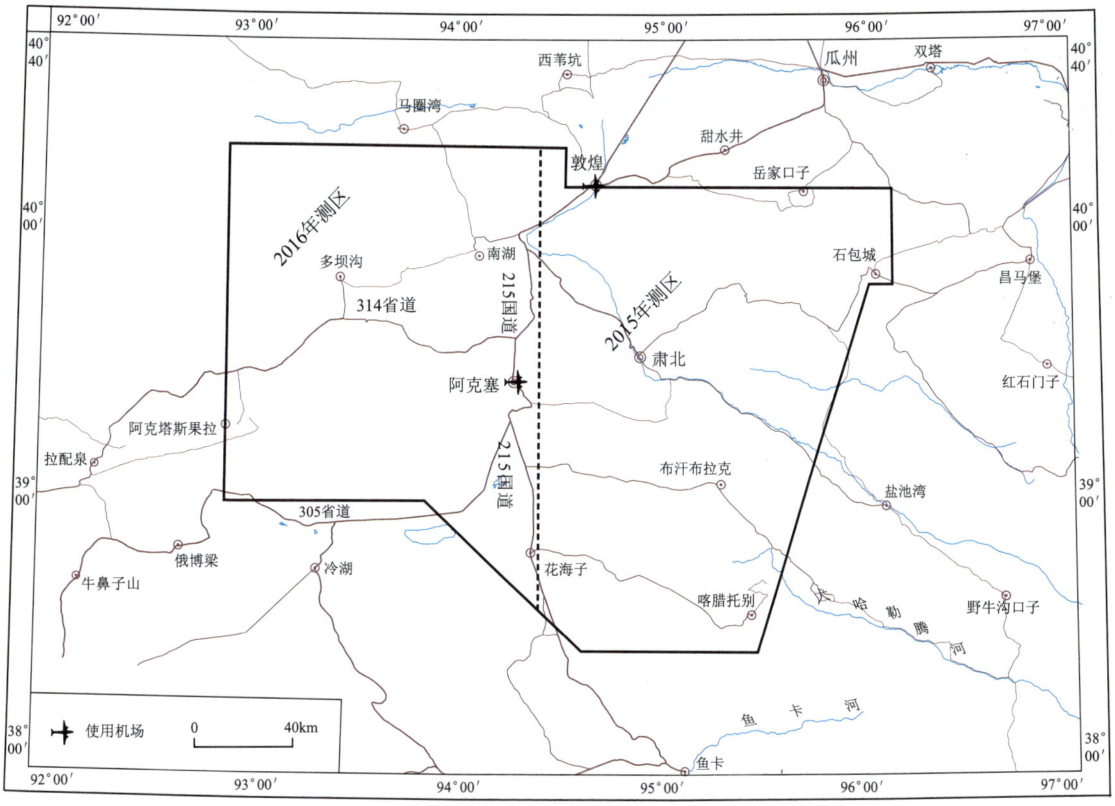

图 1-1　测区交通位置图

阿尔金山脉在测区近东西走向，与近北西向分布的党河南山、近东西向分布的野马南山交汇于测区中部。测区海拔整体较高，阿尔金山脉山脊多在 5000m 左右，主峰海拔 5798m，党河南山山脊多在 4000m 左右，最高处达 5219m，野马南山海拔一般在 3000~4000m 之间，最高处达 4558m。地形切割较大，山脊常年积雪，沟谷与山脊高差一般超 2000m。测区北部是塔里木盆地东南缘，南部是柴达木盆地北缘，高原盆地海拔一般在 2000m 左右。测区西部进入库姆塔格沙漠。整个测区呈中部高险、南北趋于平缓的地貌景观（图 1-2）。

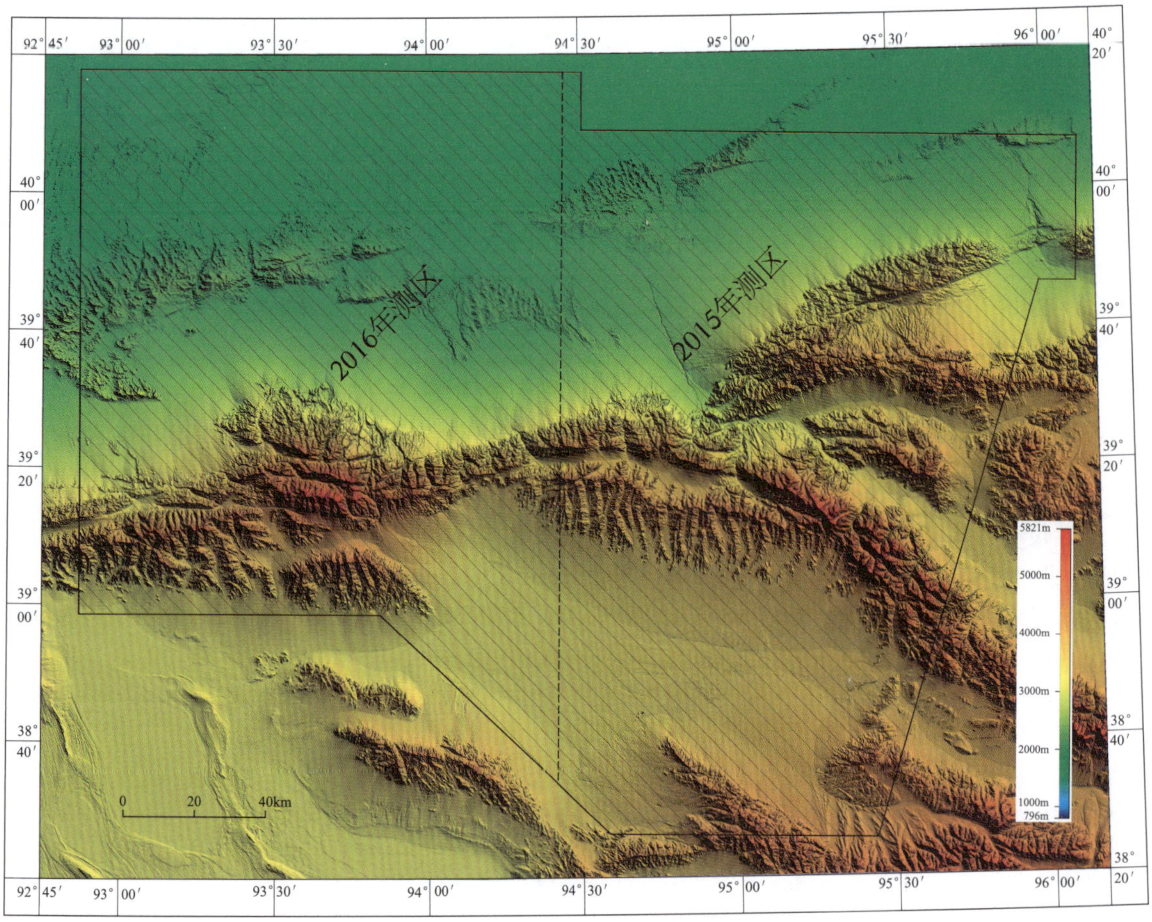

图 1-2　测区地形图

测区处于高山、沙漠区，交通不便。区内有一条国道（215 国道）贯穿南北。另外有两条东西向的省道（314 省道和 305 省道）与其相连。其他地区交通只靠局部简易公路和山间沟谷相连。

测区为大陆性高山气候，冬春季节长且寒冷，夏秋季短而凉爽，7 月最高气温为 34.5℃，1 月最低气温达-33.7℃，年平均气温为 0.6℃，昼夜温差较大。每年 5—9 月适合开展野外工作。年降水量为 340mm，多集中于 7—8 月。测区内水系发育，为内陆河流，水源为冰雪融化水，可供农灌及居民饮用，主要有大哈拉腾河、党河、野马河；南部分布较大的咸水湖——苏干湖，以及星罗棋布的盐湖。盐湖有工业价值，大部分正在开采。

二、区域地质特征

（一）大地构造

测区大地构造位置复杂，处于阿尔金造山带与祁连造山带交汇部位。以阿尔金走滑断裂为界，北部为塔里木板块，南部为柴达木-祁连板块。具体大地构造分区见图 1-3。

敦煌古元古界隆起：敦煌基底杂岩相，由中深变质杂岩云母石英片岩-斜长角闪岩-大理岩组合与基底花岗杂岩组合构成。地表被第四系大面积覆盖，基岩出露极为零星。

阿尔金北陆核：主体由阿尔金山新太古代陆核亚相构成，构造岩石组合为一套黑云斜长片麻岩、黑云石英片岩、含榴二云片岩、白云质大理岩、含榴黑云斜长片麻岩夹斜长角闪岩、混合岩。

北祁连蛇绿混杂岩带：早古生代北祁连洋盆向南、向北俯冲消减的地质记录，残存有基底残块、外来岩块、蛇绿岩、浊积岩、残余海盆沉积岩。

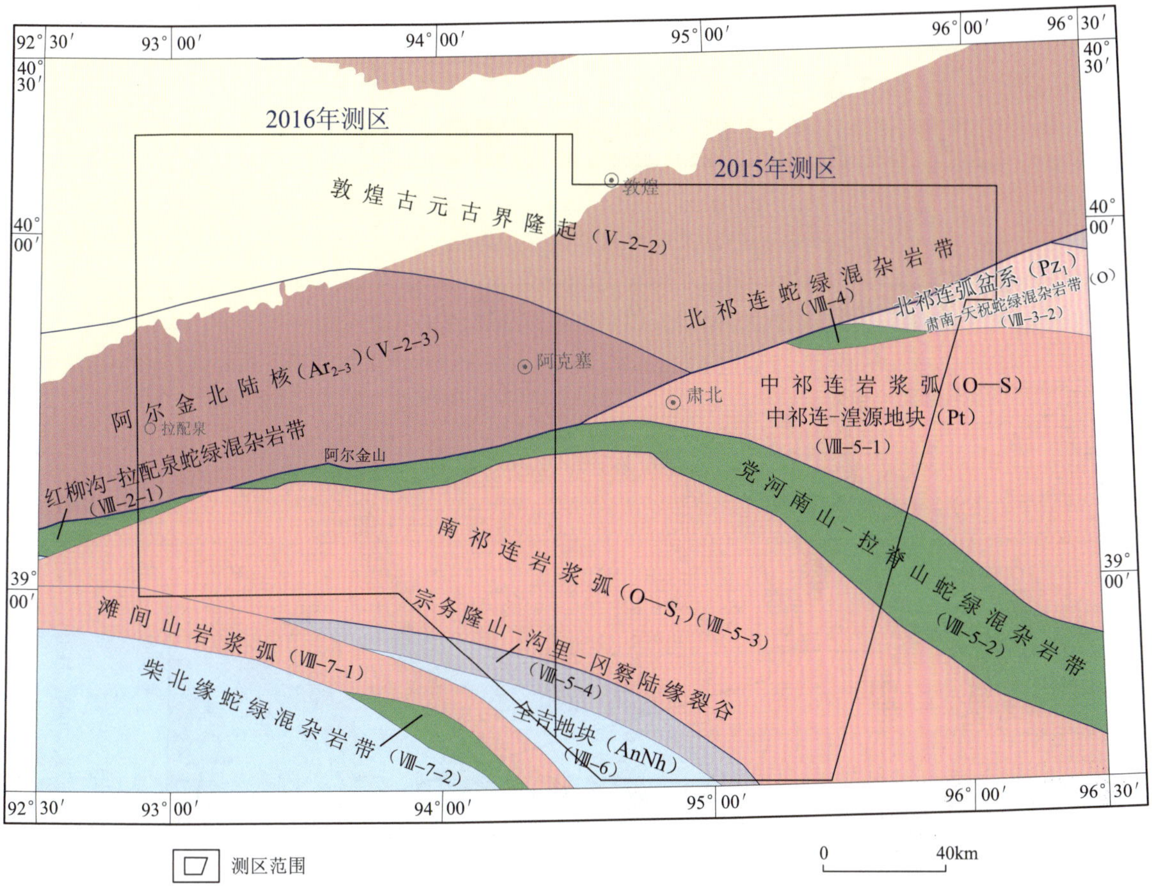

图 1-3　测区大地构造分区图

（据潘桂棠等，2015）

中祁连岩浆弧：北祁连洋盆向南俯冲消减所形成，对应花岗闪长岩-花岗岩组合、TTG 组合、石英闪长岩-辉长岩组合。下伏基底为野马南山陆内裂谷（Pt、Ch）亚相。

南祁连岩浆弧：早古生代拉脊山洋盆向南俯冲消减形成。基底为陆内裂谷岩相（Pt、Ch），盖层为碎屑陆表海亚相。

党河南山-拉脊山蛇绿混杂岩带：古生代拉脊山洋盆消减地质记录。有两个亚相：①阿尔金山基底杂岩亚相（Pt、Ch、Jx），主要岩石类型有大理岩-斜长角闪岩-黑云斜长片麻岩-黑云石英片岩组合（Pt）、变质岩-火山岩夹泥岩-砂岩组合（Ch）和碳酸盐岩组合（Jx）；②阿尔金洋内弧亚相，由以岛弧拉斑玄武岩为主的火山岩组合构成（Ch）。该相在早古生代后期有花岗闪长岩-花岗岩组合（O）和同碰撞过铝质花岗岩组合（S）的岩浆侵入，在古生代晚期还有陆内伸展高钾钙碱性花岗岩组合亚相（K）的岩浆岩侵入。

全吉地块：岩石类型主要为二云母片岩、斜长角闪岩-黑云角闪斜长片麻岩组合。

（二）地层

测区地层以阿尔金断裂为界，以北属于塔里木-华北地层大区敦煌陆块地层区，以南主要属于柴达木-祁连地层大区，包括北祁连地层区、中-南祁连地层区、全吉地层区（图 1-4；表 1-1 至表 1-4）。

1. 太古宇—元古宇

（1）新太古界—古元古界

测区内分布面积最广的地质单元，包括敦煌岩群、北大河岩群、达肯大坂岩群。

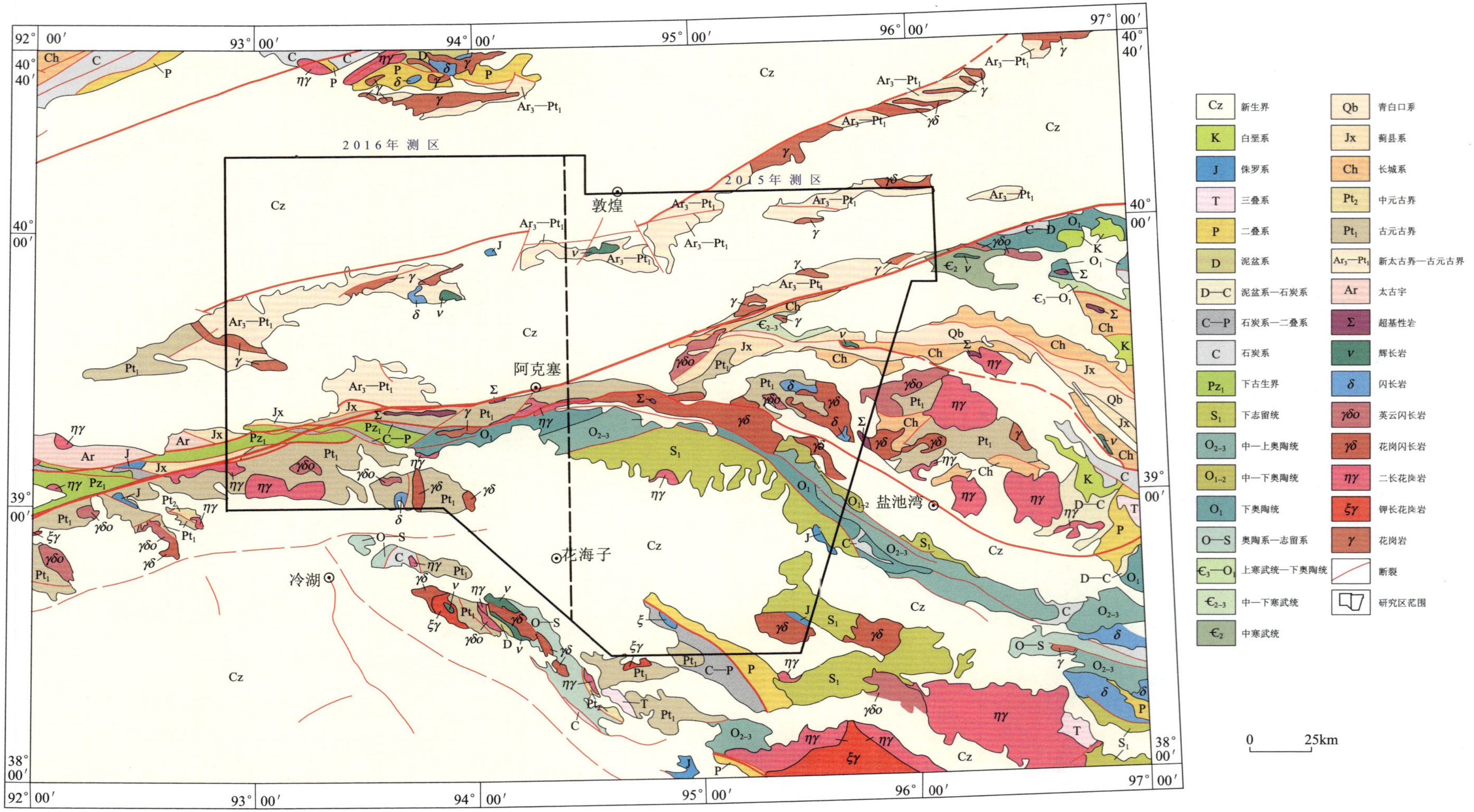

图1-4　测区区域地质图

（据《中华人民共和国1：250万数字地质图》，2004，修编）

表 1-1　敦煌—阿克塞地区沉积岩建造综合柱状表

地层区划 区	地层区划 分区	年代地层单位 系	年代地层单位 统	岩石地层单位 群、组（代号）	沉积建造类型	厚度/m	岩性、岩相描述	含矿性	沉积相	大地构造环境
敦煌陆块地层区	敦煌基底杂岩地层分区	第四系	更新统	玉门组（Qy）	复成分砂砾岩建造	>344	灰黄色砾岩、巨砾岩夹砂岩透镜体		冲积扇相	陆壳板内拗陷盆地
		新近系	上新统	疏勒河组（Nŝ）	粉砂岩、泥岩互层建造	>1467	灰色、紫色泥质粉砂岩夹砂岩、砾岩、细砂岩，砖红色粉砂岩、粉砂质黏土岩		淡水湖相	
		古近系	渐新统	白杨河组（Eb）	砂岩、粉砂岩互层建造	>2172	砖红色砂岩、粉砂岩和粉砂质泥岩呈韵律，夹灰绿色砾岩及石膏层		淡水湖相	
		侏罗系	下侏罗统	岌岌沟组（Jj）	粉砂岩、泥岩互层建造	>1116	粉砂岩、粉砂质板岩、长石砂岩，局部夹少量煤线，灰褐色砾岩、砂砾岩	磁铁矿	淡水湖相	陆壳火山沉积断陷盆地
全吉地层区	全吉地层分区	石炭系	上石炭统	羊虎沟组（Cy）	含煤碎屑岩建造	>1659	灰黑色炭质页岩、砂岩、生物灰岩，灰绿色含砾砂岩及石英砂岩，夹煤层	煤	潮坪相	陆壳板内陆表海
		泥盆系	上泥盆统	牦牛山组（Dm）	细砂岩、粉砂岩互层建造	>942	黄褐色、灰绿色含砾砂岩、长石砂岩、千枚状钙质粉砂岩呈韵律，局部夹板岩			
南祁连地层区	南祁连地层分区	志留系	下志留统	巴龙贡噶尔组（Sbl）	砂岩、粉砂岩、泥岩互层夹英安岩建造	>6480	片理化中细粒长石砂岩、变质粉砂岩、钙质砂岩、片岩，夹灰色片理化英安岩		斜坡或缓斜坡相	陆内裂谷
		奥陶系	下奥陶统	吾力沟群（OWl）	玄武岩-安山岩建造，砂岩建造，灰岩建造	>1600，>1000，>604	变砂岩、变长石砂岩、碎屑灰岩、砂屑灰岩，上部夹灰绿色玄武岩、蚀变安山岩		盆地边缘相	
北祁连地层区	走廊南山地层分区	第四系	更新统	玉门组（Qy）	复成分砂砾岩建造	>77	砾岩、透镜状砂岩		冲积扇相	磨拉石盆地
		新近系	上新统	疏勒河组（Nŝ）	砂岩建造	>731	砂岩夹泥岩、砾岩		淡水湖相	山前山间盆地
		白垩系	下白垩统	下沟组（Kx）	粉砂岩、泥岩建造	>270	泥岩、粉砂质泥岩、砾岩组合		淡水湖相	山前山间盆地
		石炭系	上石炭统	羊虎沟组（Cy）	含煤碎屑岩建造	>318	砂岩、页岩夹煤层		潮坪相	陆表海盆地
		寒武系	上寒武统	香毛山组（€xm）	砂板岩-石灰岩建造	>1127	板岩、砂岩、灰岩、硅质岩		潮间带相	陆内裂谷
			下—中寒武统	黑茨沟组（€h）	板岩-砂岩建造，玄武岩-安山岩建造	>1810	板岩、石英岩、微晶灰岩，下部夹玄武岩、安山岩、英安岩、中酸性凝灰岩			

续表

地层区划		年代地层单位		岩石地层单位	沉积建造类型	厚度/m	岩性、岩相描述	含矿性	沉积相	大地构造环境
区	分区	系	统	群、组（代号）						
中南祁连地层区	中祁连地层分区	第四系	更新统	玉门组（Q*y*）	复成分砂砾岩建造	>344	灰黄色砾岩、巨砾岩夹砂岩透镜体		冲积扇相	陆壳板内拗陷盆地
		新近系	上新统	疏勒河组（N*ŝ*）	粉砂岩、泥岩互层建造	>1467	灰色、紫色泥质粉砂岩，砖红色粉砂岩、粉砂质泥岩互层，局部夹砂砾岩		淡水湖相	
		古近系	渐新统	白杨河组（E*b*）	砂岩、粉砂岩互层建造	>2172	砖红色砂岩、粉砂岩和粉砂质泥岩互层，夹少量灰绿色砾岩及石膏层		淡水湖相	
		石炭系	上石炭统	羊虎沟组（C*y*）	含煤碎屑岩建造	>1659	灰黑色炭质页岩、砂岩、生物灰岩，灰绿色含砾砂岩及石英砂岩，夹煤层	煤	潮坪相	陆表海盆地
		青白口系		龚岔群哈什哈尔组（Qb*h*）	板岩-砂岩建造	>356	板岩、砂岩、粉砂岩		远滨海相	陆棚
		蓟县系		花儿地组（Jx*h*）	白云岩建造	>1414	青灰色白云岩、灰色含硅质白云岩、含燧石结核白云岩	白云岩	台缘浅滩相	被动陆缘陆棚碳酸盐台地
				塔昔达坂群（Jx*T*）	灰岩建造	>807	灰色结晶灰岩、白云质灰岩		潮坪相	
					砂岩建造	>1200	砂岩、长石砂岩夹泥岩			
		长城系		朱龙关群 南白水河组（Ch*n*）	板岩-砂岩建造	2658	砂质板岩、变质石英砂岩、灰岩		远滨海相	残留海型复理石盆地
				朱龙关群 桦树沟组（Ch*h*）	中酸性碎屑岩-玄武岩建造，砂板（页）岩建造，灰岩建造	>250，>1070，>302	灰色泥质板岩、片理化粉砂岩、长石石英砂岩、硅质岩及磁铁矿透镜体，上部夹灰绿色中酸性碎屑岩、片理化玄武岩	磁铁矿	过渡带相	
				朱龙关群 熬油沟组（Ch*a*）	砂板岩建造，中基性碎屑岩-玄武岩建造	>1700，>1170	粉砂质板岩、片理化砂岩、硅质岩，下部夹浅灰色安山质凝灰熔岩、深灰绿色玄武质集块岩、蚀变玄武岩		半深海沉积相	大洋岛弧

续表

地层区划 区	地层区划 分区	年代地层单位 系	年代地层单位 统	岩石地层单位 群	岩石地层单位 组（代号）	沉积建造类型	厚度/m	岩性、岩相描述	含矿性	沉积相	大地构造环境
中—南祁连地层区	党河南山-拉脊山地层分区	第四系			玉门组（Qy）	复成分砂砾岩建造	>77	砾岩夹透镜状砂岩		冲积扇相	陆壳板内拗陷盆地
		新近系			疏勒河组（N$\hat{s}$）	粉砂岩建造	>731	砂岩、泥岩、砾岩		淡水湖相	山前盆地
		古近系			白杨河组（Eb）	长石石英砂岩建造	>2006	砂岩、泥岩、灰岩夹煤线		淡水湖相	
		奥陶系	中奥陶统		盐池湾组（O$y\hat{c}$）	陆源碎屑沉积岩建造	>1164	变质长石砂岩、绢云千枚岩、硅质岩		半深海沉积相	陆内裂谷
			下—中奥陶统	吾力沟群（OWl）		玄武岩-安山岩建造	>1067	变砂岩、变长石砂岩、碎屑灰岩，下部夹灰绿色玄武岩、安山岩、英安岩、中基性角砾熔岩	铜、铅	盆地边缘相	
						生物碎屑灰岩建造	>378	微晶灰岩夹泥晶碎屑灰岩、长石碎屑砂岩			
		长城系		朱龙关群	桦树沟组（Chh）	砂板岩-石灰岩建造	>334	千枚岩、板岩、结晶灰岩		过渡带相	残留海复理石盆地
					熬油沟组（Cha）	板岩-砂岩建造	>1347	粉砂质板岩、变质砂岩、灰岩	铜	半深海相	大洋岛弧
	南祁连地层分区	志留系			巴龙贡嘎尔组（Sbl）	砂岩、泥岩互层建造	>3788	变质砂岩、变质粉砂岩、片岩夹大理岩	铁	斜坡相	陆内裂谷
		志留系—奥陶系			多索曲组（OSd）	玄武岩-安山岩建造，砂岩夹板岩建造	>1249	变砂岩、绢云母板岩，上部夹灰绿色安山岩、杏仁状玄武岩、安山质凝灰岩		深海相	
		奥陶系			盐池湾组（O$y\hat{c}$）	陆源碎屑浊积岩建造	>1164	长石砂岩、粉砂岩、千枚岩、硅质岩		半深海相	

表 1-2　敦煌—阿克塞地区火山岩建造综合柱状表

构造岩浆岩带		地质时代			岩石地层单位	岩石组合（建造）	厚度/m	岩性描述	含矿性	火山构造	岩石成因类型	大地构造环境
一级	二级	代	纪	世	群、组（代号）							
北祁连构造岩浆岩带			寒武纪		黑茨沟组（€*h*）	玄武岩-安山岩组合	>1012	灰绿色玄武岩、安山岩、英安岩、英安质凝灰熔岩、玄武质凝灰熔岩	铜、金	裂隙	裂隙混合型	大陆裂谷
中—南祁连构造岩浆岩带	中祁连岩浆弧—党河南山-拉脊山蛇绿混杂岩带	古生代	奥陶纪	早奥陶世	吾力沟群（O*Wl*）	玄武岩-安山岩组合	>1600	灰绿色玄武岩、蚀变安山岩	磁铁矿	中心式—裂隙式	幔源型	大陆裂谷
		古元古代	长城纪		桦树沟组（Ch*h*）	酸性凝灰岩-安山质凝灰熔岩-玄武岩组合	>250	灰绿色酸性凝灰岩、片理化安山质凝灰岩、片理化玄武岩		裂隙式	壳幔混合型	活动大陆边缘弧
					熬油沟组（Ch*a*）	安山质-玄武质熔岩-玄武质火山碎屑岩组合	>1170	灰色—浅灰色安山质凝灰熔岩，紫色—灰绿色玄武岩，深灰绿色玄武质集块岩、蚀变玄武岩		裂隙式	幔源型	洋岛
	南祁连岩浆弧	古生代	志留纪	早志留世	巴龙贡噶尔组（S*bl*）	英安岩	>200	灰色—灰绿色片理化英安岩		裂隙式	壳幔混合型	活动大陆边缘弧
					多索曲组（OS*d*）	安山岩-玄武岩建造		深灰—灰绿色安山岩、安山质角砾岩、安山质凝灰岩、杏仁状玄武岩		裂隙式	壳幔混合型	岛弧

表 1-3　敦煌—阿克塞地区变质岩建造综合柱状表

变质地质单元 Ⅰ	变质地质单元 Ⅱ	变质地质单元 Ⅲ	时代 代	岩石填图单位及代号 群	岩石填图单位及代号 组	岩石填图单位及代号 代号	变质岩建造类型	岩性描述	含矿性	原岩建造	变质作用类型	变质相系	大地构造环境
秦祁昆变质域	中南祁连古元古代变质区	党河南山-拉脊山古元古代变质地带	古元古代	北大河岩群	三岩组	Pt_1B^3	厚层大理岩建造	白云石大理岩、硅质大理岩	白云岩	海相碳酸盐岩建造	区域动力热流变质	中压相系	初始裂谷
					二岩组	Pt_1B^2	二云母片岩-变基性岩建造	白云石英片岩、含榴二云石英片岩、含矽线二云石英片岩		碎屑岩建造			
					一岩组	Pt_1B^1	斜长角闪岩-含矽线黑云斜长片麻岩-石英二云片岩建造	斜长角闪岩、二云石英片岩、透辉变粒岩、黑云斜长片麻岩	磁铁矿	碎屑岩-基性火山岩建造			
	全吉古元古代变质区	冷湖古元古代变质地带	古元古代	达肯大坂岩群	二岩组	Pt_1D^2	二云母片岩-变基性岩建造	绢云绿泥片岩、绿泥石英片岩、黑云角闪奥长片麻岩		碎屑岩-火山岩建造	区域动力热流变质	中压相系	大陆边缘裂谷
					一岩组	Pt_1D^1	斜长角闪岩-含矽线黑云斜长片麻岩-石英二云片岩建造	黑云石英片岩、十字石二云石英片岩、黑云角闪斜长片麻岩		砂泥质岩-碳酸盐岩建造			
塔里木变质域	敦煌古元古代变质区	敦煌-阿尔金古元古代变质地带	古元古代—新太古代	敦煌岩群	四岩组	$Ar_3-Pt_1D^4$	变中—酸性火山岩建造	混合岩化火山岩、片理化流纹岩、英安岩、蚀变安山质凝灰岩		海相喷发岩建造	区域动力热流变质	中压相系	活动陆缘火山岛弧
					三岩组	$Ar_3-Pt_1D^3$	斜长角闪岩-含矽线黑云斜长片麻岩-石英二云片岩建造	黑云斜长片麻岩、含榴黑云斜长片麻岩夹斜长角闪片岩、混合岩		海相碎屑岩建造			
					二岩组	$Ar_3-Pt_1D^2$	斜长角闪岩-含矽线黑云斜长片麻岩-镁质大理岩建造	白云质大理岩、含榴黑云斜长片麻岩夹斜长角闪片岩、混合岩		碎屑岩-碳酸盐岩建造			
					一岩组	$Ar_3-Pt_1D^1$	二云母片岩-变基性岩建造	黑云斜长片麻岩、黑云石英片岩、含榴二云片岩		碎屑岩-碳酸盐岩建造			

表 1-4　敦煌—阿克塞地区侵入岩时空分布特征表

构造岩浆岩带			地质时代		侵入岩建造			含矿性	岩石成因类型	大地构造属性
一级	二级	三级	代	纪	岩性	代号	结构			
敦煌陆块构造岩浆岩带	敦煌基底杂岩构造岩浆岩亚带	大红山-沙枣园后碰撞岩浆岩段	古生代	二叠纪	花岗岩	γP	不等粒半自形粒状结构		壳源型	后碰撞
					正长花岗岩	ξγP	中粗粒半自形粒状结构		壳源型	
					黑云母花岗岩	γβP	中细粒半自形粒状结构	稀有元素、放射性元素	壳源型	
					二长花岗岩	ηγP	中细粒半自形粒状结构	铌矿化、稀有元素	壳源型	
				石炭纪	黑云母花岗岩	γβC	中细粒、不等粒半自形粒状结构		壳源型	
					英云闪长岩	γδoC	破裂半自形粒状结构		壳源型	
		小多坝沟-催木土陆陆碰撞岩浆岩段		奥陶纪	闪长岩	δO	半自形粒状结构		壳幔混合型	陆—陆碰撞
					辉长辉绿岩	βυO	辉长辉绿结构，嵌晶含长结构，似斑状结构		幔源型	
					超基性岩（蛇纹石化斜辉橄石岩）	ΣO	格子状结构，粒状鳞片变晶结构，中细粒半自形粒状结构		幔源型	
			古元古代		英云闪长岩	$\gamma\delta o\mathrm{Pt}_2$	似斑状结构，中细粒半自形粒状结构，鳞片粒状变晶结构		壳源型	大陆裂谷
中南祁连构造岩浆岩带	党河南山-拉脊山蛇绿混杂岩构造岩浆岩带	阿尔金山-萨果后碰撞岩浆岩段	中生代	白垩纪	正长花岗岩	ξγK	中粒半自形粒状结构	铌矿化	壳源型	造山后
			古生代	二叠纪	二长花岗岩	ηγP	中粒半自形粒状结构		壳源型	后碰撞
					花岗闪长岩	γδP	似斑状结构，基质中粗粒半自形粒状结构		壳源型	
					英云闪长岩	γδoP	中粒半自形粒状结构		壳源型	
				泥盆纪	石英闪长岩	δoD	半自形粒状结构	黄铜矿化、方铅矿化、磁铁矿化	壳源型	
		当金山-萨木萨克岩浆弧岩浆岩段		志留纪	二长花岗岩	ηγS	碎裂结构，糜棱结构	铅、锌、钨锡、铌钽、铜矿化	壳幔混合型	陆—陆碰撞
					英云闪长岩	γδoS	中粒—中细粒半自形粒状结构		壳幔混合型	
				奥陶纪	辉长岩	υO	细粒辉绿结构，辉长结构		幔源型	大陆裂谷
					辉长辉绿岩	βυO	似斑状结构，辉长辉绿结构，嵌晶含长结构	黄铜矿化	幔源型	
					超基性岩（斜辉橄榄岩）	ΣO	格子状结构，粒状鳞片变晶结构	石棉、铜、镍	幔源型	
	南祁连岩浆弧构造岩浆岩亚带		古生代	志留纪	英云闪长岩	γδoS	中粒半自形粒状结构		壳幔混合型	陆—陆碰撞
				奥陶纪	超基性岩	ΣO	变余包含结构		幔源型	大陆裂谷

续表

构造岩浆岩带			地质时代		侵入岩建造			含矿性	岩石成因类型	大地构造属性
一级	二级	三级	代	纪	岩性	代号	结构			
全吉构造岩浆岩带		金泉山-化石沟后碰撞岩浆岩段	中生代	白垩纪	花岗岩	γK	细粒半自形粒状结构	铁矿化	壳源型	造山后
				侏罗纪	英云闪长岩	$\gamma\delta oJ$	中粒半自形粒状结构		壳源型	
			古生代	二叠纪	黑云母花岗岩	$\gamma\beta P$	中粒半自形粒状结构		壳源型	后碰撞
					二长花岗岩	$\eta\gamma P$	中粒半自形粒状结构		壳源型	
					英云闪长岩	$\gamma\delta oP$	中粒半自形粒状结构		壳源型	
					闪长岩	δP	自形柱粒状结构，嵌晶含长结构		壳源型	
		大庆沟-多罗尔什岩浆弧岩浆岩段		志留纪	闪长岩	δS	柱粒状结构		壳幔混合型	陆—陆碰撞
				奥陶纪	英云闪长岩	γoO	中粒半自形粒状结构		壳幔混合型	大陆裂谷
					辉长岩	υO	细粒辉绿结构，辉长结构		幔源型	
					超基性岩	ΣO	变余斑状结构，变晶结构		幔源型	

A. 敦煌岩群（$Ar_3-Pt_1D.$）

分布于阿尔金断裂以北的广大地区，属于敦煌地层区。为一套结晶基底变质岩系，由斜长片麻岩类、石英片岩类、斜长角闪岩类、大理岩类和变火山岩等无序组成，夹石英岩、千枚岩、云母片岩类和火山岩类等，其原岩为海相砂质泥岩-碳酸盐岩-火山岩建造组合。共划分 4 个岩组。

敦煌岩群一岩组（$Ar_3-Pt_1D.^1$）：为二云母片岩（变粒岩）-变基性岩建造，属于区域动力热流变质。主要岩性为黑云斜长片麻岩、黑云石英片岩、含榴二云片岩。原岩为碎屑岩-碳酸盐岩建造。

敦煌岩群二岩组（$Ar_3-Pt_1D.^2$）：为一套斜长角闪岩-含矽线黑云斜长片麻岩-镁质大理岩建造，属于区域动力热流变质。主要岩性为白云质大理岩、含榴黑云斜长片麻岩夹斜长角闪片岩、混合岩。原岩为碎屑岩-碳酸盐岩建造。

敦煌岩群三岩组（$Ar_3-Pt_1D.^3$）：为斜长角闪岩-含矽线黑云斜长片麻岩-石英二云片岩建造，属于区域动力热流变质。主要岩性为黑云斜长片麻岩、含榴黑云斜长片麻岩夹斜长角闪岩、混合岩。原岩为海相碎屑岩建造。

敦煌岩群四岩组（$Ar_3-Pt_1D.^4$）：为变中—酸性火山岩建造，属于区域动力热流变质。主要岩性为混合岩化火山岩、片理化流纹岩、英安岩、蚀变安山质凝灰岩。原岩为海相喷发岩建造。

新太古代—古元古代片麻岩（Ar_3-Pt_1gn）：沿若羌-敦煌断裂分布，夹杂在敦煌岩群内，岩石呈浅褐灰—灰色，鳞片花岗变晶结构，片麻状构造。原岩为奥长花岗岩、石英闪长岩。

B. 北大河岩群（$Pt_1B.$）

分布于测区的中东部，阿尔金山北麓。属于秦祁昆变质域、中-南祁连古元古代变质区、党河南山-拉脊山古元古代变质地带。共划分 3 个岩组。

北大河岩群一岩组（$Pt_1B.^1$）：为斜长角闪岩-含矽线黑云斜长片麻岩-石英二云片岩建造，属于区域动力热流变质。主要岩性为黑云石英片岩、十字石二云石英片岩、黑云角闪斜长片麻岩。原岩为碎屑岩-基性火山岩建造。

北大河岩群二岩组（$Pt_1B.^2$）：为二云母片岩（变粒岩）-变基性岩建造，属于区域动力热流变质。主要岩性为白云石英片岩、含榴二云石英片岩、含矽线二云石英片岩。原岩为碎屑岩建造。

北大河岩群三岩组（$Pt_1B.^3$）：为厚层大理岩变质建造，属于区域动力热流变质。主要岩性为白云石大理岩、硅质大理岩。原岩为海相碳酸盐岩建造。

C. 达肯大坂岩群（$Pt_1D.$）

分布于测区的西南部。属于秦祁昆变质域、全吉古元古代变质区、冷湖古元古代变质地带。共划分两个岩组。

达肯大坂岩群一岩组（$Pt_1D.^1$）：为斜长角闪岩-含矽线黑云斜长片麻岩-石英二云片岩建造，属于区域动力热流变质。主要岩性为黑云石英片岩、十字石二云石英片岩、黑云角闪斜长片麻岩。原岩为砂泥质岩-碳酸盐岩建造。

达肯大坂岩群二岩组（$Pt_1D.^2$）：为二云母片岩（变粒岩）-变基性岩建造，属于区域动力热流变质。主要岩性为绢云绿泥片岩、绿泥石英片岩、黑云角闪奥长片麻岩。原岩为碎屑岩-火山岩建造。

（2）中元古界

主要有长城系和蓟县系。

A. 长城系

分布于测区的中部，阿尔金山南麓、中祁连地区野马山一带。主要有熬油沟组（Ch*a*）和桦树沟组（Ch*h*）。熬油沟组（Ch*a*）在测区内划分为火山岩建造和沉积岩建造。

长城系熬油沟组（Ch*a*）：火山岩建造属于中-南祁连构造岩浆岩带、党河南山-拉脊山蛇绿混杂岩构造岩浆岩亚带、阿尔金山洋岛火山岩段。为安山质-玄武质熔岩—玄武质火山碎屑岩组合。主要岩性为灰色—浅灰色安山质凝灰熔岩、紫色—灰绿色玄武岩、深灰绿色玄武质集块岩、蚀变玄武岩。沉积岩建造属于中-南祁连地层区、中祁连地层分区、安南坝-半鄂博活动陆缘地层小区。为板岩-砂岩建造、中基性碎屑岩-玄武岩建造。主要岩性为粉砂质板岩、片理化砂岩、硅质岩，下部夹浅灰色安山质凝灰熔岩，深灰绿色玄武质集块岩、蚀变玄武岩。沉积相为半深海沉积。

长城系桦树沟组（Ch*h*）：火山岩建造属于中-南祁连构造岩浆岩带、党河南山-拉脊山蛇绿混杂岩构造岩浆岩亚带、半鄂博岛弧火山岩段。为酸性凝灰岩-安山质凝灰熔岩-玄武岩组合。主要岩性为灰绿色酸性凝灰岩，灰绿色片理化安山质凝灰熔岩、片理化玄武岩。沉积岩建造属于中-南祁连地层区、中祁连地层分区、安南坝-半鄂博活动陆缘地层小区。为中酸性碎屑岩-玄武岩建造、砂板（页）岩-石灰岩建造。主要岩性为灰色泥质板岩、片理化粉砂岩、长石石英砂岩、硅质岩及磁铁矿透镜体，上部夹灰绿色中酸性碎屑岩、片理化玄武岩。沉积相为过渡带沉积。

B. 蓟县系

分布于测区的中西部，阿尔金山两侧。主要有塔昔达坂群（Jx*T*）和花儿地组（Jx*h*）。

塔昔达坂群（Jx*T*）：分布于安南坝沟一带，为石灰岩-砂页岩建造。主要岩性为灰色结晶灰岩、白云质灰岩、砂岩、长石砂岩、泥岩。沉积相为潮坪相。

花儿地组（Jx*h*）：分布于阿尔金山北麓，为白云岩建造。主要岩性为青灰色白云岩，灰色含硅质白云岩、含燧石结核白云岩。沉积相为台缘浅滩相。

2. 古生界

早古生代，祁连山构造运动最为强烈，经历了大陆裂谷体系和板块构造体制两种构造体制的发展演化，形成了以火山岩建造为主并夹碎屑岩、砂泥岩、碳酸盐岩等各类沉积岩的建造。

（1）寒武系

下寒武统在测区内不发育或缺失，出露黑茨沟组和香毛山组，分布于北祁连地区。

黑茨沟组（Є*h*）：主要为一套火山碎屑岩、中基性火山熔岩，夹细碎屑岩及少许含海生动物化石的碳酸盐岩凸镜体地层序列，是北祁连铜多金属矿产重要的赋矿层位。

香毛山组（ϵxm）：为一套浅变质细碎屑岩-泥岩-碳酸盐岩-火山岩建造。

（2）奥陶系

在祁连山广泛发育，主要有南祁连地区的吾力沟群、盐池湾组、多索曲组。

吾力沟群（O*Wl*）：火山岩建造属于中-南祁连构造岩浆岩带、南祁连岩浆弧构造岩浆岩亚带、当金山边缘裂谷火山岩段，为玄武岩-安山岩组合。主要岩性为灰绿色玄武岩、灰绿色蚀变安山岩。沉积岩建造属于中-南祁连地层区、南祁连地层分区、当金山边缘裂谷地层小区，为玄武岩-安山岩建造、砂板（页）岩-石灰岩建造。主要岩性为片理化中细粒长石砂岩、变质细粒长石砂岩、变质粉砂岩、钙质砂岩、片岩，夹灰色片理化英安岩。沉积相为盆地边缘相。

盐池湾组（O*yĉ*）：为陆源碎屑岩夹火山岩。

多索曲组（OS*d*）：以火山岩为主。

（3）志留系巴龙贡嘎尔组（S*bl*）

分布于南祁连地区，测区内划分为火山岩建造和沉积岩建造。

火山岩建造：属于中-南祁连构造岩浆岩带、南祁连岩浆弧构造岩浆岩亚带、阿克塔斯阿苏岛弧火山岩段，主要为英安岩，主要岩性为灰色—灰绿色片理化英安岩。

沉积岩建造：属于中-南祁连地层区、南祁连地层分区、阿克塔斯阿苏岛弧地层小区，为砂岩与粉砂岩-泥岩互层建造夹英安岩建造。主要岩性为片理化中细粒长石砂岩、变质细粒长石砂岩、变质粉砂岩、钙质砂岩、片岩，夹灰色片理化英安岩。沉积相为斜坡或缓斜坡相。

（4）泥盆系牦牛山组（D*m*）

分布于测区的中南部，属于全吉地层区、全吉地层分区、化石沟陆表海地层小区。为细砂岩-粉砂岩建造，主要岩性为黄褐色、灰绿色含砾砂岩、长石砂岩、千枚状钙质粉砂岩及板岩。沉积相为潮坪相。

（5）石炭系羊虎沟组（C*y*）

分布在全吉地层区和中祁连地层区内，原岩建造主要为碎屑岩-碳酸盐岩建造。

3. 中生界

白垩系分布于祁连山区断陷盆地及其周边大型内陆盆地的边缘。出露地层主要为新民堡群（K*X*）的下沟组（K*x*），岩性主要为粗、细碎屑岩-泥砂岩-碳酸盐岩建造，形成湖泊环境、山间盆地环境的河流相或湖相沉积。

4. 新生界

古近系、新近系主要分布于山前和盆地地区，为一套红色磨拉石、碎屑岩建造。第四系广泛分布于各盆地、河流两岸及山前地带等，由冲、洪积砂砾石及亚黏土组成，是本区砂金的主要来源。

（三）岩浆岩

测区岩浆活动强烈，岩浆的侵入具有多期活动特点，类型较齐全，超基性—基性—酸性—碱性岩均有产出，产出方式以岩基、岩株为主，活动期主要为加里东期，其次为华力西期。

1. 基性—超基性岩

主要侵入于寒武系、奥陶系、志留系及前长城系、长城系、蓟县系、青白口系中。早古生代超基性岩和基性岩体之间多为伴生或共生关系，呈近东西向带状展布，代表岩体有青崖子-萨木萨克超基性岩体（Σ_3）、安南坝超基性岩体（Σ_3）、金泉山超基性岩体（Σ_3），阿尔金山辉长岩体（υ_3），青崖子-萨木萨克辉长岩体（υ_3）、多罗尔什蚀变辉长岩体（υ_3）。该类岩体与铬铁矿、石棉矿、岩浆型铜镍矿关系密切，典型的有大道尔基大型铬铁矿、安南坝大型温石棉矿和付家沟脑镍矿。

2. 中酸性侵入岩

测区内的中酸性侵入岩主要为加里东期和华力西期的花岗岩、花岗闪长岩、斜长花岗岩以及一些复式杂岩体，测区东部规模较大。有崔木土闪长岩（δ_3）、阿尔金山石英闪长岩（δo_3^3）、小红山片麻状斜长花岗岩（γo_4^2）、大红山片麻状黑云母花岗岩（γ_4^3）、崔木土黑云母花岗岩（$\gamma\beta_4^3$）、钾长花岗岩（γ_4^3）、多罗尔什东蚀变斜长花岗岩体（γo_3^2）、华力西中期（化石沟）闪长岩体（δ_4^2）、多罗尔什片麻状黑云母花岗岩（$\gamma\beta_4^3$）、金泉山南黑云斜长花岗岩群（γo_5^2）、阿尔金山钠钾花岗岩体（$\kappa\gamma_5^3$）。在这些中酸性侵入岩体内、外接触带发现多处铅锌、钨、钼、铜、铁等金属矿点，侵入体及周边地区是寻找多金属矿的有利成矿地段。

（四）区域构造

1. 断裂构造

测区及周围经历了五台期—蓟县期、加里东期、华力西期、印支期、燕山期及喜马拉雅期构造运动，发生了强烈的构造断裂作用，区域断裂构造线总体以北东东向展布，构成该地区的主体构造格架，次为北西向和近东西向断裂，多形成走滑断裂（图 1-5）。测区主要断裂如下：

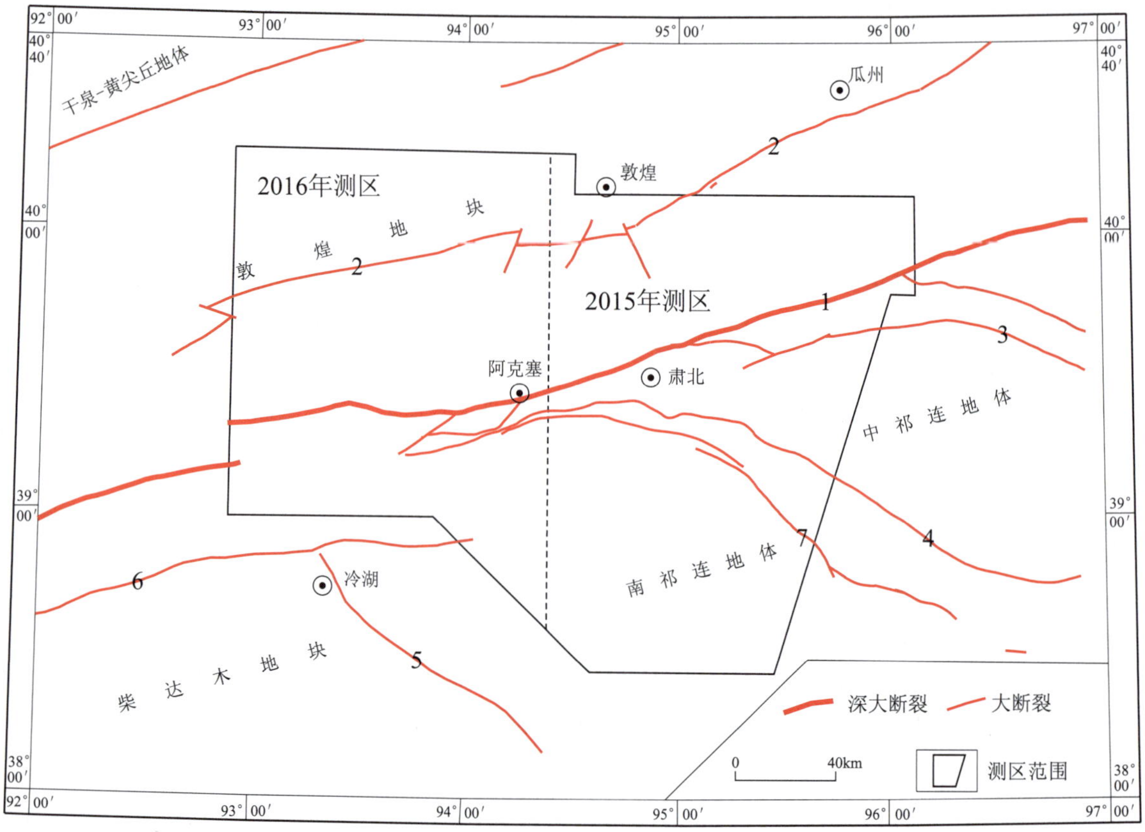

图 1-5　测区构造分布图

（据全国 1∶50 万数字地质图，2015）

1—阿尔金走滑断裂；2—若羌-敦煌断裂；3—中祁连北缘断裂带；4—南祁连北缘断裂带；5—柴达木北缘断裂；6—七个泉-苏干湖隐伏断裂；7—党河断裂

（1）阿尔金断裂

它以一条巨型走滑断裂而闻名于世。断裂西延入西昆仑山的北缘，经阿克塞、玉门北，向北北东伸入内蒙古。断裂倾向北西，在当金山口倾角约 70°，据地球物理资料，断裂向下延伸 100km，将莫霍面错断 8km，呈 40km 的低速带，为一巨大的左行走滑逆冲断裂带。该断裂带是塔里木地块与祁连造山带的分界断裂，切割了北西西向构造线。喜马拉雅期活动最为强烈。在古生代以前，沿该断裂带存在一洋盆，分隔了塔里木和华北板块，该洋盆在晚古生代后期闭合，成为一个地壳对接带（刘训等，1995），志留纪的超基性岩体长轴展布方向与断裂走向平行，表明断裂构造开始于早古生代，至第四纪仍在活动。

（2）若羌-敦煌断裂

主体在甘肃，是敦煌地块与北山古生代裂谷带的分界断裂。性质属压扭性。沿断裂分布有蛇绿岩及花岗岩类。主要活动时期为古生代—新生代。

（3）南祁连北缘断裂带

在阿克塞以西与阿尔金山断裂平行，在阿尔金山主峰南侧向东沿党河、疏勒南山南坡、日月山、拉脊山展布，在临夏之西斜接于宗务隆-青海湖-天水断裂带。断裂带倾向北东，倾角50°~70°，为压扭性断裂带，由数条平行断裂组成，地表呈锯齿状展布，长达400km。在阿克塞至哈拉湖一段控制奥陶纪双峰式火山岩建造的展布。

断裂带形成于早古生代早期，是中祁连中间隆起带与南祁连加里东期断陷带沉积的分界。华力西期至印支期断裂继承性活动，切割了石炭系、二叠系。燕山期、喜马拉雅期，断裂强烈活动，控制了哈拉湖盆地、疏勒河谷及青海湖的形成。

2. 区域韧性变形带

八龙沟-崔木土逆冲型韧性变形带（BLGC）：构造类型为挤压型，东西长80km，宽度为10km，东西—北东东走向。物质组成为新太古代—古元古代（Ar_3—Pt_1）变质岩，加里东期、华力西期侵入岩体。分两个活动期次：早期为南北向挤压；晚期由南向北压力增强，产生北北西向推覆。

阿克塞-赛马沟逆冲型韧性变形带（AKSS）：构造类型为挤压型，东西长50km，宽度为20km，北西走向。物质组成为Ar_3—Pt_1变质岩，古近系—新近系拗陷盆地碎屑岩建造，华力西期酸性侵入岩体。变形持续至新生代。

安南坝-阿克塞脆性走滑断裂带（ANBA）：构造类型为脆性剪切，长度大于125km，宽度为0.1~0.25km，北东走向，向南倾斜，倾角30°~60°。物质组成为Ar_3—Pt_1变质火山岩-碎屑岩系，晚古生代碎屑岩及加里东期、华力西期侵入岩体。变形持续至晚古生代，分两个期次，早期为南北向挤压，后期为走滑。

阿尔金山逆冲推覆构造带（AEJS）：构造类型为挤压型，长度大于125km，宽度为17.5km，北东东走向。物质组成为Ar_3—Pt_1变质火山岩-碎屑岩系，晚古生代碎屑岩及加里东期、华力西期侵入岩体。变形表现为定向性构造发育，岩石破裂，有时形成破碎带；次级断层发育并强烈变形。

鸣沙山逆冲型韧性变形带（MSS）：构造类型为剪切型，长度大于35km，宽度为24km，东西走向。物质组成为Ar_3—Pt_1变质火山岩-碎屑岩，发育前加里东期和加里东期侵入岩。分两个期次，早期为近南北向逆冲韧性剪切，后期为叠加平移剪切。

好布拉格-水峡口逆冲型韧性变形带（HBSX）：构造类型为剪切型，长度大于95km，宽度为12.5km，北东走向。物质组成为Ar_3—Pt_1变质火山岩-碎屑岩、花岗质片麻岩系及前寒武纪糜棱岩化侵入岩。分两个期次，早期为近南北向逆冲韧性剪切，后期为叠加右旋平移剪切。

五个泉子-乌兰布拉格裂谷带（WGWL）：构造类型为拉张型，长度大于125km，宽度约37km，北西—北西西走向，主要为奥陶纪、志留纪碎屑岩、火山岩系，发育加里东期侵入岩。变形期次表现为以正断层为主的地堑、半地堑组成的复杂地堑系。

一步沟-多罗尔什弧形逆冲型韧性变形带（YBGA）：构造类型为挤压型，长度为60km，宽度约20km，北西西—南北走向。物质组成为古元古代变质碎屑岩-碳酸盐岩系、晚古生代碎屑岩及加里东期、华力西期侵入岩体。变形持续至晚古生代，分两个期次，晚期顺时针旋转表现强烈。

当金山口-月牙山裂谷带（DJSK）：构造类型为拉张型，长度大于80km，宽度约30km，南西—南东走向。物质组成主要为奥陶纪、志留纪碎屑岩、火山岩系，发育加里东期侵入岩。变形表现为以正断层为主的地堑、半地堑组成的复杂地堑系。

（五）矿产特征

测区位于阿尔金成矿带和祁连山成矿带交汇部位，分布铁、铜、金、铅、锌、铬、镍等多金属矿产。已知矿点、矿化点较多，大中型矿床较少，但周边地区发现大量成型矿产地（图 1-6）。

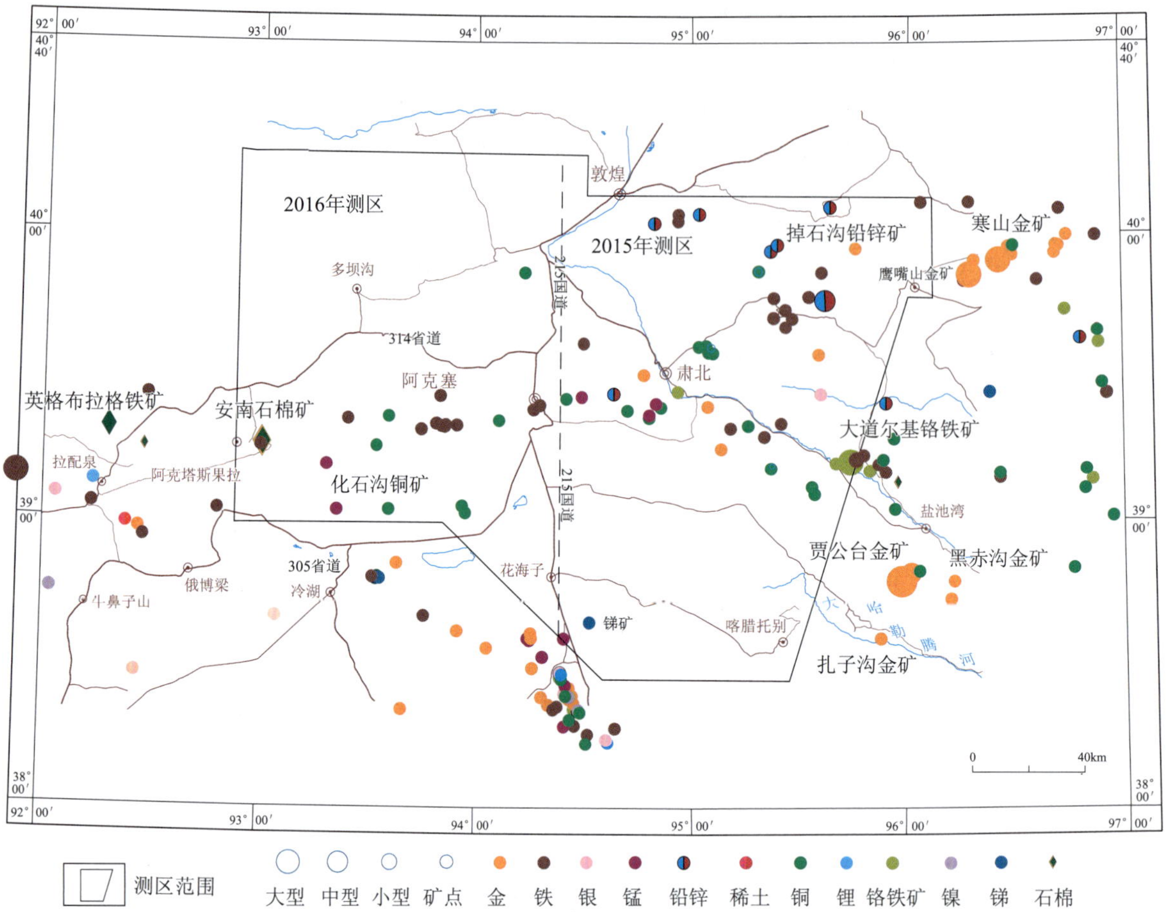

图 1-6　测区矿产分布图

（据 1∶20 万数字地质图空间数据库，2002；全国矿产地数据库，2004；全国矿产资源潜力评价数据库，2010）

区域上铁矿有磁铁矿和赤铁矿、镜铁矿等类型，其中以磁铁矿为主，主要产于前长城纪变质岩地层分布区，以沉积变质成因为主，代表矿床有德勒诺尔铁矿（大型）、大水峡铁矿（中型），以及阿克塞沟磁铁矿、红柳沟小型磁铁矿、博罗转井铁矿、红柳峡小型磁铁矿等；与岩浆岩有关的铁矿区域上找矿潜力比较大，典型的有大道尔基铬铁矿（大型），位于测区东部边界。

多金属及贵金属矿产区域上分布广泛，成因类型多样：与构造蚀变岩有关的有掉石沟铅锌矿，测区外围有寒山金矿、鹰嘴山金矿等；与花岗闪长岩体、花岗岩有关的有化石沟铜矿，测区外围有贾公台、黑赤沟金矿等。与基性、超基性岩体有关的有拉排沟西岔铜矿点、先锋付家沟铜镍矿点、七一铜镍矿、先锋拉排沟铜矿点、铁匠沟脑铜矿点、加尔乌增沟镍矿化点、半鄂博铜矿点。与熬油沟组火山岩地层有关的稀有金属铌钽矿，典型的有余石山大型铌钽矿，目前正在勘探。与超基性岩有关的石棉矿规模大、分布广，典型的有安南坝大型温石棉矿床。

1. 大道尔基铬铁矿

大道尔基铬铁矿位于甘肃省肃北县盐池湾乡，中祁连-柴达木板块西端南缘，为一大型铬铁矿床，现已探明储量 156×10^4t，由 388 个矿体组成。

大道尔基超基性岩体呈狭长的透镜状，沿着沙果河深断裂北侧呈北西-南东向展布，在东南端折转为南北向，长 8.4km，宽 0.5~0.9km，最宽 1.2km，面积约 $8km^2$。岩体大部分被第四系覆盖，岩体主要由单辉辉石岩和纯橄榄岩组成，分别占总面积的 43% 和 49%，岩体原生流动构造和次生断裂构造发育，蛇纹石化和次闪石化普遍。岩体为含铬基性岩体，侵入时代为华力西期。

岩体中有两个含矿带：北矿带产于北部纯橄榄岩相带中，矿化较分散；南矿带产于纯橄榄岩相带中，长 2.6km，为主要含矿带，已圈定 10 个矿群，共发现大小矿体 300 余个。矿体产状与围岩产状一致，矿体在平面上呈雁行式排列，在横剖面上呈叠瓦状排列。矿体平面形态为长条状、扁豆状、透镜状、半球状、似脉状和囊状，主要矿体长 85~200m，最长 237.75m，厚 3.7~13.5m，最厚 14.5~16.2m，最大埋深 300m 左右。

矿石中主要金属矿物为铬尖晶石，含磁铁矿和微量铂族元素。矿石类型以浸染状为主。矿石构造多为网脉状构造。矿床成因属岩浆晚期熔离式同生矿床。

2. 德勒诺尔铁矿

德勒诺尔铁矿位于甘肃省肃北蒙古族自治县境内，是近年来祁连造山带铁矿勘查找矿新突破。

矿床位于秦祁昆构造域、华北板块南缘祁连造山带中祁连陆块区，属中祁连铁、铜、铬、镍、钨、钼、铅锌成矿带。

该带位于平达坂深大断裂带两侧，古元古界发育，主要分布有长城系南白水河组（Ch*n*）、蓟县系花儿地组（Jx*h*）、青白口系五个山组（Qb*w*）和哈什哈尔组（Qb*h*）、寒武系香毛山组（€*xm*）及新生界覆盖层。地层褶皱轴向以东西向或北东东向为主，南北翼基本对称，倾角 60°~70°。伴随强烈的挤压褶皱，形成了一组与褶皱轴向大致平行的压性逆断层。

区内岩浆活动较为强烈，主要有加里东中期侵入的多若诺尔辉长岩体（υ_3^{2a}）、花岗闪长岩体（$\gamma\delta_3^{2b}$）。其中，大红泉北闪长岩体，岩石局部相变为角闪辉长岩和石英闪长岩，辉绿玢岩脉、闪长玢岩脉发育。德勒诺尔辉长岩体具分异现象，东部见橄榄辉石岩，向西南有闪长岩出露，并有斜长伟晶岩脉及石英脉。小红泉二长花岗岩体，局部见斜长花岗岩，肉红色钾长伟晶岩脉、细晶岩脉、花岗斑岩脉及石英脉发育。

矿体赋存于蓟县系花儿地组 b 岩组（Jxh^b），总长度大于 7km。目前已发现两条矿（化）带，共圈定铁矿体 4 层 23 条，其中Ⅰ、Ⅱ、Ⅱ-1、Ⅴ、Ⅴ-1 为主矿体。矿体呈层状、似层状、透镜体状，展布方向为北西西向。矿体长 200~4590m，厚 1.7~48.48m，矿体平均品位 TFe 23.12%~27.87%，mFe 3.27%~22.32%。目前求得铁矿石资源量 10634.16×10^4t，确定为大型沉积变质型铁矿。

矿石类型主要为碧玉岩型铁矿石、纤闪石片岩型铁矿石和泥硅质板岩型铁矿石。矿石矿物主要为磁铁矿，含赤铁矿，脉石矿物由石英、黏土及少量绿泥石、绢云母、方解石、黄铁矿组成。磁铁矿多呈半自形、他形，少见完整晶型，粒径以 0.1~0.2mm 之间者居多，集合体呈脉状、块状、囊状、串珠状和不规则状分布在石英、绿泥石、黄铁矿等脉石矿物颗粒之间。赤铁矿主要呈等轴粒状产出，以 0.07mm 以下者最可见；集合体为块状、板状、鲕状、团块状或呈碎屑物质间的胶结物及少量呈玫瑰花状或片状集合体产出的镜铁矿，多为磁铁矿氧化而成的“假象赤铁矿”。矿石中有益元素和有害元素含量都较低，矿石成分较为简单。矿石选冶加工类型简单。

3. 掉石沟铅锌矿

掉石沟铅锌矿位于肃北县东北方向，直线距离超 60km，是敦煌地块南缘铁铅锌成矿带的重要矿床，矿床赋存于新太古界—古元古界敦煌岩群中。该矿床是由甘肃省地质矿产勘查开发局酒泉地质矿产调查队发现并评价的层控矽卡岩型矿床（沈其韩，2007 年），矿床规模达到中型。

矿区位于红柳峡复式向斜构造北翼靠近转折端的部位，出露地层为敦煌岩群二岩组二岩段、三岩段及三岩组。其中，二岩组二岩段分布最广，也是铅锌矿的主要赋矿层位，岩性主要为黑云斜长片麻岩、大理岩、石墨斜长变粒岩夹石英岩、石榴石斜长角闪片岩等，矿体主要赋存于 F_3 与 F_7 断裂夹持的石榴石透辉石矽卡岩及石墨斜长变粒岩、蚀变碎裂岩中。石榴石透辉石矽卡岩与石墨斜长变粒岩互层或夹于其中产出，呈透镜状、似层状，具有层控矽卡岩（常印佛等，1983）的特征，低品位的锌矿体与石墨矿相伴生，反映出地层对成矿的控制作用。

断裂构造主要为北西西向、北东向、北西向及近南北向4组，其中北西西向断裂（F_3 和 F_7）是主要的控矿断裂。其他诸组断裂皆为成矿后断裂，部分断裂对矿体有截切破坏作用。矿区岩浆岩不甚发育，主要为斜长花岗伟晶岩脉、石英脉、石英闪长玢岩脉。斜长花岗伟晶岩脉对矿体和矽卡岩均有穿切破坏和捕获现象。

矿区内岩脉发育，主要有伟晶岩脉、石英闪长岩脉、石英脉等，其中石英脉与晚期的铅锌矿化作用有密切关系。

矿化带分布于向斜构造的核部，总体轴向290°，断续延伸达3km，出露宽度30~200m，含矿围岩为石墨斜长变粒岩、矽卡岩。铅锌矿体往往赋存于石墨斜长变粒岩与矽卡岩的接触部位，矿体与围岩的界线不截然，尤其铅锌矿体与石墨斜长变粒岩呈渐变关系。铅锌矿体主要南倾，倾角47°~85°，锌矿体主要呈似层状、透镜状顺层产出。铅锌矿体及前矿体主要呈脉状产出，形态不规则，受构造裂隙控制明显，其形成晚于似层状锌矿体。

矿石矿物成分较为简单，矿石矿物主要有方铅矿、闪锌矿、磁铁矿、磁黄铁矿、黄铁矿，在地表混合型矿石中尚见少量软锰矿、硬锰矿、菱锰矿、菱铁矿、白铅矿、菱锌矿、褐铁矿、褐锰矿等。脉石矿物主要有透辉石、透闪石、石榴子石、方解石、白云石、石英、斜长石、橄榄石等。矿石中主要有益组分为Pb、Zn，伴生有益组分为Ag。Pb含量介于0.2×10^{-2}~1.0×10^{-2}之间，个别高达25.93×10^{-2}，主要来自方铅矿；Zn含量介于0.3×10^{-2}~2.0×10^{-2}之间，个别高达23.20×10^{-2}，主要来自闪锌矿；Ag含量介于2×10^{-6}~34×10^{-6}之间，个别高达118×10^{-6}，方铅矿为伴生Ag的主要载体，方铅矿单矿物分析Ag含量为172×10^{-6}~232×10^{-6}。

4. 化石沟铜矿

化石沟铜矿位于甘肃省阿克塞哈萨克族自治县化石沟，小苏干湖西50km，为小型斑岩铜矿。

矿床位于阿尔金断裂南部，矿区出露地层岩性主要有古元古界达肯大坂岩群第三岩组的黑云斜长片麻岩、大理岩、云母石英片岩，奥陶系—志留系滩间山群的石英长石砂岩、含砾砂岩、千枚状钙质粉砂岩、千枚状板岩和第四系。

侵入岩主要为加里东期—华力西期岩浆岩，受断裂控制，呈长条状南北向弧形展布。加里东期侵入岩主要为辉长岩。华力西期侵入岩主要岩石类型有闪长岩、石英闪长岩、石英闪长玢岩、英云闪长岩、英云闪长斑岩等，其中英云闪长斑岩与成矿关系密切。

矿化带沿化石沟环形构造西侧龙尾沟-化石沟弧形断裂展布，断续长达14km，宽100~200m，总体呈近南北向展布，矿化带内由英云闪长岩、英云闪长斑岩、石英闪长岩、石英闪长玢岩，以及少量的片岩、片麻岩、脉岩等组成。矿区内共圈定矿体44条，其中铜矿体40条、钨矿体3条、金矿体1条。矿体多分布于英云闪长斑岩、石英闪长玢岩的边部和断裂构造叠加部位，受构造、岩体双重控制，呈似层状和透镜状。矿体长度一般为40~1760m，最长达2140m，平均厚度一般为0.45~14.36m，最厚达18.76m，Cu品位一般在0.2%~1.13%之间，最高为1.2%，平均品位为0.4%。

5. 余石山铌钽矿

余石山铌钽矿位于甘肃省阿克塞哈萨克族自治县约238°方向106km处。

余石山铌钽矿位于长城系熬油沟组（Cha）分布区内，岩石组合为安山质-玄武质熔岩—玄武质火山岩碎屑岩组合。目前发现南、北两个矿带，已控制长度6km以上，受区域断裂带控制，总体走向260°~300°，赋矿地层均为北倾。其中，南矿带紧邻断裂带，展布完全受北西西—东西—北北东向舒缓波状区域断裂带控制，断裂带内大多为碎裂岩化大理岩。矿体呈似层状或呈长透镜状平行分布，与其顶、底板围岩及断裂构造展布近于一致。矿石自然类型有角闪二长变粒岩、角闪斜长变粒岩、二长岩、正长岩、碎裂状角闪二长变粒岩、角闪斜长变粒岩等。矿化与蚀变关系密切，矿体的顶、底板多为蛇纹石化大理岩，围岩与矿有关的蚀变主要为钾化、云英岩化、钠长石化。北矿带离区域断裂带稍远，分布特征与南矿带相似。

矿床正在勘探中，地表控制长度6km，已圈定5个矿体，初步估算 Nb_2O_5 资源量 20×10^4t，已达大型。伴生 ZrO_2、HfO_2 及稀土氧化物（REO）。矿床有进一步找矿潜力，正在施工中的一号矿体 $(Nb,Ta)_2O_5$ 平均品位为0.016%，ZK701已控制深度180m，仍未见底，深部延伸稳定，铌钽品位有增高趋势。

三、区域重力场特征

（一）重力场特征

测区布格重力异常总体为负值，总趋势为东南低（$-460\times10^{-5}m/s^2$）且向西北递增（$-250\times10^{-5}m/s^2$），地形平均高程由4000m下降为1500m，为青藏高原东北边缘，亦是地壳厚度的变异带，莫霍面深度由60~65km向东南递减为45~50km。以阿尔金山和祁连山密集的重力梯级带和扭曲带对接，测区可划分为4个区带：

1）斜贯测区中部的北东东向重力梯级带沿阿尔金山分布，重力异常值为-260×10^{-5}~$-330\times10^{-5}m/s^2$，宽20~30km。

2）中东部重力异常强烈变化区，以弧形重力梯级带向东撒开，北西和北西西向的部位是祁连山西段，重力高和重力低相间分布，分别与地貌出现的隆起和凹陷格局对应。反映祁连造山带内挤压型盆山耦合的对应关系。

3）西北部平缓重力异常区，位于敦煌盆地，布格重力异常为-180×10^{-5}~$-220\times10^{-5}m/s^2$。等值线稀疏开阔，走向多变。变形相对较弱，为古老稳定地块（敦煌地块）特征。

4）南侧平缓重力异常区，布格重力异常值为-320×10^{-5}~$-370\times10^{-5}m/s^2$。等值线以北东东向为主。变形相对较弱，为古老稳定地块（柴达木-祁连地块）特征。

（二）岩石密度特征

岩石的密度特征是进行重力异常解释的物性前提和关键，对区内地层、岩体的密度参数统计结果分析如下：

1）地层密度总的变化规律是随地层从新到老密度值呈递增趋势。古生界—太古宇间岩层密度接近或略高于地壳表层平均密度（$2.67\times10^3kg/m^3$）。

2）不同地层之间形成密度界面，较明显的密度界面是新生界与中生界之间、中生界与古生界之间，中生界三叠系海相地层与古生界接近，而古生界与元古宇之间密度差异不明显。

3）由酸性岩到基性岩、超基性岩岩浆岩密度增大。当超基性岩蚀变为蛇纹岩或发生蛇纹石化时，往往体积膨大而密度减小。

4）花岗岩和同质火山岩较地层平均密度偏小而形成重力低；花岗闪长岩与地层平均密度较接近，引起重力异常不明显；闪长岩和基性辉长岩以及同质火山岩（如安山岩和玄武岩）密度高于地层平均密度而形成重力高；超基性岩体大部分蛇纹石化，未变质橄榄岩、辉石岩等往往以残留体出现，因此在整个超基性岩体上形成重力高。

四、区域地球化学场特征

收集As、Sb、Bi、W、Sn、Mo、Cr、Ni、Co、Sr、La、Au、Ag、Cu、Zn、Pb共16个元素进行地球化学统计和制图，统计结果见表1-5。

表 1-5 地球化学特征值统计结果

特征值	As	Sb	Bi	W	Sn	Mo	Cr	Ni
极大值	252.00	208.00	64.00	246.00	27.00	31.00	961.40	1286.70
极小值	0.05	0.02	0.01	0.12	0.20	0.06	0.10	0.10
样品数	22443	22443	22443	22443	22443	22443	22443	22443
均值	7.00	0.63	0.27	1.39	2.06	0.70	56.77	23.13
标准差	6.88	1.72	0.63	2.89	1.15	0.57	44.84	23.97
变异系数	0.98	2.72	2.34	2.08	0.56	0.82	0.79	1.04
异常下限	22.57	1.80	0.52	3.88	4.63	0.60	171.37	67.46
地壳丰度（黎彤）	2.20	0.60	0.0004	1.10	1.70	1.30	110.00	89.00
特征值	Co	Sr	La	Au	Ag	Cu	Zn	Pb
极大值	77.90	3150.00	205.00	71.50	1140.00	139.60	362.20	101.70
极小值	0.05	22.00	0.60	0.15	10.00	0.10	7.00	0.10
样品数	22443	22443	22443	10198	10198	10198	10198	10198
均值	10.67	286.44	30.66	1.69	53.58	21.21	48.12	15.00
标准差	5.35	131.66	10.16	2.45	33.59	10.81	18.38	7.51
变异系数	0.50	0.46	0.33	1.45	0.63	0.51	0.38	0.50
异常下限	25.60	591.01	54.63	4.34	101.02	46.27	99.68	35.41
地壳丰度（黎彤）	25.00	480.00	39.00	4.00	80.00	63.00	94.00	12.00

注：Au、Ag 单位为 10^{-9}，其他元素单位为 10^{-6}。

测区 As、W、Sn 等元素平均值高于地壳丰度，其他元素 Sb、Bi、Mo、Cr、Ni、Co、Sr、La、Au、Ag、Cu、Zn、Pb 等元素平均值均低于地壳丰度，说明该区 As、W、Sn 元素相对富集，其他元素较贫。从元素的离散度来看，Sb、Bi、Au、Ni、Au、As、Mo、Cr 等元素的变异系数（离差/均值）接近 1 和大于 1，具有较大的离散度，即分散聚合能力强，成矿可能性大。

元素组合分布规律明显，既反映地质构造背景和演化，又提供找矿信息（图 1-7 至图 1-10）。

Fe-Mn-Cr-Ni-Co-V-Ti 元素组合沿阿尔金山断裂带呈北东向分布，有呈串珠状的高背景区，南祁连党河南山断裂带及海相火山岩系出露区有较连续的高背景。

Cu-Pb-Zn-Ag-Au-As-Cd-B-Ba 元素组合区域上分布较为一致，在阿尔金山断裂带上的异常呈串珠状北东向延伸，在祁连地区呈北西向串珠状异常带。

W-Sn-No-Bi 元素组合高背景区分布较为局限，在阿尔金山—肃北段呈北东向分布，对应于中酸性侵入岩体；Au-Ag-As-Sb-Hg 元素组合为低温元素组合，空间分布上均与金元素有相似之处，在阿克塞后塘—别盖桥头出现近东西向展布的异常带，在阿尔金山断裂带与南祁连党河南山断裂带的交汇部位，出现水平方向上的 Au-As、Hg-Ag、Sb 分带现象，形成了党河南山 Au-As-Ag-Cu-Pb 地球化学域。

Li-Be-Nb-Zr-Y-La-U-Th 元素组合为稀有、稀土及放射性元素组合，在阿尔金山—肃北段出现高背景，与沿断裂分布的中酸性侵入岩有关，呈现西低东高趋势。

五、区域遥感影像特征

在 ETM 假彩色遥感影像图（图 1-11）上，地势中间高、南北低，起伏较大。线性构造影像和环形构造影像沿阿尔金山断裂带、南祁连褶皱带密集分布，敦煌南部南泉地区出现大型羟基异常。

遥感线性要素特征：板块缝合带影像特征十分清晰，呈现连续性好的宽大带状影像，两侧色彩、地形地貌、影纹结构差异十分明显，影像组合明显不同。阿尔金巨型走滑构造带为高山地貌，

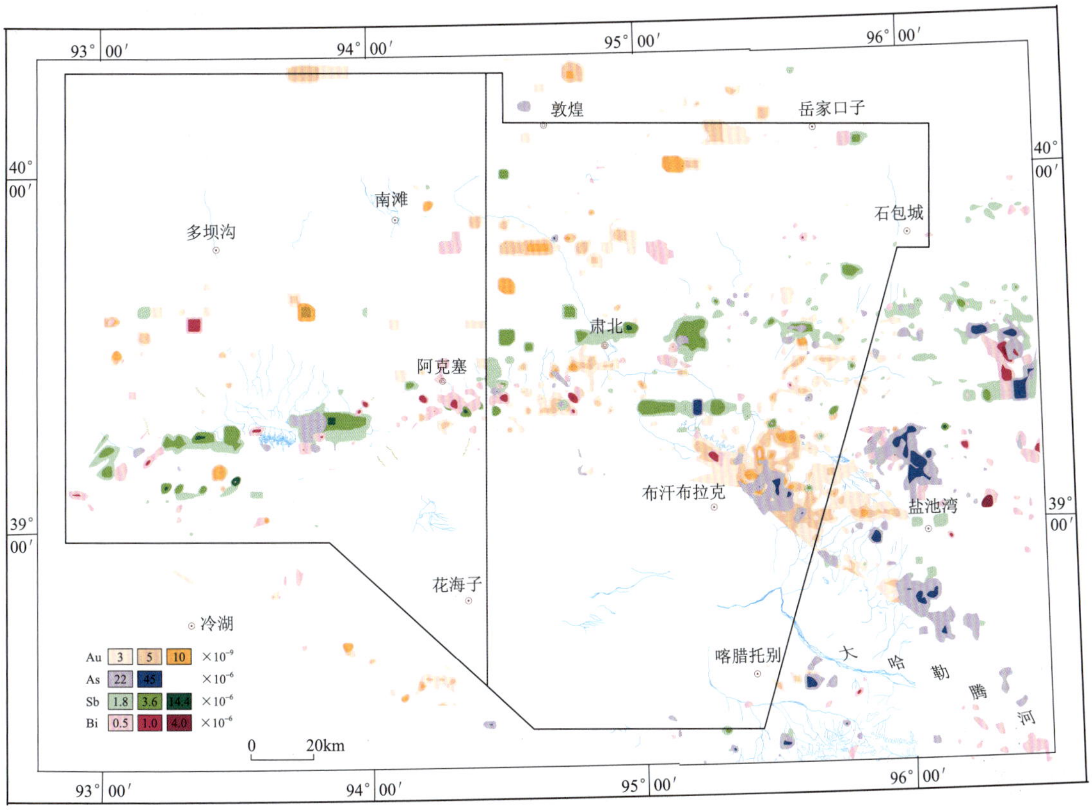

图 1-7　测区 Au-As-Sb-Bi 化探异常图

（据 1∶20 万化探数据编制）

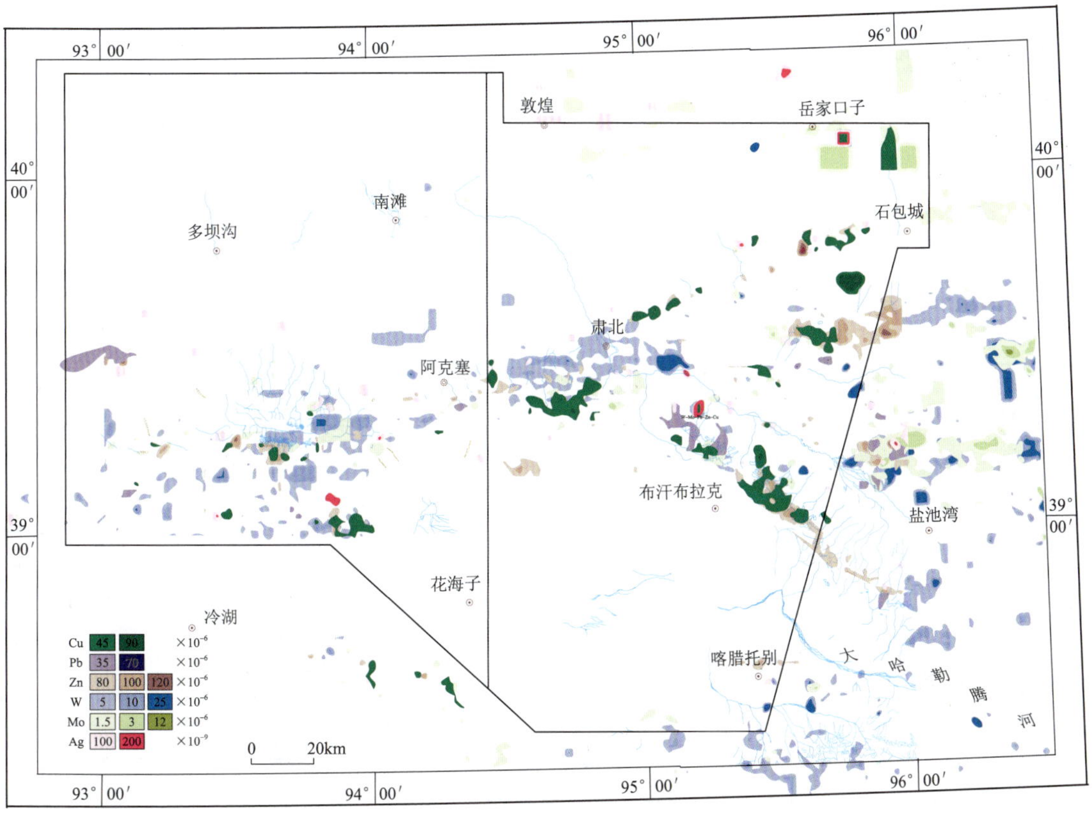

图 1-8　测区 Cu-Pb-Zn-W-Mo-Ag 化探异常图

（据 1∶20 万化探数据编制）

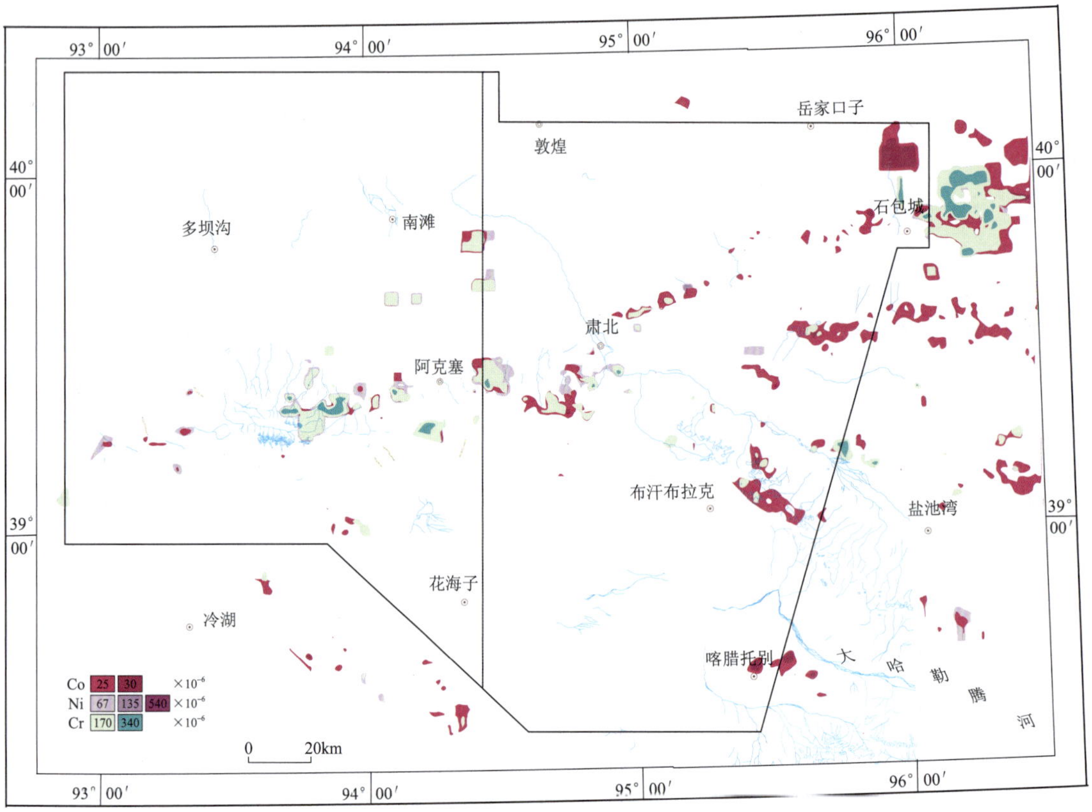

图 1-9 测区 Co-Ni-Cr 化探异常图

（据 1：20 万化探数据编制）

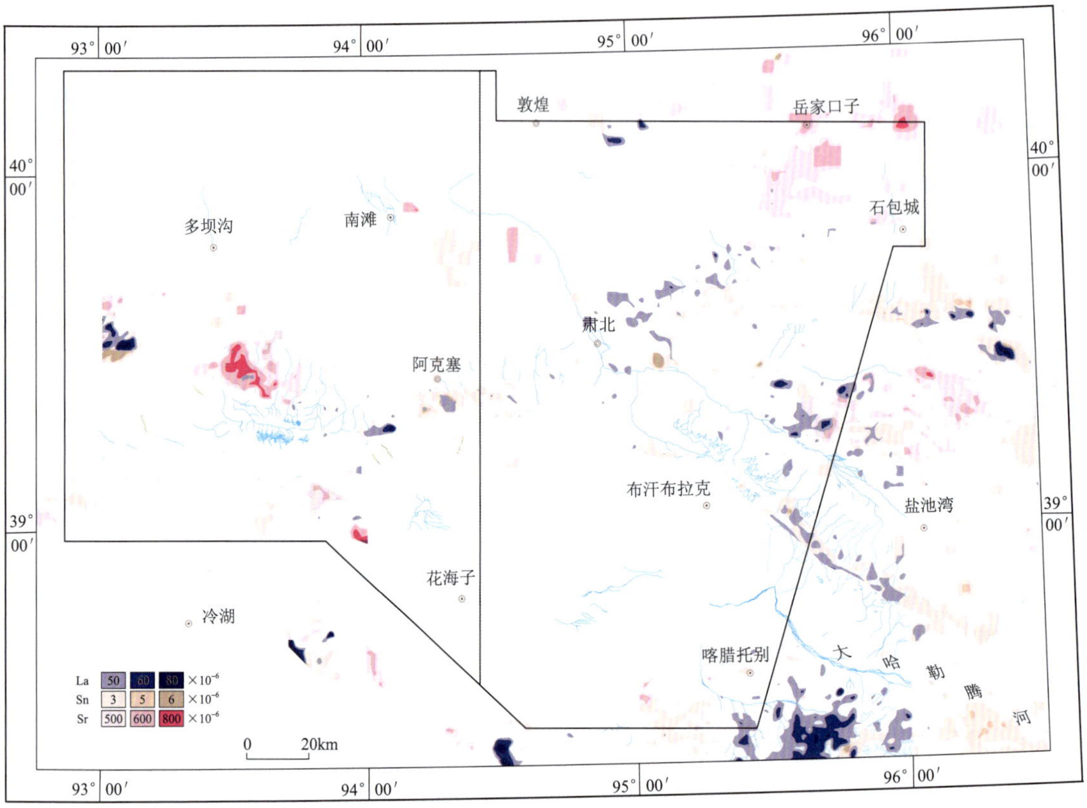

图 1-10 测区 La-Sn-Sr 化探异常图

（据 1：20 万化探数据编制）

图 1-11　测区遥感影像图（ETM$^+$数据 RGB：741）

南、北为微倾斜的戈壁平原，二者突变界线犹如刀切一般，极为醒目。大型断裂和中小型断层遥感特征明显，形成不同色调和不同影纹结构的影像错位。断续延伸的狭小平行密集型影纹带是脆韧性变形构造。弧形展布的山体、沟谷和影纹，常常为逆冲推覆构造。

遥感环要素特征：环形构造主要由不同时代的花岗岩类、闪长岩、基性岩、隐伏岩体、火山机构、构造穹窿和盆地引起，分布在多坝沟、野马南山、肃北县、化石沟等地区。

块要素特征：主要为两组平行断层围拢的菱形，其次为断层围绕的多边形或梯形，少量为帚状构造围成的三角形，分布在阿克塞红柳沟和肃北县的红柳峡一带、党河南山的扎子沟地区。

区域蚀变遥感组合异常与热液型铅锌矿点有关的常常较小，但是相对比较密集，异常主要分布在阿尔金断裂带北侧好布拉格、党河南山扎子沟地区；与火山热液型铜矿有关的常常小，但是相对分散，异常分布在似人沟一带。

第二节　研究区工作程度

一、区域地球物理研究程度

（一）航磁测量工作程度

测区航空物探测量工作起步较早。20 世纪 90 年代之前，开展了 1：100 万的航磁测量工作，为主要区域航磁基础数据。由于当时测量比例尺较小，仪器精度和定位精度所限，获得的测量数据精度较低。

近几年大调查和矿保项目在该区周边地区开展了大量1∶5万和1∶10万高精度调查（表1-6；图1-12）。其中，北部为2010年开展的新疆东天山东南缘1∶5万高精度航磁测量和甘肃敦煌—玉门地区1∶5万航空物探调查，西部为2009年开展的新疆若羌县茫崖—拉配泉一带1∶5万高精度航磁测量，东部为2012—2014年开展的祁连成矿带西段1∶5万航磁测量，南部为2007年开展的青海柴达木盆地西北部地区1∶10万航磁测量。测区已被高精度航磁测区包围，有必要在测区内开展高精度航磁测量工作，以利于区域地质研究和找矿预测。

表1-6　测区及周边航磁工作一览表

编号	工区名称	测量参数	工作年份	比例尺	飞行高度/m	定位方式	质量评价
A	柴达木盆地航空磁测	磁	1966—1967	1∶100万	800	目视领航	测量误差一般不大于±2nT
B	甘肃省北山地区航空物探（磁）	磁、放	1966—1967	1∶5万	70	目视领航	测量误差一般不大于±2nT
C	甘肃省北山地区敦煌、酒泉工区航磁及放射性测量	磁	1967—1968	1∶10万	120	目视领航	
D	甘肃省北山区敦煌工区航空物探（磁及放射性）	磁、放	1968—1969	1∶5万	100	目视领航	
E	祁连山地区构造航磁普查	磁	1983—1985	1∶100万	2000	目视领航	全区测量均方误差为±4.9nT
F	罗布泊—阿拉善地区构造航磁概查	磁	1983—1986	1∶100万	500	目视领航	全区测量均方误差为±4nT
G	柴达木盆地冷湖—西部地区高精度（磁、伽马能谱）勘查	磁、放	1992—1993	1∶10万	90	GPS	全区测量均方误差为±1.82nT
H	青藏高原中西部航磁概查	磁	1998—2000	1∶100万	833	GPS	全区测量均方误差为±2.92nT
I	青海柴达木盆地西北部地区	磁	2007	1∶10万	87	GPS	总精度为0.91nT
J	新疆若羌县茫崖—拉配泉一带航磁测量	磁	2009—2010	1∶5万	650	GPS	全区测量均方误差为±2.86nT
K	新疆东天山东南缘地区航磁	磁	2010	1∶5万	146	GPS	总精度为0.92nT
L	祁连成矿带西段1∶5万航磁测量	磁	2013—2014	1∶5万	612	GPS	全区测量均方误差为±1.76nT
M	甘肃敦煌—玉门地区1∶5万航空物探调查	磁、放	2010—2012	1∶5万	102.5	GPS	总精度为1.88nT

注：编号与航空物探工作程度图（图1-12）内的编号一致。

（二）地面磁法测量现状

测区内部在20世纪60—80年代开展过地面磁测工作，主要是针对铁矿带、矿区（点）进行普查、详查，以及超基性岩体的普查，隐伏岩体调查及航磁异常查证，工作比例尺为1∶1000至1∶5万不等。2000年之后开展了大量以铁、铜、金、铅锌等多金属找矿为目的的地面磁测工作，在综合找矿和矿产评价等方面都取得了较好的效果。地面测量多为局部小范围，资料分散在各施工单位，很难集成和综合利用，不利于区域研究。

（三）重力测量现状

1∶100万、1∶50万区域重力覆盖全区。1∶20万区域重力调查完成的有祁连西部和阿尔金山山脉地区（图1-13）；柴北缘局部地段进行过1∶10万重力测量。

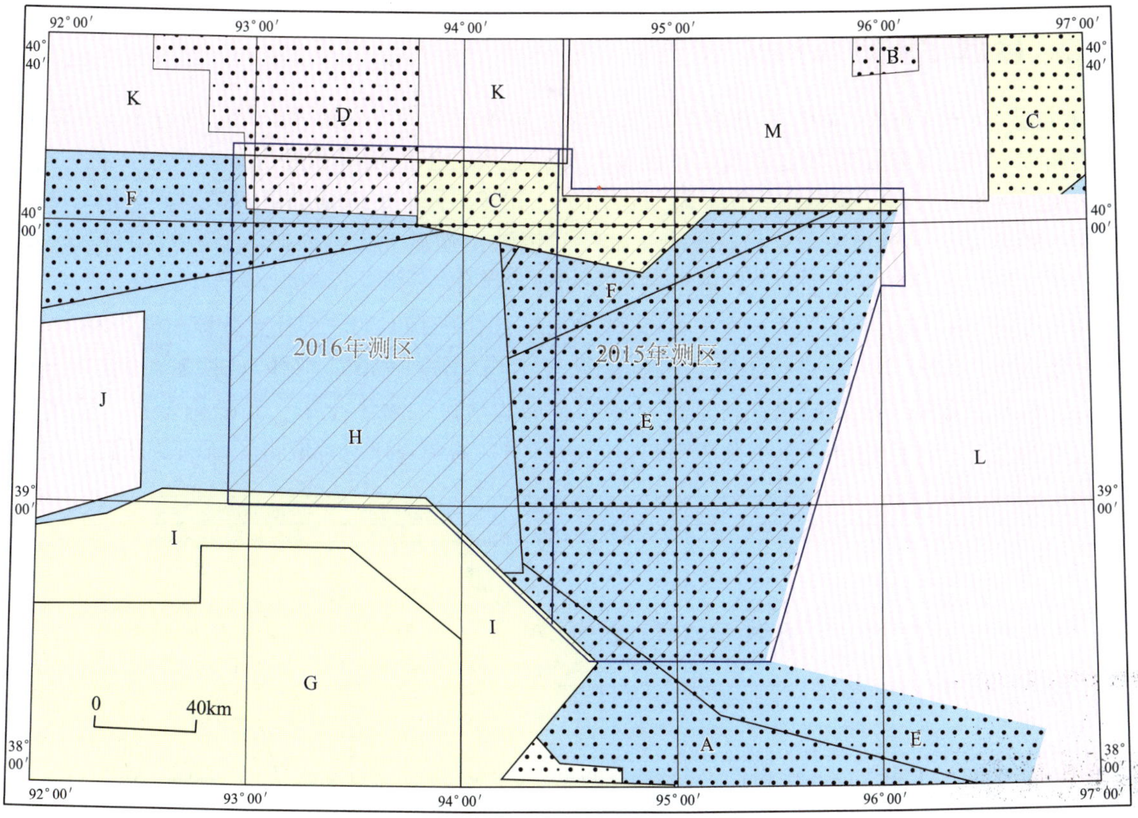

低精度 1∶50万~1∶100万　1∶10万~1∶25万　≥1∶5万　高精度 1∶50万~1∶100万　1∶10万~1∶25万　≥1∶5万　工作区

图 1-12　测区航空物探工作程度图

（据中国国土资源航空物探遥感中心，2014）

A、B、C、D 等编号与表 1-6 内的编号一致

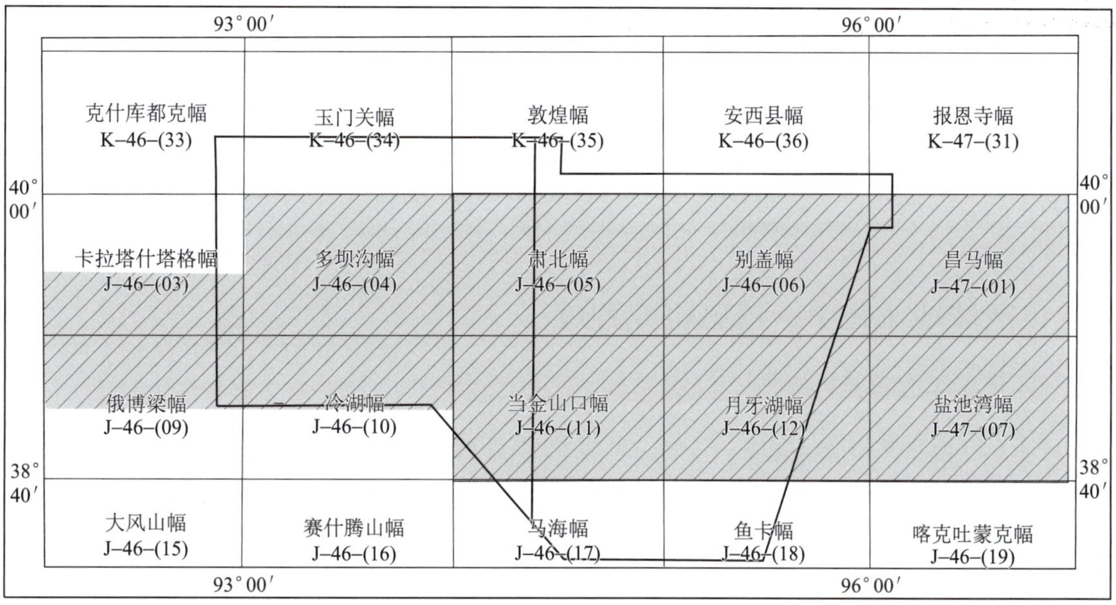

工作区　1∶20万重力　0　80km

图 1-13　1∶20 万重力测量分布图

（据全国地质资料数据中心、全国数字地质资料馆、甘肃省国土资源资料馆资料，2015）

二、区域地质研究程度

20 世纪 50—60 年代，国家组建西北地质局及下属各地质队，在测区及周边进行了 1∶20 万区域地质调查，并且开展了以黑色金属、有色金属及非金属为主的普查和勘探，发现了一批矿产地。在测区及周边地区发现了镜铁山铁矿、皂矾沟铜矿、孔雀山铜矿、硫磺山硫黄矿等矿产地。

70—80 年代，矿产地质调查相对较少，陆续对镜铁山铁矿、大岔铁矿、掉石沟铅锌矿、大东沟铅锌矿、塔尔沟钨矿等几个勘查区进行过普查和详查工作。

90 年代至今，陆续开展了 1∶25 万区域地质调查（图 1-14）、1∶5 万区域地质调查和 1∶5 万矿产地质调查。2000 年之后进行了大量的矿产勘查工作（图 1-15），对区域铁矿、铜矿、金矿、钨矿等评价研究取得了丰硕成果；特别是对测区及周边地区的寒山金矿、鹰嘴山金矿、黑刺沟金矿、红柳沟金矿、滩间山金矿、小柳沟钨矿、石居里铜矿的调查研究都取得了新的突破和认识。

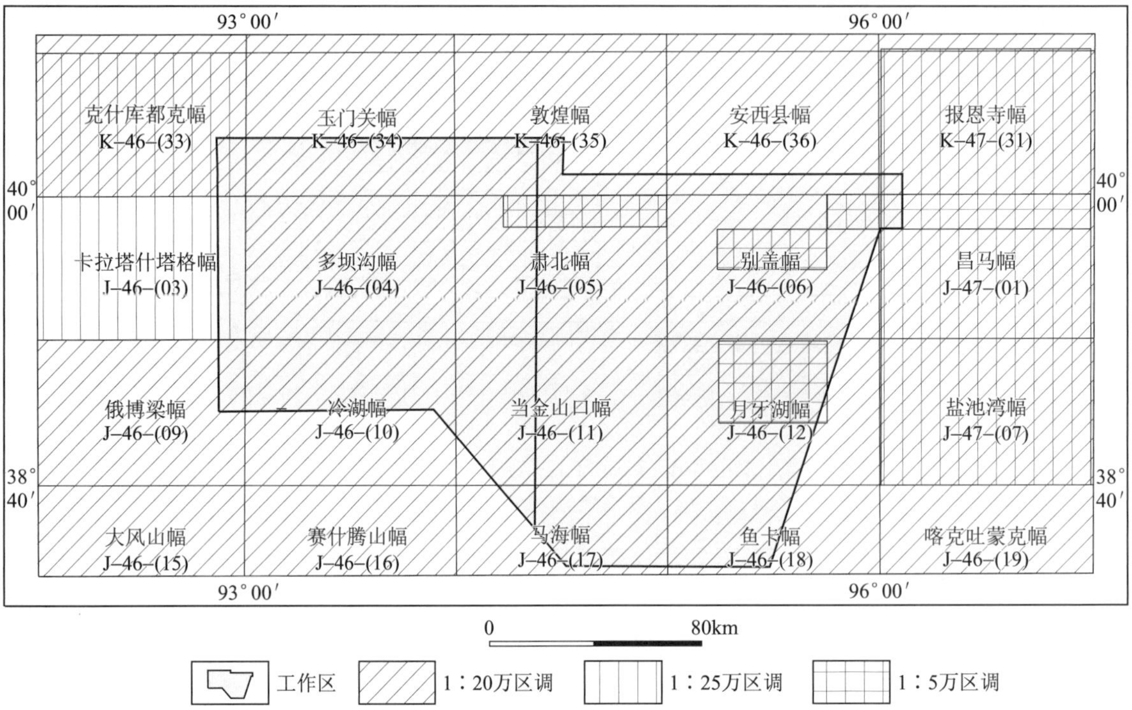

图 1-14　测区区域地质调查工作程度图

（据全国地质资料数据中心、全国数字地质资料馆、甘肃省国土资源资料馆资料，2015）

三、区域地球化学、遥感研究程度

（一）化探工作程度

测区 1∶20 万化探扫面已完成。其中，20 世纪 80 年代开展过的 1∶20 万区域化探扫面工作成果被广泛应用于各项基础地质研究及找矿工作中（图 1-16）。此项工作的采样介质以水系沉积物为主，采样密度为 1~2 个/km^2，然后按 4km^2 网格组合一个样品，每个组合样测试 39 种元素。为多金属找矿提供了有效的找矿信息，特别是在金矿勘查中，Au 的地球化学异常可以作为直接找矿指标。在阿尔金山和南祁连党河南山断裂带上发现有大规模的 Au、Ag、As、Sb、Bi、Hg 等异常，指示该区有良好的找金潜力。

在重点成矿带阿尔金山脉、祁连山脉，以及交接处等成矿条件优越的地区开展了多个图幅的 1∶5 万化探，为金、铜、铅、锌等多金属找矿提供了更加直接的找矿信息。

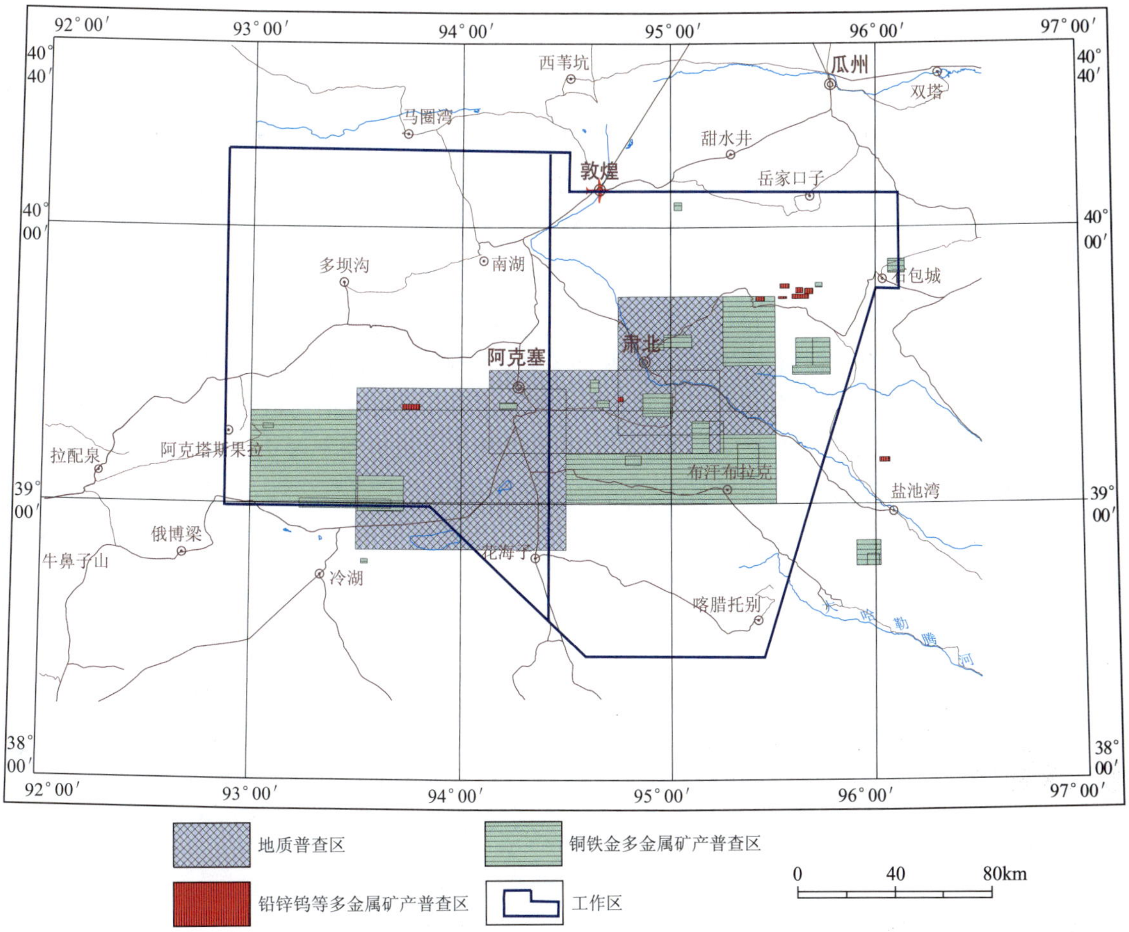

图 1-15　测区矿产勘查工作程度图

（据全国地质资料数据中心、全国数字地质资料馆资料，2015）

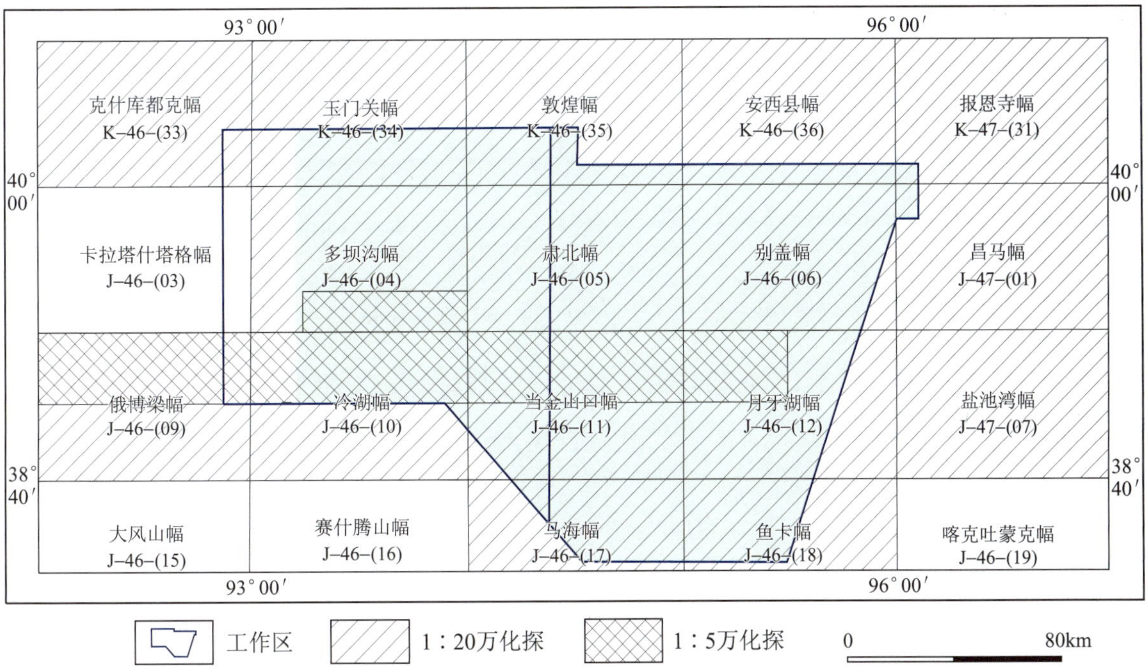

图 1-16　1∶20 万和 1∶5 万化探测量分布图

（据全国地质资料数据中心、全国数字地质资料馆、甘肃省国土资源资料馆资料，2015）

（二）遥感工作程度

2000年之后，中国地质调查局在工作区及周边开展过大量遥感调查和解译工作，如针对盆地油气勘查开展的西北地区中小盆地群遥感构造地质解译；围绕区内重点成矿区带和主要矿区开展了遥感地质解译工作，如北祁连西段1∶50万遥感构造解译、柴北缘地区（1∶5万~1∶20万）遥感地质解译、阿尔金东段地区遥感找矿异常提取方法研究等。

四、综合研究程度

20世纪50—70年代，甘肃和青海两省进行了铁、铜矿的专题研究，并划分了成矿预测区。1982年，甘肃省地质矿产局组织编制了《甘肃省区域地质志》，对甘肃省区域地层、沉积岩及沉积作用、岩浆岩及岩浆作用、变质岩及变质作用、地质构造、区域地质发展史等部分进行了系统研究和总结。1989年，甘肃省地质矿产局组织编制了《甘肃省区域矿产总结》，对全省74个矿种矿产地进行了全面系统的综合分析研究。2013年出版的《甘肃省区域成矿找矿》系统研究了区域地层及沉积环境、火山岩及火山作用、侵入岩、变质岩、大地构造及演化、物化遥勘查技术方法及成果、成矿带及成矿系列的划分和研究、典型矿床成矿特征及模式等，是甘肃省地质矿产勘查研究的重要参考资料。

近年来，中国地质调查局开展了多个综合研究项目，包括对测区所属成矿区带进行找矿规律研究和成矿预测。重要的有1999年的“甘肃北祁连西段铜多金属资源评价”，2002年的《祁连成矿带成矿规律和找矿方向综合研究报告》，2003年的“全国主要成矿远景区矿产资源调查评价重点选区研究”和“全国矿产资源潜力评价”项目，为测区基础地质研究、找矿预测提供了重要参考资料。

第二章　航磁测量技术方法

测区 1∶5 万航磁测量方法选择和质量控制标准严格按照国家发布的《航空磁测技术规范》（DZ/T 0142—2010）、中国自然资源航空物探遥感中心实施的《航空物探测量作业指导书》（QC7.5-06-2012C/0）和 ISO2000 质量体系的要求开展。

第一节　测网布置

区域地质资料及以往航磁测量结果显示，区内主要地质构造线方向和磁异常走向多为北东东向、北西西向、近东西向，遵循主测线方向应尽量垂直或基本垂直于测区内主要地质构造或磁性体走向，同时兼顾与相邻测区数据拼接和施工方便等因素，结合项目总体安排和任务要求，全区采用的测量比例尺为 1∶5 万，即测线间距为 0.5km，切割线间距为 10km，构成测网密度 0.5km×10km，确定测区测线方向为南北方向，即 0°⇌180°；根据切割线垂直测线的原则，确定切割线方向为东西方向，即 90°⇌270°。根据编图的需要，在测区边部分别布置一条切割线，以便控制相邻测线间的磁场水平（图 2-1）。

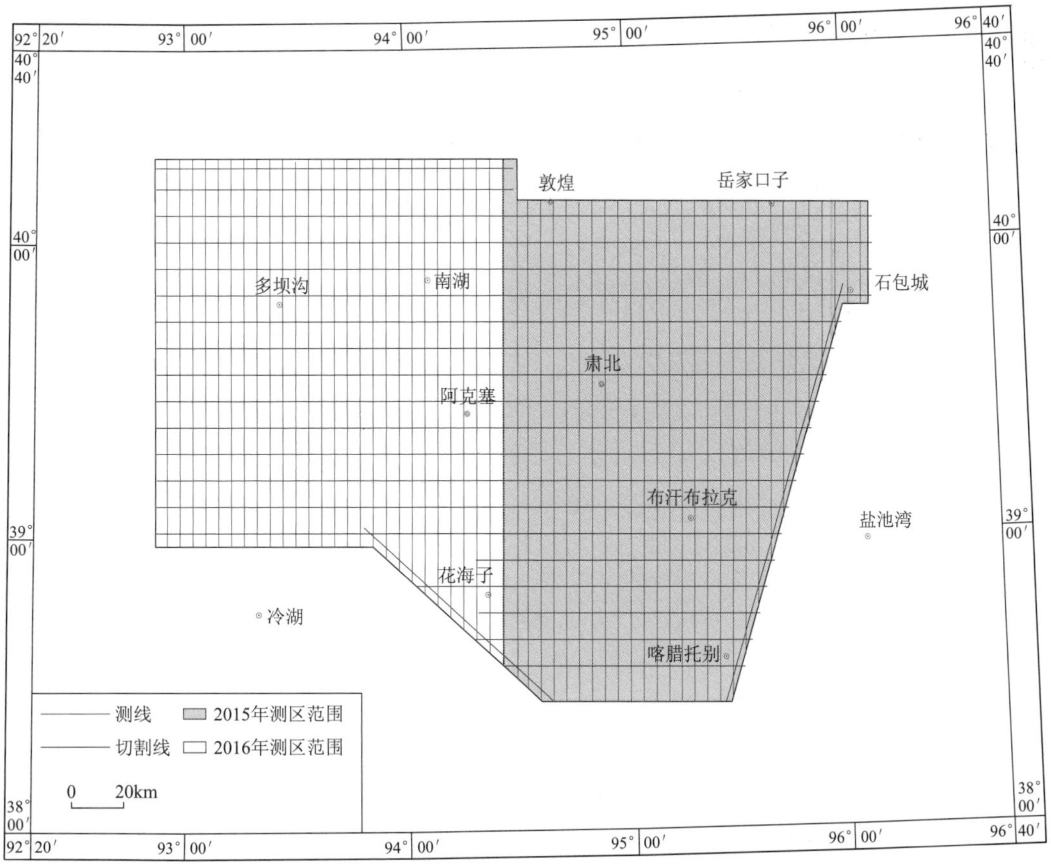

图 2-1　敦煌—阿克塞地区测网规划图

按上述工作要求在测区范围进行了测网设计，全区设计测线535条，测线工作量81200km；切割线23条，切割线工作量4300km，全区总工作量设计为85500km。

从本测区实测数据绘成的航磁ΔT等值线图可以看出，测区内磁场信息丰富，异常信息反映完整清晰，异常走向与主测线近于正交，异常轮廓清晰可辨，连续性好并且完整，充分说明测线和切割线布置合理，测量效果比较理想。

第二节 航空物探测量系统集成

根据测区地形地貌特征、气象条件和航磁测量任务，本项目先后使用上海中瑞通航两架AS350B3直升机（机号B-7446、B-70CM）承担测量飞行任务。高精度航磁测量系统主要包括空中机载测量系统、地面磁日变观测系统和原始数据微机预处理系统。

一、空中机载测量系统

本测区空中机载测量系统由CS-3型航空铯光泵磁力仪和DSC-1航磁自动数字补偿器及数据收录系统、HD-01型导航定位仪、CG-T-3.0型无线电测高仪，1241M型微型气压高度仪、GR-33A型图形数字记录仪等组成，主要性能指标如下。

1. CS-3型航空铯光泵磁力仪

工作范围：15000～105000nT。

灵敏度：0.0006nT/$\sqrt{\text{Hz}}$(rms)。

绝对精确度：<2.5nT。

适用区域：10°～85°（北半球）；95°～170°（南半球）。

方位误差：±0.25nT（从光轴里面到野外方向的角度范围分别是15°～75°和105°～165°）。

信噪比：典型的0.002nT（P-P），带宽0.1～1Hz。

电源：24～35V直流电。

运行温度：-40～+50℃。

湿度：高达100%，防潮。

预热时间：在-30℃下少于15min。

运行电流：启动时1.5A，在20℃时减少到0.5A。

2. DSC-1航磁自动数字补偿器及数据收录系统

用于对飞机的磁干扰场进行测定和自动补偿、收录保存测量数据。

磁场范围：20000～100000nT。

分辨率：1pT。

补偿改善率：10～20（对总场的典型值）。

补偿精度：0.035～0.08nT（补后标准差）。

采样率：最大10次/s。

频率响应：0.1～2.0Hz。

补偿时间：6～10min。

收录能力：具有GPIB接口；串并行口；80线I/O口；32道，12位A/D口；6道，12位D/A口；RS232/RS458接口。

扫描源：内部、外部任意数据源。

扫描速率：2次/s。

同步机制：采样和扫描分开；0 延迟。

误码率：<0. 1%。

收录格式：每次扫描采用 198 字节收录格式。

3. HD-01 导航定位仪

用于飞行导航、领航和偏航等参数监控。

收录能力：12 通道 GPS/GLONASS；L1 频率，C/A 码；30s 热启动（典型值）；40s 冷启动（典型值）；2s 重新捕获；1~5 次/s 定位数据输出（可选）。

动态性能：最大速度 1852km/h；加速度 20g。

实时定位精度：2dRMS（95%）。

数据输出：标准 NMEA-0183 v2. 1 输出；Ashtech 专用格式输出。

4. CG-T-3. 0 型无线电测高仪

用于获得每一测点上无线电高度值。

测高范围：0~4000m（气压 4500m，无线电 3000m）。

中心频率：4300MHz。

系统精度：0~150m，±3%；150~4000m，±5%。

输出方法：4 位 BCD；0~4000m，1. 25mV/m。

数字指示器分辨率：0~150m，1m；150~4000m，10m。

采样率：2 次/s。

5. 1241M 型微型气压高度仪

用于获得每一测点上海拔值。

测高范围：-1000~15000ft[1]。

系统精度：海平面处，±6. 25ft；1000ft 处，±8. 5ft；15000ft 处，±9. 9ft。

输出格式：直显式，单位为 m。

6. GR-33A 型图形数字记录仪

用于对收录的各类信息实施模拟监控。最多可以记录 32 道有字符注解的模拟，有效记录宽度为 315mm，记录分辨率为（4×4）点/mm^2，使用记录速度为 1mm/s，为无人值守情况下非必需设备。

二、地面磁日变观测系统

地面磁日变观测系统使用 HC-07 型氦（^{4}He）光泵磁力仪、DDS-1 型磁日变收录系统、3057 型两笔模拟记录仪和不间断电源进行磁日变观测和数据收录，具体性能指标如下。

1. HC-07 型氦（^{4}He）光泵磁力仪

用于获得地面磁场日变值。

灵敏度：0. 0025~0. 010nT。

显示灵敏度：0. 01nT。

环路带宽：0. 3~0. 5Hz。

采样率：1 次/s。

探头转向差：≤2. 5nT。

测量范围：30000~80000nT。

---

[1] 1ft=0. 3048m。

输出方法：数字 7 位 BCD 码，模拟输出 10nT。

2. DDS-1 型磁日变收录系统

用于收录地磁场日变数据。

数据输出：32 位 BCD 口；RS232。

扫描源：外部。

扫描速率：1 次/s。

误码率：<0. 1%。

收录格式：时间（1~11 字节）、空格（12 字节）、磁场值（13~21 字节）、结束符 0D0A（22~23 字节）。

3. 3057 型两笔模拟记录仪

用于对收录的地磁场日变值实施模拟监控。

动作方式：自动平衡型（直流伺服方式）。

记录方式：易处置的纤维笔。

记录笔间距：约 5mm。

有效记录宽度：150mm/100 分度。

精度：有效记录宽度±0. 25%。

量程间误差：笔振幅的±0. 25%。

记录纸：折叠纸 125mm 宽×15m 长。

记录纸传送速度：2cm/min。

测量档位：500mV。

电源：220VAC（±10%）约 0. 3A。

记录参数：磁场日变值（0. 1nT/格）、时间（2cm/min）。

三、微机预处理系统

航磁数据预处理系统主要由 ThinkPad W540 高性能移动工作站、爱国者大容量移动硬盘、三星激光打印机和航空物探数据处理及解释软件系统 GeoProbe 2. 0 组成。在野外作业期间及时处理每架次磁测数据，进行有关技术指标统计和测量质量检查、备份测量数据并绘制航迹、航磁 ΔT 剖面平面草图等。

四、仪器测试

2015 年及 2016 年，航空物探空勤仪器室将测量所需仪器交付野外测量项目组时，均提供了该年度使用的测量系统的全面测试报告，并通过了总工办组织的专家验收。为使野外所采集的数据质量可靠，两年中所使用的测量系统未发生变化。测量系统性能优秀，状态稳定，客观上保障了野外测量中取得优质数据的可能性。主要测试指标汇总如表 2-1 所示。

表 2-1　2015 年、2016 年仪器接收时空中测量系统静态测试技术指标

测试科目	测试指标 2015	测试指标 2016	规范要求指标	备注
空中测量系统稳定性（噪声水平）	3. 384pT	3. 113pT	≤10pT	观测时间≥5h
一致性	0. 418nT	0. 359nT	<0. 5nT	观测时间≥5h
探头转向差	0. 3nT	0. 4nT	≤1nT	按航磁规范采样
频率响应	0. 4s	0. 4s	≤1s	按航磁规范采样
数据采集系统漏码率	0	0	<1‰	观测时间≥5h

续表

测试科目	测试指标 2015	测试指标 2016	规范要求指标	备注
定位精度测试（平面）	1.12m	1.63m	≤10m	观测时间≥5h
定位精度测试（高程）	2.17m	3.04m		观测时间≥5h
日变测量系统稳定性（噪声水平）	3.340pT	4.691pT	≤10pT	观测时间≥5h

第三节　测量飞行方法

航磁测量野外生产作业飞行方法包括静态测试、辅助测量和生产测量 3 部分内容。

一、静态测试

根据磁测技术规范要求，为评估磁力仪的噪声水平，在野外测量生产开工的前、中、后期，分别选择停机坪附近磁干扰场小、无磁暴以及无人文干扰的时段，进行地面静态观测收录，每次观测时间不少于 2h。用观测记录结果计算磁数据四阶差分值，以衡量磁力仪静态噪声水平。

本测区空中磁测系统共进行了 6 次地面静态观测，用观测结果计算出的磁四阶差分静态噪声水平见表 2-2。

表 2-2　空中磁测系统地面静态测试噪声水平统计

测试时间	2015.07.29	2015.10.15	2015.12.13
统计结果/pT	0.635	0.705	0.685
测试时间	2016.07.27	2016.09.22	2016.11.06
统计结果/pT	0.906	2.274	2.853

试验结果表明，在生产施工期间磁力仪静态噪声水平均优于《航空磁测技术规范》（DZ/T 0142—2010）中≤10pT 的要求。

二、辅助测量

本测区航磁辅助测量包括视察飞行、飞机磁干扰场补偿飞行、重复线飞行。

1. 视察飞行

为了保证人员及飞机安全，测区开始测量飞行工作之前及飞行人员更换后，应安排视察飞行。

视察飞行工作主要任务是：核对所使用导航地形图与实际地形、地物、山峰标高的吻合程度；了解测区地形与气象特征，以便选择合理的测量飞行方法和拟定飞行计划及相应的技术安全措施；考验航空测量飞机、航空磁测系统和导航定位系统的工作性能及作用范围；了解磁场概貌，为选择磁测软补偿飞行区做好准备。

2. 飞机磁干扰场补偿飞行

为了最大限度地消除飞机产生的磁干扰场对测量数据的影响，确保仪器测量精度，在机场空域磁场相对平静区域用 DSC-1 航磁自动数字补偿仪进行了磁干扰场测定和补偿飞行。

具体补偿方法：在机场空域附近选择一处磁场平静、磁梯度小、边长 30km 左右的矩形闭合区域（区域内磁场值变化范围小于 200nT），矩形两条边方向分别与测线、切割线方向一致，飞机在闭合区域 4 条边上连续飞行。补偿飞行时航磁自动数字补偿器设置为补偿方式，飞机航向 0°→90°→180°→270°→0°（重复），飞行高度保持 3000m，每一航向上分别做 3 组不同姿态的动作，顺序如下：平飞→机翼摇摆（±10°）→平飞→机头俯仰（±5°）→平飞→机身侧滑（±5°）→平飞。每组动作连续、均匀进行不少于5次，每组动作之间的平飞时间大约10s，每个方向的动作在1′30″内完成，相邻方向间转弯时不大于30°的转弯角，闭合时重复一段距离，补偿完成解算合格后，分别在0°、90°、180°、270° 4个指定方位进行平飞检查。

本区进行了4次空中磁补偿飞行：两次为测区开工补偿飞行，两次为飞机600h定检后的补偿飞行，补后标准差分别为0.046nT、0.063nT、0.051nT和0.063nT，均满足设计指标补后标准差≤0.08nT的要求，基本达到了消除或消减飞机磁干扰场的目的（表2-3）。

表2-3　敦煌—阿克塞地区1∶5万航磁调查磁补偿补后标准差

观测日期	测量时间段	飞行高度/m	补后标准差/nT
2015.7.30	开工前	3000	0.046
2015.10.19	定检后	3000	0.063
2016.7.30	开工前	3000	0.051
2016.8.14	定检后	3000	0.063

3. 重复线飞行

为检查仪器工作的可靠性、一致性和导航定位质量，根据《航空磁测技术规范》（DZ/T 0142—2014）和《航空物探测量作业指导书》（QC7.5-06-2012C/0）以及设计书要求，测量飞行期间布置了重复线测量工作，重复线选取在有明显较强磁异常的测线上，既有飞行方向相同的重复线，也有飞行方向相反的重复线。设计中要求重复线飞行工作量占总测线工作量的1.5%~3%。2015年设计重复线600km，实际完成614km，为测量工作量的1.53%；2016年设计重复线600km，实际完成646km，为测线工作量的1.61%。

在本区重复线测量对比剖面中，同方向测线磁异常位置错动很小，显示的磁异常曲线形态几乎完全一致，异常的位置也均能一一对应，说明测量仪器的稳定性和可靠性较好。反向重复线对比剖面中，存在着坐标数据与磁场数据因采样时间与位置的不同步，导致磁异常相对位置错动的现象。为了消除由于滞后形成的位置差，本区测量数据进行了同步校正（将在第三章第一节“航磁数据校正”中叙述）。

从本区重复线测量结果中不难看出，重复线测量磁场具有较强的对比性，异常形态及幅度一致性较好，精确的导航定位系统使航迹保持了很好的一致性，不管是同向飞行还是反向飞行，异常峰值和形态均能够保持良好的一致性，区域背景场也有较强的对比性。

综上所述，重复线测量结果表明本测区野外作业航磁测量系统保持了很好的一致性和稳定性，保证了航磁测量具有较高的数据质量。

三、生产测量

野外航磁生产测量具体包括测线飞行和切割线飞行。

1. 测线飞行

测线飞行是航磁野外工作的主体，飞行方法选择和飞行任务安排主要结合项目总体设计指标及测区地形、航路距离、飞机性能（速度、续航能力、爬升下降率、转弯半径）、气象条件综合考虑。

本测区地形属于高原山区，地形切割大，中部高险，南北趋于平缓，在保证安全飞行的前提下，为尽可能地降低飞行高度、提高航磁找矿效果，在山区采用缓起伏飞行，平地区域采用平飞方法。在整个测区的测量飞行过程中，严格要求机组在保持匀速的前提下沿地形起伏飞行，针对同一座山，爬升、下降的速率基本保持一致，本测区内从未使用过“缓爬坡、快下坡”的飞行方式；针对测区内沿山脊分布的高压线及各种无标识电线，为了保证安全作业，不要求飞行员强行降低高度。

2. 切割线飞行

切割线飞行是航磁野外作业的重要部分，作为控制线，其飞行质量好坏直接影响最终的调平效果和成图质量。按照规范要求，切割线飞行应该选择气象条件较好、磁场平静的时间段开展工作，可根据已完成的磁场面貌对切割线布设进行适当调整，尽量选择磁场平缓部分进行切割线布设，以便减少由于飞行高度差异导致的交叉点场值差过大的现象，提高控制效果。

本测区共布设了 23 条切割线，切割线编号为 9010~9230。考虑到山区地形切割大的特点，测区又是分两年完成，所以在切割线飞行时，要求飞行员尽量保持测线飞行高度，而不一味追求降低飞行高度，尽量保证交叉点的飞行高度一致，同一切割线在接线处应尽量保持高度一致。以上措施的采取保证了较高的切割线飞行质量，这点可以从调平前后航磁测量总精度中体现出来。

第四节　导航定位方法及质量

本次飞行测量使用中国自然资源航空物探遥感中心自行研制的 HD-01 导航定位仪同时接收 GPS 和 GLONASS 两组星座卫星信号，可实时提供飞机的三维空间位置、飞行航向、飞行高度、速度等多种导航信息，由于采用同时接收美、俄两组不同星座卫星信号的先进技术，故有较高的导航定位精度。此外，通过 HD-01 导航定位仪能为飞行员实时可视化提供偏航等信息供飞行人员随时校正，保持正确航向。

一、导航定位方法

在开工前，技术人员将包含测线端点号的工区测网坐标数据（WGS-84 坐标）一次性输入 HD-01 导航定位系统指示器的存储器中。在飞机进入测线前，领航员根据队长下达的当日飞行任务书，在 HD-01 导航指示器上输入测线起点和终点号码，显示屏随即显示出该测线的已飞距、待飞距、偏航距、经纬度以及飞行地速、海拔等信息，供飞行员随时校正，确保飞机不偏离航线，以及飞行高度符合测量要求。在飞机退出测线的拐弯途中，由领航员输入下一条测线端点坐标号码，建立新的飞行导航信息。原始导航定位坐标数据采用 WGS-84 坐标系，采样间隔为 2 次/s，即一个基准号对应一组坐标信息，包括经纬度、飞机海拔等。

二、导航定位精度评价

根据测量规范要求，为确定 HD-01 型卫星导航定位系统的平面定位精度、评估磁力仪噪声水平，测区施工期间分别在测量飞行开始前、飞行中期、测量飞行结束之后在停机位置进行地面静态定点观测，每次观测时间大于 2h。

本测区对 HD-01 卫星导航系统共进行了 6 次地面静态定点观测，通过用观测结果计算出的平面定位精度（2D）、高度定位精度见表 2-4。

表 2-4　敦煌—阿克塞地区地面静态观测数据统计

测试时间	2015. 07. 29	2015. 10. 15	2015. 12. 13
平面定位精度/m	1. 35	0. 96	0. 90
高度定位精度/m	1. 29	3. 40	1. 17
测试时间	2016. 07. 27	2016. 09. 22	2016. 11. 06
平面定位精度/m	0. 95249	1. 10023	0. 72934
高度定位精度/m	1. 74083	1. 65494	1. 72586

实测数据统计结果表明，野外施工期间，导航卫星信号稳定，GPS 导航定位系统工作正常，且保持了较高的平面定位精度，其中最大平面定位精度误差为 1.35m，优于设计中要求的≤±10m 的指标。

三、飞行高度评价

敦煌—阿克塞地区属于高原山区，海拔高、地形切割大、地势较为复杂。根据测区地形条件，按照综合性和专属性航空磁测技术要求，测量飞机采用大致随地形起伏的飞行方式。

在实际飞行过程中，项目组人员与机组成员共同努力，克服天气、地形等各种困难，尽量降低飞行高度，对全区测线进行飞行高度统计，实际平均飞行高度为 101m，飞行高度≤150m 的测点占总测点的 92.56%，优于设计中测区平均飞行高度 150m 且其中<150m 的测点占全区总数据量的 80%以上的要求。分档统计直方图见图 2-2。

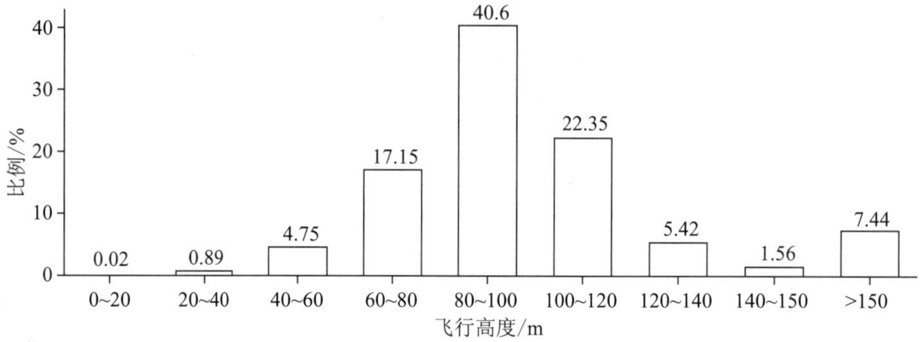

图 2-2　敦煌—阿克塞地区全区飞行高度分布图

四、测网疏密度统计评价

本区全部测线偏航距统计结果满足设计要求，没有偏航距超过 80m 且长度大于 5km 的测线段。本测区测网疏密度统计按 2km 间隔布置虚拟切割线统计，全区实际测网疏密度为 500m±10.7m，优于设计测网疏密度保持在 500m±80m 以内的要求，具体分档统计直方图见图 2-3。

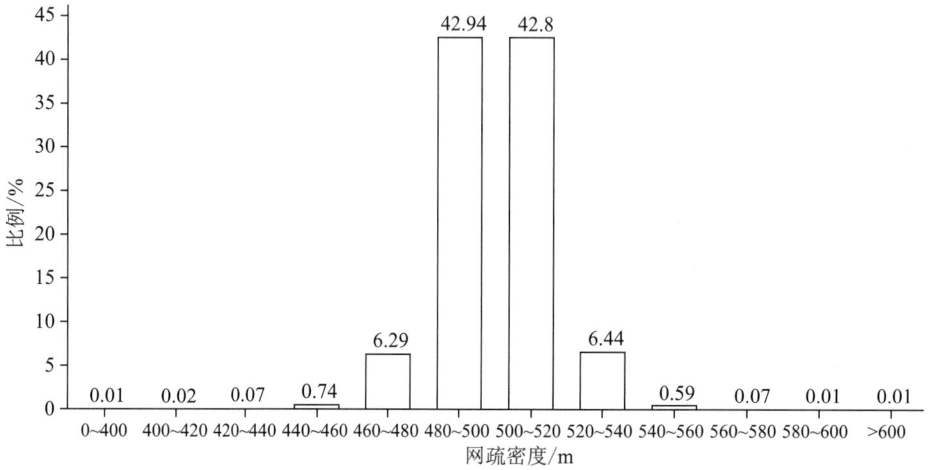

图 2-3　敦煌—阿克塞地区测网疏密度统计直方图

第五节　测量数据收录及质量

测量飞行空中数据采集收录系统为中国自然资源航空物探遥感中心自行研制的 DSC-1 航磁自

动数字补偿器 & 数据收录系统，数据收录的结果以文件形式记录在工业微机硬盘上。本区航磁测量磁数据采样率为 10Hz，一个记录长度为 198 字节。

空中收录原始数据，按架次文件形式通过 U 盘复制到预处理微机上，采用数据库形式进行回放，并运用航空物探专用数据处理软件 GeoProbe 对获得的数据进行野外预处理和质量监控工作，数据预处理包括坐标转换、连续性检查、磁测数据四阶差分统计、无线电高度统计、工作量统计、漏误码率统计、国际地磁参考场改正和磁日变改正，以及架次航磁 ΔT 剖面平面图草图、测线高度剖面图绘制等工作。数据库分为目录区、数据区；数据库包含 38 个信息组，在形成和编辑数据库的过程中未发现错码、漏码、记录不连续等现象，即数据采集系统漏码率为 0，优于设计漏误码率小于 2‰的要求。

空中磁测系统采用计算动态噪声水平 *Si* 值结合抖动度的方法来评价每条测线的航磁测量数据质量。全区所有测线动态噪声水平 *Si* 值在 0. 0 ~ 80. 0pT 范围的占总数的 94. 8%，满足设计一级资料 *Si*≤80. 0pT，二级资料 80. 0pT<*Si*≤140. 0pT，一、二级资料占 100% 的要求。超过 80. 0pT 部分的测点主要是飞行山区磁梯度较大造成的，并非仪器自身噪声原因。全区 47 个架次的所有测线动态噪声水平 *Si* 值在 0. 008 ~ 0. 046nT 之间，均满足一级资料动态噪声≤0. 08nT 的要求，无三级以下资料，优于设计中要求一级、二级资料大于 85% 的技术指标。磁原始测量数据全部参加统计，分档统计直方图见图 2-4。

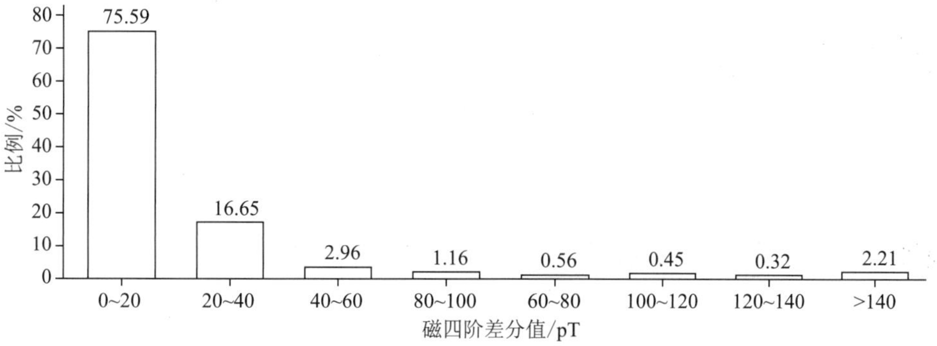

图 2-4　敦煌—阿克塞地区磁四阶差分值统计直方图

第六节　磁日变观测及质量

地面磁日变观测站的磁日变观测系统由一台 HC-07 氦光泵磁力仪、一台微机收录系统及接口、一台 3057 两笔模拟记录仪和工作电源组成。磁日变观测数据由 DDS 日变收录系统收录。

磁日变站址选取原则为人文干扰小、磁场平静，兼顾人员和设备安全以及用电方便，探头与工作室仪器主体及其他建筑物之间的距离超过 20m，以探头为中心的 2m 半径范围内磁场变化不超过 1nT。

根据选址原则，2015 年磁日变站设在敦煌市月牙泉镇月牙泉村二组 14 号农院边的果园内，该地点几乎无人文干扰。探头中心点位置坐标：40°05′31″N，94°40′17″E。

观测过程中，在日变点周围绘制 2m×2m 的网格，开展八方位九点联测。为了抵消磁场随时间变化的影响，在每个测试点观测前，先将探头置于原点处观测 10s，作为“中心点”数据，再将探头移至测试点观测 10s，之后再将探头放回中心点观测 10s，作为“测量点”数据。前后点数据平均得到实际改正值。测量结果见表 2-5。表中磁场梯度变化最大值为 0. 45nT，满足《航空磁测技术规范》（DZ/T 0142—2010）变化值小于 1nT 的技术要求。

2015 年 7 月 29 日 10:08 至 7 月 30 日 10:09 完成磁日变站 24h 连续观测，发现该日变基站受外界干扰较小，供电稳定连续，磁场水平基本平稳。连续观测的磁场变化范围为 55674.2~55709.9nT，确定磁日变站的基值为 55700nT。

表 2-5 敦煌月牙泉磁日变站九点联测磁场值统计

探头位置	实测磁场值 nT	磁场梯度值 (nT·m⁻¹)	探头位置	实测磁场值 nT	磁场梯度值 (nT·m⁻¹)
中心点	55703.7	0.3	中心点	55703.2	-0.4
0°	55704.3		180°	55702.4	
中心点	55703.7	-0.1	中心点	55703.1	-0.45
45°	55703.5		225°	55702.0	
中心点	55703.5	0.1	中心点	55702.8	0.2
90°	55703.7		270°	55702.4	
中心点	55703.4	-0.35	中心点	55702.8	-0.05
135°	55702.7		315°	55702.7	
			中心点	55702.7	

2016 年测区磁日变站设在阿克塞哈萨克族自治县西南角的植物园内，该地点远离公路，过往车辆稀少。探头的中心位置坐标：39°37′15″N，94°19′40″E。

测试结果（表 2-6）表明，阿克塞植物园磁日变站磁场梯度变化最大值为 0.45nT，满足《航空磁测技术规范》（DZ/T 0142—2010）变化值小于 1nT 的技术要求。

表 2-6 阿克塞植物园磁日变站九点联测磁场值统计

探头位置	实测磁场值 nT	磁场梯度值 (nT·m⁻¹)	探头位置	实测磁场值 nT	磁场梯度值 (nT·m⁻¹)
中心点	55215	-0.25	中心点	55215.2	0.25
0°	55215.5		180°	55214.7	
中心点	55215	-0.25	中心点	55215.2	0.3
45°	55215.5		225°	55214.6	
中心点	55215.2	-0.45	中心点	55215.2	-0.3
90°	55216.1		270°	55215.8	
中心点	55215.2	-0.1	中心点	55215.1	-0.35
135°	55215.4		315°	55215.8	
			中心点	55215.1	

2016 年 7 月 30 日 7:30 至 7 月 31 日 7:30 完成磁日变站 24h 连续观测，发现该日变基站受外界干扰较小，供电稳定连续，磁场水平平稳。未见明显人文干扰。连续观测 24h 的磁场变化范围为 55195~55220nT，确定磁日变站的基值为 55211nT。

测量期间探头采用无磁木架进行固定，每个架次探头位置和高度保持不变。

在测量飞行时，为了保证日变观测磁力仪的采样时间与空中磁力仪同步，在每架次飞行前地面收录系统与空中收录系统均参照 GPS 时间进行校时。

第三章　数据处理与图件编制

敦煌—阿克塞地区 1∶5 万航磁调查的航空物探数据处理由野外数据预处理和室内数据处理两部分组成。数据处理、调平及编图使用航空物探数据处理解释系统（GeoProbeMager）、加拿大 Geosoft 公司的地球物理处理软件 OASIS、航空物探彩色矢量成图软件 AgsMGis 和 MapGIS 软件完成。

第一节　数据处理及基础图件编制

一、坐标数据转换

空中原始收录的 GPS 坐标数据为 WGS-84 坐标系的大地坐标经度、纬度，经转换形成 2000 国家大地坐标系的大地坐标经度、纬度和地理坐标投影成平面直角坐标系北向距（X）、东向距（Y）。地理坐标转换参数如下：

1）坐标系：2000 国家大地坐标系。

2）投影方式：高斯-克吕格投影。

3）中央经线：93°。

4）中央经线比例因子 1.0。

5）假东距：500000m。

二、航磁数据校正

1. 正常场校正

正常场校正与正常场高度校正采用带年变的 2015 年国际地磁参考场（IGRF）模型，13 阶 13 级球谐系数，根据每个测点的位置信息（纬度、经度、高度）逐点计算国际地磁参考场并进行正常场校正。

2. 磁日变校正

磁日变校正采用野外分队实测的磁日变数据，按每架次的时间为准装入数据库。由于磁日变数据采样率低于空中收录数据采样率，因此装入数据库时所缺数据采用线性内插获得。

2015 年测区磁日变站设在敦煌市月牙泉镇月牙泉村二组 14 号农院边的果园内，磁日变站的基值为 55700nT。

2016 年测区磁日变站设在阿克塞哈萨克族自治县西南角的植物园内，磁日变站的基值为 55211nT。

3. 同步校正

磁测系统对磁异常的响应有一定的延迟，在固定的磁异常上空反向飞过，可以观察到滞后产生的错峰现象。为了消除由于滞后形成的差值，本区测量数据进行了滞后校正。滞后校正是将位置校正与同步校正两部分合成的综合校正，校正方法为：

$$t = \frac{1}{2}\Delta S/v \tag{3-1}$$

式中：t 为滞后时间；ΔS 为磁异常的位置差；v 为飞机每秒的平均地速。

本区重复线剖面中，同一架飞机与不同飞机的同方向测线磁异常相对位置错动非常小，反方向测线存在着坐标数据与磁场数据之间不同步现象。为了消除由于滞后形成的位置差，本区测量数据进行了滞后校正。

三、磁场水平调整

本区磁场水平调整采用以下两种方法依次进行调平，即切割线调平和微调平。由于本测区位于中高山地区，地形复杂，测量飞行难以保证测线间、测线与切割线间的测量高度一致，给磁场水平调整造成了很大困难。

1. 切割线法磁场水平调整

采用航空物探处理解释软件系统（GeoProbeMager）中切割线法进行磁场水平调整。在调平过程中，对测线与切割线交点磁场差值大的交点进行了筛除，使其交点不参加切割线调平计算。

在调平过程中，切割线法采用统计估算方法对控制线和测线交叉点的磁场做最大随机校正，以补偿主要由定位误差、飞行高度变化和交叉点基准号变化引起的随机误差。其步骤如下：

1）沿控制线调整线性水平。

2）沿测线调整线性水平。

3）自动迭代处理残差。

4）最终校正。

2. 磁场水平微调整

利用加拿大 Geosoft 公司的 OASIS montaj 软件对全区测线水平进行微调平。

经切割线调平后，仍有残留在测线上的微小幅度噪声。微调平方法是先计算出一组含校正后数据的信息组，并将其添加到数据库中，从原始数据中扣除校正量，得到微调平后的剖面数据。微调平较其他标准的去条带方法更具有优势，它能更好地从地质信号中辨别出测线上的噪声，并在不损失原始数据情况下消除噪声干扰。利用加拿大 Geosoft 公司的 OASIS 软件对全区测线水平进行微调平，最终在微调平的基础上，对全区测线水平进行调整 25nT。

四、航磁测量总精度

航磁测量的总精度是航磁测量系统的观测误差及各项校正不充分或不准确等误差的总和。测量总精度计算是在经过各项校正和调平后，用测线与切割线交叉点上磁场差值之均方差 δ 来衡量。其计算公式如下：

$$\delta = \sqrt{\frac{1}{2n}\sum_{i=1}^{n}\delta_i^2} \tag{3-2}$$

式中：δ_i 为第 i 个切割线与测线交叉点上磁场差值；n 为参加计算的切割线与测线交叉点数；δ、δ_i 的单位为 nT。

敦煌—阿克塞地区测线与切割线总交叉点数为 9354 个。磁场水平调平前，计算交叉点差值均方差，航磁测量总精度为 5.26nT，参加计算交点数占总点数的 99.25%，调平前分档统计直方图见图 3-1。

全区磁场水平统一调平后，计算交点差值均方差，航磁总精度为 1.84nT，参加计算交点数占总点数的 97.08%，满足设计全区测量总精度≥2.0nT 的要求，调平后分档统计直方图见图 3-2。

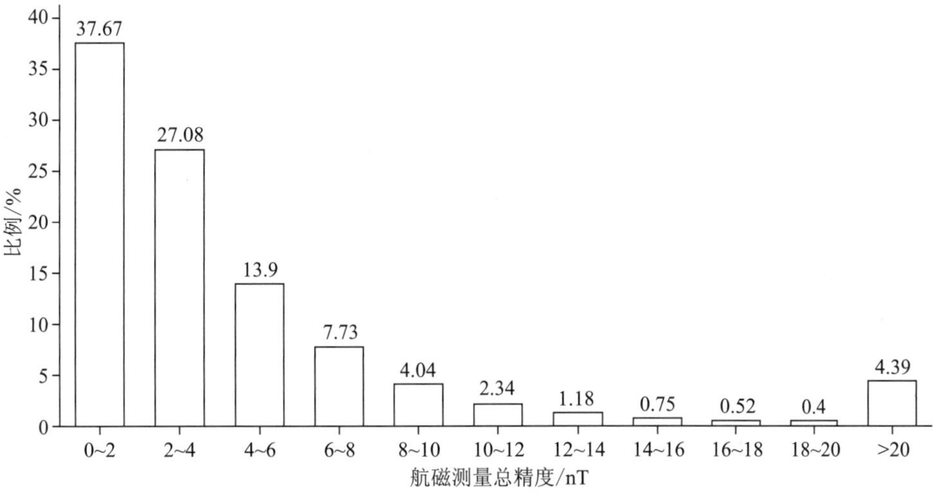

图 3-1　敦煌—阿克塞地区调平前航磁测量总精度统计直方图

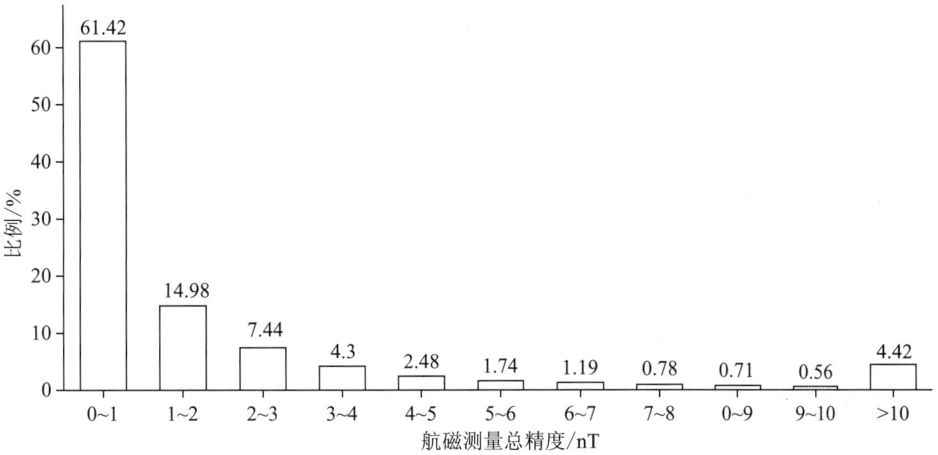

图 3-2　敦煌—阿克塞地区调平后航磁测量总精度统计直方图

五、基础图件编制

1）敦煌—阿克塞地区航磁测量航迹图。

2）敦煌—阿克塞地区航磁测量离地飞行高度图。

3）敦煌—阿克塞地区航磁 ΔT 剖面平面图（附图 1）。

4）敦煌—阿克塞地区航磁 ΔT 等值线平面图（附图 2）。

主要技术参数：

1）测量时间：2015 年 7 月至 2016 年 11 月。

2）使用机场：甘肃敦煌月牙泉飞天通航直升机场、甘肃阿克塞临时起降点。

3）使用飞机：上海中瑞通用有限公司 AS350B3 直升机，机号 B-7446、B-70CM。

4）测量仪器：CS-3 型航空铯光泵磁力仪、DSC-1 航磁自动数字补偿器数据收录系统、HD-01 型全球导航定位仪、CG-T-3.0 型无线电测高仪、HC-07 型氦（^{4}He）光泵磁力仪、DDS-1 型磁日变收录系统、3057 型两笔模拟记录仪。

5）飞行高度：平均飞行高度 101m，飞行高度≤150m 的测点占总测点的 92.5%。

6）定位精度：平面定位精度优于 10m，测网疏密度为 500m±10.7m。

7）测量比例尺：1∶50000，本书附图比例尺：1∶1000000。

8）成图采用 2000 国家大地坐标系，1985 国家高程基准，高斯-克吕格投影，中央经线 93°E。

第二节 数据位场转换处理

航磁 ΔT 异常是各种磁性体的综合反映，各种不同深度、不同规模、不同强弱的磁性体所引起的磁场信息相互叠加、干扰，无疑会对磁异常的分析、解释带来较大的困难，因此对航磁资料进行位场转换处理是十分必要的。

本测区根据航磁测量所要完成的目的、任务，测区所处的地理位置，区内的地质、地球物理特征等因素，在 150m×150m 航磁网格数据的基础上，进行了消除斜磁化影响的化极转换处理，突出局部磁异常信息的垂向一阶导数计算和剖面剩余异常计算，消除或减少浅层局部磁性体的影响，突出深源低频磁异常信息的向上延拓处理，突出磁场平面分布的磁性体及构造边界和断裂等梯度带信息的水平梯度模计算等位场转换等处理。

一、航磁 ΔT 化极处理及其效果

航磁 ΔT 化极处理目的是将倾斜磁化的 ΔT 场变换成垂直磁化的 ΔT 场。由于倾斜磁化的影响，造成磁异常中心并不位于磁性地质体正上方，而是沿倾斜磁化强度矢量水平投影的反方向上有不同程度的偏移错动，本区主要表现为异常南偏，同时北侧伴生不同强度的负值，这给确定磁性地质体的空间位置、形态、分布范围以及对磁异常的定性定量解释均带来了一定的困难和不便。通过化极处理，可基本消除或减弱由倾斜磁化而引起的异常错位现象，为进一步推断解释奠定基础。

本测区处于 38°~41°N 之间，属于中纬度地区，斜磁化影响比较严重，因此在进行进一步推断解释前，需要首先对磁场做化极处理，以消除（或减少）斜磁化所引起的磁性体与磁异常之间的位置偏移问题。由于本区的磁纬度跨度比较小，因此在化极处理中，选取区域中心位置的磁场参数进行化极处理，根据 2015 年国际地磁参考场（IGRF 2015）模型，测区中心的磁场参数为：地磁倾角 62.06°，磁偏角 0.60°，正常地磁场强度 56365nT。以航磁 ΔT 网格数据（网格间距 150m×150m）为基础，采用频率域位场转换处理技术进行了化极处理，获得了测区化极数据，并绘制了航磁 ΔT 化极等值线平面图。

对比航磁 ΔT 等值线平面图和航磁 ΔT 化极等值线平面图可知，航磁化极处理作用非常明显，局部异常整体向北移动，减小或消除了由于斜磁化而引起的多数局部异常正负伴生现象，为准确圈定磁性体边界创造条件，同时异常带及梯度带更加清晰，有利于揭示出不同地质体的分布与形态，对圈定各种不同类型的断裂、确定磁性体的性质及边界具有重要的意义。以测区内甘 C-2015-28 号异常为例，经化极处理后异常中心明显北移，北侧伴生的负值明显减小，同时异常梯度带的特征也更为明显。

二、航磁 ΔT 化极垂向一阶导数处理及其效果

一些叠加在区域背景场上的次级局部异常，在原始磁场等值线图或化极等值线图中表现并不明显，因此需要通过一定的数学处理手段来突出其特征。航磁 ΔT 化极垂向一阶导数处理是解决这个问题的一种有效手段。通常浅层磁性体规模较小，其异常强度沿垂直方向衰减相对较快，相应的垂直梯度较大；而深部区域性磁性地质体多数规模较大，异常垂向衰减相对较慢，相应的垂直梯度较小，故垂向一阶导数能有效地突出浅源磁性体产生的局部异常。另外，航磁 ΔT 化极垂向一阶导数图不仅突出了局部异常，而且其位置与其反映的磁性体位置基本一致，为圈定岩浆岩范围提供了非常重要的依据。航磁 ΔT 化极垂向一阶导数处理是在化极网格数据的基础上，在频率域内求磁场沿垂直方向上的一次变化率。

通过航磁 ΔT 化极垂向一阶导数处理后的磁场图，突出了浅部磁性体信息，而压制了深层区域场

的影响。该处理也消除或减弱了局部异常之间的叠加和干扰现象。因此，航磁 ΔT 化极垂向一阶导数处理在提取强背景场中的弱缓异常，圈定局部异常、火山构造、划分构造边界等方面具有重要作用。

三、航磁 ΔT 剩余异常计算及其效果

剩余异常处理的主要目的是利用航磁异常频率（或宽度）的差异将反映浅层地质信息的异常突出出来。通常深源磁性体产生的异常范围较大、频率较低，而浅源磁性体产生的异常通常范围较小、频率较高，剩余异常处理的实质是消除或减弱低频异常从而达到突出由浅源磁性体产生的高频磁异常之目的。

通常剩余异常的提取是在 ΔT 剖面上使用非线性滤波法处理的，需要通过多次试验选择比较合适的滤波半窗口进行低频滤波，滤波后获得低频滤波值，然后再从原 ΔT 磁场中减去低频滤波值即可得到所需要的剩余异常。

根据多次试验结果，本次滤波采用 30m 的半窗口宽度，消除表层高频异常干扰，使用半窗口宽度为 500m 的非线性滤波器进行高通滤波，压制深层区域场，最终得到期望的剩余异常，并绘制相应的航磁 ΔT 剩余异常剖面平面图。经处理后纵观全区，区域背景场得到了有效的压制或削弱，规模较小的浅层磁性体引起的局部异常得到了突出。与航磁 ΔT 剖面平面图相比，局部异常更加直观，线性构造形迹更加明显。

四、航磁 ΔT 化极上延处理及其效果

磁场向上延拓就是将原测量平面上的磁场值向上换算得到另一高度平面上的磁场值，相当于提高了观测面的高度。根据位场理论，随着上延高度的增加，磁性体引起的异常强度按指数规律衰减，浅源高频磁异常衰减较快，而深源低频区域磁异常衰减较慢。因此，为了消除浅层磁性体干扰，对区域场进行解释，进而认识宏观地质构造，在化极网格数据的基础上采用频率域向上延拓的方法进行了深部信息的提取。根据解释的需要，对本区磁场进行了 1km、3km 向上延拓处理，并编制了相应的磁场图。

经过化极上延处理，有效地压制了浅部磁性体引起的异常，突出了深源低频磁异常，对于确定磁性基岩、深大断裂及区域构造格架有着重要意义。

上述位场转换处理方法的实现都基于中国自然资源航空物探遥感中心自主开发的地球物理数据处理解释软件（GeoProbeMager），并利用航空物探彩色矢量成图软件（AgsMGis）进行了数据处理相关图件的编制。

位场转换处理图件包括：

1）敦煌—阿克塞地区航磁 ΔT 化极等值线平面图（附图 3）。

2）敦煌—阿克塞地区航磁 ΔT 化极垂向一阶导数等值线平面图（附图 4）。

3）敦煌—阿克塞地区航磁 ΔT 剩余异常剖面平面图（附图 5）。

4）敦煌—阿克塞地区航磁 ΔT 化极上延 1km、3km 等值线平面图。

主要技术参数：

1）数据来源：2015—2016 年中国自然资源航空物探遥感中心实测数据。

2）处理方法：①化极，采用频率域位场转换处理技术；②垂向一阶导数，在化极基础上，采用频率域位场转换处理技术；③剩余，选用 30m 半窗口进行低通滤波，使用半窗口宽度为 500m 的非线性滤波器进行高通滤波，得到剩余异常；④上延，在化极处理基础上进行了 1km、3km 向上延拓处理。

3）技术参数：地磁倾角为 62.06°，磁偏角为 0.60°，正常地磁场强度为 56365nT，网格间距为 150m×150m。

4）测量比例尺：1∶50000，本书附图比例尺：1∶1000000。

5）本图采用 2000 国家大地坐标系，1985 国家高程基准，高斯-克吕格投影，中央经线 93°E。

第四章　区域磁场特征

第一节　岩（矿）石磁性特征

物性采集使用中国自然资源航空物探遥感中心研制的 ZH-1 型智能磁化率仪进行现场测定，测定物性点 257 个，完成物性点的数据统计和各地质单元的物性统计工作，并结合测区基础地质图件和航磁测量基础图件进行了物性特征总结与研究，编制了物性点位分布图（图 4-1）。

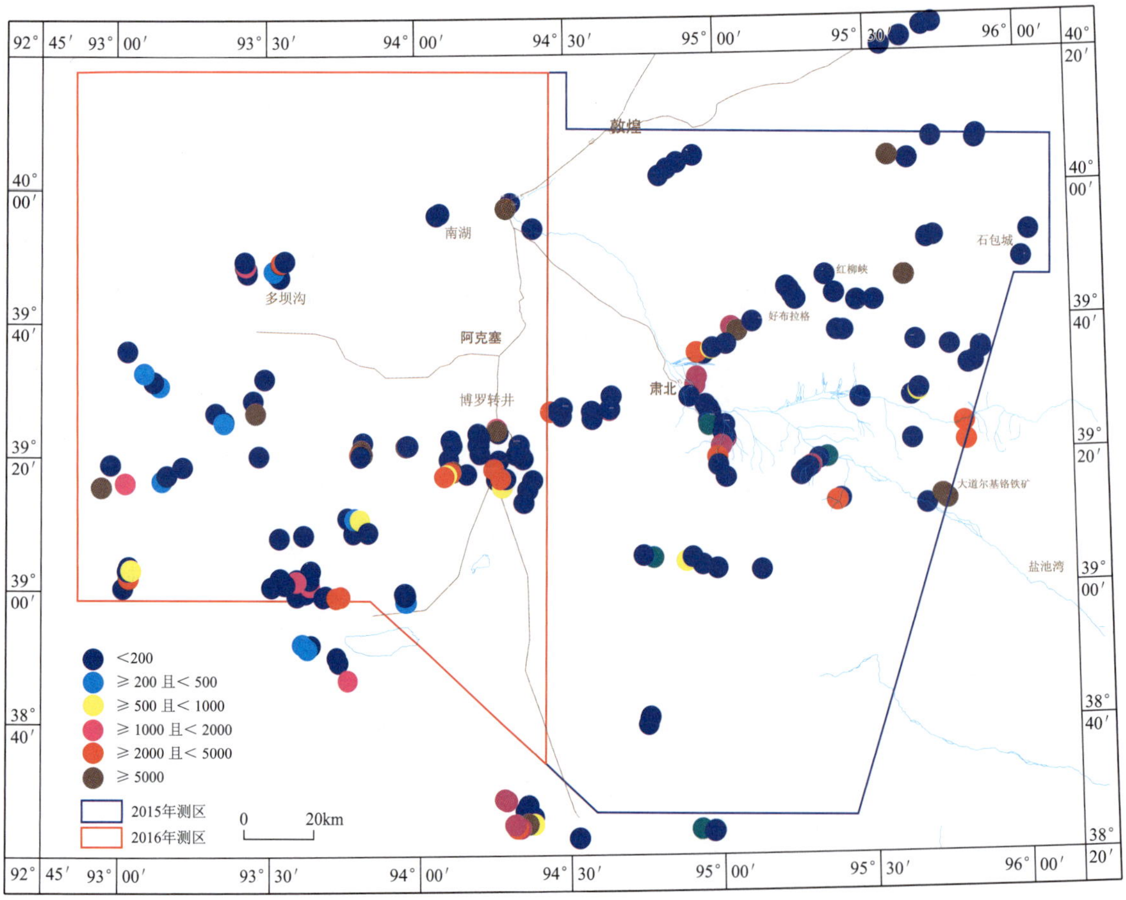

图 4-1　敦煌—阿克塞地区物性测量点分布图

图例数值单位为 10^{-5}SI

岩（矿）石的磁性特征是进行航磁测量和解释的物性前提和关键，测区实测岩（矿）石磁性统计结果详见表 4-1 至表 4-6，岩（矿）石磁化率柱形图详见图 4-2 至图 4-4。

1. 沉积岩类

区内砂岩、砾岩、板岩、片岩、灰岩、白云岩等基本上属弱磁性或无磁性，其磁化率均值一般都在 50×10^{-5}SI 以下，通常会形成平静负磁场区。

表 4-1　敦煌—阿克塞地区显生宙实测地层岩石磁化率统计

地层代号	岩性	测点数	磁化率 $\kappa/10^{-5}$SI				备注
			最大值	最小值	平均值	常见值	
E*b*	粉砂岩、含砾砂岩	32	53	9	25	20~30	肃北—西水儿
J*dŝ*	砂砾岩、砾岩、粉砂岩	92	30	2	11	10~15	肃北—黑达坂
C*y*	砂岩	31	53	5	25	15~40	
C*h*	含砾砂岩	32	257	27	85	70~120	
D*m*^{1}	灰褐色千枚状粉砂岩	30	1828	296	802	500~1000	
D*m*^{1}	长石石英砂岩	62	52	20	34	30~40	
S*bl*	片理化中细粒长石砂岩	44	988	175	541	300~600	
S*bl*	片理化中细粒长石砂岩	306	62	2	21	10~50	
S*bl*	英安岩	65	5806	980	2500	2000~3000	
O*yĉ*	变质长石石英砂岩	30	50	27	40	35~45	
OS*T*	凝灰质砂岩	36	57	32	45	40~50	
OS*T*	片岩、千枚岩	69	75	11	42	35~65	
OS*T*	安山质凝灰岩、安山岩	76	3346	63	367	100~1000	
O*Wl*	杏仁状安山岩	30	7015	1577	3719	2000~5000	扎子沟
O*Wl*	灰绿色蚀变安山岩	39	1616	169	494	300~450	
O*Wl*	灰绿色蚀变安山岩	30	60	30	46	30~60	
O*Wl*	变质砂岩、砂页岩	92	68	6	35	32~51	
O*Wl*	灰绿色、灰黑色玄武岩	55	9760	238	2079	1000~5000	
€*xm*	板岩、变质砂岩	102	132	2	35	2~45	
€*h*	砂岩、白云岩	151	118	1	40	1~20	
€*h*	凝灰岩	42	7852	907	2808	2000~3500	肃北—似人沟

注：J*dŝ*—侏罗系大山口组；D*m*^{1}—泥盆系牦牛山组一岩段；C*h*—石炭系红柳园组；OS*T*—奥陶系—志留系滩涧山群。其他代号参见表 1-1。

表 4-2　敦煌—阿克塞地区元古宙地层实测岩石磁化率统计

地层代号	岩性	测点数	磁化率 $\kappa/10^{-5}$SI				备注
			最大值	最小值	平均值	常见值	
Qb*y*	灰岩	99	37	9	11	10~15	
Qb*y*	千枚岩	34	37	25	32	30	
Jx*h*	结晶灰岩、灰岩（灰黑色）、大理岩（肉红色）、白云岩	160	12	0	6	1~8	
Jx*h*	云母石英片岩	45	85	32	53	40~60	
Jx*h*	黑云斜长片麻岩	31	7850	1003	3791	2000~6000	
Jx*T*	构造碎屑岩（青灰色）	36	2127	10	377	30~60	
Ch*h*	灰绿色中酸性凝灰岩	40	4206	501	1453	1000~2000	博罗转井
Ch*h*	灰绿色中酸性凝灰岩（含磁铁矿）	38	102000	3302	26099	7000~20000	博罗转井
Ch*h*	千枚岩	30	76	21	47	30~50	
Ch*h*	长石石英砂岩	43	57	4	16	20~30	
Ch*a*	晶屑凝灰岩	30	8846	1021	3629	2500~4000	肃北西部—加尔乌宗
Ch*a*	千枚岩、板岩、砂板岩	159	100	13	40	30~50	

续表

地层代号	岩性	测点数	磁化率 κ/10^{-5}SI				备注
			最大值	最小值	平均值	常见值	
Ch*a*	浅灰色安山质凝灰熔岩	35	3615	1013	1850	1000~2000	
Ch*a*	中基性碎屑岩（浅绿色，破碎严重）	46	13825	1290	6055	4000~10000	阿尔金山—特克阿苏开任
Ch*a*	中基性碎屑岩	31	4328	1818	2987	2000~3500	阿尔金山—特克阿苏开任
Pt_2W	千枚岩	31	57	27	39	30~50	
$Pt_1T.$	大理岩	30	29	6	14	10~20	
$Pt_1T.$	黑云斜长片麻岩、花岗片麻岩	256	1243	6	96	10~250	
$Pt_1J.^b$	黑云斜长片麻岩、片麻岩	63	32	13	20	15~25	
$Pt_1J.^a$	黑云角闪斜长片麻岩	30	1966	1019	1347	1100~1500	
$Pt_1B.^3$	大理岩、结晶灰岩	93	89	2	22	2~32	
$Pt_1B.^3$	二云片岩	30	2236	567	1217	900~1600	含磁铁矿
$Pt_1B.^3$	石英片岩	62	56	6	25	6~50	
$Pt_1B.^3$	硅质岩	40	67	3	23	10~30	
$Pt_1B.^2$	二云石英片岩、斜长角闪岩	76	7486	683	2423	1200~3000	含磁铁矿
$Pt_1B.^2$	二云母片岩	30	2407	1012	1497	1200~1600	
$Pt_1B.^2$	二云母片岩、石英云母片岩、黑云斜长片麻岩、黑云角闪片麻岩	191	710	1	131	30~500	
$Pt_1B.^1$	斜长角闪岩（磁铁矿）	30	40612	10820	23048	18000~25000	
$Pt_1B.^1$	斜长角闪岩	30	2832	838	1415	1100~1600	
$Pt_1B.^1$	透辉变粒岩	66	639	18	185	50~400	
$Pt_1B.^1$	黑云斜长片麻岩、二云石英片岩、斜长角闪岩	165	439	19	92	30~130	
$Pt_1B.^1$	砂岩	30	35	12	25	17~35	
$Pt_1D.^2$	云母石英片岩、黑云角闪片麻岩、片麻岩、绿泥石英片岩	191	49	6	25	30~40	
$Pt_1D.^2$	黑云角闪斜长片麻岩、黑云斜长片麻岩	66	4632	1036	1900	1500~2000	
$Pt_1D.^1$	黑云斜长片麻岩	43	8550	862	3770	2000~6000	化石沟

注：Qb*y*—青白口系龚岔群窑洞沟组；$Pt_1T.$—古元古界托赖岩群；Pt_2W—中元古界万洞沟群；$Pt_1J.^b$—古元古界金水口岩群中岩组；$Pt_1J.^a$—古元古界金水口岩群下岩组。其他代号参见表1-1、表1-3。

表4-3　敦煌—阿克塞地区新太古代—古元古代地层实测岩石磁化率统计

地层代号	岩性	测点数	磁化率 κ/10^{-5}SI				备注
			最大值	最小值	平均值	常见值	
$Pt_1D.^1$	片麻岩、黑云斜长片麻岩、黑云石英片岩	30	630	12	88	80~200	
$Ar_3-Pt_1D.^4$	蚀变安山质凝灰岩	32	6343	230	2361	1800~2700	多坝沟
$Ar_3-Pt_1D.^4$	斜长角闪岩、片理化流纹岩	66	90	7	44	15~90	
$Ar_3-Pt_1D.^3$	黑云斜长片麻岩	30	14449	3485	7584	5000~10000	青石沟
$Ar_3-Pt_1D.^3$	黑云斜长片麻岩、黑云斜长角闪片麻岩	78	3379	321	1435	1000~2000	大红山
$Ar_3-Pt_1D.^3$	黑云斜长片麻岩、黑云斜长角闪片麻岩、花岗片麻岩、黑云斜长角闪岩	280	723	7	101	10~600	
$Ar_3-Pt_1D.^2$	大理岩	303	37	1	8	1~8	

续表

地层代号	岩性	测点数	磁化率 $\kappa/10^{-5}$SI				备注
			最大值	最小值	平均值	常见值	
$Ar_3-Pt_1D_c^2$	花岗片麻岩、黑云斜长片麻岩	346	700	10	119	50~200	
$Ar_3-Pt_1D_c^2$	石英岩	61	103	2	10	7~20	
$Ar_3-Pt_1D_c^2$	斜长角闪片岩	30	8761	930	4033	1000~4300	肃北

注：代号参见表1-3。

表4-4 敦煌—阿克塞地区实测侵入岩磁化率统计

岩石代号	岩性	测点数	磁化率 $\kappa/10^{-5}$SI				备注
			最大值	最小值	平均值	常见值	
ΣS	超基性岩	30	18426	1439	7551	4600~9000	
ΣO	超基性岩	45	45670	4221.00	9722.42	6000~15000	红柳沟
ΣO	超基性岩	38	15979	7238.00	10107.71	7000~15000	石棉矿
ΣO	超基性岩	69	47933	3053	11884	10000~18000	
$\beta\upsilon$O	辉绿岩	31	16410	472.00	8639.23	8000~12000	青崖子
$\beta\mu$	辉绿岩脉	44	165	17.00	64.66	30~100	
υS	辉长岩	30	79	55	67	65~75	
υO	辉长岩	65	529	41.00	113.00	70~120	青崖子
δP	闪长岩	70	4025	201.00	1568.89	1300~1900	化石沟
δP	闪长岩	64	86	31.00	47.91	40~60	化石沟
δS	闪长岩	34	7337	1001.00	2185.79	1000~3000	冷湖北部
δS	闪长岩	62	1314	131.00	487.00	300~800	冷湖北部
δD	闪长岩	60	3988	353	1403	350~1800	
δO	闪长岩	132	4603	121	1532	120~1900	
ξO	角闪正长岩	30	7818	2716	4560	3750~5000	野马河南
δoD	石英闪长岩	65	4571	35	821.85	80~1000	格塔尔巴斯沟
δoS	石英闪长岩	60	2756	1005	1968	1700~2300	
$\gamma\delta o$J	英云闪长岩	65	182	30	52.00	30~90	冷湖向西
$\gamma\delta o$P	英云闪长岩	67	36	14	24.42	20~30	化石沟
$\gamma\delta o$C	英云闪长岩	65	48	4	19	13~22	肃北县东山岩体
$\gamma\delta o$S	英云闪长岩	60	2020	206	728	300~900	月牙山岩体
$\gamma\delta$S	花岗闪长岩	30	20	12	16.40		

表4-5 敦煌—阿克塞地区实测侵入岩磁化率统计

岩石代号	岩性	测点数	磁化率 $\kappa/10^{-5}$SI				备注
			最大值	最小值	平均值	常见值	
$\eta\gamma$P	二长花岗岩	68	389	31	208.00	150~250	格塔尔巴斯沟
$\eta\gamma$P	二长花岗岩	129	68	2	23	2~50	
$\eta\gamma$S	二长花岗岩	72	449	4	97.81	80~200	大鄂博头
$\eta\gamma$S	二长花岗岩	62	39	2	16	10~25	小鄂博头
$\eta\gamma$O	二长花岗岩	33	25	9	18	13~23	
myl$\eta\gamma$€O	二长花岗岩	95	70	13	33	15~50	鹰嘴山
$\gamma\delta$P	花岗闪长岩	32	1143	521	853	770~900	

续表

岩石代号	岩性	测点数	磁化率 $\kappa/10^{-5}$SI				备注
			最大值	最小值	平均值	常见值	
$\gamma\delta$C	花岗闪长岩	122	26	6	17	10~30	
$\gamma\delta$D	花岗闪长岩	30	57	27	39	30~50	
$\gamma\delta$D	花岗闪长岩	31	2380	622	1234	600~1500	
$\gamma\delta$S	花岗闪长岩	153	102	10	36	10~50	野马南山
$\gamma\delta$S	花岗闪长岩	94	2538	103	843	700~1700	党河南山
$\gamma\delta$O	花岗闪长岩	62	26	6	13. 60	6~25	
myl$\gamma\delta$€O	花岗闪长岩	98	61	4	18	10~40	鹰嘴山
γP	花岗岩	30	10	3	6. 60	5~10	
γP	花岗岩	35	21	1	3	1~5	
γC	花岗岩	62	153	5	34	10~60	
$\gamma\beta$P	黑云母花岗岩	60	53	13	24. 38	20~40	
$\gamma\beta$P	黑云母花岗岩	30	3540	1794	2437. 77	2200~2600	
$\xi\gamma$K	正长花岗岩	33	1265	661	930. 48	800~1000	大鄂博头开任
$\xi\gamma$P	正长花岗岩	30	778	117	341	120~380	
$\xi\gamma$C	正长花岗岩	34	1578	174	783	450~1010	
ξ	碱性花岗岩脉	31	5894	1734	3520. 45	3000~5000	大鄂博头开任

表 4-6 敦煌—阿克塞地区实测矿石磁化率统计

矿石	测点数	磁化率 $\kappa/10^{-5}$SI				备注
		最大值	最小值	平均值	常见值	
铁铅锌矿	32	161000	26852	111715	90000~120000	掉石沟铁铅锌矿
铬铁矿	33	17301	3420	8674	6000~12000	大道尔基铬铁矿
铬铁矿	30	12127	3519	5846	6000~8000	大道尔基铬铁矿 577 主井
铅锌矿	35	7817	247	1836	800~3000	雁丹图铅锌矿
磁铁矿	30	103124	10314	39690	10000~50000	大水峡磁铁矿
磁铁矿	32	118870	33050	75636. 59	40000~90000	红柳沟铁矿石堆
磁铁矿	36	59990	1469	9863. 86	5000~25000	博罗转井铁矿石
磁铁矿	32	49370	12580	23614. 88	15000~40000	红柳沟铁矿点

2. 变质岩类

区内变质岩主要分布于前寒武纪地层和早古生代地层中，磁性可分为强、弱两大类。

部分变质岩磁性较弱，磁化率均值一般在 100×10^{-5}SI 以下，岩性包含变质砂岩、片岩、板岩、硅质岩、千枚岩、大理岩、部分片麻岩等。

含火山岩成分和含铁镁质成分较高的变质地层内岩石磁性较强。其中，敦煌岩群二岩组（$Ar_3-Pt_1D.^2$）斜长角闪片岩磁化率平均值为 4033×10^{-5}SI，分布在阿尔金断裂北鹰嘴山坡好布拉格一带。敦煌岩群三岩组（$Ar_3-Pt_1D.^3$）青石沟地区黑云斜长片麻岩磁性较强，平均值为 7584×10^{-5}SI，在青石沟敦煌岩群出露区形成强磁异常带；大红山地区磁性减弱，均值为 1435×10^{-5}SI，岩性为黑云斜长片麻岩和黑云斜长角闪片麻岩。敦煌岩群四岩组（$Ar_3-Pt_1D.^4$）蚀变安山质凝灰岩分布在多坝沟地区，磁化率均值为 2361×10^{-5}SI，分布范围有限，形成局部磁异常带。

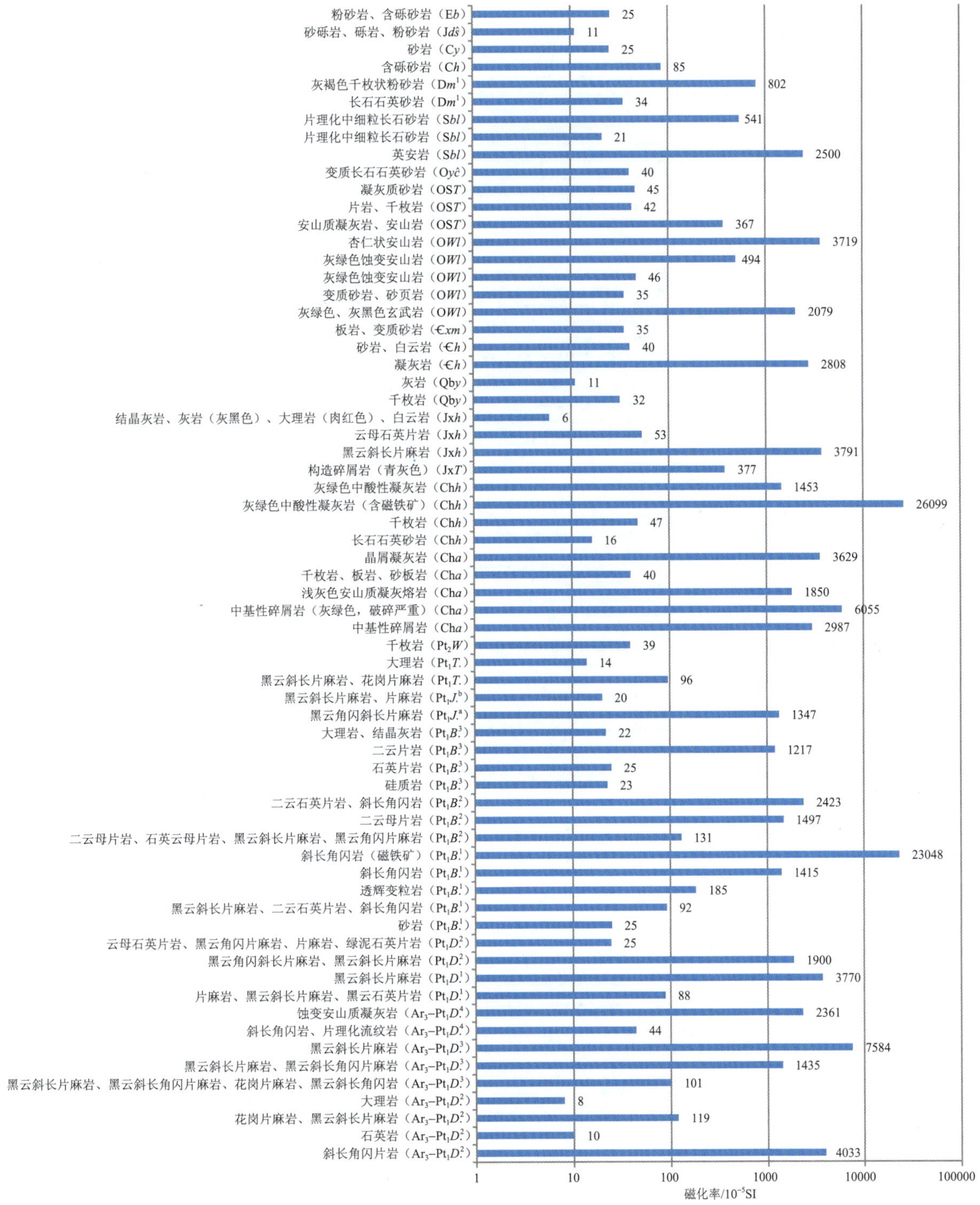

图 4-2　敦煌—阿克塞地区实测地层岩石磁化率柱状图

达肯大坂岩群（$Pt_1D.$）的黑云斜长片麻岩、黑云角闪斜长片麻岩磁化率均值达到 3770×10^{-5}SI；北大河岩群一岩组（$Pt_1B.^1$）的斜长角闪岩，二岩组（$Pt_1B.^2$）的二云石英片岩、斜长角闪岩磁化率平均值为 2433×10^{-5}SI。该类岩石分布在阿尔金山南坡、祁连地区，形成较强的磁异常带。

3. 火山岩

磁性较强且变化大，磁化率均值从几百到几千个单位（10^{-5}SI，后同）不等。根据实测资料，熬油沟组（Cha）晶屑凝灰岩、安山质凝灰岩、中基性火山碎屑岩等表现为强磁性。其中，中基性火山碎屑岩磁化率平均值为 6055×10^{-5}SI，常见值在 $4000\times10^{-5}\sim10000\times10^{-5}$SI 之间，主要分布在阿

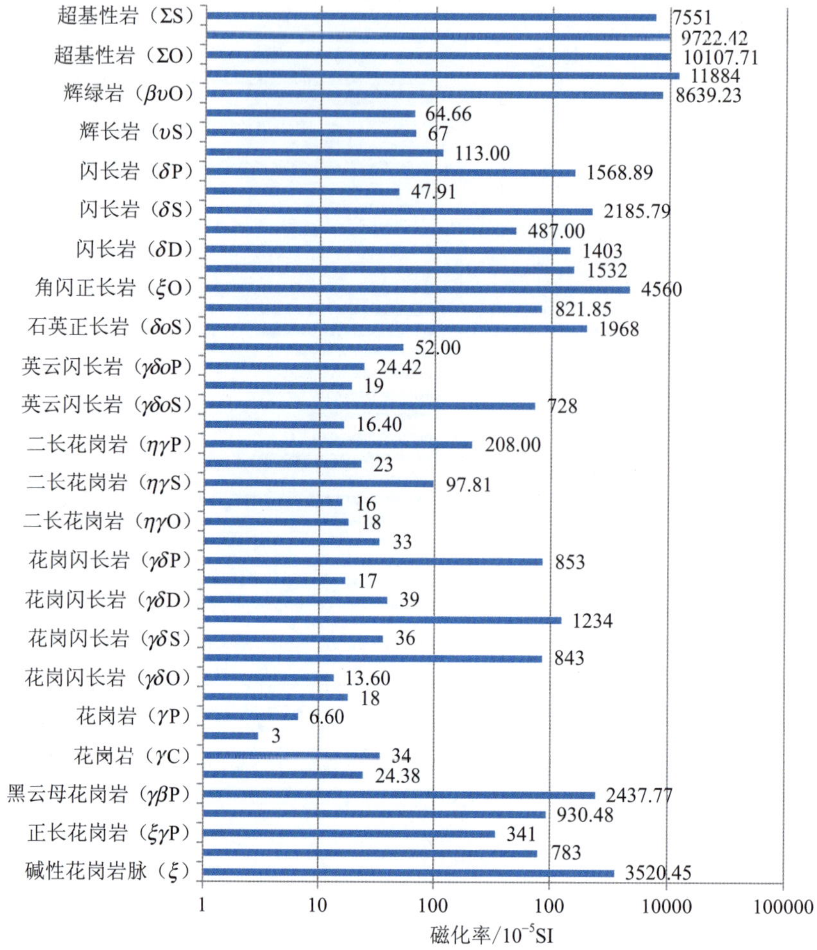

图4-3　敦煌—阿克塞地区实测侵入岩磁化率柱状图

同种岩性不同点位磁化率有变化

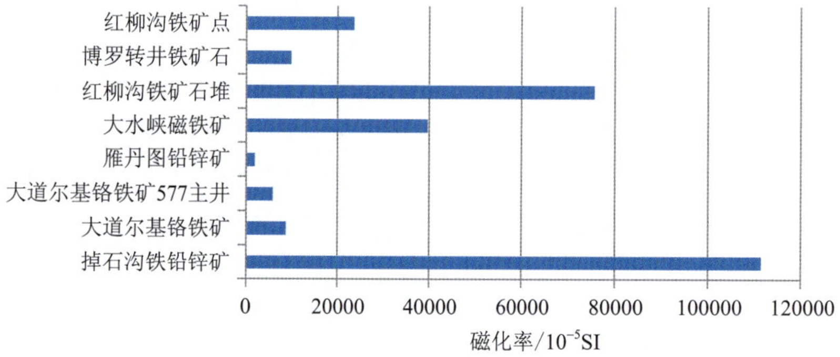

图4-4　敦煌—阿克塞地区实测矿石磁化率柱状图

尔金山主峰和中祁连地区，形成强磁场；黑茨沟组（€h）凝灰岩磁性较强，磁化率平均值为2808×10^{-5}SI，分布在北祁连地区；吾力沟群（OWl）杏仁状安山岩磁化率平均值为3719×10^{-5}SI，玄武岩磁化率平均值为2079×10^{-5}SI，分布在党河南山。该类岩石分布区磁场图上表现为强磁异常。

4. 岩浆岩类

各类侵入岩磁性变化较大，具有明显从超基性—基性—中性—酸性岩逐渐减弱的趋势。

（1）基性、超基性岩

超基性岩磁性最强，奥陶纪超基性岩磁化率平均值为10107.7×10^{-5}SI，志留纪超基性岩磁化率

平均值为 7551×10^{-5}SI。岩体分布区一般可以引起较强磁异常。

辉长岩、辉石岩等基性岩磁性变化较大，如月牙山暗色辉长岩体（υS）磁性较弱，磁化率平均值为 67×10^{-5}SI。肃北吊大坂辉石岩磁性较大，磁化率平均值为 3582×10^{-5}SI（4500×10^{-6}CGSM，收集）。该类岩体引起的磁异常强弱都有。

（2）中性岩

闪长岩、石英闪长岩、英云闪长岩、角闪正长岩等中性岩类磁性也较强，泥盆纪闪长岩磁化率平均值为 1403×10^{-5}SI，奥陶纪闪长岩磁化率平均值为 1532×10^{-5}SI，志留纪石英闪长岩磁化率平均值为 2185.79×10^{-5}SI，角闪正长岩（ξo）磁化率平均值为 4560×10^{-5}SI，该类岩体分布区都能引起中等—较强的磁异常场。

（3）酸性—中酸性岩

二长花岗岩、钾长花岗岩、英云闪长岩、花岗闪长岩、黑云母花岗岩等酸性—中酸性岩类磁性一般较弱，其磁化率均值一般都在 100×10^{-5}SI 以下，该类岩石分布区一般无异常显示；也有一些磁性较强，二叠纪黑云母花岗岩磁化率均值达到 2437.77×10^{-5}SI，泥盆纪花岗闪长岩磁化率平均值为 1234×10^{-5}SI，白垩纪正长花岗岩磁化率平均值为 930.48×10^{-5}SI，岩石分布区一般可以引起较强磁异常场。

（4）特殊情况

岩浆岩磁化率与岩性关系密切，但也存在特殊情况。如同一岩性不同时代磁化率会有不同，同一岩性同一时代不同地区也会有差别。例如，肃北县东山岩体（$\gamma\delta o$C）和月牙山岩体（$\gamma\delta o$D）岩性一致，时代不同，磁化率不同，磁化率均值分别为 19×10^{-5}SI 和 728×10^{-5}SI。而党河南山和野马南山同样为志留纪的花岗闪长岩（$\gamma\delta$S），磁化率差别较大，均值分别为 843×10^{-5}SI 和 36×10^{-5}SI，引起的磁场面貌也截然不同，野马南山为局部弱磁异常场，而党河南山为北东向分布的巨型强磁异常带。

5. 矿石类

磁铁矿矿石磁性最强，铬铁矿、铅锌矿矿石次之。实测掉石沟铁矿磁化率均值为 111715×10^{-5}SI，红柳沟铁矿石磁化率均值为 75636.59×10^{-5}SI，大水峡磁铁矿矿石磁化率均值为 39690×10^{-5}SI，大道尔基铬铁矿矿石磁化率均值为 8674×10^{-5}SI。它们均可以形成明显的强磁异常。

测区及邻区物性（磁化率）资料特征表明，测区内岩石磁性差异明显，具备航磁地球物理勘探的物性基础。

第二节　区域磁场特征

测区跨越两大板块，经历了太古宙表壳形成、古太古代初始陆壳形成、中—新元古代陆壳成熟、早古生代大陆裂谷演化、晚古生代—中-新生代陆内造山等多期构造演化。漫长的地质演化造就了测区复杂的构造格局和组成各异的各时代地层、岩浆岩以及丰富的矿产分布特征。本次高精度1：5 万航磁测量，获得大量磁场信息，呈现区域上不同的磁场背景和异常区带特征，直接或间接反映了区域地质、构造、岩浆岩、矿产的分布。为充分利用本次航磁调查结果，深入系统地对整个测区开展基础地质问题和找矿预测研究，进行了磁场分区。磁场分区以区域地质构造背景为基础，以磁场背景特征和异常分布特征为依据，总共划分了 7 个区 1 个带（图 4-5），分别是：

1）湾窑-敦煌平缓变化磁场区（Ⅰ）。

2）阿尔金山北（大红山-阿克塞-大水峡）强烈正负变化磁场区（Ⅱ）：

多坝沟-三危山正负变化磁场亚区（$Ⅱ_1$）；

大红山-阿克塞-大水峡强烈正负变化磁场亚区（Ⅱ$_2$）；

安南坝-好布拉格（阿尔金北陆核）强烈升高正磁异常亚区（Ⅱ$_3$）；

好布拉格-鹰嘴山正负变化磁场亚区（Ⅱ$_4$）。

3）别盖-石包城正负变化磁场区（Ⅲ）。

4）黑达坂-野马河-大道尔基正负变化磁场区（Ⅳ）：

黑达坂-野马河平缓变化磁场亚区（Ⅳ$_1$）；

大道尔基-野人布拉格强烈正负变化磁场亚区（Ⅳ$_2$）。

5）阿尔金山-党河南山强烈正负变化磁场带（Ⅴ）。

6）金泉山-化石沟正负变化磁场区（Ⅵ）。

7）月牙山-向阳煤矿平缓变化磁场区（Ⅶ）。

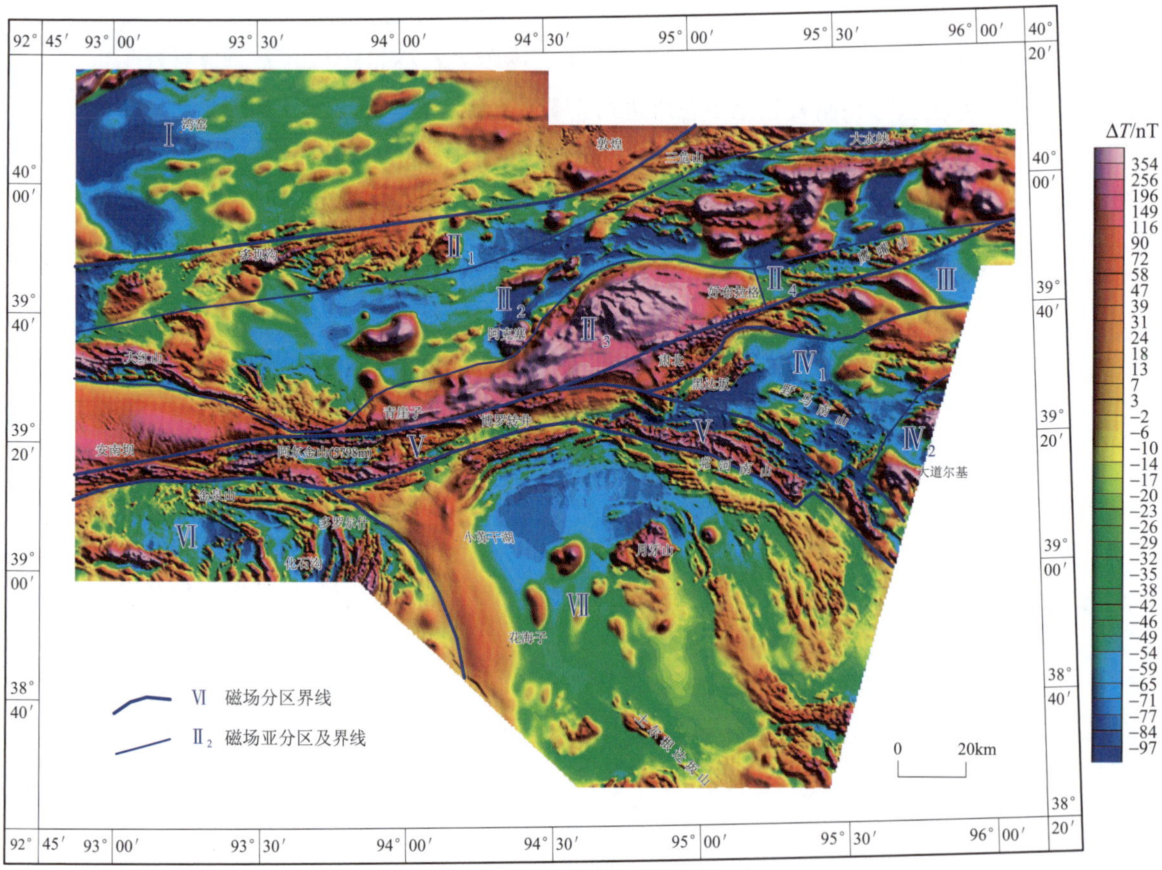

图4-5 敦煌—阿克塞地区磁场分区图

Ⅰ—湾窑-敦煌平缓变化磁场区；Ⅱ—阿尔金山北（大红山-阿克塞-大水峡）强烈正负变化磁场区；Ⅱ$_1$—多坝沟-三危山正负变化磁场亚区；Ⅱ$_2$—大红山-阿克塞-大水峡强烈正负变化磁场亚区；Ⅱ$_3$—安南坝-好布拉格（阿尔金北陆核）强烈升高正磁异常亚区；Ⅱ$_4$—好布拉格-鹰嘴山正负变化磁场亚区；Ⅲ—别盖-石包城正负变化磁场区；Ⅳ—黑达坂-野马河-大道尔基正负变化磁场区；Ⅳ$_1$—黑达坂-野马河平缓变化磁场亚区；Ⅳ$_2$—大道尔基-野人布拉格强烈正负变化磁场亚区；Ⅴ—阿尔金山-党河南山强烈正负变化磁场带；Ⅵ—金泉山-化石沟正负变化磁场区；Ⅶ—月牙山-向阳煤矿平缓变化磁场区

一、湾窑-敦煌平缓变化磁场区（Ⅰ）

位于测区北部，南部以推断F_2断裂（若羌-敦煌断裂，即阿尔金北缘断裂）为界，南部与阿尔金山北（大红山-阿克塞-大水峡）强烈正负变化磁场区（Ⅱ）相邻。大地构造属于塔里木板块、敦煌陆块、敦煌基底杂岩隆起区。

以平缓正负变化磁场为特征，磁场背景值在-50~100nT之间，由西向东磁场逐渐增强，并且由负背景场升至正背景场，异常变化平缓，幅值在100nT左右，靠近F_2大断裂异常明显升高，沿断裂走向分布。

磁场区内基本为第四系覆盖，根据区域大地构造环境分析，第四系覆盖区下分布敦煌基底杂岩相（由中深变质云母石英片岩-斜长角闪岩-大理岩相组合和基底花岗杂岩相组合构成）。

敦煌岩群是区内最古老的变质地层，岩性复杂，磁性强弱差别较大。物性测量结果显示：黑云斜长片麻岩磁性最强，磁化率均值为7584×10^{-5}SI，依次有斜长角闪岩（磁化率均值4033×10^{-5}SI）、蚀变安山质凝灰岩（磁化率均值2361×10^{-5}SI）、黑云斜长角闪片麻岩（磁化率均值1435×10^{-5}SI）等；该类变质岩也有弱磁性情况，一般在100×10^{-5}SI左右；另外大理岩、石英岩等基本无磁性，一般小于10×10^{-5}SI。敦煌岩群内无磁性和弱磁性岩石是引起西部负背景场的主因，而东部正背景场则是由磁性较强的结晶变质岩类引起，而第四系等无磁性或弱磁性地层覆盖是引起平缓背景场的主要地质原因，靠近F_2断裂出露敦煌岩群二岩组的斜长角闪岩，磁性较强，因此磁场上也显示升高异常趋势。另外，局部的强度较高的磁异常可能与隐伏的中酸性岩有关。

该区地质体出露面积小，查明矿产地少。

二、阿尔金山北（大红山-阿克塞-大水峡）强烈正负变化磁场区（Ⅱ）

该区位于阿尔金断裂F_1以北和F_2断裂（若羌-敦煌断裂）南部的广大地区，大地构造属于塔里木板块、敦煌地块。磁场上呈正负变化特征，根据其变化强度、规模及背景场特征进一步将其分成4个亚区。

1. 多坝沟-三危山正负变化磁场亚区（$Ⅱ_1$）

分布于推断F_2断裂（若羌-敦煌断裂）南部，大地构造属于塔里木板块、敦煌陆块、敦煌基底杂岩隆起区。

正负变化背景场，场值在-100~70nT之间，局部异常呈带状或串珠状定向排列，北东东向延伸。异常强度中等，一般在200~600nT之间。

第四系覆盖广泛，出露或浅覆盖敦煌岩群。岩性以斜长片麻岩、石英岩、斜长角闪岩、大理岩和变质火山岩组成，原岩为海相砂泥质岩-碳酸盐岩-火山岩建造。地层出露区元古宙中、酸性侵入岩和古生代中、酸性侵入岩发育。

实测物性测量发现敦煌岩群各段岩性不均匀、磁性变化较大，大部分片麻岩、石英岩、大理岩磁性较弱或无磁性。其中，多坝沟地区三岩组的蚀变安山质凝灰岩磁性较强，均值为2361×10^{-5}SI，最高达6343×10^{-5}SI；阳关一带敦煌岩群二岩组的斜长角闪岩磁性也较强，磁化率均值为4033×10^{-5}SI，最高为8761×10^{-5}SI。近北东东向分布的异常带受区域近北东东向构造控制，与变质地层内部的火山岩成分和晚古生代侵入体（小红山$\gamma\delta o$C、多坝沟$\eta\gamma$P等）有关。

沿F_2断裂异常分布区在1∶20万剩余重力异常图上表现为重力高异常带，呈现敦煌基底杂岩具有高密度特征。

该亚区内在三危山一带高台、千佛洞、火焰山、上口子等地发现热液型、矽卡岩型铅锌矿、铀矿、铁矿，矿床多位于弱磁异常或异常带边部。该区内分布的弱磁异常可能与中酸性岩浆岩有关，可作为寻找热液型和矽卡岩型多金属矿产的找矿线索。

2. 大红山-阿克塞-大水峡强烈正负变化磁场亚区（$Ⅱ_2$）

该磁场亚区位于三危山和阿尔金山之间的敦煌盆地内，整体呈带状北东东向分布，介于多坝沟-三危山正负变化磁场亚区（$Ⅱ_1$）和安南坝-好布拉格（阿尔金北陆核）强烈升高正磁异常亚区（$Ⅱ_3$）之间。东、西两侧均延出测区外。大地构造属于塔里木板块、敦煌陆块、敦煌基底杂岩隆起区。

该区以平静负磁场为背景，场值在-100~0nT之间。分布大量强磁异常。其中部分异常呈剑锋状，正负伴生，强度高，幅值大，分布在盆地边缘，在盆地边部红柳井子、红柳峡一带有敦煌岩群和古生代、元古宙中基性、中酸性岩体出露。另外，大量强磁异常分布在盆地内部，呈团块状，规模较大，直径范围在15~50km之间，幅值在300~1000nT之间，航磁 ΔT 曲线宽缓圆滑，推测有一定埋深，切线法反演埋藏深度为300~700m。该区成为全测区规模最大的强磁异常分布区。强磁异常多呈重力高异常反映。

区域上整体被第四系覆盖，根据区域地质构造条件分析，覆盖区以敦煌岩群变质地层为主体，同时含元古宙、古生代基性、中性、中酸性岩体。

敦煌岩群各段岩性不均匀，磁性变化较大，大部分片麻岩、石英岩、大理岩磁性较弱或无磁性，但也包含大量强磁性岩石。本次物性测量发现，肃北地区的斜长角闪岩磁化率均值为 4033×10^{-5}SI，大红山地区的黑云斜长片麻岩和黑云斜长角闪岩磁化率均值为 1435×10^{-5}SI，青石沟地区的黑云斜长片麻岩磁化率均值为 7584×10^{-5}SI。甘C-2011-0011异常被核工业钻探工程验证，发现铁、钴、镍矿化层，含磁铁矿辉石岩磁化率均值为 14500×10^{-5}SI，辉长岩磁化率均值为 5672×10^{-5}SI。长沙梁辉长岩磁化率平均值为 4206×10^{-5}SI。物性特征证明，区内大部分背景区是敦煌岩群内大量无磁性岩石的反映，大量强磁异常又具有高密度特征，很可能是辉长岩的反映。

区内矿产地评价较少。本次航磁测量发现的大量强磁异常分布区是多金属铜镍矿产勘查的有利地区。其中，甘C-2011-0011异常有较好的找矿线索。

另外，敦煌岩群原岩富含镁铁质玄武岩、拉斑玄武岩、高钾中酸性火山岩，构成敦煌古陆块结晶基底，与华北地区迁安群、鞍山群岩性均有可比性，具有形成条带状硅铁建造的可能，其中大水峡铁矿（甘C-2011-1178、甘C-2011-0041、甘C-2015-18、甘C-2015-19、甘C-2015-20）属于该类型。

磁场区内分布大量化探金异常，金元素含量较高，极值分别有 33.10×10^{-5}、11.50×10^{-5}、29.60×10^{-5}、71.50×10^{-5}、18.40×10^{-5} 等。类比华北地台，在集宁、凉城、兴和等地区出露的结晶基底集宁群分布区也出现大量金异常，其中有著名的堡子湾大型金矿，属于斑岩型引爆角砾岩型。本区敦煌岩群构成的结晶基底内部各期侵入岩发育，构造变形强烈，是个稳而不定的陆块，岩浆侵入活动对富含的金元素富集成矿具有重要作用，可借鉴华北地台金矿成矿规律在本区实施矿产勘查工作。近年发现的多坝沟金矿，产于敦煌岩群内，属于构造蚀变岩型，对区域找矿有重要启示意义。

3. 安南坝-好布拉格（阿尔金北陆核）强烈升高正磁异常亚区（$Ⅱ_3$）

位于阿尔金断裂北部，区域大地构造属于塔里木板块、敦煌陆块、阿尔金北陆核区。

磁场上表现为正磁场异常特征，呈两个弧形区沿阿尔金断裂北侧分布，分别为肃北弧形区和安南坝弧形区，总长200km。肃北弧形区最大宽度为27km，强度达754nT，北侧伴生负值异常带，异常最大负值为-180nT；安南坝弧形区宽度为22km，以正磁异常为主，规模、强度小于肃北弧形区，向西未封闭，强度为216nT。

阿尔金北陆核由阿尔金山太古宙陆核亚相构成，构造岩石组合为黑云斜长片麻岩、黑云石英片岩、含榴二云片岩、白云质大理岩、含榴黑云斜长片麻岩夹斜长角闪片岩、混合岩；其上由云母石英片岩、斜长角闪岩、大理岩与基底花岗岩组合构成中深变质杂岩亚相；上覆新生界盖层为阿尔金山北缘凹陷盆地第四系淡水湖相沉积。古生代有双峰式火山岩、碱性花岗岩亚相的岩浆岩侵入。该区基底岩石富含镁铁质成分、火山岩成分，变质程度较深，磁场上呈强磁异常反映。1∶20万剩余重力异常图上呈现重力高异常特征，可见覆盖区下伏地质体具有较高密度特征，是古陆核高磁高密物性的反映。

区内矿产地极少，只有阿克塞县红柳沟小型铁矿床和高泉铁矿点。

4. 好布拉格–鹰嘴山正负变化磁场亚区（II_4）

位于阿尔金断裂北侧，沿北东东向延伸的阿尔金断裂分布，长 90km，宽 10km。大地构造属于塔里木板块、敦煌陆块、敦煌基底杂岩隆起区。

该亚区为负背景场上分布众多局部异常，局部异常一般强度较弱，幅值变化在 0~150nT 之间，规模较小，呈椭圆形、长条形，北西向定向排列、带状分布。个别异常强度较高，幅值在 350~1500nT 之间，如甘 C–2011–0041、甘 C–2011–1178、甘 C–2015–18、甘 C–2015–19、甘 C–2015–113 等异常。

磁场区断裂、褶皱构造发育，主体呈北西西向分布。出露岩地层以敦煌岩群为主，变质较深，变形强烈。1：25 万敦煌市幅地质图划分为 3 个岩组。一岩组为石英片岩、长石石英片岩夹斜长角闪岩；二岩组为斜长角闪岩、片麻岩夹伟晶岩、石英岩；三岩组为大理岩夹石英岩。区内分布寒武纪—奥陶纪的糜棱岩化花岗岩及各类中酸性岩脉。1：20 万剩余重力异常图上表现为重力高异常带，为敦煌岩群的反映。

敦煌岩群各类岩石磁性变化较大，一般大理岩无磁性，片麻岩、石英片岩等磁性较弱，磁化率在几十到几百磁性单位，形成负背景场；而部分片麻岩、角闪岩具有强磁性，本次物性测量在敦煌岩群二岩组内测到片麻岩磁化率最大值为 21173×10^{-5}SI、最小值为 1266×10^{-5}SI、平均值为 11548×10^{-5}SI，斜长角闪岩磁化率均值为 4033×10^{-5}SI。带状异常受断裂控制，呈北西西向分布，包含矽卡岩型铁和铅锌矿床，异常与敦煌岩群强磁性变质岩或受断裂控制的接触交代型矿床有关。

异常区多金属成矿条件有利，1：20 万化探 Cu、Pb、Zn、Ag、Bi、Mo 等异常发育，指示有多金属找矿潜力。已发现的矿产地以铁、铅锌为主，从发现的矿产地情况来看，主要的成因类型有矽卡岩型、沉积变质型、热液型等，大量矿产地与航磁异常有关，如掉石沟铁矿、掉石沟铅锌矿（甘 C–2015–113），红柳沟铁矿（甘 C–2015–109），白台沟铁矿（甘 C–2015–109），红柳峡铁矿点（甘 C–2015–101）等。目前该地区有大量铅锌矿产勘查矿权登记，正在进行大力找矿工作。本项目异常查证在甘 C–2015–112 异常区发现铁矿体。从成矿条件及以往工作来看，具有较大找矿前景。

三、别盖–石包城正负变化磁场区（Ⅲ）

位于测区东部阿尔金断裂南侧与北祁连南缘断裂之间的三角地带，从肃北经红崖沟到石包城，逐渐变开阔并延出区外，西部在肃北与阿尔金断裂汇聚。区域上与北祁连弧盆系一致。

该区以正负变化背景场叠加条带状、椭圆状磁异常为主要特征。背景场值为–50~100nT。分布的异常分两种类型。一类分布在本区的西部，正磁背景场中叠加的强磁异常带，航磁 ΔT 剖面平面图上多峰有沿北东东向阿尔金断裂平行分布趋势，航磁 ΔT 等值线平面图上，异常一般规模比较小，呈圆形、椭圆形，总体定向排列，局部杂乱；另一类分布在磁场区的东部，呈孤立椭圆形，规模较大，北西向延伸，位于第四系覆盖区，切线法反演磁性体埋藏深度在 400m 左右。

自西向东，出露地质体整体构造方向由与阿尔金断裂方向平行的北东东向转向为北西西向。出露地层以寒武系的黑茨沟组和香毛山组为主。黑茨沟组岩性为板岩、砂岩、隐晶灰岩夹玄武岩、安山岩、英安岩、凝灰岩；香毛山组岩性以灰岩、板岩、砂岩为主，含中酸性火山岩。区内出露志留纪的石英闪长岩、二长花岗岩，石炭纪的云英岩化花岗岩、花岗岩和正长花岗岩。

黑茨沟组含基性、中酸性火山岩成分，磁性变化大，砂岩、灰岩无磁性，凝灰岩磁化率均值为 2808×10^{-5}SI。侵入岩磁性变化较大，志留纪的石英闪长岩磁性中等强度，均值为 1968×10^{-5}SI，二长花岗岩磁性较弱，磁化率均值为 208×10^{-5}SI，石炭纪正长花岗岩磁性较弱，磁化率均值为 783×10^{-5}SI。东部杂乱磁场区是火山岩和中酸性岩体的反映，西部椭圆形异常可能是隐伏中酸性岩体的反映。

区内铁、铜、铅锌矿产丰富，以热液型为主，有尕山金铜矿点、尕秀铜矿点、黄硐子沟铜矿化点、小冰沟铅锌矿点、大泉南铁矿点等，同时包含构造蚀变岩型鹰嘴山金矿的含矿层位黑茨沟组中基性火山岩成分。北祁连成矿带是西北地区重要的矿产地，有众多有影响力的大中型矿床，如塔儿沟钨矿、小柳沟钨矿、镜铁矿铁铜矿等，但在本区矿化多见，未有重大突破，有待于进一步工作。

四、黑达坂-野马河-大道尔基正负变化磁场区（Ⅳ）

南、北分别以中祁连南缘断裂和北祁连南缘断裂为界，向东散开延出区外。大地构造属于中祁连岩浆弧和中祁连隆起区。

根据磁场特征进一步分为两个磁场亚区，分别是黑达坂-野马河平缓变化磁场亚区（$Ⅳ_1$）和大道尔基-野人布拉格强烈正负变化磁场亚区（$Ⅳ_2$）。

1. 黑达坂-野马河平缓变化磁场亚区（$Ⅳ_1$）

正负变化磁场，以负背景场为主，分布北西向正磁异常带，强度较低，负背景场场值在-45～70nT之间，异常强度一般在100～300nT之间，化极上延1km图上磁场基本为干净的负背景场特征。

隆起区以前寒武纪变质地层和古生代中酸性侵入岩体为主。其中，北大河岩群包含3个岩组。一岩组（$Pt_1B.^1$）岩性为斜长角闪岩、片麻岩、黑云石英片岩夹大理岩、石英岩，原岩为碎屑岩-基性火山岩建造；二岩组（$Pt_1B.^2$）岩性为二云石英片岩、二云片岩夹斜长角闪岩、大理岩，原岩为碎屑岩建造；三岩组（$Pt_1B.^3$）岩性为大理岩、白云质大理岩化二云片岩，原岩为海相碳酸盐岩建造。长城系朱龙关群包含两个岩组，即熬油沟组（Ch*a*）和桦树沟组（Ch*h*）。熬油沟组为砂板岩建造、中基性火山碎屑岩-玄武岩建造；桦树沟组为中酸性火山碎屑岩-玄武岩建造、砂板岩建造、灰岩建造。蓟县系花儿地组（Jx*h*）岩性为钙质千枚岩、硬绿泥千枚岩、微晶灰岩夹千枚岩。青白口系龚岔群岩性为灰岩、砾岩、板岩、砂岩。中酸性侵入岩有志留纪花岗岩、花岗闪长岩，分布在野马南山一带；奥陶纪二长花岗岩、闪长岩和辉长岩，分布在德勒诺尔地区。

元古宙隆起区内大量砂岩、板岩、碎屑岩、大理岩、灰岩等无磁性，含有中基性火山岩、碎屑岩成分的地层磁性较强。例如，北大河岩群二岩组二云石英片岩、斜长角闪岩磁化率平均值为2433×10^{-5}SI，熬油沟组凝灰岩磁化率平均值为3629×10^{-5}SI；野马南山主体岩浆岩花岗闪长岩磁性较弱，一般均值为36×10^{-5}SI，较高的达843×10^{-5}SI。磁性较强的侵入岩志留纪石英闪长岩（δoS）平均磁化率为1968×10^{-5}SI，辉长岩（υO）磁化率均值为4500×10^{-6}CGSM（李占奎，1985）。

隆起区内大量砂岩、板岩、碎屑岩、大理岩、灰岩等无磁性和弱磁性的中酸性侵入体是负背景场的反映，北西西向分布的异常带是元古宙变质地层中的火山岩、碎屑岩和部分中酸性及中基性侵入岩的反映。

区内典型矿床德勒诺尔铁矿位于花儿地组变质地层内，与甘C-2015-166、甘C-2015-167异常对应，发育Au、As、Sb、Zn、Cu、Co、Cr等化探异常。该区是寻找沉积变质型铁矿和与中酸性岩体有关的多金属矿产地的有利地区。

2. 大道尔基-野人布拉格强烈正负变化磁场亚区（$Ⅳ_2$）

$Ⅳ_2$亚区分布于测区东部边界，分布有全区两个规模较大的剑锋状强磁异常，异常规模大、强度高，伴生负值，幅值分别是1928nT（大道尔基岩体）和2234nT（野马河岩体）。

南部异常对应于大道尔基超基性岩体，内含大道尔基大型铬铁矿。实测物性：超基性岩岩石磁化率均值为7551×10^{-5}SI，最大值为18426×10^{-5}SI；铬铁矿矿石磁化率均值为8674×10^{-5}SI，最大磁化率值为17301×10^{-5}SI，异常由超基性岩体和铬铁矿引起。1∶20万剩余重力异常图上表现为重力高，为超基性岩体的反映。

北部异常与野马河南角闪正长岩-石英闪长岩岩体对应，实测物性磁化率较高，常见值在几十到几千个单位，平均值为 4560×10^{-5}SI，最大值为 7818×10^{-5}SI。异常由野马河南角闪正长岩–石英闪长岩岩体引起。1∶20 万剩余重力异常图上表现为重力高，为中基性岩体的反映。异常区化探稀有、稀土元素组合异常发育，异常规模大、强度高，与岩体吻合，指示该岩体有稀有、稀土元素找矿潜力。

五、阿尔金山–党河南山强烈正负变化磁场带（Ⅴ）

磁场区呈狭长带状，区域上与党河南山–拉脊山蛇绿混杂岩带吻合。

磁场特征表现为带状分布的强磁场，以阿尔金主峰和党河南山磁场强度最高，阿尔金山地区剑锋状异常呈带状东西向分布，磁场值为 500~1500nT，党河南山地区磁场值为 300~800nT。

党河南山–拉脊山蛇绿混杂岩带是早古生代拉脊山小洋盆消减的地质记录，残存两个亚相：①阿尔金山基底残块亚相（Pt_1、Ch、Jx），主要岩石类型有大理岩–斜长角闪岩–黑云斜长片麻岩–黑云石英片岩组合（Pt_1）、变质火山岩夹泥岩–砂岩组合（Ch）、碳酸盐岩组合（Jx）；②阿尔金山洋内弧亚相（ϵ_3），由以岛弧拉斑玄武岩为主的火山岩组合构成。该带内在早古生代后期有俯冲花岗闪长岩–花岗岩组合（O）和同碰撞过铝质花岗岩组合（S）的岩浆岩侵入，在中生代晚期还有陆内伸展高钾钙碱性花岗岩组合亚相（K）的岩浆岩侵入。

物性特征显示，基底残块地层中含有强磁性层。其中，北大河岩群（$Pt_1B.$）二云石英片岩、石英角闪岩磁化率均值为 2423×10^{-5}SI；熬油沟组（Cha）中基性碎屑岩磁化率均值为 6055×10^{-5}SI。火山岩地层吾力沟群（OWl）灰绿色、灰黑色玄武岩磁化率均值为 2079×10^{-5}SI，杏仁状安山岩磁化率均值为 3719×10^{-5}SI。侵入岩中磁性较高的岩浆岩有：党河南山的志留纪花岗闪长岩磁化率均值为 1189×10^{-5}SI；青崖子的辉绿岩（$\beta\upsilon$O）磁化率均值为 8639×10^{-5}SI；红柳沟的超基性岩（ΣO）磁化率均值为 9722.4×10^{-5}SI；石棉矿的超基性岩（ΣO）磁化率均值为 10107.7×10^{-5}SI，正长花岗岩（$\xi\gamma$K）磁化率均值为 930.5×10^{-5}SI，碱性花岗岩脉（ξ）磁化率均值为 3520.5×10^{-5}SI。

上述岩石物性磁化率较高，以超基性岩、火山岩表现最为突出，是区域上引起强磁异常的主要地质基础。在阿尔金山主峰一带，青崖子–萨木萨克基性、超基性岩带以及熬油沟组火山岩带呈现强磁异常场特征，同时 1∶20 万重力异常图上也表现为重力高特征。党河南山地区，志留纪花岗闪长岩磁性中等，但由于规模大也呈现强磁异常场特征，形成区内规模巨大的正磁异常带，该异常带上 1∶20 万剩余重力异常图上表现为重力低，是志留纪花岗闪长岩的反映。区内还有大量无磁性岩石，如碳酸盐岩地层，大理岩地层，砂岩、泥岩地层，以及部分中酸性岩体，是形成区域背景场的地质基础。

该带内矿产丰富，特别是近年金矿找矿效果突出。南祁连党河南山的扎子湖—乌兰大坂—野牛口子一带，发现化探异常发育，包含 Au–As–Co–Ni–Zn–Ag–Cu–Mo 等多种元素，异常区面积约 625km^2，强度高、浓集中心明显，有较好的套合关系，具有典型的热液型多金属矿化指示元素组合特征，在我国金地球化学块体图上对应于编号 Au0201 的金地球化学块体（王学求，2000；谢学锦等，2001；王方成等，2013），该块体预测 500m 厚金质量 775.11t，单位面积金质量 3.92t/km^2。目前已发现有贾公台金矿（中型）、黑刺沟金矿（中型）、振新梁金矿点、东硐沟金矿点及众多的砂金矿点。原生矿受构造控制明显，与中基性、中酸性岩体及火山岩地层在空间上具有直接和间接的对应关系，是未来重要的金矿找矿远景区。

其他铁、镍、铜等金属矿产矿点较多，但规模有限，代表性矿点有阿克塞红柳沟脑磁铁矿点、大鄂博图沟铜矿点、肃北先锋付家沟镍矿点、肃北雁丹图稀土矿点、阿克塞县雁丹图铅锌矿（小型）等。

正在勘探的大型稀有金属矿床余石山铌钽矿与航磁异常关系密切，从区域成矿条件和航磁调查结果来看，有非常好的找矿前景。

六、金泉山-化石沟正负变化磁场区（Ⅵ）

位于测区西南部、阿尔金山南坡，长 90km，宽 25km。位于全吉地块上。

该区为平缓变化的正负背景场，发育多条正磁异常带，异常带统一由南向北、向西弧形延伸，终点归并于阿尔金山异常带。背景场强度为 -50～50nT，异常带磁场强度中等，磁场值在 100～300nT 之间。

区域上褶皱和断裂构造以北西西向为主，区域地层为达肯大坂岩群，岩石类型主要为二云母片岩-斜长角闪岩-黑云角闪片麻岩岩石构造组合。后期有泥盆纪、石炭纪碎屑陆表海沉积，出露面积极小。二叠纪、侏罗纪发育有陆内伸展碱性花岗岩组合。

达肯大坂岩群内包含强磁性岩层。其中，黑云斜长片麻岩磁化率均值为 7584×10^{-5}SI，黑云斜长角闪片岩磁化率均值为 1435×10^{-5}SI，斜长角闪岩磁化率均值为 4033×10^{-5}SI，安山质凝灰岩磁化率均值为 2361×10^{-5}SI。另外，还有部分岩石，如黑云斜长片麻岩、黑云斜长角闪花岗片麻岩等，磁性较弱，磁化率多集中在 10×10^{-5}～500×10^{-5}SI 之间，灰岩、大理岩、石英岩基本无磁性。侵入岩磁性较高的有闪长岩（δP），磁化率均值为 1568×10^{-5}SI；闪长岩（δS）磁化率均值为 2185×10^{-5}SI。区内带状异常为达肯大坂岩群内的磁性层引起，西南边界高磁场区为志留纪闪长岩的磁场反映，化石沟异常为二叠纪闪长岩的反映。

区内矿产有金泉山镍矿、化石沟中型铜和铁矿等。

七、月牙山-向阳煤矿变化磁场区（Ⅶ）

位于党河南山以南的广大地区。大地构造上与南祁连岩浆弧对应。南部跨宗务隆山-沟里-岗察陆源裂谷和全吉地块边界。

该区整体以平静负背景场为主，场值在-40～-20nT 之间。

北部与党河南山相连，负背景场上叠加正磁异常带，异常值一般在 20～80nT 之间，个别达 200nT 以上，总体异常强度较低，但规模较大，呈弧形分布，长 120km，宽 10km，常有整体被顺时针错动位移现象。1∶25 万地质图上对应志留系巴龙贡嘎尔组，岩性以砂岩与粉砂岩—泥岩互层建造为主，夹含片理化英安岩层位（英安岩建造）。物性测量该层位多数磁性较弱，为几十至几百个单位，但经过多次查证发现磁性较强的英安岩夹层，磁化率一般在几百至几千个单位，个别点最大达到 5800×10^{-5}SI。综上所述，推断磁异常带由含酸性火山岩成分的志留系引起。化极上延 1km，磁场异常带与背景分离，界线清晰。

测区中南部，负背景场中分布几处块状局部异常。化极图上变为全区最大的负磁场区。与大面积分布的第四系覆盖区对应，出露的月牙山云英岩化花岗闪长岩体（$\gamma\delta o$S）与区内最大的磁异常对应。月牙山岩体实测物性磁化率均值为 967×10^{-5}SI，最大值为 2020×10^{-5}SI，异常由中酸性岩体引起。

区内矿产以钾盐居多，金属矿产极少。

第五章 基础地质研究

岩性构造填图是根据不同地质体所反映的磁场特征进行的。因地质体在岩石组成、矿物成分、结构构造等方面存在一定差异，而这种差异通过物性在磁场上会产生不同程度的反映，所以可通过磁场特征来反演地质体。通常物性差别大的地质体磁场上容易区分，物性差别小或者无物性差异的地质体磁场上很难区分。不同时期、不同成因形成的地层、岩浆岩在物质组成和结构构造上都有不同，反映在磁场上都有一定的差别和规律，因此，利用航磁资料填制的岩性构造图具有很大的实用性，可解决地质上很多难以解决的问题，如覆盖区和隐伏区地质构造问题。

第一节 岩 性 填 图

一、岩性填图方法

1. 边界确定

岩浆岩边界以航磁 ΔT 剖面平面图、航磁 ΔT 化极等值线平面图及 ΔT 化极垂向一阶导数等值线平面图为依据，参考地质、遥感等资料确定。由于航磁测量反映的是出露和隐伏地质体的综合信息，受地质体磁性强弱、埋藏深度、飞行高度等因素影响，圈定的地质体范围与地质图上和遥感影像资料反映的界线不完全一致。

2. 岩性划分

根据航磁 ΔT 异常特征，结合岩（矿）石物性特征和已知地质资料进行岩性划分：

1）对于出露地表并且可引起对应航磁异常的岩性，以地质为依据。

2）对于出露地表不能引起对应航磁异常的岩性，参考岩（矿）石物性测量结果和航磁异常特征与之类似的已知岩体的岩性确定。

3）对于没有出露地表的隐伏磁性体岩性，根据 ΔT 异常特征、地质背景、构造环境与已知岩体的磁场特征对比，结合岩（矿）石物性测量统计结果综合确定。

3. 推断图上的标示

岩浆岩构造图上，酸性侵入岩用“γ”表示，中性岩用“δ”表示，中酸性侵入岩用“$\gamma\delta$”表示，基性侵入岩用“N”表示，超基性侵入岩用“Σ”表示，火山岩用“A”表示，新太古界—古元古界敦煌岩群变质岩依据强、弱分为 Ar_3-Pt_1D.(q)、Ar_3-Pt_1D.(r)，元古宙变质地层按磁性强弱分为 Pt.C(q)、Pt.C(r)。

4. 解释推断结果

在综合研究磁场背景特征、局部磁异常特征及分布规律的基础上，结合测区及周边地区物性测量资料、区域重力、化探、遥感、DEM 数据影像特征，对区内航磁反映明显的变质岩、火山岩、各类侵入岩进行划分和圈定，并编制岩性构造推断解释图件（附图 6），为区域基础地质研究和找矿预测提供基础地质资料。

二、侵入岩填图

侵入岩在测区内种类多，分布广。根据物性和磁场特征，一般基性程度高的铁镁质侵入岩磁性强，磁场上往往表现为强磁异常；而长英质的酸性岩磁性弱，磁场上往往处于低背景和弱异常区。但是也有特别情况，同期同类型岩石在不同地区磁场上特征面貌差别较大，而岩性不同的侵入岩有时却表现为相似的磁场特征，这是依据磁性参数划分侵入岩类型的局限，因此，在实际划分过程中要尽可能地借助地质、重力、遥感、化探等多重信息来辅助判别，以提高准确度。

综合研究推断：超基性岩67个，其中出露、半出露21个，隐伏46个；基性岩79个，其中出露、半隐伏14个，隐伏65个；中性岩130个，其中出露、半隐伏21个，隐伏109个；中酸性岩57个，其中出露、半出露14个，隐伏43个；正长岩24个，出露、半隐伏15个，隐伏9个；酸性岩27个，其中出露、半隐伏7个，隐伏20个。从推断岩体统计结果（表5-1；图5-1）来看，新发现的岩浆岩体数量大于已知的岩体数量，显示出航空物探的优势，为地质找矿拓展了空间。岩体特征见附表1。

表5-1　推断岩体统计

岩体性质	推断/个	已知出露/个	推断隐伏/个	新发现率/%
超基性岩	67	21	46	68.66
基性岩	79	14	65	82.28
中性岩	130	21	109	83.85
中酸性岩	57	14	43	75.44
正长岩	24	15	9	37.50
酸性岩	27	7	20	74.07
合计	384	92	292	76.04

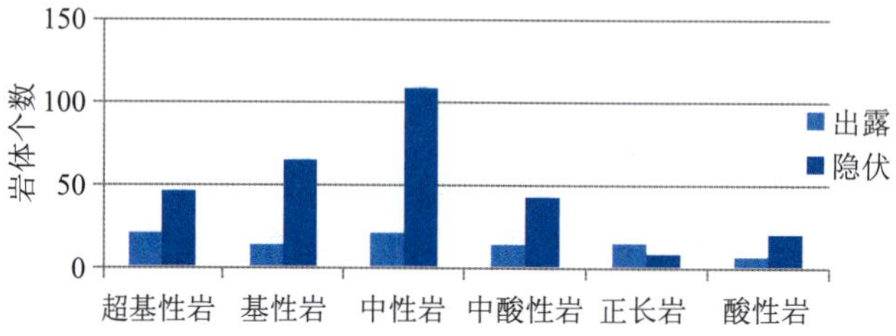

图5-1　推断岩体统计图

（一）超基性岩

区内切穿地壳的大断裂、深大断裂发育，有北东东向横向通过测区的阿尔金断裂（塔里木板块和祁连-柴达木板块的构造分界线）；西部北东东向到东部转向北西西向控制党河南山-拉脊山蛇绿混杂岩带的一组大断裂带（中、南祁连之间的古生代裂谷带）。这些巨型构造为地壳深部镁铁质、超镁铁质物质成分的上涌提供了通道和存储空间，沿断裂分布大量超基性岩。

根据已知出露的超基性岩体的研究成果，测区超基性岩侵入时间以早古生代奥陶纪和志留纪为主，岩性以蛇纹石化橄榄岩、橄榄岩为主。实测物性结果显示磁化率常见值在$5000\times10^{-5}\sim15000\times10^{-5}$SI之间，最大可达$47933\times10^{-5}$SI，本次1∶5万航磁调查航磁$\Delta T$磁场图上常表现磁性中等或者较强的串珠状磁异常或带状磁异常。

本次航磁综合解释推断超基性岩67处，其中出露21处、新推断隐伏46处，集中分布在阿尔金断裂（F_1）红柳沟地区的青崖子-萨木萨克超基性岩带，古生代裂谷带党河南山断裂带（F_4、

F_5）拉排沟、黑达坂超基性岩体和大道尔基超基性岩体。另外，在敦煌地块的若羌-敦煌断裂（F_2）和全吉地块的金泉山地区沿 F_{95} 断裂有小规模分布，岩体形态呈岩株、脉状、透镜状分布。

超基性岩富含铬铁矿、铜镍矿、石棉矿等矿产，典型矿床有大道尔基铬铁矿（大型）、团结乡石棉矿（大型）、拉排沟铜镍矿（矿点）、黑达坂铜镍矿点等。大道尔基超基性岩体包含中国西北地区最大的岩浆型铬铁矿床，其磁场特征将在第六章第三节和第七章第二节中详细描述，本章选择阿尔金断裂的青崖子-萨木萨克超基性岩带和党河南山的黑达坂超基性岩体为代表阐述其磁场特征。

1. 青崖子-萨木萨克超基性岩带（Σ8、Σ9、Σ10、Σ11、Σ12、Σ13、Σ14、Σ15、Σ16、Σ17、Σ18 号岩体）

分布于阿尔金山主峰北坡红柳沟地区，沿阿尔金断裂分布在元古宙沉积变质地层区内。

超基性岩带东西延长 57km，南北宽 0. 8~4. 3km，对应航磁异常甘 C-2016-182、甘 C-2016-183、甘 C-2016-180、甘 C-2016-181、甘 C-2016-200、甘 C-2016-202、甘 C-2016-208、甘 C-2016-133、甘 C-2016-204、甘 C-2016-226、甘 C-2016-227、甘 C-2016-228 等。航磁 ΔT 剖面平面图上异常呈现剑锋状强磁异常带，北侧伴生负值，异常幅值在 405~2282nT 之间；化极等值线图上呈近东西向蜿蜒分布的窄条异常带；化极垂向一阶导数图上异常形态规则，边界清晰，易于圈定；上延 1km 化极等值线异常边界模糊圆滑，上延 3km 化极等值线图上异常消失，说明磁性体规模有限（图 5-2）。

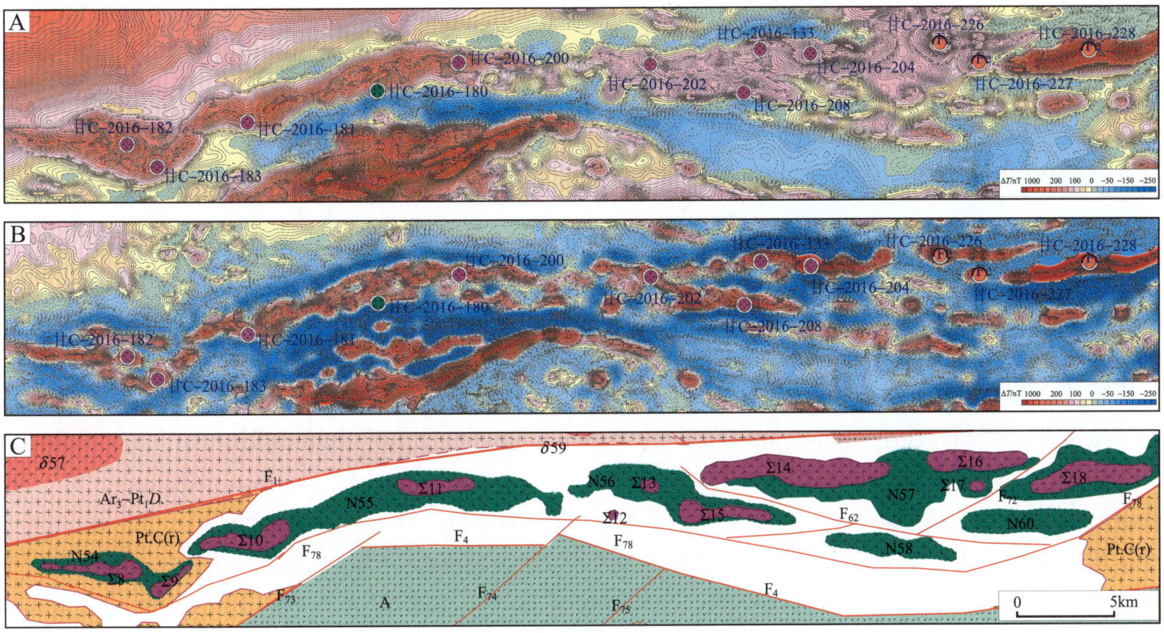

图 5-2　青崖子-萨木萨克超基性岩带磁场特征

A—航磁 ΔT 化极等值线平面图；B—航磁 ΔT 化极垂向一阶导数等值线平面图；C—推断岩性构造图。

推断岩性构造图图例：N12—基性岩及编号；Σ1—超基性岩及编号；A—火山岩；Ar_3-$Pt_1D.$—敦煌岩群；F_1—深大断裂及编号；F_4—大断裂及编号；F_{78}—一般断裂及编号；δ59—中性侵入岩及编号；Pt. C(r)—元古宙弱变质岩区

推断超基性岩体为 Σ8、Σ9、Σ10、Σ11、Σ12、Σ13、Σ14、Σ15、Σ16、Σ17、Σ18 号岩体。其中，Σ14、Σ16、Σ17、Σ18 岩体与已知青崖子-萨木萨克超基性岩带对应，侵入时代是奥陶纪，岩体主要为蛇纹岩，呈黑绿色、黄绿色、翠绿色，致密块状，鳞片变晶结构、残余半自形结构，几乎全部由蛇纹石矿物组成。Σ8、Σ9、Σ10、Σ11、Σ12、Σ13、Σ15 岩体为本次航磁调查研究新推断的超基性岩体，新推断超基性岩体组成的超基性岩带长 36. 3km，南北宽 0. 8~2. 6km。岩石为东部蛇纹岩超基性岩带向西的隐伏部分。根据甘 C-2016-180 号异常（Σ10 岩体）2. 5D 正演拟合运算，超基性岩体由多个隐伏超基性岩体组成，顶板埋深约 100m（图 5-3）。

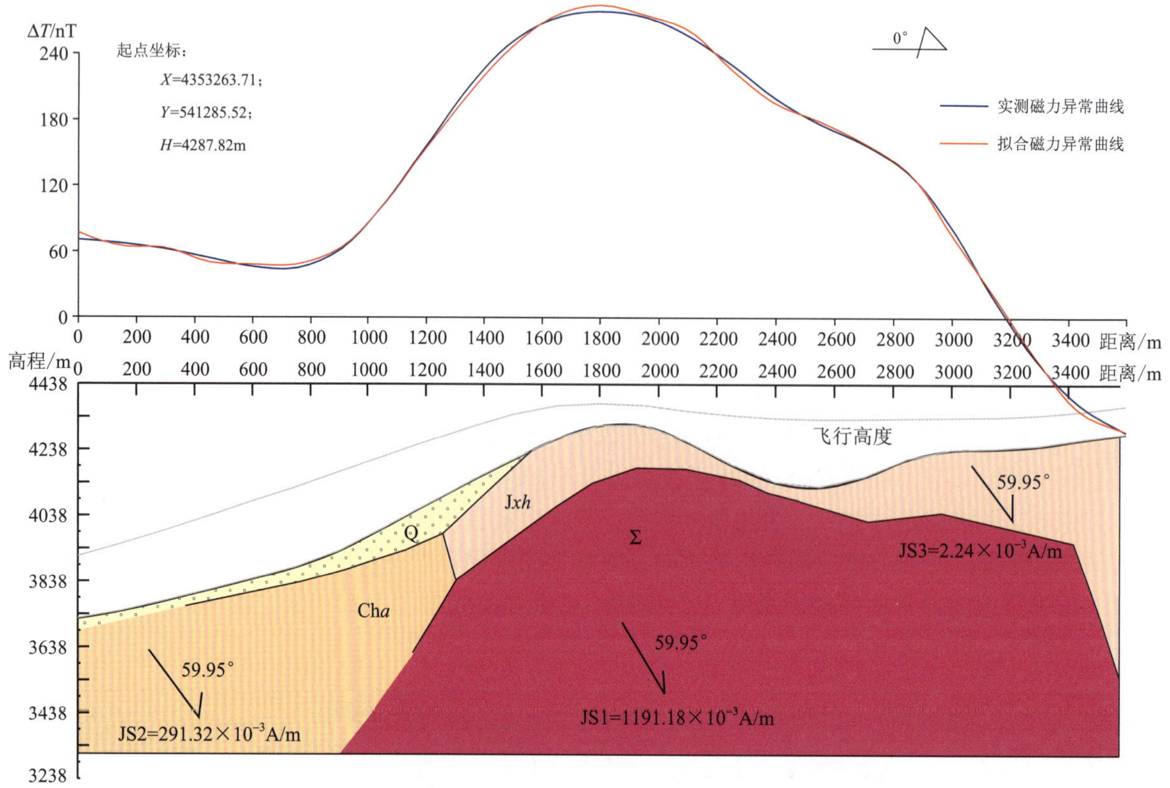

图 5-3　甘 C-2016-180 异常 2.5D 正演拟合计算结果

Cha—长城系敖油沟组；Jxh—蓟县系花儿地组；Q—第四系；JS1 = 1191.18×10^{-3}A/m—反演地质体编号及磁化强度

本次航磁调查综合研究地面物性测量，出露超基性岩带上测得超基性岩磁化率最大为 45670×10^{-5}SI，最小为 4221×10^{-5}SI，平均值为 9722×10^{-5}SI，是引起航磁异常的物性基础。围岩蓟县系花儿地组的大理岩基本无磁性，基性岩辉绿岩有一定的磁性，磁化率均值为 8639×10^{-5}SI，其异常与超基性岩异常很难分离，是造成超基性岩解释推断的主要干扰因素。因此，本区的超基性岩也有可能是基性、超基性岩共生岩体。

超基性岩带同时伴生基性岩带，规模大、磁性强，也同样引起强磁异常带。

该带上含有大量铁矿、铜矿、锰矿、石棉矿，同时 1∶20 万化探铁族元素、金属成矿元素、热液活动指示元素异常丰富，有 Cu、Pb、Zn、Au、Ag、As、Sb、Bi、W、Sn、Cr、Ni、Co 等，对寻找铁及多金属矿化有重要指示意义。本次航磁异常圈定的超基性岩体，特别是青崖子-萨木萨克向西扩展新发现的 36.3km 长的隐伏超基性岩带是值得关注的找矿有利地区。

2. 黑达坂超基性岩体（Σ35、Σ36）

分布于肃北县黑达坂北西向 3.3km 处，区域上位于党河南山-拉脊山蛇绿混杂岩带北西西向向北东东向的转折部位，局部航磁推断的 F_{69} 和 F_{82} 的构造交汇处。

由两个相邻岩体组成，分别是 Σ35、Σ36，形态呈蚕豆状，对应异常甘 C-2015-183 和甘 C-2015-184。航磁 Δ*T* 等值线平面图上异常为杂乱正磁场背景中叠加的强度较高的剑锋状正异常；化极等值线平面图上异常呈一对大小相似、强弱不等、北东东向对称分布的一对豆形异常，范围分别是 1000m×700m 和 1000m×850m，幅值分别为 284nT 和 800nT。

岩体侵入中元古界桦树沟组中酸性火山岩地层区内，1∶20 万化探测量反映铁族元素 Cr、Ni 异常与岩体套合好，进一步佐证推断的超基性岩体。甘 C-2015-184 异常对应已知超基性小岩株和铜镍矿化点，推测相邻的甘 C-2015-183 异常也由超基性岩引起并含有铜镍矿化（图 5-4）。

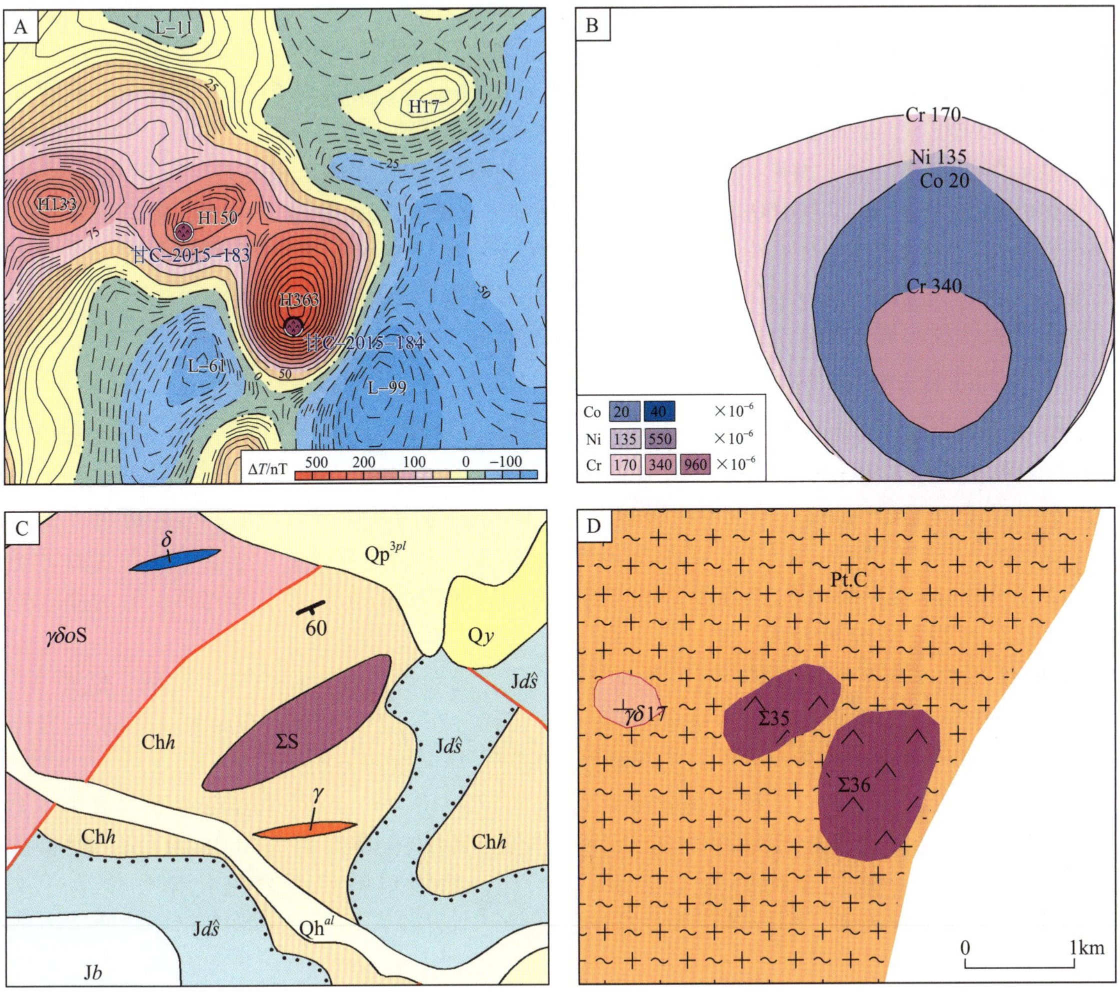

图 5-4 黑达坂超基性岩体磁场、地质、化探特征

A—航磁 ΔT 化极等值线平面图；B—化探异常图；C—1∶25 万地质图；D—推断岩性构造图。

1∶25 万地质图图例：Ch*h*—长城系桦树沟组：酸性凝灰岩-安山质凝灰熔岩-玄武岩组合；J*b*—侏罗系博罗组：砾岩、长石石英砂岩；J*dŝ*—侏罗系大山口组：砂砾岩、粉砂岩；Q*y*—第四系玉门组；Qp^{3pl}—上更新统洪积物；Qh^{al}—全新统冲积物；ΣS—志留纪辉石橄榄岩；$\gamma\delta o$S—志留纪英云闪长岩；δ—闪长岩脉；γ—花岗岩脉。推断岩性构造图图例：Σ35—超基性岩体及编号；Pt.C—元古宙磁性地层；$\gamma\delta$17—中酸性侵入体及编号

（二）基性岩

根据航磁测量成果综合解释推断基性岩 158 处，其中出露、半隐伏 28 处，隐伏 130 处。出露的基性岩集中在早古生代奥陶纪和志留纪两个地质时期，一般规模较小，岩性单一，以辉长岩、辉长辉绿岩为主。岩体主要分布在敦煌盆地肃北到敦煌一带、阿尔金山红柳沟地区（阿尔金断裂上）、党河南山一带（古生代裂谷带）、德勒诺尔一带（北祁连南缘断裂附近），还有部分中元古代的基性层状侵入岩（辉长岩）分布在敦煌地块三危山一带、若羌-敦煌断裂（也叫阿尔金北缘断裂）附近。岩体分布受大断裂、深大断裂控制明显。

测区基性岩磁化率强度不同：强磁性岩石磁化率一般为几百到上千个磁化率单位（10^{-5}SI），磁场上引起中等强度的磁异常，平剖面图上呈相对突出的尖锋状或带状，幅值在几十至几百纳特之间，如柳树沟基性岩体（N79）、德勒诺尔基性岩群（N72、N69、N70、N71、N73、N74、N75、N76、N77、N78）、崔木土基性岩体（N7、N8）；还有部分岩体表现为极强磁性，物性磁化率达到上万个磁化率单位，引起梯度大、强度高的剑锋状磁异常或异常带，幅值在 1000~2500nT 之间，

如青崖子-萨木萨克基性—超基性岩带（N54、N55、N56、N57、N58、N59、N60、N61）、敦煌盆地内三危山一带（N14、N10、N18）、阿克塞等地基性岩体（N52、N63、N28、N32、N16、N15、N29、N30、N31、N42）。另外，测区也有部分基性岩磁性很弱，如月牙山附近的辉绿岩磁化率为 $30\times10^{-5}\sim100\times10^{-5}$SI，最大值为 165×10^{-5}SI，磁场上无异常反映。

基性岩体富含铁、铜、镍矿产。三危山东 30km 处 N14 基性岩体，核工业 212 队在开展 1：5 万矿产调查时发现钻孔内 77～100m 分布低品位磁铁矿，220～270m 分布 3 条铜、镍、钴矿体。航磁调查在柳树沟基性岩体（N79）开展异常查证工作中，发现化探土壤测量中 Cu、Ni、Cr 含量达到工业品位。解释推断的基性岩体成为铜、镍、铁等多金属矿产勘查的有利地区。

本章选择柳树沟岩体和阿克塞基性岩体进行详细剖析。

1. 柳树沟基性岩体（N79）

岩体位于党河南岸党河南山岔西沟敖包一带，对应异常甘 C-2015-211、甘 C-2015-212、甘 C-2015-214、甘 C-2015-268、甘 C-2015-270（图 5-5）。

岩体位于党河南山-拉脊山蛇绿混杂岩带上。岩体与柳树沟基性岩体对应，呈岩床状产出，面积约 23.35km^2。围岩为北大河岩群二岩组碎屑岩建造。1：20 万地质图上显示，岩体跨越月牙湖幅 J-46-(12) 和别盖幅 J-46-(6)，月牙湖幅描述柳树沟岩体岩性以辉长岩、角闪辉长岩为主，别盖幅描述岩体岩性为石英闪长岩。

航磁 ΔT 剖面平面图上，强度中等，北侧伴生负值，磁场幅值在 350～850nT 之间。航磁 ΔT 化极等值线平面图上，异常形态规整，呈北西-南东向带状分布，边界清晰。航磁解释推断的岩体与出露的柳树沟岩体不完全吻合，中心向西南偏移，推测岩体向南西方向倾伏。

本次异常查证测量物性：变砂岩磁化率均值为 10.86×10^{-5}SI，石英片岩磁化率均值为 8.08×10^{-5}SI，石英闪长岩磁化率均值为 360×10^{-5}SI，正长花岗岩磁化率均值为 360×10^{-5}SI，阳起石片岩（原岩为角闪岩）磁化率均值为 1282.53×10^{-5}SI，角闪单斜辉石岩磁化率均值为 1218×10^{-5}SI。对比分析，角闪岩、辉石岩等基性岩磁化率高于围岩砂岩和片岩，是引起异常的主要地质因素。

1：20 万重力图上对应剩余重力高异常，遥感影像表现为低缓高山影像，说明岩体密度大，抗风化能力强，符合基性岩岩体特征。

本次异常查证在该岩体和围岩的接触带上土壤测量发现铜、镍、铬高含量点多处，含量达到边界品位，是重要的多金属找矿有利地区。

2. 阿克塞基性岩体（N63）

岩体位于甘肃阿克塞哈萨克族自治县附近，对应异常甘 C-2016-107。

异常区属于敦煌盆地第四系覆盖区。航磁 ΔT 剖面平面图上曲线圆滑，异常强度高、梯度大，伴生负值。异常最大幅值为 1156nT，异常查证地面磁测幅值为 2247.3nT。航磁 ΔT 化极等值线平面图上异常形态规整，边界清晰（图 5-6）。从不同高度上延图上看，异常随高度增加异常衰减很慢，显示为浑圆形的升高磁场，反映岩体有较大规模和延伸，切线法计算埋深为 500m，2.5D、3D 反演计算分别见图 5-7、图 5-8。与 1：20 万剩余重力高异常对应，符合基性岩的物理特征。异常北东向延伸，出现两个中心，反映深部为同一岩体的两个突起（图 5-8）。

敦煌盆地内分布大量相似异常，推断由基性岩体引起，同类异常甘 C-2011-0011 号异常反映的基性岩体 N14，已经钻孔验证含有铁、铜、镍矿化。其他岩体 N14、N10、N18、N40、N41、N42、N63、N52、N28、N29、N30、N31、N15、N32、N33、N34、N16、N17、N38 等分布区都具有较大找矿潜力。

（三）中性岩

中性岩是区内分布最广泛的一类岩体，航磁综合解释推断中性岩体 260 个，其中出露、半隐伏

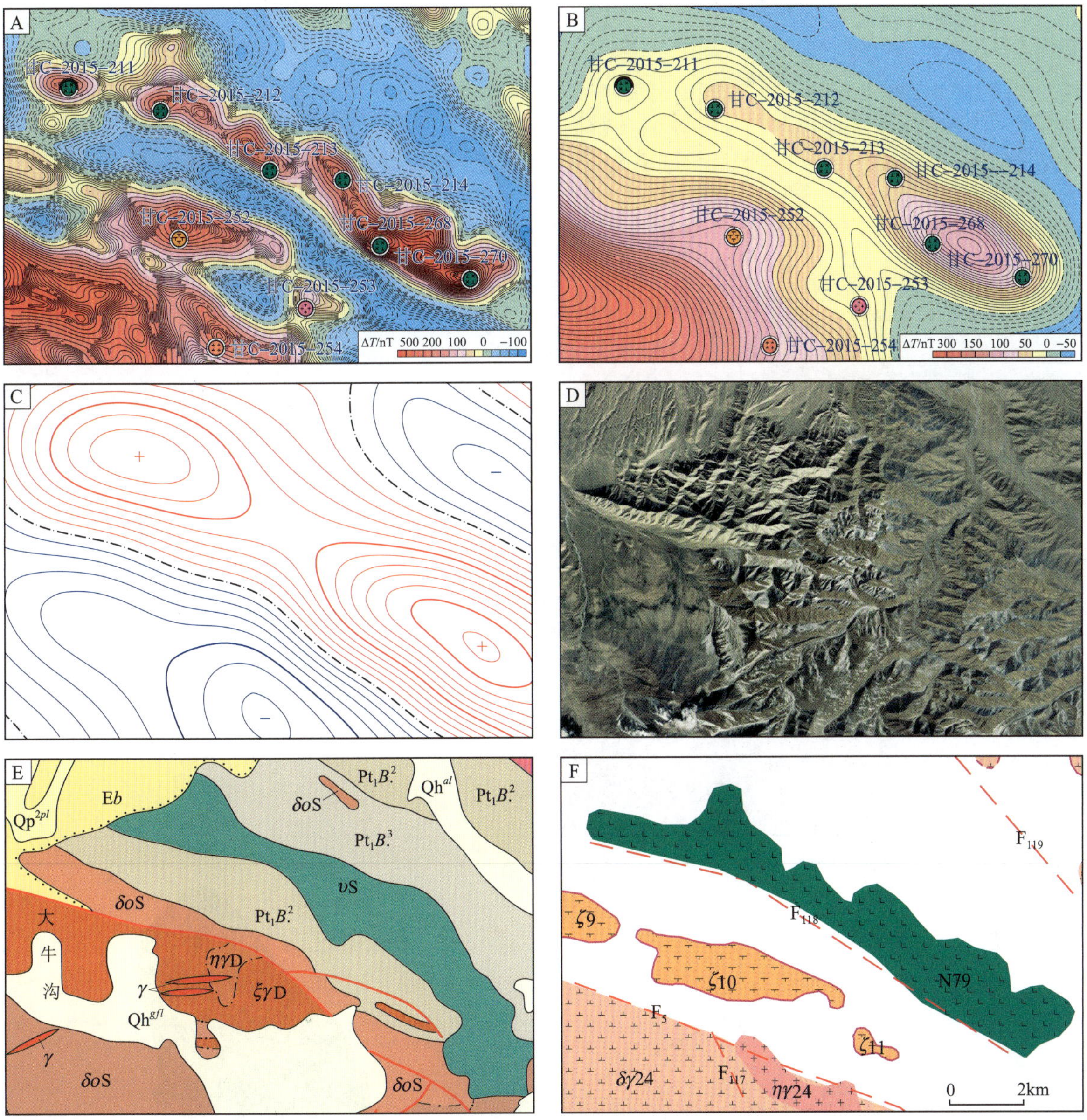

图 5-5 柳树沟中基性侵入体磁场、地质、重力、DEM 高程影像特征

A—航磁 ΔT 化极等值线平面图；B—航磁 ΔT 化极上延 1km 等值线平面图；C—剩余重力异常图；D—遥感影像图；E—1：25 万地质图；F—推断岩性构造图。

1：25 万地质图图例：Pt_1B^2—北大河岩群二岩组：白云石英片岩、含榴二云石英片岩；Pt_1B^3—北大河岩群三岩组：白云石大理岩；E*b*—古近系白杨河组；Qp^{2pl}—中更新统洪积物；Qh^{al}—全新统冲积物；Qh^{gfl}—全新统冰水堆积物；υS—志留纪辉长岩；δoS—志留纪石英闪长岩；ηγD—泥盆纪二长花岗岩；ξγD—泥盆纪正长花岗岩；γ—花岗岩脉。推断岩性构造图图例：N79—基性侵入体及编号；δγ24—中酸性侵入体及编号；ηγ24—酸性侵入体及编号；ζ9—正长岩体及编号；F_{119}—推断断裂及编号

42 个，隐伏 218 个。分布在阿尔金断裂以北的敦煌地块、祁连造山带、全吉地块等主要地质单元内。出露的中性岩体主要集中在古生代和中元古代两个地质时期。古生代的奥陶纪闪长岩分布在野马南山、若羌-敦煌断裂附近的孙家湾一带，志留纪闪长岩分布在全吉地块的一步沟-多罗尔什弧形逆冲韧性变形带内，中元古代的石英闪长岩分布在敦煌地块的三危山附近。隐伏岩体主要分布在敦煌盆地、南祁连地块、柴达木盆地边缘等覆盖区内。

磁场上异常强弱不等，一般异常强度为几十到几百纳特；形状以近圆形、椭圆形为主，规模大小不一，大者 270km^2，小者不足 0.1km^2。物性测定磁化率大小不等，强者均值在 $1000\times10^{-5}\sim2000\times$

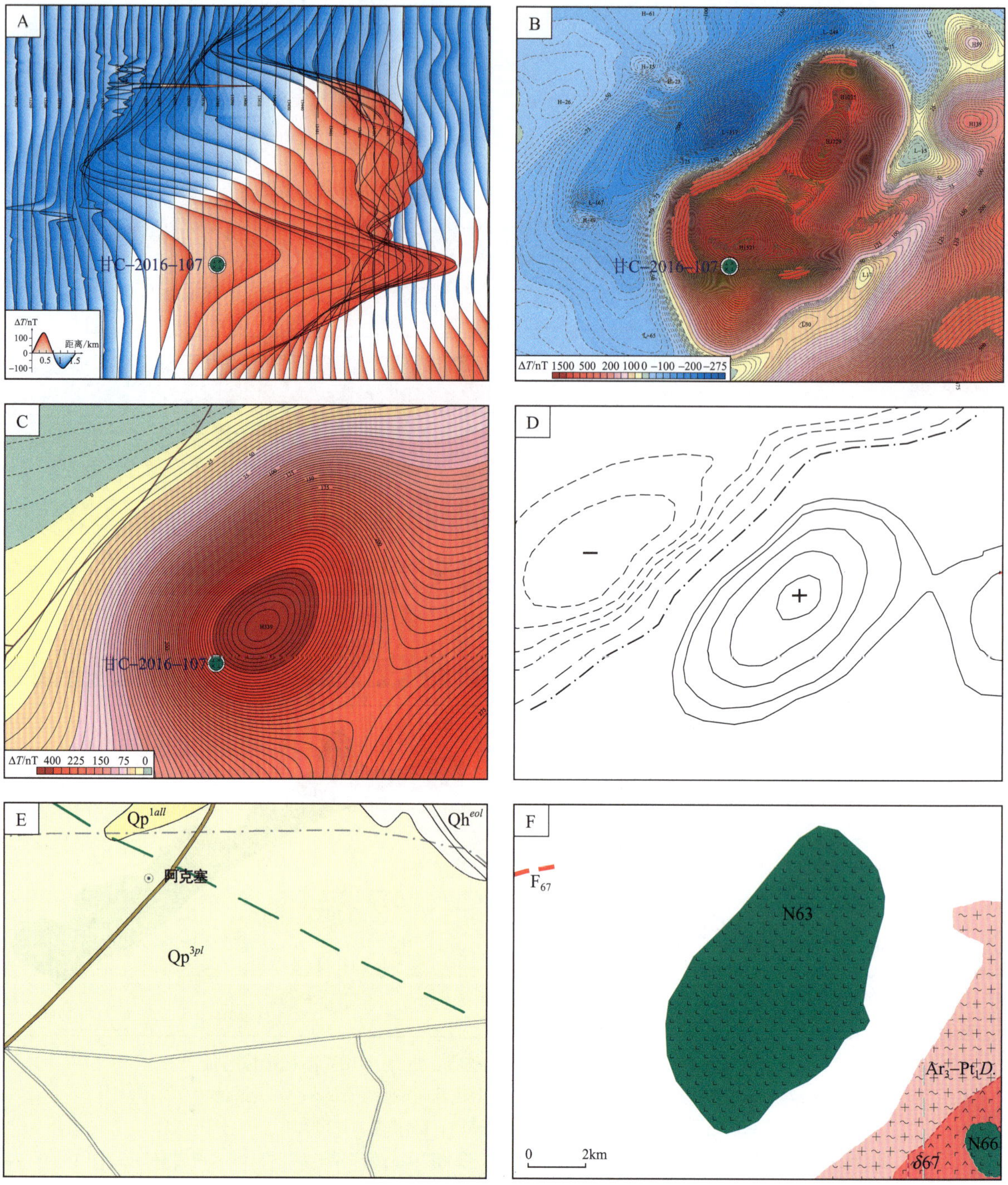

图 5-6　阿克塞基性岩体地质、航磁、重力特征

A—航磁 ΔT 剖面平面图；B—航磁 ΔT 化极等值线平面图；C—航磁 ΔT 化极上延 3km 等值线平面图；D—剩余重力异常图；E—1∶25 万地质图；F—推断岩性构造图。

1∶25 万地质图图例：Qh^{eol}—全新统风积物：松散细砂、粉砂；Qp^{3pl}—上更新统洪积物：松散砂砾石、含粉砂黏土；Qp^{1all}—下更新统冲湖积物。推断岩性构造图图例：Ar_3-$Pt_1D.$—敦煌岩群；N63—基性岩及编号；δ67—中性侵入岩及编号；F_{67}—推断一般断裂及编号

10^{-5}SI 之间，弱者一般在几十到几百个单位。

1. 孙家湾中性岩体（δ20）

岩体在测区北部多坝沟地区孙家湾一带，分布在敦煌基底杂岩隆起区内，受北东东向分布的若羌-敦煌断裂控制，与甘 C-2016-53、甘 C-2016-54、甘 C-2016-61、甘 C-2016-62 对应（图 5-9）。

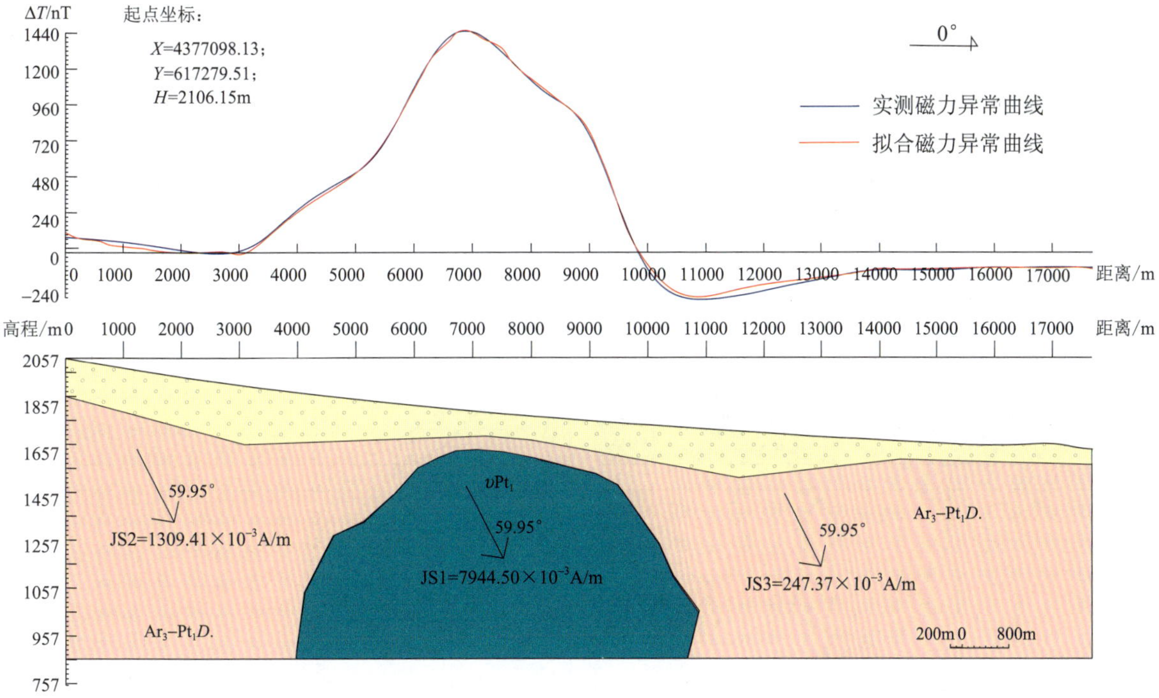

图 5-7　甘 C-2016-107 异常 2.5D 正反演拟合计算结果

$Ar_3-Pt_1D.$—敦煌岩群；υPt_1—推断的基性侵入岩；JS1 = 7944.50×10^{-3} A/m—反演地质体编号及磁化强度

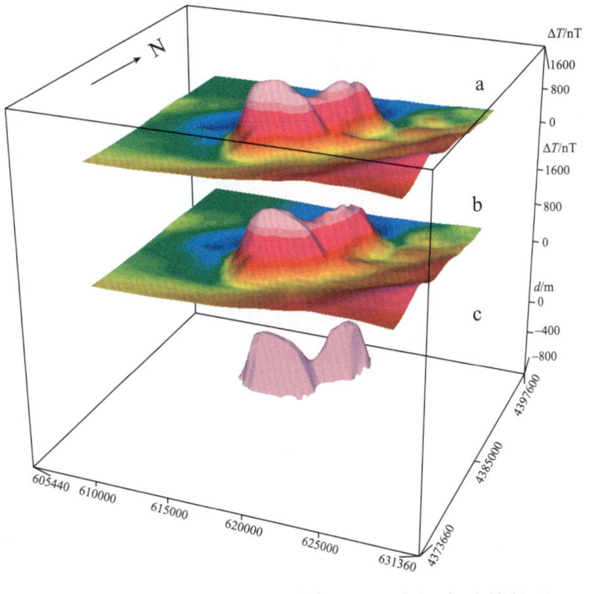

图 5-8　甘 C-2016-107 异常 3D 反演拟合计算结果

a—原始场；b—深部地质体的正演场；c—深部地质体

航磁 ΔT 剖面平面图上呈现由多条测线、多个异常峰值形成的近圆形异常区，异常强度较低，一般在 100~200nT 之间，受区域北东东向构造控制。航磁 ΔT 化极等值线平面图上异常区内异常具有北东东向排列趋势。

1∶25 万地质图上，第四系覆盖区内出露奥陶纪闪长岩体，物性测量闪长岩磁化率均值一般为几百到几千个单位，异常由岩体引起。1∶20 万剩余重力异常图上呈现重力高异常特征，符合中性岩特征。

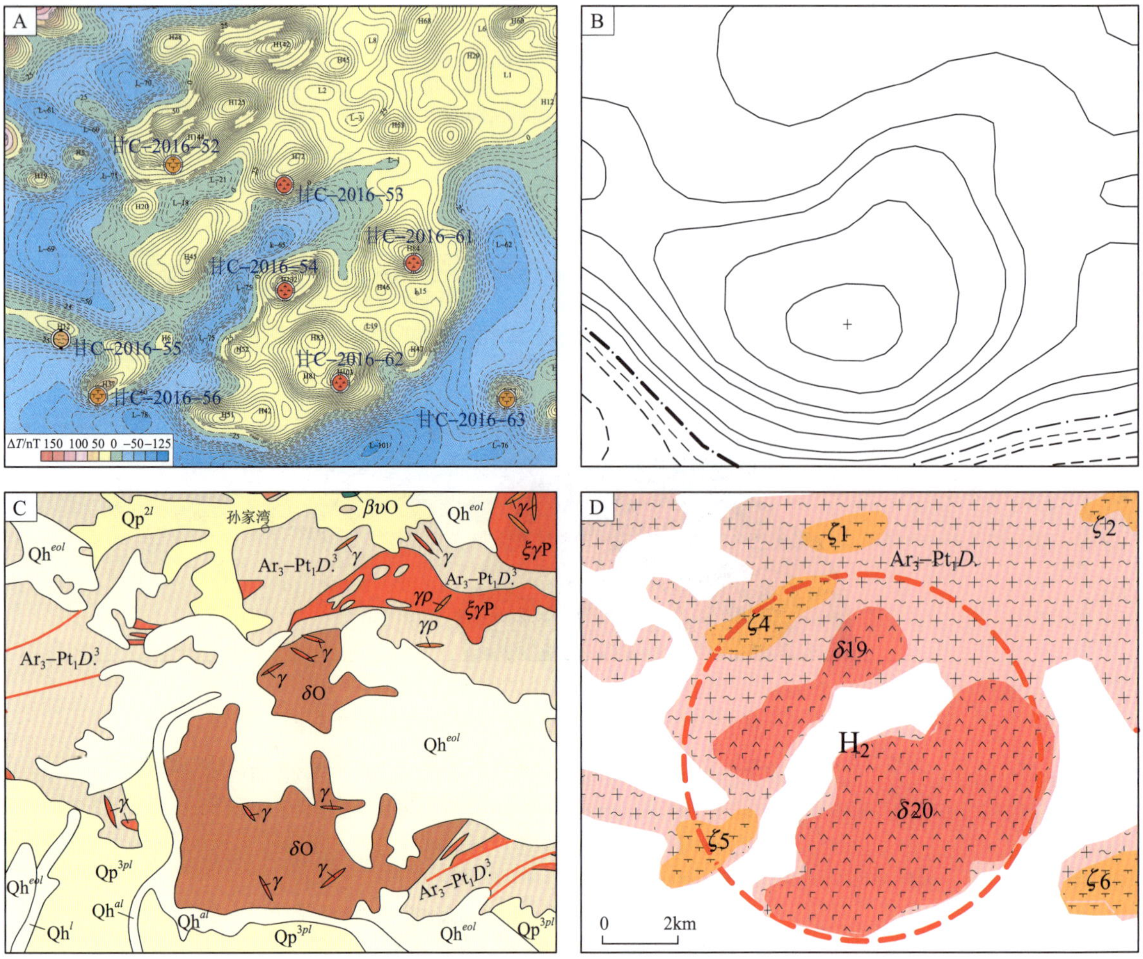

图 5-9 孙家湾中性岩体磁场特征

A—航磁 ΔT 化极等值线平面图；B—剩余重力异常图；C—1∶25 万地质图；D—推断岩性构造图。

1∶25 万地质图图例：$Ar_3-Pt_1D.^3$—敦煌岩群三岩组：黑云斜长片麻岩、斜长角闪岩、混合岩；Qp^{2l}—中更新统湖积物；Qp^{3pl}—上更新统洪积物；Qh^{l}—全新统湖积物；Qh^{eol}—全新统风积物；Qh^{al}—全新统冲积物；$\beta\upsilon O$—奥陶纪辉长辉绿岩；δO—奥陶纪闪长岩；$\xi\gamma P$—二叠纪正长花岗岩；γ—花岗岩脉；$\gamma\rho$—花岗伟晶岩脉。推断岩性构造图图例：$Ar_3-Pt_1D.$—敦煌岩群；$\delta 20$—中性侵入岩及编号；$\zeta 2$—正长岩及编号；H_2—环形构造及编号

2. 月牙山中性岩体（δ124）

岩体分布在南祁连构造区月牙山一带。对应异常甘 C-2015-296。

磁场上呈近圆形，为平静负背景场上平缓升高异常，北侧伴生负值，磁场强度在 100～200nT 之间，化极等值线和化极垂向一阶导数等值线平面图上边界都很清晰，异常位于第四系覆盖区内，对应 1∶20 万剩余重力高异常（图 5-10）。

因重力高、密度相对大，推断为中性岩体引起，切线法计算埋深为 60m 左右，2.5D 反演，磁化强度为 1097.16A/m（磁化率相当于 2500×10^{-5}SI）（图 5-11）。

（四）中酸性岩

由于本测区中性岩与酸性岩磁化率变化较大，且存在中性岩磁性较强、酸性岩磁性也较强，而两种岩石也都有磁性较弱的情况，造成二者在磁场图上很难区分，故将这部分异常统一推断为中酸性岩。

航磁综合解释推断中酸性岩 114 个，其中出露、半出露 28 个，隐伏 86 个，主要分布在中南祁

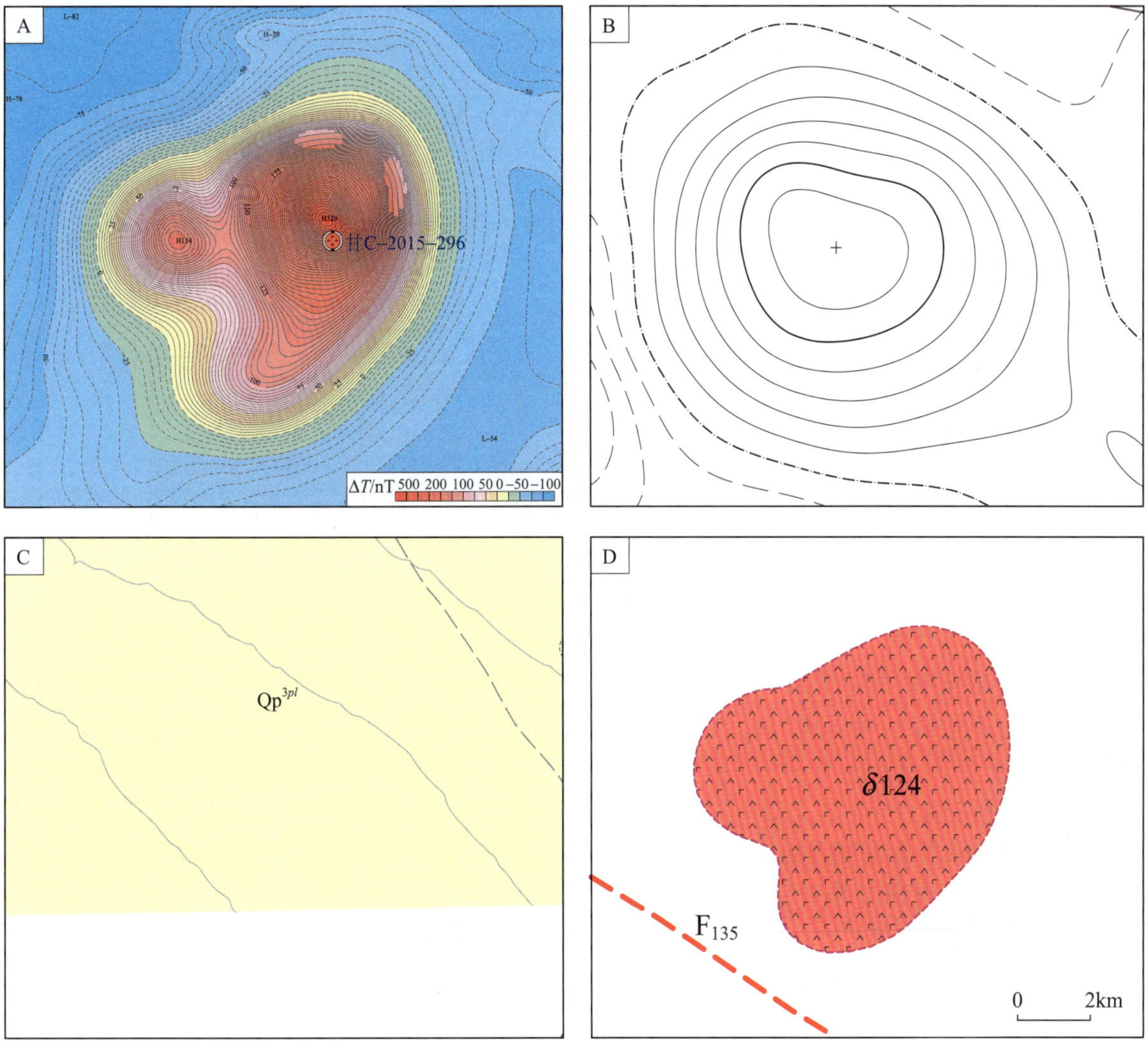

图 5-10　月牙山中性岩体磁场特征

A—航磁 ΔT 化极等值线平面图；B—剩余重力异常图；C—1∶25 万地质图；D—推断岩性构造图。

1∶25 万地质图图例：Qp^{3pl}—上更新统洪积物：松散砂砾石、含粉砂黏土。推断岩性构造图图例：

$\delta124$—中性侵入岩及编号；F_{135}—推断一般断裂及编号

连构造带内，特别是党河南山-拉脊山蛇绿混杂岩带（中、南祁连之间的古生代裂谷）分布了全区最大的中酸性岩浆岩带，出露面积约 400km^2。其他岩体规模相对较小，分布在野马南山、月牙山、小红山一带。出露的中酸性岩体岩性以花岗闪长岩为主，侵入时代集中在志留纪、石炭纪。

测区物性测量结果：花岗闪长岩表现为有磁性和无磁性两种。无磁性花岗闪长岩不引起磁异常，在此不做研究。有磁性的花岗闪长岩实测磁化率为几十到几百个单位，个别高值达几千个单位。磁场上表现为几十到几百纳特的带状或圆形异常区。

1. 月牙山东部中性岩体（$\gamma\delta43$）

岩体分布在党河南山南部，五个泉-乌兰布拉格古生代裂谷带内，对应于甘 C-2015-311 异常。

航磁 ΔT 剖面平面图上，异常为平静背景场上的升高异常，伴生微弱负值，幅值为 200～300nT。航磁 ΔT 化极等值线平面图上，异常呈圆形。航磁 ΔT 化极垂向一阶导数等值线平面图上，异常边界更加清晰，推断侵入体直径为 3. 1km（图 5-12）。

异常区大部分被第四系覆盖，中心出露志留纪云英岩化花岗闪长岩，周围分布志留系巴龙贡噶尔组变质砂岩、变质粉砂岩。

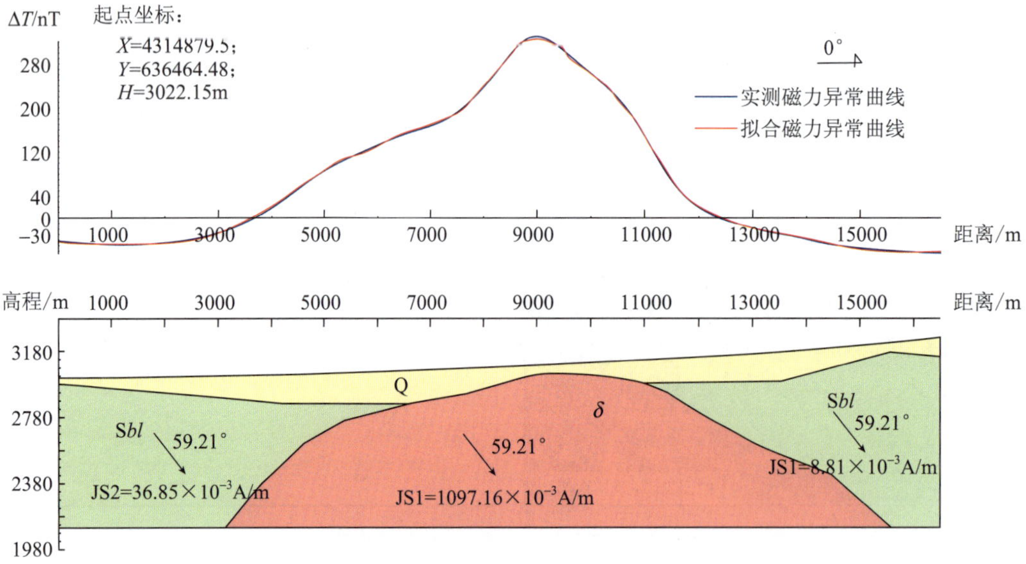

图 5-11　月牙山中性岩体 2.5D 反演拟合计算

Sbl—志留系巴龙贡嘎尔组；Q—第四系；δ—中性侵入岩；JS1＝1097.16×10^{-3} A/m—反演地质编号及磁化强度

实测物性磁化率：围岩地层一般为几十到几百个单位，最大达 541×10^{-5}SI，月牙山云英岩化花岗闪长岩磁化率均值为 976×10^{-5}SI，最大为 2020×10^{-5}SI，最小为 593×10^{-5}SI，推断 $\gamma\delta$43 为云英岩化花岗闪长岩。

1∶20 万剩余重力异常图上对应重力低异常，说明岩体符合酸性岩特征。航磁上延图上，随着上延高度的增加，异常衰减很慢，依然呈宽缓的升高异常带，说明岩浆岩向下延伸较大。

该岩体在异常查证工作中发现了金矿化，土壤测量金含量达到 289×10^{-9}，平均含量为 54×10^{-9}，有进一步找矿潜力。

本次航磁综合解释推断在月牙山周围还分布有小岩株 $\gamma\delta$40、$\gamma\delta$41 等，也同样具有找矿价值。

2. 党河南山中酸性岩体（$\gamma\delta$24）

该岩体分布在党河南山蛇绿混杂岩带上，北西西向分布，长 68.8km，宽 2～10km。与甘 C-2015-181/199、甘 C-2015-200、甘 C-2015-203、甘 C-2015-216、甘 C-2015-251、甘 C-2015-256、甘 C-2015-255、甘 C-2015-254、甘 C-2015-257、甘 C-2015-258、甘 C-2015-274、甘 C-2015-275、甘 C-2015-259、甘 C-2015-277、甘 C-2015-278、甘 C-2015-280 等异常对应。

航磁 ΔT 剖面平面图上，表现为较强升高磁异常带，北侧伴生负值，幅值在 200～400nT 之间，最大达到 800nT。航磁 ΔT 等值线平面图上，呈现大规模带状异常，边界清晰，总体呈北西西向分布，局部被北东向和北西向断裂错断（图 5-13）。

1∶25 万地质图上，异常带与志留纪花岗闪长岩带对应。与围岩断裂构造接触，异常带南部围岩为志留系巴龙贡噶尔组的变质砂岩、碎屑岩，异常带北部为中元古界北大河岩群的碎屑岩、火山岩、碳酸盐岩建造。物性磁化率：巴龙贡噶尔组的变质砂岩显示为弱磁性，一般为几十个单位；北大河岩群含有磁性层位，其中的斜长角闪岩、云母片岩等磁化率较高，均值达几百个单位到 2423×10^{-5}SI，但由于分布范围有限，未能形成大规模异常。党河南山志留纪花岗闪长岩磁化率最小为 1198×10^{-5}SI，最大为 2527×10^{-5}SI，平均为 2004×10^{-5}SI。志留纪花岗闪长岩是党河南山巨型异常带的主要地质因素。

主体对应 1∶20 万剩余重力低异常带，为中酸性岩体的反映。航磁上延图上，随着高度的增加，异常衰减很慢，依然呈宽缓的升高异常带，说明岩浆岩向下延伸较大。

异常带内包含部分超基性岩体，岩体富含铁、铬、铜、镍矿产。

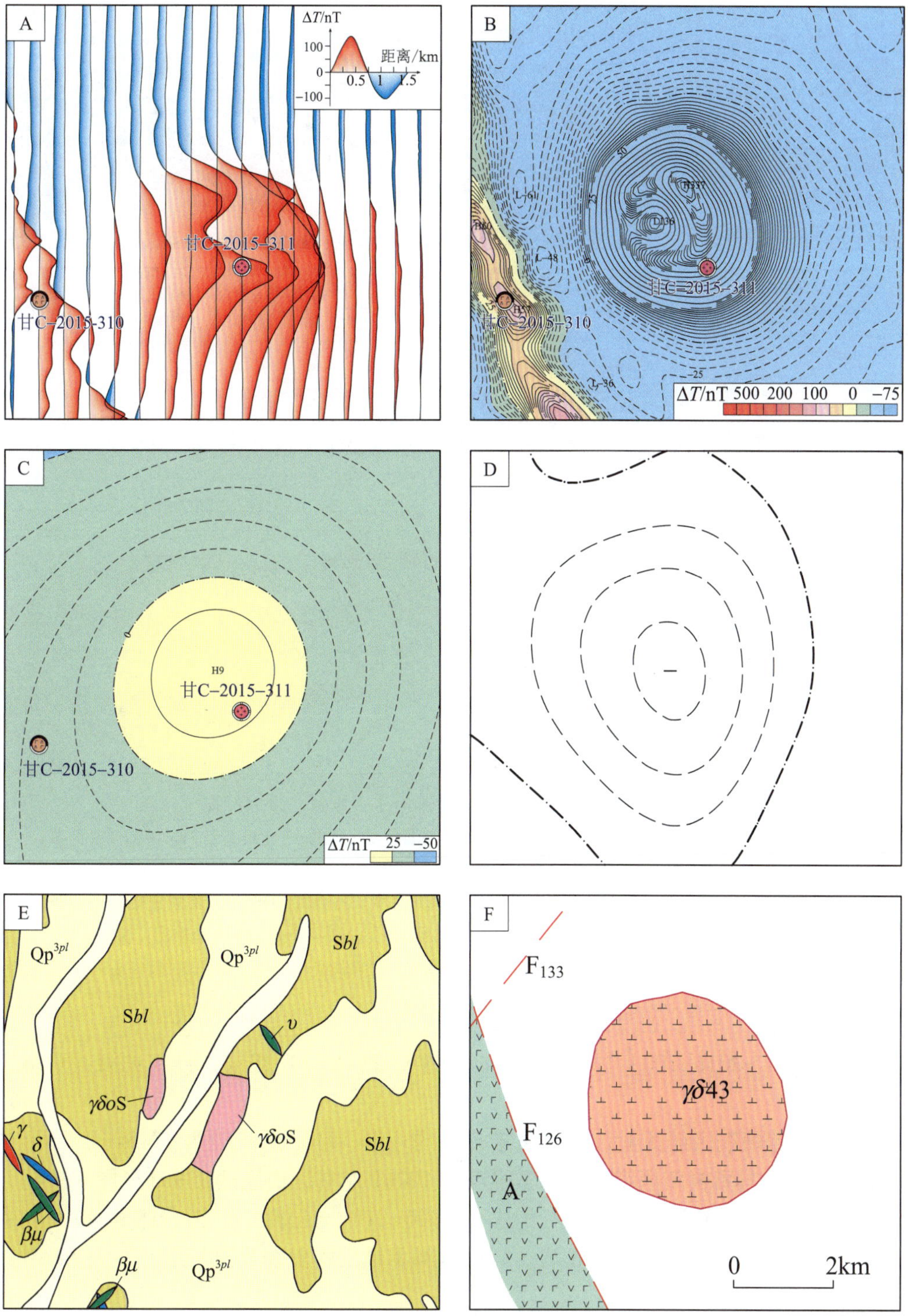

图 5-12 月牙山东部中酸性岩体磁性特征

A—航磁 ΔT 剖面平面图；B—航磁 ΔT 化极等值线平面图；C—航磁 ΔT 化极上延 3km 等值线平面图；D—剩余重力异常图；E—1∶25 万地质图；F—推断岩性构造图。

1∶25 万地质图图例：S*bl*—巴龙贡嘎尔组英安岩；Qp^{3pl}—上更新统洪积物；$\gamma\delta o$S—志留纪云英岩化花岗闪长岩；υ—辉长岩脉；$\beta\mu$—辉绿岩脉、辉绿玢岩脉；δ—闪长岩脉；γ—花岗岩脉。

推断岩性构造图图例：$\gamma\delta$43—中酸性岩及编号；A—火山岩；F_{126}—推断一般断裂及编号

3. 小红山中酸性岩体（$\gamma\delta$1、$\gamma\delta$2、$\gamma\delta$3、$\gamma\delta$4、$\gamma\delta$5、$\gamma\delta$6、$\gamma\delta$7、$\gamma\delta$8、$\gamma\delta$9）

岩体分布在八龙沟-崔木土韧性变形带南部小红山一带。由异常甘 C-2016-81、甘 C-2016-98、

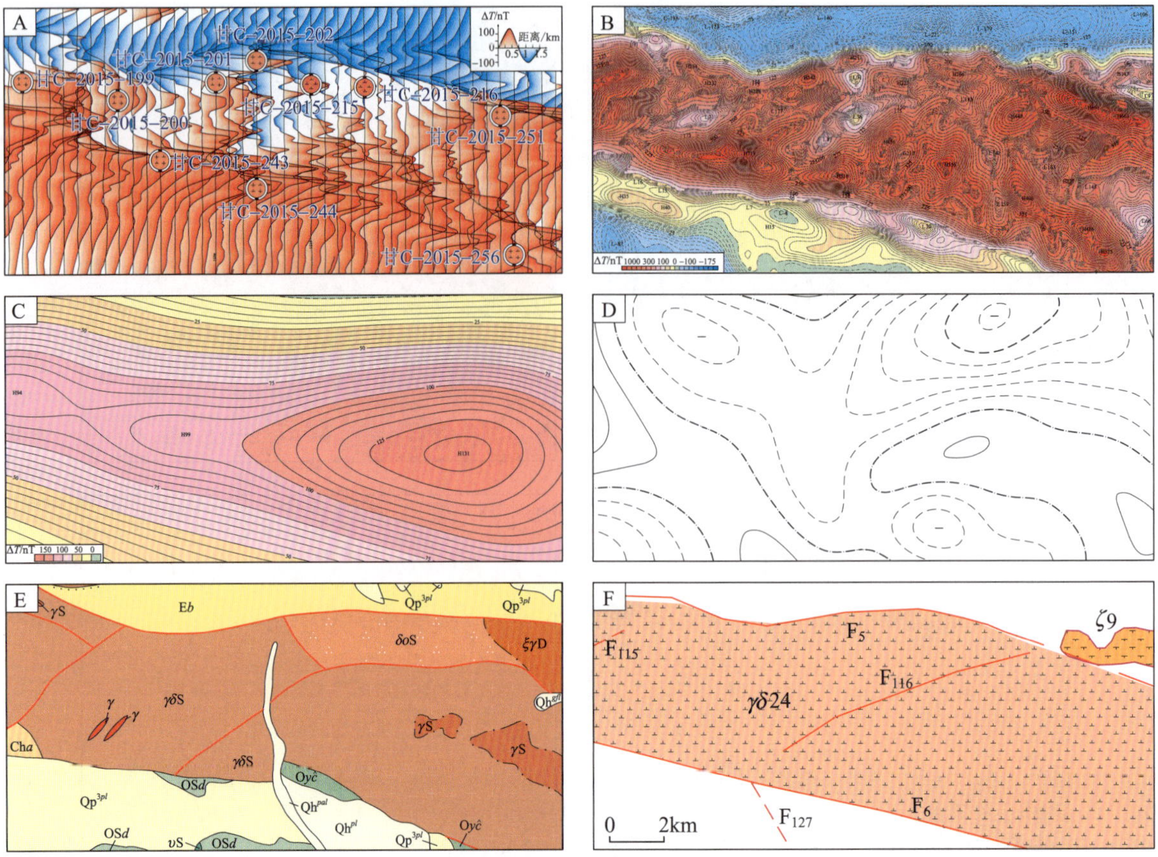

图 5-13　党河南山中酸性岩体地质、航磁、重力特征

A—航磁 ΔT 剖面平面图；B—航磁 ΔT 化极等值线平面图；C—航磁 ΔT 化极上延 3km 等值线平面图；D—剩余重力异常图；E—1∶25 万地质图；F—推断岩性构造图。

1∶25 万地质图图例：Cha—长城系熬油沟组；Oyĉ—奥陶系盐池湾组：变长石砂岩；OSd—志留系—奥陶系多索曲组：变砂岩；Eb—古近系白杨河组；Qh^{pl}—全新统洪积物；Qh^{pal}—全新统洪冲积物；Qh^{gfl}—全新统冰水堆积物；Qp^{3pl}—更新统洪积物；$\gamma\delta S$—志留纪花岗闪长岩；δoS—志留纪石英闪长岩；$\xi\gamma D$—泥盆纪正长花岗岩；γS—志留纪花岗岩；υS—志留纪辉长岩；γ—花岗岩脉。推断岩性构造图图例：$\gamma\delta 24$—中酸性岩及编号；$\zeta 9$—正长岩及编号；F_6—一般断裂及编号

甘 C-2016-99、甘 C-2016-100、甘 C-2016-86、甘 C-2016-101 组成。详细见第五章第二节“环形构造”部分。

航磁 ΔT 化极等值线平面图上，异常呈未封闭的环形，环形区直径为 12.3km，环形异常带宽 2.0km 左右，由多个异常高值区组成。异常强度在 100nT 左右，最高达 139nT（图 5-14）。

1∶25 万地质图上，异常北部高值区（甘 C-2016-81）与出露小红山岩体（$\gamma\delta 1$）对应。小红山岩体岩性为石炭纪云英岩化花岗闪长岩，岩体边部零星出露敦煌岩群三岩组的海相碎屑岩建造，其他地区被第四系覆盖。

从异常强度、规模、形态来看，甘 C-2016-81、甘 C-2016-98、甘 C-2016-99、甘 C-2016-100、甘 C-2016-86、甘 C-2016-101 环形异常带为同一个整体，推测隐伏区 $\gamma\delta 2$、$\gamma\delta 3$、$\gamma\delta 4$、$\gamma\delta 5$、$\gamma\delta 6$、$\gamma\delta 7$、$\gamma\delta 8$、$\gamma\delta 9$ 岩体同小红山岩体（$\gamma\delta 1$）相同，均为中酸性岩体。从航磁 ΔT 上延等值线平面图上看，异常随高度的增加衰减很快，上延 1km 还有异常显示，上延 3km 异常消失，说明岩体规模较小，向下延伸有限。

（五）酸性岩

航磁综合解释推断酸性岩 54 个，其中出露、半隐伏 14 个，隐伏 40 个。岩体分布范围有限，

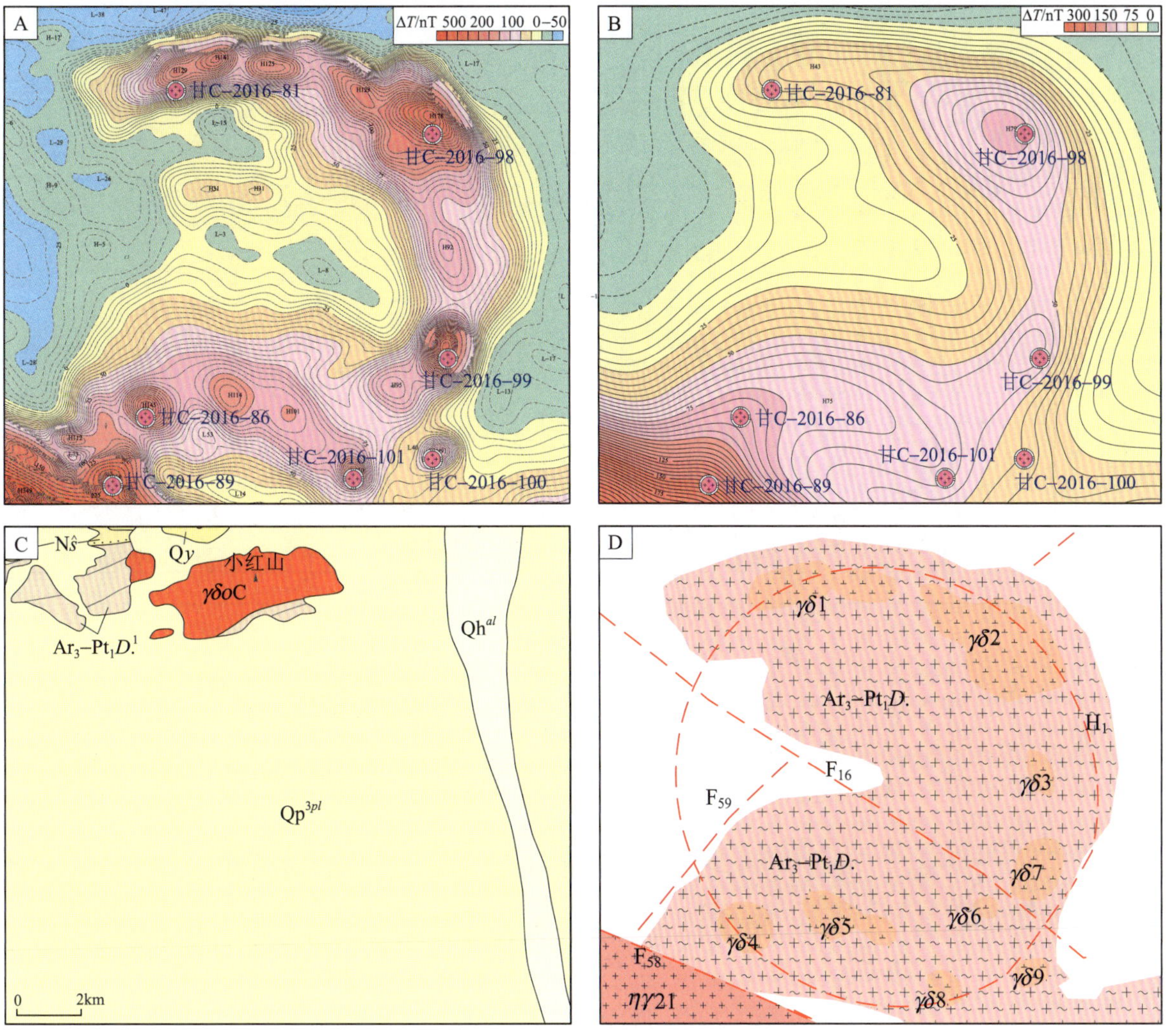

图 5-14　小红山酸性岩体地质、磁场特征

A—航磁 ΔT 化极等值线平面图；B—航磁 ΔT 化极上延 1km 等值线平面图；C—1∶25 万地质图；D—推断岩性构造图。1∶25 万地质图图例：Ar_3-$Pt_1D_.^1$—敦煌岩群一岩组：黑云斜长片麻岩、黑云石英片岩、含榴二云片岩；Nŝ—新近系疏勒河组：粉砂岩、泥岩；Qp^{3pl}—上更新统洪积物；Qy—第四系玉门组；Qh^{al}—全新统冲积物；γδoC—石炭纪英云闪长岩。推断岩性构造图图例：γδ7—中酸性岩及编号；ηγ21—酸性侵入岩体及编号；F_{59}——一般断裂及编号；H_1—环形构造及编号

集中分布在敦煌地块八龙沟-崔木土逆冲型韧性变形带内，少部分分布在党河南山-拉脊山蛇绿混杂岩带边部的柳树沟一带。酸性岩体一般磁性较低，实测磁化率为几十个单位，少量达到几百个单位，磁场图上呈现弱到中等异常。

1988 高地酸性岩体（γ6）

岩体分布在测区西部 1988 高地一带，受若羌-敦煌断裂控制，产于敦煌变质基底杂岩隆起区内。由异常甘 C-2016-34、甘 C-2016-35 构成（图 5-15）。

航磁 ΔT 剖面平面图上，异常区由多条测线反映，表现为平静背景场中的平缓升高异常，主体异常强度在 100~200nT 之间，最高为 390nT。航磁 ΔT 化极等值线平面图上，异常主体呈菱角多边形。

1∶25 万地质图上，异常区分布二叠纪二长花岗岩岩体和敦煌岩群变质地层。异常主体对应二叠纪二长花岗岩岩体，中心在出露岩体的北侧，围岩区磁场值趋于背景场。

物性测量：二长花岗岩磁化率均值一般较低，为几十个单位，也测到较大的，一般为几百个单

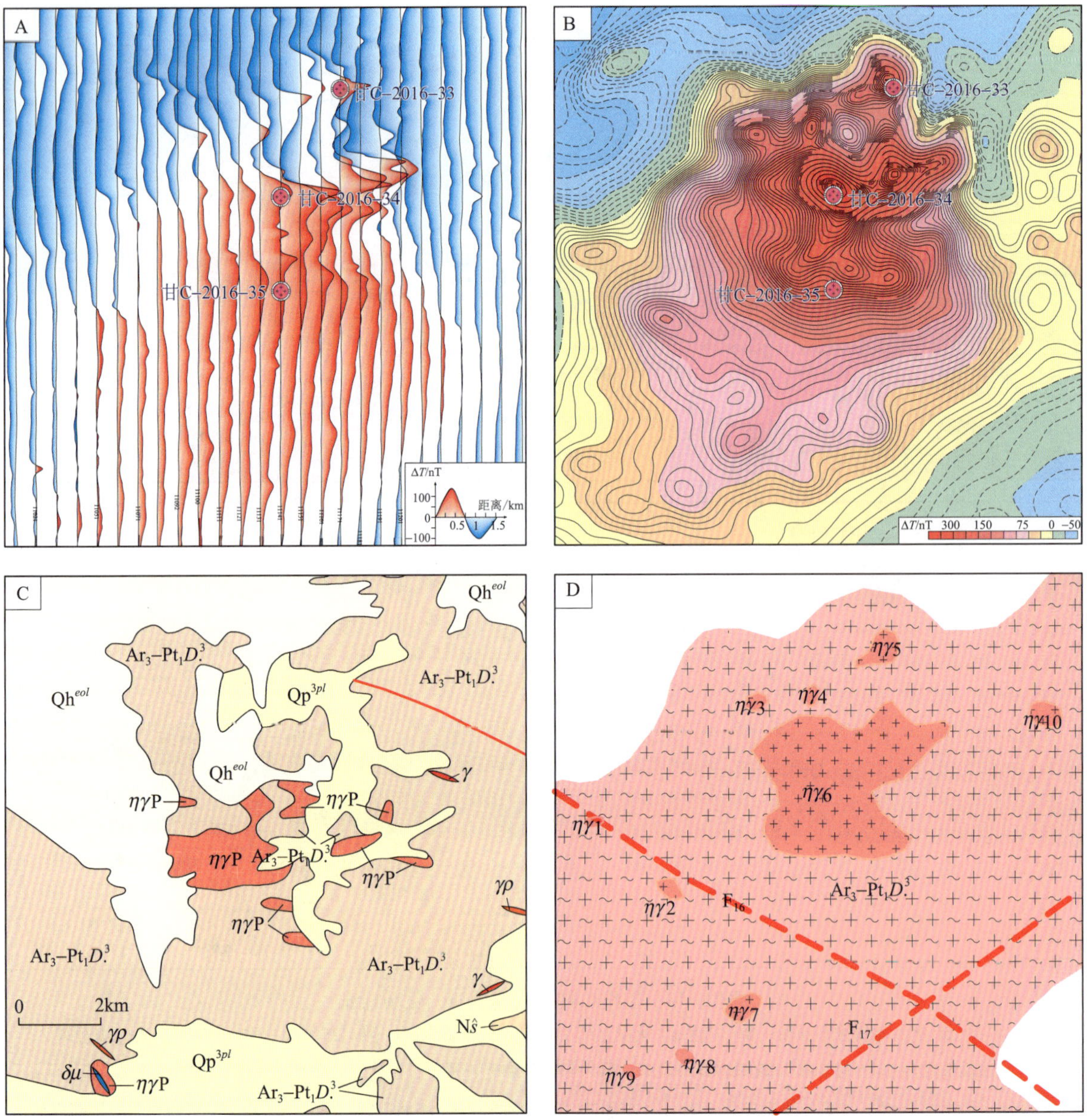

图 5-15　1988 高地酸性岩体磁场特征

A—航磁 ΔT 剖面平面图；B—航磁 ΔT 化极等值线平面图；C—1∶25 万地质图；D—推断岩性构造图。

1∶25 万地质图图例：$Ar_3-Pt_1D^3$—敦煌岩群三岩组：黑云斜长片麻岩、斜长角闪岩、混合岩；Nŝ—新近系疏勒河组；Qp^{3pl}—上更新统洪积物；Qh^{eol}—全新统风积物；$\delta\mu$—闪长玢岩脉；γ—花岗岩脉；$\gamma\rho$—花岗伟晶岩脉；$\eta\gamma P$—二叠纪二长花岗岩。推断岩性构造图图例：$Ar_3-Pt_1D^3$—敦煌岩群三岩组；$\eta\gamma 1$—酸性侵入岩体及编号；F_{17}—一般断裂及编号

位，最大达 756×10^{-5}SI；围岩敦煌岩群斜长片麻岩磁化率普遍较低，为几十个单位。相对而言，岩体与异常对应且有一定的磁性，是形成异常的主要地质因素。

岩体周边第四系和敦煌岩群内分布大量规模较小、异常特征相似的同类型异常，经综合解释推断认为是岩体的次生岩株、岩脉的可能性较大，因此推测为隐伏的酸性岩体，如 $\gamma1$、$\gamma2$、$\gamma3$、$\gamma4$、$\gamma5$、$\gamma7$、$\gamma8$、$\gamma10$、$\gamma11$、$\gamma12$、$\gamma13$ 等。

（六）碱性岩

航磁综合解释推断碱性岩 48 个，其中出露、半隐伏 30 个，隐伏 18 个。岩体分布受深大断裂控制，主要分布在中南祁连之间的古生代裂谷带（党河南山-拉脊山蛇绿混杂岩带）、若羌-敦煌断

裂附近。磁场上表现为强度高、梯度大的强磁异常；化极等值线平面图上呈带状、团块状分布。主要有野马河角闪正长岩—石英闪长岩体、阿尔金山黑沟钾长花岗岩体、崔木土—孙家湾一带钾长花岗岩群。测区碱性花岗岩分布区往往伴生稀有、稀土元素异常和铀、钍、铌、钽等矿产地，碱性岩分布的航磁解释推断对这类矿产勘查有重要意义。

野马河角闪正长岩-石英闪长岩体（ζ13）

岩体分布在测区东部边界野马河南岸伊仁布拉格一带，区域上位于中南祁连古生代裂谷带（党河南山-拉脊山蛇绿混杂岩带）附近。岩体与甘 C-2016-136、甘 C-2016-237、甘 C-2016-238 等异常对应（图 5-16）。

航磁 ΔT 剖面平面图上，强烈升高异常北侧伴生负值，异常强度高、梯度大，多条测线反映明显，最大幅值为 1566nT。航磁 ΔT 化极等值线平面图上，异常呈三角形，未封闭，东部延出区外，异常内部整体呈高值区，异常边界清晰。

1∶20 万地质图上，异常对应野马河角闪正长岩—石英闪长岩，实测物性岩体磁化率平均值为 4560×10^{-5}SI，最大值为 7818×10^{-5}SI，异常由碱性花岗岩引起。1∶20 万剩余重力异常图上对应重力高异常。航磁 ΔT 化极上延等值线平面图上，随着高度增加异常衰减很慢。1∶20 万化探异常显示 La、Sr 异常发育，异常强度高、衬度大，峰值分别为 81.7×10^{-6}（异常下限为 50×10^{-6}）、877×10^{-6}（异常下限为 500×10^{-6}），衬度分别为 1.62 和 1.75。综合分析，岩体密度大、延伸大，富含稀有元素，是稀有金属矿产找矿的有利地区。

三、火山岩填图

测区火山岩分布广，从成因上分为壳源型、幔源型、壳幔混合型。壳源型以侏罗系芨芨沟组为代表，分布在敦煌地块多坝沟断陷盆地，主要岩石由安山岩—中酸性火山岩组成。磁场上无明显异常显示。幔源型以奥陶系吾力沟群、长城系熬油沟组为代表，分布在中南祁连构造岩浆岩带上，岩性以玄武岩—安山岩—玄武质火山碎屑岩为主，物性测量磁化率很高，一般在 $2000\times10^{-5}\sim5000\times10^{-5}$SI 之间，个别超过 10000×10^{-5}SI。航磁 ΔT 等值线平面图上呈强烈升高异常，航磁 ΔT 剖面平面图上呈杂乱多峰剑锋状异常，异常分布往往呈带状，与相邻地层岩体间形成的异常场分界清晰。壳幔混合型包含的地层单元比较多，有志留系巴龙贡噶尔组、寒武系香毛山组、长城系桦树沟组等，岩石包含英安岩—安山岩—玄武岩等组分，物性磁化率较高，一般在 $1000\times10^{-5}\sim3000\times10^{-5}$SI 之间，个别达到 6000×10^{-5}SI，磁场上呈现弱异常和较强的异常带分布。火山岩填图以地质为基础，以磁场异常特征为依据进行圈定。

其中，吾力沟群和熬油沟组分别在金和铌钽稀有金属的含矿性有较大优势，利用航磁数据，结合地质背景圈定吾力沟群和熬油沟组火山岩地层面积分别约为 133.43km^2、545.07km^2，为寻找金、铌钽矿等多金属找矿提供有利范围（吾力沟群火山岩特征详见第六章第三节）。

1. 阿尔金山南坡火山岩

该火山岩位于中元古界熬油沟组分布区，熬油沟组主要岩石组合为安山质、玄武质熔岩-玄武质火山碎屑岩，属于幔源型火山岩，对应甘 C-2016-216、甘 C-2016-217、甘 C-2016-218、甘 C-2016-219、甘 C-2016-220 等异常（图 5-17）。

航磁 ΔT 剖面平面图上，火山岩分布区呈强烈升高锯齿状异常带，强度一般在 1000nT 左右；航磁 ΔT 化极等值线平面图上，异常呈圆形、椭圆形，北西西向分布；航磁 ΔT 化极垂向一阶导数等值线平面图上，异常分离，北西西向走向更加清晰，火山岩区与相邻地质体分布区磁场界线清晰。实测物性：中基性火山碎屑岩磁化率在 $3000\times10^{-5}\sim5000\times10^{-5}$SI 之间，个别超过 10000×10^{-5}SI，足以引起强磁异常。区域上火山区对应 1∶20 万剩余重力高异常区，进一步说明火山岩镁铁质成分含量高、密度大。

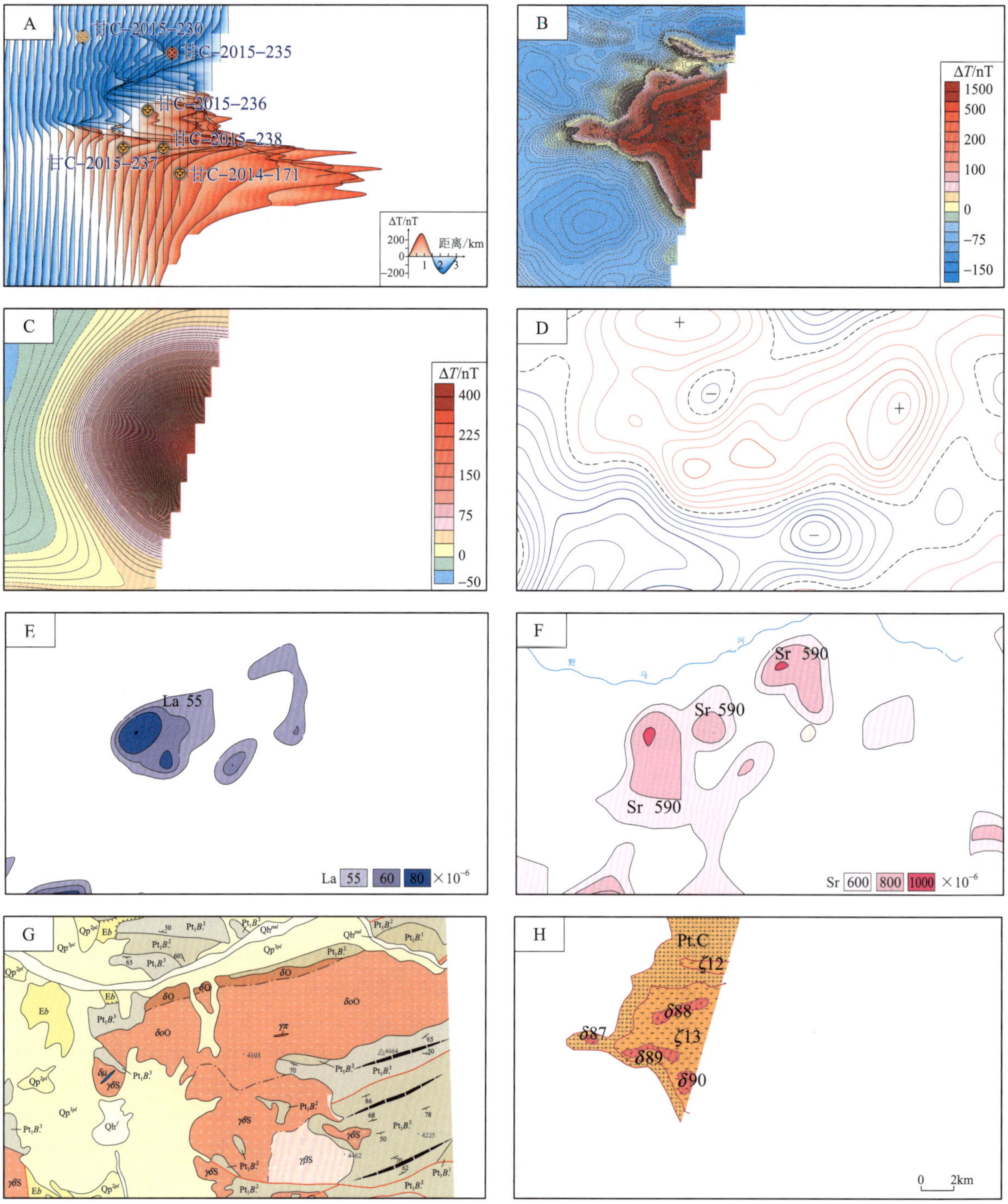

图 5-16 野马河角闪正长岩-石英闪长岩体航磁、重力、地质、化探特征

A—航磁 ΔT 剖面平面图；B—航磁 ΔT 化极等值线平面图；C—航磁 ΔT 化极上延 3km 等值线平面图；D—剩余重力异常图；E—La 化探异常图；F—Sr 化探异常图；G—1∶25 万地质图；H—推断岩性构造图。

1∶25 万地质图图例：$Pt_1B_1^1$—北大河岩群一岩组：斜长角闪岩、二云石英片岩、透辉变粒岩、黑云斜长片麻岩；$Pt_1B_1^2$—北大河岩群二岩组：白云石英片岩；$Pt_1B_1^3$—北大河岩群三岩组：白云石大理岩、硅质大理岩；Eb—古近系白杨河组；Qp^{2pl}—中更新统洪积物；Qp^{3pl}—上更新统洪积物；Qh^{pal}—全新统洪冲积物；Qh^f—全新统沼泽堆积物；δO—奥陶纪闪长岩；δoO—奥陶纪石英闪长岩；γδS—志留纪花岗闪长岩；γπ—花岗斑岩脉；δμ—闪长玢岩脉。推断岩性构造图图例：Pt.C—元古宙磁性地层；δ88—中性侵入岩及编号；ζ13—正长岩及编号

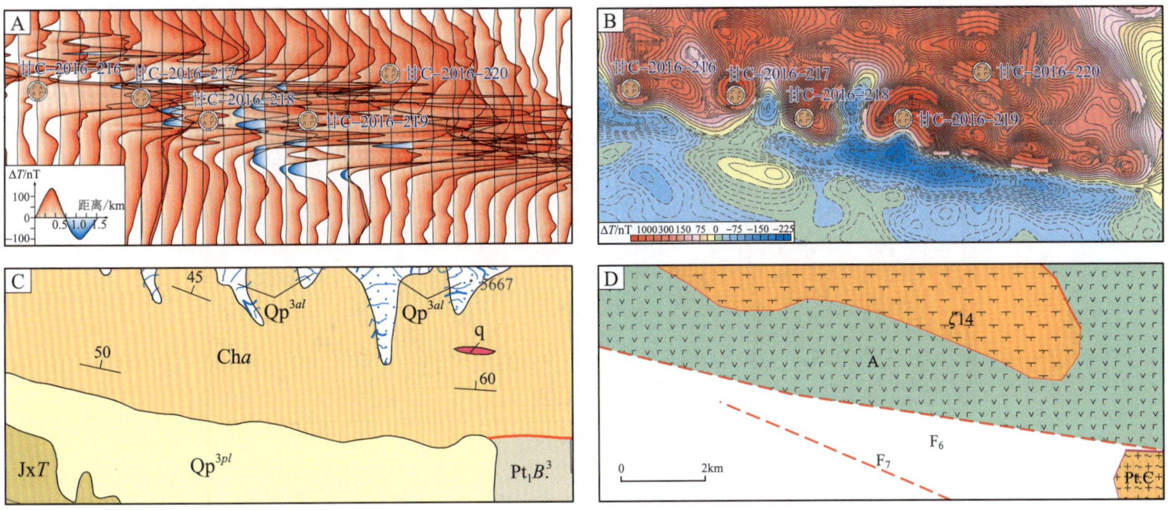

图 5-17　阿尔金山南坡中元古界熬油沟组火山岩磁场特征

A—航磁 ΔT 剖面平面图；B—航磁 ΔT 化极等值线平面图；C—1∶25 万地质图；D—岩性构造图。

1∶25 万地质图图例：Pt_1B^3—古元古界北大河岩群三岩组：白云石大理岩、硅质大理岩；Cha—长城系熬油沟组：安山质-玄武质熔岩—玄武质火山碎屑岩组合；JxT—蓟县系塔昔达坂群：结晶灰岩、白云质灰岩，砂岩、泥岩；Qp^{3al}—上更新统冲积物；Qp^{3pl}—上更新统洪积物；q—石英脉。推断岩性构造图图例：ζ14—正长岩及编号；A—火山岩；Pt. C—元古宙磁性地层；F_6—推断一般断裂及编号

熬油沟组火山岩地层区内发现大型铌钽矿床，含矿岩石变粒岩具有强磁性，矿床目前处于勘查阶段，矿床与磁异常之间良好的对应关系为地层该区找矿提供了良好的指示意义。

2. 党河南山南坡火山岩

该火山岩为志留系巴龙贡噶尔组地层区内的火山岩夹层。巴龙贡噶尔组主要岩性为砂岩与粉砂岩—泥岩互层建造夹英安岩建造。

航磁 ΔT 剖面平面图上，火山岩分布区为平静背景场中分布的升高弱磁异常带，曲线高值区有定向排列趋势，异常强度一般为 100～200nT；航磁 ΔT 化极等值线平面图上，异常呈带状分布，界线不清；航磁 ΔT 垂向一阶导数等值线平面图上，边界清晰（图 5-18）。实测物性：巴龙贡噶尔组的片理化长石砂岩磁化率为几十到几百个单位，英安岩磁化率在 2000×10^{-5}～3000×10^{-5}SI 之间，英安岩是引起磁异常的主要地质因素。根据磁异常特征，在隐伏区该区火山岩带向南西方向依然有延伸。

巴龙贡噶尔组火山岩地层在测区已知发现的矿产地较少。

四、变质岩填图

测区变质岩主要分布在敦煌地块、中祁连隆起区，包括新太古界—古元古界敦煌岩群（Ar_3-$Pt_1D.$）和古元古界北大河岩群（$Pt_1B.$）、达肯大坂岩群（$Pt_1D.$）。

以阿尔金断裂为界，北部敦煌岩群属于塔里木板块敦煌地块，岩石主要由斜长片麻岩类、石英片岩类、斜长角闪岩类、大理岩类和变质火山岩组成。岩石变质程度较深，主要为绿帘角闪岩相，局部为绿片岩相。实测物性表现为无磁性、弱磁性和强磁性。弱磁性岩石为片麻岩、片理化流纹岩等，磁化率为几十到几百个单位，磁场上形成弱磁异常场，强度一般为几十纳特；强磁性岩石主要有斜长角闪岩、斜长片麻岩、凝灰岩等，磁化率为几千个单位，最大大于 10000×10^{-5}SI，磁场上可以形成上百至上千纳特异常区。推断岩性构造图上，划分了强磁性敦煌岩群和弱磁性敦煌岩群两类变质岩区。以阿克塞-赛马沟逆冲变形带青石沟地区的变质岩为例。

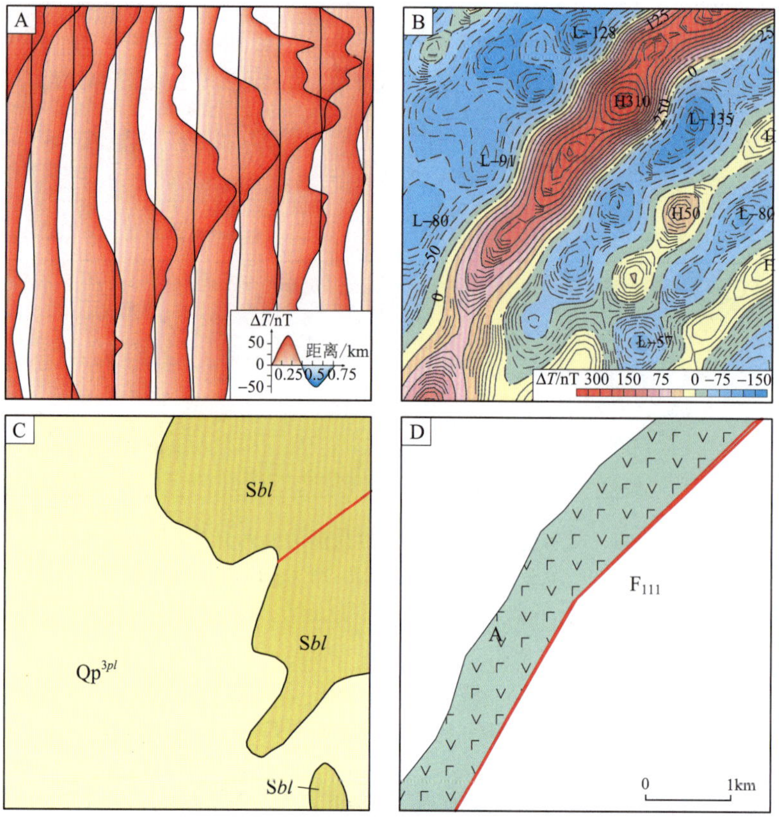

图 5-18 党河南山南坡火山岩磁场特征

A—航磁 ΔT 剖面平面图；B—航磁 ΔT 化极垂向一阶导数等值线平面图；C—1∶25 万地质图；D—推断岩性构造图。
1∶25 万地质图图例：*Sbl*—志留系巴龙贡嘎尔组：英安岩；Qp^{3pl}—上更新统洪积物。推断岩性构造图图例：
A—火山岩；F_{111}—推断一般断裂及编号

阿尔金断裂以南以古元古代基底变质岩北大河岩群（$Pt_1B.$）、达肯大坂岩群（$Pt_1D.$）为主。岩石磁性强弱不均，根据磁场特征进一步划分为元古宙强磁性变质岩和弱磁性变质岩两类。

青石沟地区的变质岩

该区变质岩以敦煌岩群的二岩组（$Ar_3-Pt_1D.^2$）和三岩组（$Ar_3-Pt_1D.^3$）北西西向带状分布为特征。二岩组岩石组合是白云质大理岩、黑云斜长片麻岩、斜长角闪岩、混合岩；三岩组岩石组合是黑云斜长片麻岩、斜长角闪岩、混合岩。二者岩石组合相近，只是二岩组含大量大理岩。实测物性：二岩组的黑云斜长片麻岩磁化率较小，平均值为 154.2×10^{-5}SI，三岩组的黑云斜长片麻岩磁化率均值为 7584.2×10^{-5}SI。

航磁 ΔT 剖面平面图上，敦煌岩群三岩组地层区内分布一条与地层走向一致的北西西向剑锋状强磁异常带，异常带磁场强度为几百到上千纳特，其中甘 C-2016-115 幅值为 2254nT，异常带两侧趋于背景弱磁场，曲线呈低缓波状弱磁异常，对应敦煌岩群二岩组分布区（图 5-19）。航磁 ΔT 化极等值线平面图上，升高异常带边界清晰。根据物性资料、异常场特征和地质单元的对应情况分析，升高异常带为强磁性变质岩区，异常由敦煌岩群三岩组引起，异常带外围划为弱磁性变质岩区，与敦煌岩群二岩组有关。

敦煌岩群是区内变质程度最深的变质岩，富含铁、铜、金、铅锌、放射性铀矿等矿产地，是重要的含矿层。此次变质岩区的圈定，除了出露区外，还在第四系覆盖区内圈定了大量隐伏变质岩区，对变质岩区的找矿工作具有指导意义。

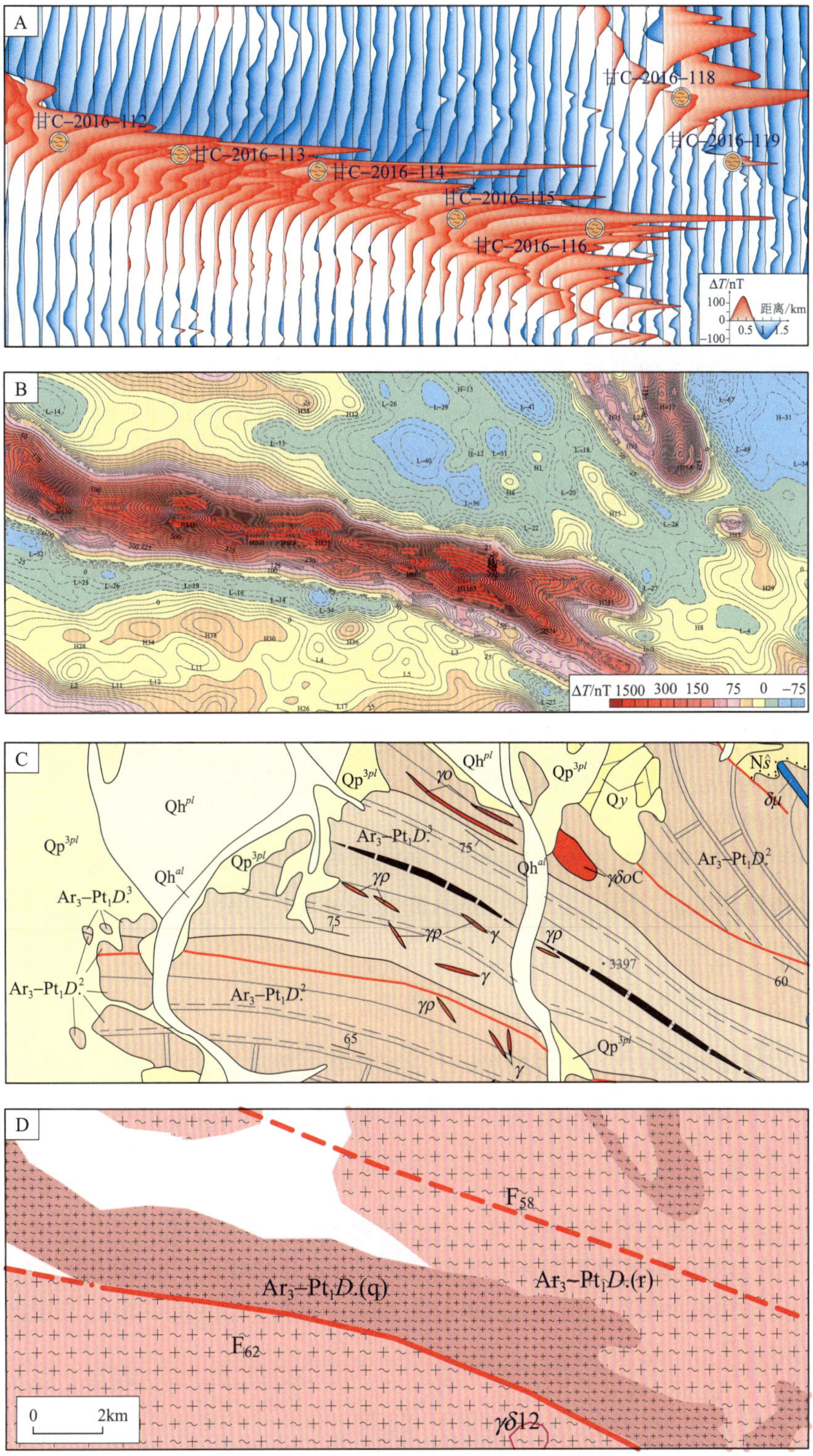

图 5-19 青石沟地区变质岩磁场、地质特征

A—航磁 ΔT 剖面平面图；B—航磁 ΔT 化极等值线平面图；C—1∶25 万地质图；D—推断岩性构造图。

1∶25 万地质图图例：Ar_3-$Pt_1D.^2$—敦煌岩群二岩组：白云质大理岩、斜长角闪片岩、混合岩；Ar_3-$Pt_1D.^3$—敦煌岩群三岩组：黑云斜长片麻岩、含榴黑云斜长片麻岩夹斜长角闪岩、混合岩；$N\hat{s}$—新近系疏勒河组；Qy—第四系玉门组；Qp^{3pl}—上更新统洪积物；Qh^{pl}—全新统洪积物；Qh^{al}—全新统冲积物；$\gamma\delta o$C—石炭纪石英闪长岩；$\gamma\rho$—花岗伟晶岩脉；γo—斜长花岗岩脉；γ—花岗岩脉；$\delta\mu$—闪长玢岩脉。推断岩性构造图图例：Ar_3-$Pt_1D.$(q)—强磁性敦煌岩群；Ar_3-$Pt_1D.$(r)—弱磁性敦煌岩群；$\gamma\delta$12—中酸性岩及编号；F_{62}—一般断裂及编号

第二节 构造填图

一、构造填图方法

（一）推断断裂标志

依据测区航磁 ΔT 剖面平面图、航磁 ΔT 等值线平面图、航磁 ΔT 化极等值线平面图及航磁 ΔT 化极垂向一阶导数等值线平面图等航磁基础图件和数据转换处理图件，结合区域物化遥资料推断断裂构造。航磁反映的断裂形式主要表现有如下几种形式：

1）不同磁场分区界线：一般为规模庞大的深大断裂和大断裂。断裂两侧不同磁场面貌反映两侧基底性质不同，揭示了不同的大地构造单元和构造演化历程。

2）磁异常的梯度带：可能是不同性质、不同深度磁性体的边界，常见以垂直运动为主，一般没有磁性岩浆岩侵位。

3）磁异常的错动线：沿断裂两侧基底发生了一定规模的横向位移。

4）异常突变带：一系列磁异常在同一个界线发生突变，如断裂的发生阻挡了磁性地层、岩浆岩带的横向发展。

5）线性磁异常带：是反映断裂的一种重要类型，多表现为几种形式。①线性正异常带及正负变化的异常带，如火山岩带、蚀变岩带等；②线性负异常带，可能是断裂活动形成破碎带或糜棱岩化带使岩石磁性结构发生变化，产生降低的负异常带；③呈串珠状分布的磁异常带，可能是沿断裂分布的磁性侵入体的表现。

需要说明的是，中小规模断裂在磁场图中一般表现为一、两种磁异常特征，而规模较大的断裂往往同时具有多种组合特征，原因是地质上深大断裂本身具有多期多次活动特征，特别是在不同的地区往往呈现不同的特征。

（二）规模及分级原则

航磁推断断裂规模判定依据：①基础图件上磁场特征及规模；②在不同类型数据处理磁场图件上的反映，如不同高度的上延图件；③在测区构造格局中所起的作用。按照异常规模将断裂划分了3个级别：

1）深大断裂：不同区域磁场分界线，在上延磁场图上仍反映明显，具有延伸长、切割深等特点。区域上控制地层、构造、岩浆岩的分布，往往是大地构造单元界线。

2）大断裂：在磁场上表现为具有一定规模的线性磁异常梯度带、串珠状磁异常带或异常走向突变带等，多为区域性断裂构造。断裂规模及强度均逊于前者，但仍有一定的延伸及切割深度，对区域构造格架的形成具有一定的作用。

3）一般断裂：在磁场上有清晰的反映，多显示线性、串珠状磁异常带，异常走向突变带等。断裂规模较小，延伸不大，一般为几千米至几十千米。

上述断裂构造的级别与地质上所划分的深大断裂、大断裂、一般断裂在某种程度上具有一定对应关系，但不能完全等同。

（三）命名及编号

推断断裂命名及编号原则：

1）推断断裂与地质上已知断裂吻合或其中的一段，以原名称命名。

2）主要断裂优先根据断裂经过的地名进行命名。

3）按照级别和规模由大到小编号，依次为深大断裂、大断裂、一般断裂。例如，F_1 为阿尔金深大断裂，F_2 为且末-敦煌大断裂，F_{125} 扎子沟断裂为一般断裂等。

4）同等级别的断裂编号根据从北到南、从东到西的顺序进行。

（四）推断断裂结果

根据上述基本原则，以磁场资料为主，结合地质、重力、遥感、DEM 等资料，综合研究推断断裂 142 条。其中，深大断裂 1 条，与已知断裂吻合；大断裂 6 条，与已知断裂吻合 4 条、部分吻合 1 条，推断隐伏断裂 1 条；一般断裂 135 条，与已知断裂吻合 25 条，新推断断裂 110 条。另外，还划分了 4 个局部环形构造。具体见图 5-20 和附表 2。

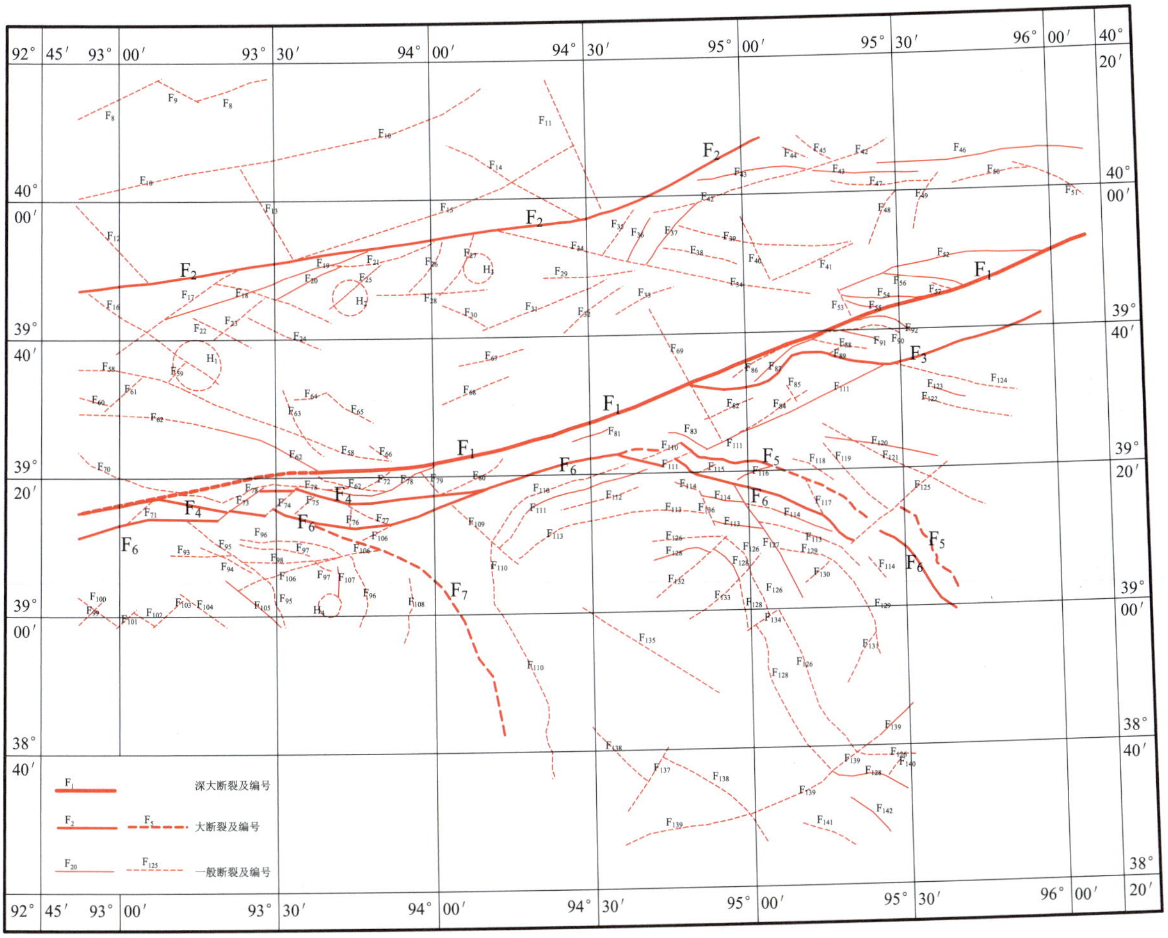

图 5-20　敦煌—阿克塞地区航磁推断断裂构造分布图

图中 F_1 为深大断裂，F_2、F_3、F_4、F_5、F_6、F_7 为大断裂；其他为一般断裂

二、推断断裂构造特征及地质意义

（一）区域构造格架的建立

航磁推断断裂图显示，深大断裂和大断裂控制了测区主体构造格架，以阿尔金断裂为界，南部和北部分别呈现不同的特征。

1. 阿尔金断裂以北构造特征

推断深大断裂 F_1、大断裂 F_2，北东东向分布，规模大，贯穿全区，构成了测区北部主体构造格架。推断一般断裂 62 条，北东东、北东、北西向分布，规模较小，长度分别在 10～30km、30～

50km、50~100km 范围内，构造延伸受控于 F_1 和 F_2。

F_1 阿尔金断裂（也称阿尔金南缘断裂）、F_2 且末-三危山断裂（也称阿尔金北缘断裂）同属于阿尔金断裂构造系。控制了阿尔金断裂以北敦煌地块内的广大地区，北东东向构造带在前古生代强烈，产生一些总体北东东向相互平行的褶皱、断层，为古生代岩浆的侵入和矿液的运移造成成矿有利条件，是前古生代成矿期的主导构造体系。

2. 阿尔金断裂以南构造特征

主体构造方向为北西向，大断裂 F_4、F_5、F_6、F_7 构成主体构造格架。其中，F_4、F_5、F_6 呈北西—东西向贯穿全区，对应党河南山-拉脊山蛇绿混杂岩带，分布大量铜、镍、铬、铁、金、石棉矿、稀有放射性金属等矿产。F_7 隐伏断裂为南祁连和全吉地块的分界线。受阿尔金构造系影响，部分构造方向呈北东东向分布。青崖子-萨木萨克基性—超基性岩带受 F_1 和 F_4 构造影响，呈北东东向分布，绵延 64km，富含铁、镍、铬、石棉矿等矿产。推断一般断裂 72 条，呈北西向和北东向分布，分布范围和延伸方向受控于各个大断裂限制，一般为 30~50km。

（二）大断裂构造交汇处往往有重要地质意义

大断裂和深大断裂被错断部位往往具有特殊地质意义。F_{69} 断裂与 F_1 断裂相交，阻断了北祁连向西发展；F_{73}、F_{74} 与 F_4、F_6 构造交汇区出现余石山大型铌钽稀有金属矿床；F_{110}、F_{111} 与 F_5、F_6 构造交汇区超基性岩株、岩脉聚集，富含铜、镍、铬矿，如拉排沟铜镍矿、付家沟铜镍矿；F_{125} 与 F_5、F_6 构造交汇区分布着甘肃省最大的金地球化学块体和大道尔基铬铁矿床。

（三）航磁推断断裂构造与已知地质断裂之间的关系

1. 推断的深大断裂、大断裂与地质断裂之间的关系

推断的深大断裂、大断裂区域上与已知断裂对应，但局部有出入。

推断的深大断裂 F_1 与已知阿尔金断裂对应，在西部葫芦芦斯地区航磁推断断裂与地质推断断裂发生分离，向南偏移 6.2km；推断的大断裂 F_2 与且末-三危山断裂对应；推断的 F_3 断裂与北祁连南缘断裂对应；推断的 F_6 断裂与中、南祁连之间的裂谷（党河南山-拉脊山蛇绿混杂岩带）的南部边界对应；推断的 F_7 断裂与全吉地块与南祁连岩浆弧的构造单元界线对应。

推断的 F_4、F_5 为航磁推断的党河南山-拉脊山蛇绿混杂岩带强磁异常带的北部边界，与地质上的党河南山-拉脊山蛇绿混杂岩带的北部边界相比南移 14km。根据磁场特征和地质背景分析，F_4、F_5 反映的是火山岩浆岩带（$\xi\gamma$K、$\gamma\delta$S、γS、O*Wl*、Ch*a*）的北部边界，而非裂谷带的北部边界。裂谷除了古生代火山岩浆岩，还包含元古宙基底残块（Pt_1*B*.、Ch*a*、Ch*h*、Jx*h*），因而，航磁反映的裂谷边界和地质意义上的裂谷边界不重合是合理的。

2. 推断的一般断裂与地质断裂之间的关系

推断的一般断裂为 135 条，其中与地质断裂完全吻合的有 21 条，与地质断裂部分吻合的有 7 条，其他 107 条为航磁综合推断断裂。推断断裂中 22 条分布在基岩出露区，85 条分布在覆盖区。说明航磁推断断裂能在覆盖区地质构造填图中发挥重要意义。

三、重要断裂分述

（一）深大断裂

阿尔金断裂（F_1）

阿尔金断裂带自青藏高原西北部斜切西昆仑山，经苦牙克、安迪尔河、车尔臣河，切入阿尔金山地，沿索尔库里谷地继续往东，经党河、疏勒河延至甘肃玉门镇一带，主体部分长达 1600km，测区属于阿尔金断裂的东段。推断的阿尔金断裂（F_1）也称阿尔金南缘断裂，是阿尔金断裂系的一部分，是塔里木板块和祁连板块之间的分界线。测区内北东东向贯穿全区，沿阿尔金山北坡，西起安南坝，经青石沟、红柳沟、阿克塞、雁丹图、肃北，再经鹰嘴山南坡双泉子井、石包城，测区内长约 289km。

区域上反映为不同磁场区的分界线，航磁 ΔT 化极等值线平面图上，断裂北侧为低缓背景场上分布的反映敦煌杂岩体的大面积高强磁异常区。断裂南侧东部与西部表现为两种不同磁场特征。西部为与阿尔金断裂近乎平行的党河南山蛇绿混杂岩带形成的强磁异常带，东部为祁连构造岩浆岩带形成的北西西向强磁异常带（图 5-21）。

靠近阿尔金断裂，磁场特征表现具有多样性。肃北地区，断裂北侧为敦煌基底的高强异常区，南侧为火山岩杂乱磁场区；好布拉格一带，沿断裂两侧有平行排列的串珠状异常带沿断裂走向分布，并有长轴方向与断裂平行的特征；鹰嘴山地区北西西向分布的多组异常带遇阿尔金断裂被截断消失；青崖子—萨木萨克地区，断裂两侧为截然不同的磁异常场，北侧为宽缓异常区，南部为剑锋异常带，等等。

从断裂两侧异常长轴的展布方向来看，异常往往具有沿断裂方向延伸拖曳现象。例如，鹰嘴山地区，F_1 断裂呈北东东向分布，两侧的异常长轴方向为北西西向，与断裂夹角小于 45°，断裂左行走滑性质明显。

航磁 ΔT 化极垂向一阶导数等值线平面图上，断裂反映明显；航磁 ΔT 化极上延等值线平面图上，随着高度的增加，异常衰减缓慢，断裂轨迹清晰，说明断裂有一定的向下延伸。

遥感卫星影像图上，断裂反映为巨型线性影像，断裂两侧地形地貌不同，反映的色调、纹理有明显差异，构造线方向、轨迹分别属于不同的构造体系。DEM 影像上断裂表现为线性延伸的深切沟谷、整齐的山体与沉积盆地的分割线等。1∶50 万布格重力异常图上，阿尔金断裂表现为重力梯级带，断裂北侧重力高，为敦煌基底杂岩的反映；断裂南侧重力低，为柴达木-祁连板块祁连构造岩浆岩带和柴达木北缘盆地的反映。1∶20 万剩余重力异常图上，阿尔金断裂分布在正负异常的分界带上。多学科专业资料进一步佐证断裂的存在以及分布的规模。

从地质上看，断裂控制了两侧的地层、构造、岩浆岩和矿产的分布。

阿尔金断裂北侧构造线主体方向与阿尔金断裂一致，同属于阿尔金断裂系，以北东东向为主，其中若羌-敦煌断裂（F_2）几乎与阿尔金断裂平行并且贯穿全区。全区最古老的地层新太古界—古元古界敦煌岩群（Ar_3-$Pt_1D.$）集中分布在阿尔金断裂以北，岩石由斜长片麻岩类、石英片岩类、斜长角闪岩类、大理岩类和变火山岩等无序组成，夹石英岩、千枚岩、云母片岩类和火山岩类等。变质地层区内侵入中元古代及古生代的基性、中酸性岩体。该区是铁、铜、钴、镍、金等多金属成矿的有利地区。

阿尔金断裂南侧为柴达木-祁连板块，分布大量元古宙地层，包括有达肯大坂岩群（$Pt_1D.$）、北大河岩群（$Pt_1B.$）、长城系（Ch*a*、Ch*h*）、蓟县系（Jx*T*、Jx*h*）。断裂以南东部祁连构造带北西西向与阿尔金断裂斜交，其中党河南山-拉脊山蛇绿混杂岩带在测区中部与阿尔金断裂汇聚后向西与阿尔金断裂平行分布，其间分布大量古生代火山岩、岩浆岩，有大量基性、超基性侵入体沿深大断裂分布。该构造带内富含铁、金、铜、镍、铬、铅、锌、铌、钽等多金属矿产和石棉、钾盐等非金属矿床。典型的有大道尔基铬铁矿、德勒诺尔铁矿、贾公台金矿、黑刺沟金矿、红柳沟铁矿、拉排沟铜镍矿、博罗转井铁矿、安南坝石棉矿等。

（二）大断裂

1. 且末-三危山断裂（F_2）

该断裂分布在测区北侧，经过八龙沟—多坝沟—阳关故址—鸣沙山—火焰山等地，北东东向通过测区，测区内长 193km。

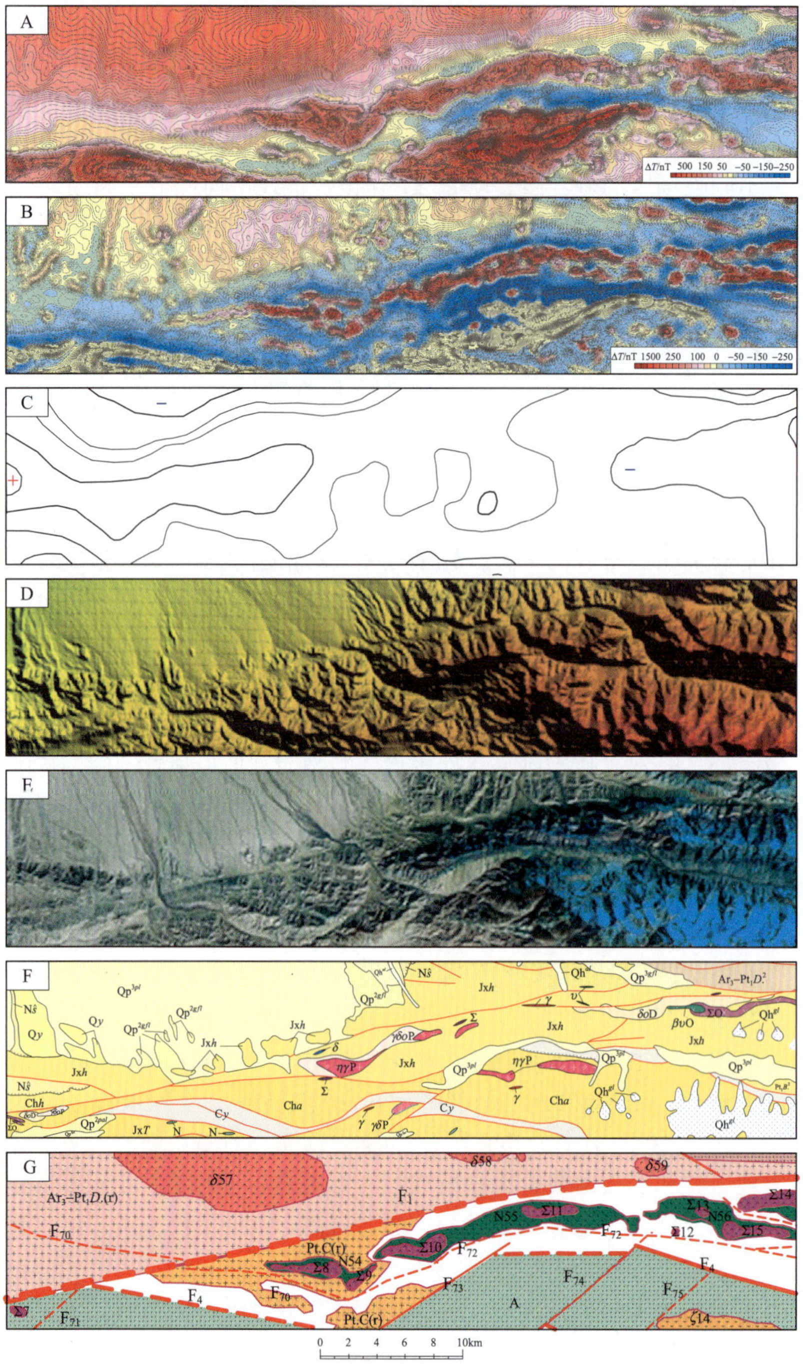

图 5-21 阿尔金深大断裂（F_1）航磁、重力、DEM、遥感、地质特征

A—航磁 ΔT 化极等值线平面图；B—航磁 ΔT 化极垂向一阶导数等值线平面图；C—布格重力异常图；D—DEM 高程图；E—ETM 遥感影像图；F—1∶25 万地质图；G—推断岩性构造图。

1∶25 万地质图图例：Ar_3-Pt_1D^2—敦煌岩群二岩组：大理岩、斜长角闪片岩；Ch*h*—长城系桦树沟组：酸性、中性、基性火山岩；Ch*a*—长城系熬油沟组：中基性火山碎屑岩组合；Jx*h*—蓟县系花儿地组；Jx*T*—蓟县系塔昔达坂群；C*y*—石炭系羊虎沟组；N*ŝ*—新近系疏勒河组；Q*y*—第四系玉门组；Qp^{2gfl}—中更新统冰水堆积物；Qp^{2pal}—中更新统洪冲积物；Qp^{3gfl}—上更新统冰水堆积物；Qp^{3pl}—上更新统洪积物；Qh^{al}—全新统冲积物；Qh^{gl}—全新统现代冰川；δoD—泥盆纪石英闪长岩；$\gamma\delta o$P—二叠纪英云闪长岩；$\eta\gamma$P—二叠纪二长花岗岩；$\gamma\delta$P—二叠纪花岗闪长岩；$\beta\upsilon$O—奥陶纪辉长辉绿岩；ΣO—奥陶纪超基性岩；Σ—超基性岩脉；N—基性岩脉；γ—花岗岩脉；ν—辉长岩脉；δ—闪长岩脉。推断岩性构造图图例：Ar_3-Pt_1D.(r)—新太古代—古元古代弱变质岩区；Pt.C(r)—中元古代弱变质岩区；δ57—中性侵入岩及编号；ζ14—正长岩及编号；N55—基性岩及编号；Σ10—超基性岩及编号；A—火山岩；F_1—深大断裂；F_4—大断裂；F_{12} 及其他——般断裂

航磁 ΔT 化极等值线平面图上，表现为不同磁场分区界线。断裂北侧为平静背景场分布宽缓磁异常，异常长轴方向多与断裂走向一致；断裂南侧异常分布的频率、强度都明显升高，多以圆形、带状、面状分布在断裂附近。航磁 ΔT 化极垂向一阶导数等值线平面图上，断裂两侧这种磁场面貌差别更加明显（图 5-22）。航磁 ΔT 化极上延等值线平面图上，断裂轨迹的磁场特征衰减快于阿尔金断裂（F_1），说明断裂延伸不及阿尔金断裂。

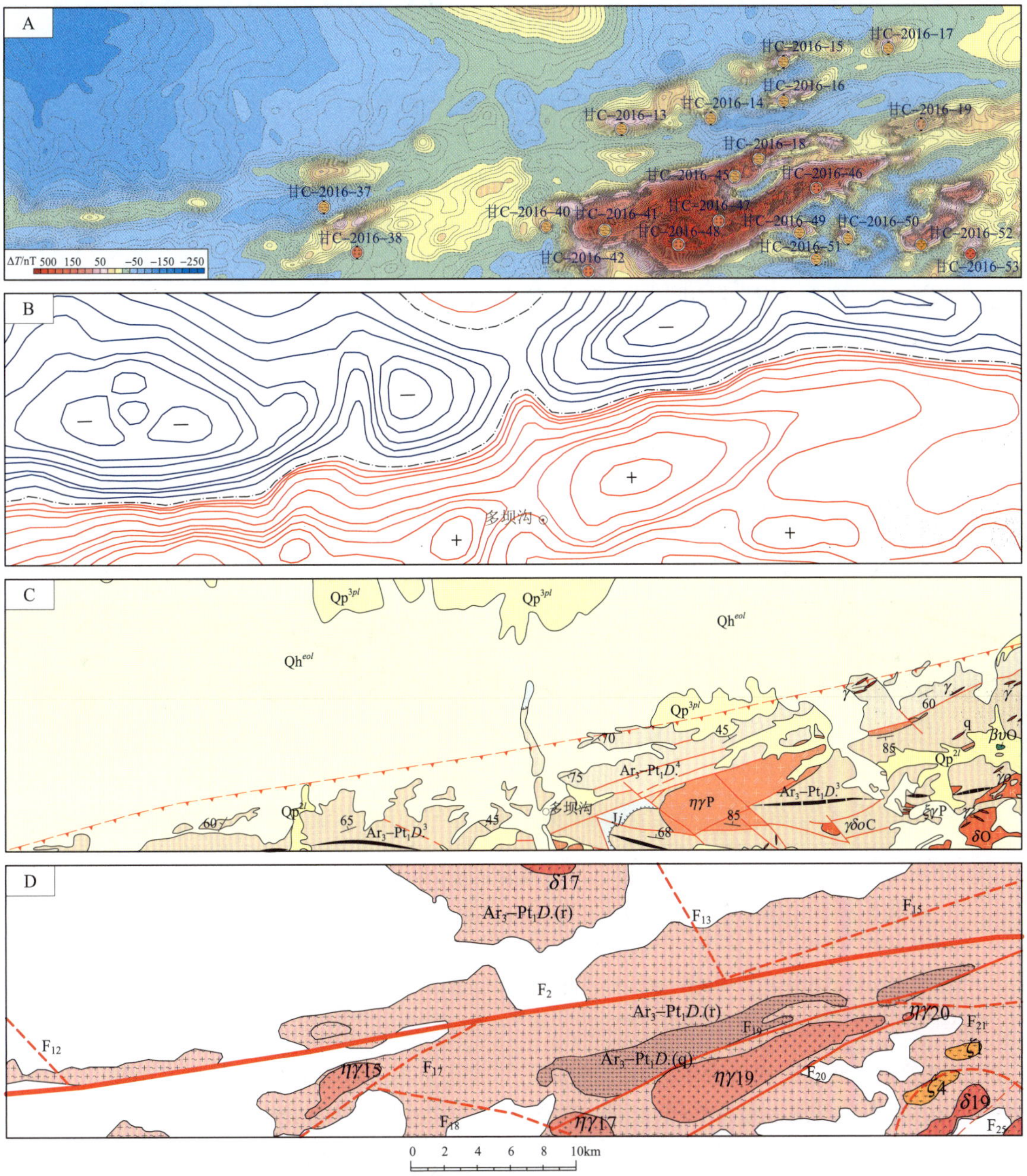

图 5-22　且末-三危山断裂（F_2）地质、航磁、重力场特征

A—航磁 ΔT 化极等值线平面图；B—1∶20 万剩余重力异常图；C—1∶25 万地质图；D—推断岩性构造图。1∶25 万地质图图例：Ar_3-$Pt_1D_1^3$—敦煌岩群三岩组：黑云斜长片麻岩、含榴黑云斜长片麻岩；Ar_3-$Pt_1D_1^4$—敦煌岩群四岩组：混合岩化火山岩、片理化流纹岩、英安岩；Jj—侏罗系岌岌沟组：粉砂岩；Qp^{2l}—中更新统湖积物；Qp^{3pl}—上更新统洪积物；Qh^{eol}—全新统风积物；ηγP—二叠纪二长花岗岩；ξγP—二叠纪正长花岗岩；γδoC—石炭纪英云闪长岩；δO—奥陶纪闪长岩；βυO—奥陶纪辉长辉绿岩；γ—花岗岩脉；q—石英脉。推断岩性构造图图例：Ar_3-Pt_1D.(q)—强磁性敦煌岩群；Ar_3-Pt_1D.(r)—弱磁性敦煌岩群；ηγ19—中酸性侵入岩及编号；δ19—中性岩体及编号；ζ4—正长岩及编号；F_2—大断裂及编号；F_{19}—一般断裂及编号；F_{15}—推断一般断裂及编号

断裂对应于布格重力异常的梯级带。遥感影像上，断裂多处于沙丘覆盖区，东部火焰山一带线性影像清晰。

且末-三危山断裂是若羌-敦煌断裂的一部分，属于阿尔金断裂系，走向与阿尔金断裂一致。该断裂控制了敦煌地块内敦煌基底杂岩的隆起和分布。断裂以南敦煌岩群出露，并分布有古生代和元古宙的基性岩（$\beta\upsilon$O、υPt_2）、中酸性岩（$\eta\gamma$P、δoO、γP、$\gamma\delta o Pt_2$）、碱性花岗岩（$\zeta\gamma$P）等岩体，带内有金、铅、锌、铜、镍、铀矿等矿产。断裂北侧为覆盖区，发现矿产地较少。

2. 北祁连南缘断裂（F_3）

断裂位于测区中东部，西端与阿尔金断裂交汇，起于芦草沟，向东经肃北、大冰沟、西水、五个敖包等地沿出测区，测区内长 103.3km。

航磁 ΔT 化极等值线平面图上，断裂两侧表现为不同的磁场分区。北部为剧烈变化的升高磁场，断裂南侧多为平静背景场，背景场上分布不同走向的异常带。航磁 ΔT 剖面平面图上，断裂北侧异常多峰有定向排列趋势，断裂南侧呈带状、椭圆形稀疏分布在负背景场中（图 5-23）。航磁 ΔT 化极垂向一阶导数等值线平面图上，断裂两侧磁场分区明显。

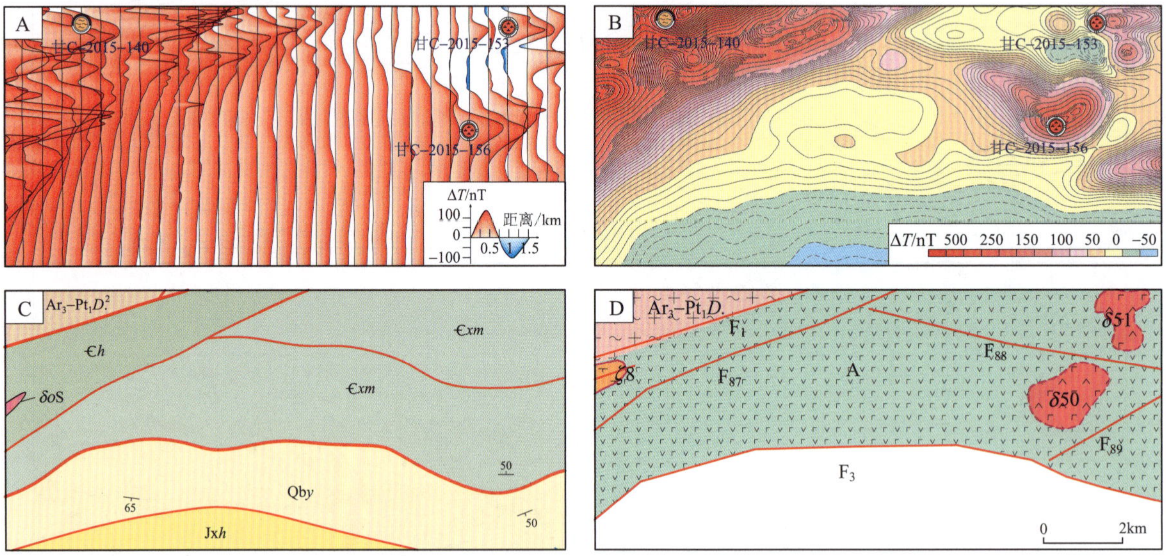

图 5-23 F_3 大断裂航磁、地质特征

A—航磁 ΔT 剖面平面图；B—航磁 ΔT 化极等值线平面图；C—1∶25 万地质图；D—推断岩性构造图。

1∶25 万地质图图例：$Ar_3-Pt_1D.^2$—敦煌岩群二岩组；Qby—青白口系窑洞沟组：角砾状灰岩；Jx*h*—蓟县系花儿地组：白云岩；€*xm*—寒武系香毛山组：板岩；€*h*—寒武系黑茨沟组：板岩，下部夹灰绿色玄武岩；δoS—志留纪石英闪长岩。推断岩性构造图图例：$Ar_3-Pt_1D.$—敦煌岩群；A—火山岩；δ50—中性岩体及编号；ζ8—正长岩及编号；F_3—大断裂及编号；F_{89}——般断裂及编号

区域地质上，断裂北侧以古生代地层及岩浆岩活动为主，发育的地层有香毛山组（€*xm*）砂板岩-石灰岩建造和黑茨沟组（€*h*）板岩-砂岩建造、玄武岩-安山岩建造。侵入体有志留纪的石英闪长岩（δoS）、云英岩化花岗闪长岩（$\gamma\delta o$S）、黑云母花岗岩（$\gamma\beta$S）和石炭纪的花岗岩（γC）、云英岩化花岗闪长岩（$\gamma\delta o$C）、正长岩（ζC）等。因为含火山岩成分、岩浆活动频繁、受阿尔金断裂构造影响次级构造发育，因而磁场杂乱并有北东东向分布趋势。断裂南侧分布元古宙地层和古生代岩浆岩。主要特征：北大河岩群（$Pt_1B.^2$）二云母片岩、变基性岩建造，有一定磁性，磁场上呈升高异常场；蓟县系花儿地组（Jx*h*）石灰岩-砂板岩建造、南白水河组（Ch*n*）板岩-砂岩建造，磁性较弱，磁场上呈平静背景场；侵入体多为中酸性侵入体，一般磁性较弱，磁场上有局部异常分布。

F_3 断裂对应地质上的北祁连南缘断裂，是北祁连古生代裂谷与中祁连岩浆弧的分界线。断裂以北构造蚀变岩型金矿、铁矿、与中酸性侵入体有关的铜矿等成矿条件有利，典型的有寒山金矿、

鹰嘴山金矿、尕山铜矿点、三个泉铅矿点等；断裂南侧沉积变质型铁矿，与中酸性侵入体有关的铅锌、金矿等成矿有利，典型的有德勒诺尔铁矿、钓鱼钩砂金矿点、小冰沟铅矿点等。

3. 中祁连南缘断裂（F_4、F_5、F_6）

该组断裂呈平卧“∽”形横卧于测区中部，西起安南坝，向东经阿尔金山、当金山、党河南山，贯穿全区。在测区西部阿尔金山地区和东部党河南山地区近乎平行展布，双轨并行，在中部当金山地区二者合并为一条断裂轨迹，测区内长 258.3km。

航磁 ΔT 化极等值线平面图上，表现为由 F_4、F_5 和 F_6 控制的一条横贯全区，蜿蜒曲折，多处发生错断和位移的强磁异常带（图 5-24）。异常强度为几百到上千纳特，阿尔金山地区，磁场强度高，异常杂乱多峰，幅值在异常带边界清晰。航磁 ΔT 化极垂向一阶导数等值线平面图上，异常分离为多个强磁异常。航磁 ΔT 化极上延等值线平面图上，随着高度的增加，异常衰减很慢，说明向下延伸较大。

剩余重力异常图上，西部阿尔金山地区表现为重力高异常带，反映高密度中基性火山岩（Cha）特征，东部党河南山地区表现为重力低异常带，反映中酸性岩浆岩特征（$\gamma\delta$S）。DEM 影像图上，异常带对应测区最高的山脉阿尔金山和党河南山，遥感影像上海拔较高的山体上有积雪分布，包含阿尔金山主峰海拔 5798m、党河南山主峰海拔 5665m。

区域地质上，异常带东部为党河南山-拉脊山蛇绿混杂岩带，以早古生代中酸性侵入体扎子沟花岗闪长岩、后塘北花岗闪长岩、西蒙赫勒花岗岩（$\gamma\delta$S）和扎子沟地区奥陶系吾力沟群（OWl）中基性火山岩为主体，形成强磁异常带。在肃北拉排沟地区有大量超基性体侵入形成强磁异常和铜、镍、铬等多金属矿产地。在扎子沟地区与 F_{125} 交汇处有大规模金异常，成为金矿重要找矿地区。

异常带西部，成为柴达木板块和祁连板块的分界线，对应安山质-玄武质熔岩—玄武质火山碎屑岩组合的熬油沟组变质地层，其间分布白垩纪正长花岗岩（$\zeta\gamma$K）。物性测量熬油沟组磁化率在几千到上万个单位之间，正长花岗岩磁化率在几百到上千个单位之间。航磁图上都表现为强磁异常，该区分布有铁、铌、钽、铜等多金属矿产地。

4. F_7 大断裂

断裂位于测区西南部，呈北西向弧形分布，由东南向西北经苏干湖、塔格尔巴斯陶，于阿尔金山主峰南坡与中祁连南缘断裂交汇，全长 84.1km。

航磁 ΔT 化极等值线平面图上，表现为不同的磁场分区。断裂以西反映为多条弧形分布的磁异常带。航磁 ΔT 垂向一阶导数等值线平面图上，异常带更加明显、边界清晰，断裂东部磁场上为宽缓磁异常带。遥感影像上，断裂两侧分别为弧形山体和山前冲积扇地貌（图 5-25）。

区域地质上，断裂以西为全吉地块，由一步沟-多罗尔什弧形逆冲韧性剪切带构成，构造带主体地质体为古元古界达肯大坂岩群和发育于其间的中酸性侵入体。磁场上反映的多条弧形磁异常带，多为地层内部的磁性层引起。

F_7 断裂为隐伏大断裂，是南祁连岩浆弧与全吉地块的分界线，断裂以西铁、铜多金属矿产丰富，断裂以东钾盐矿产丰富。

（三）一般断裂

1. F_{125}——错断党河南山蛇绿混杂岩带

断裂位于党河南山扎子沟地区，北东向分布，全长 35.3km，为新发现断裂。

航磁 ΔT 化极等值线平面图上，党河南山北西向弧形强磁异常带被逆时针错断，错距 6.5km（图 5-26）。航磁 ΔT 化极垂向一阶导数等值线平面图上，断裂带上有串珠状异常分布。航磁 ΔT 化极上延 3km 等值线平面图上，异常错位依然清晰，说明异常有一定的向下延伸。

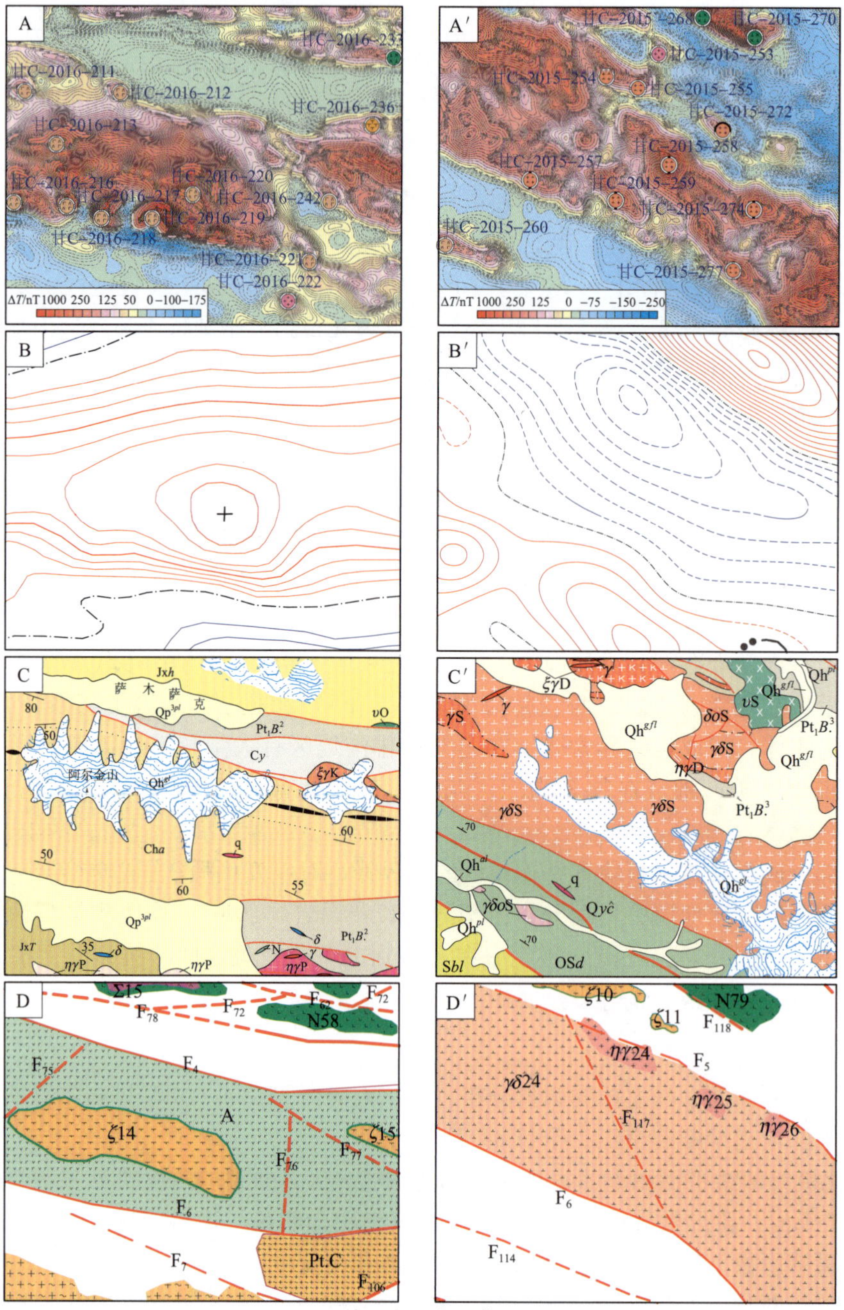

图 5-24　F_4、F_5、F_6 大断裂航磁、重力、地质特征

阿尔金地区：A—航磁 ΔT 化极等值线平面图；B—重力异常图；C—1：25 万地质图；D—推断岩性构造图。

党河南山地区：A′—航磁 ΔT 化极等值线平面图；B′—重力异常图；C′—1：25 万地质图；D′—推断岩性构造图。

1：25 万地质图图例：Pt_1B^2—古元古界北大河岩群二岩组；Pt_1B^3—古元古界北大河岩群三岩组；Cha—长城系熬油沟组：安山质-玄武质熔岩—玄武质火山碎屑岩组合；JxT—蓟县系塔昔达坂群；Jxh—蓟县系花儿地组：白云岩建造；Sbl—志留系巴龙贡嘎尔组；OSd—志留系—奥陶系多索曲组：变砂岩夹灰绿色安山岩；Oyĉ—奥陶系盐池湾组：变长石砂岩；Cy—石炭系羊虎沟组；Qp^{3pl}—上更新统洪积物；Qh^{gfl}—全新统冰水堆积物；Qh^{pl}—全新统洪积物；Qh^{al}—全新统冲积物；Qh^{gl}—全新统现代冰川；q—石英脉；δ—闪长岩脉；N—基性岩脉；γ—花岗岩脉；ηγP—二叠纪二长花岗岩；γS—志留纪花岗岩；γδS—志留纪花岗闪长岩；γδoS—志留纪英云闪长岩；δoS—志留纪石英闪长岩；ξγK—白垩纪正长花岗岩；υO—奥陶纪辉长岩；υS—志留纪辉长岩；εγD—泥盆纪正长花岗岩；ηγD—泥盆纪二长花岗岩。推断岩性构造图图例：ζ10—正长岩及编号；N58—基性岩及编号；Σ15—超基性岩及编号；A—火山岩；F_4、F_5、F_6、F_7—大断裂及编号；F_{114} 及其他—一般断裂及编号；γδ24—中酸性岩及编号；ηγ24—酸性侵入岩及编号；Pt. C—元古宙磁性地层

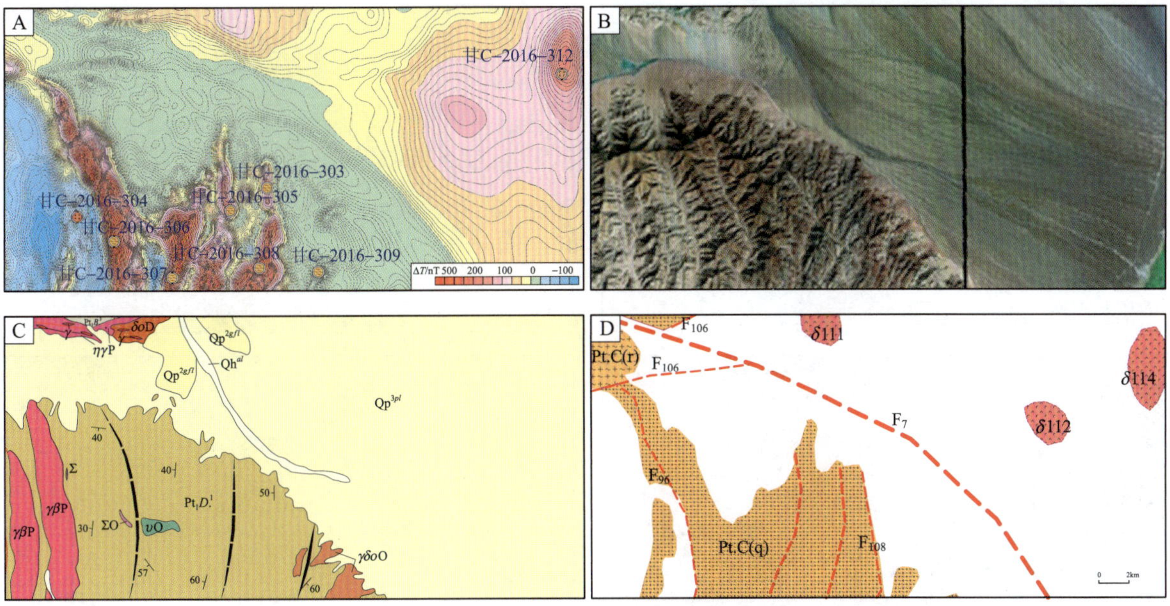

图 5-25　F_7 大断裂航磁、遥感、地质特征

A—航磁 ΔT 化极等值线平面图；B—遥感影像图；C—1∶25 万地质图；D—推断岩性构造图。

1∶25 万地质图图例：$Pt_1D.^1$—古元古界达肯大坂岩群一岩组：黑云石英片岩、黑云角闪斜长片麻岩；$Pt_1B.^3$—北大河岩群三岩组；Qp^{2gfl}—中更新统冰水堆积物；Qp^{3pl}—上更新统洪积物；Qh^{al}—全新统冲积物；$\gamma\delta o$O—奥陶纪英云闪长岩；δoD—泥盆纪石英闪长岩；$\eta\gamma$P—二叠纪二长花岗岩；ΣO—奥陶纪超基性岩；Σ—超基性岩脉；υO—奥陶纪辉长岩；$\gamma\beta$P—二叠纪黑云母花岗岩；γ—花岗岩脉。推断岩性构造图图例：δ114—中性侵入岩及编号；Pt.C(q)—元古宙强磁性地层；Pt.C(r)—元古宙弱磁性地层；F_7—大断裂及编号；F_{96}—一般断裂及编号

空间对照分析，与航磁强异常带对应的党河南山古生代岩浆岩带（志留纪花岗闪长岩带（$\gamma\delta$S）、奥陶系吾力沟群玄武安山岩（O*Wl*））发生了同样的错动和位移。遥感影像上的山体和重力图上的异常带都发生了同样的错动和位移。

值得关注的是，在 F_{125} 断裂与 F_5、F_6 断裂错动交汇区内，分布有甘肃最大的 Au 地球化学块体异常（Au02），异常面积为 1363.4km^2，多个异常高值点含量最大达 40×10^{-9}，金的远景储量为 775t。目前异常区外围已发现黑刺沟、贾公台、鸡叫沟等多个大型金矿床和众多的金矿点，异常区内存在巨大的金找矿潜力。另外，大道尔基大型铬铁矿床也分布在 F_{125} 断裂与 F_5、F_6 断裂交汇控制区内。

F_{125} 与 F_5、F_6 构造交汇区，导致了地壳深源铁镁质成分上涌沉淀，如吾力沟群火山岩、大道尔基超基性岩等，同时导致与深源铁镁质成分有关的金、铬等矿产的成矿富集。该断裂控制区是金、铬等多金属矿找矿的有利地区。

2. F_{124}——控制德勒诺尔基性岩体的分布

断裂位于测区东部野马山一带，呈近东西向分布，测区内长 35.2km，向东延伸到测区以外。

航磁 ΔT 化极等值线平面图上，断裂两侧磁场面貌不同，北侧沿断裂分布升高异常带，南部为平静背景场。航磁 ΔT 化极垂向一阶导数等值线平面图上，断裂南部异常场特征差异更加明显，北部异常范围缩小，边界清晰，强度升高；南部背景场更趋于干净，上延随高度增加，异常衰减很快，说明断裂向下延伸有限（图 5-27）。

1∶25 万地质图上，断裂分布在青白口系哈什哈尔组（Qb*h*）和长城系熬油沟组（Ch*a*）断层接触带上。哈什哈尔组是砂岩-板岩建造，熬油沟组是砂岩-板岩建造和玄武岩-安山岩建造，熬油沟组物性磁化率高于哈什哈尔组。另外，断层北部出露多若诺尔辉长岩体，沿断裂向东南方向分布多个推断的隐伏基性岩体，形成带状分布的基性岩浆岩带。

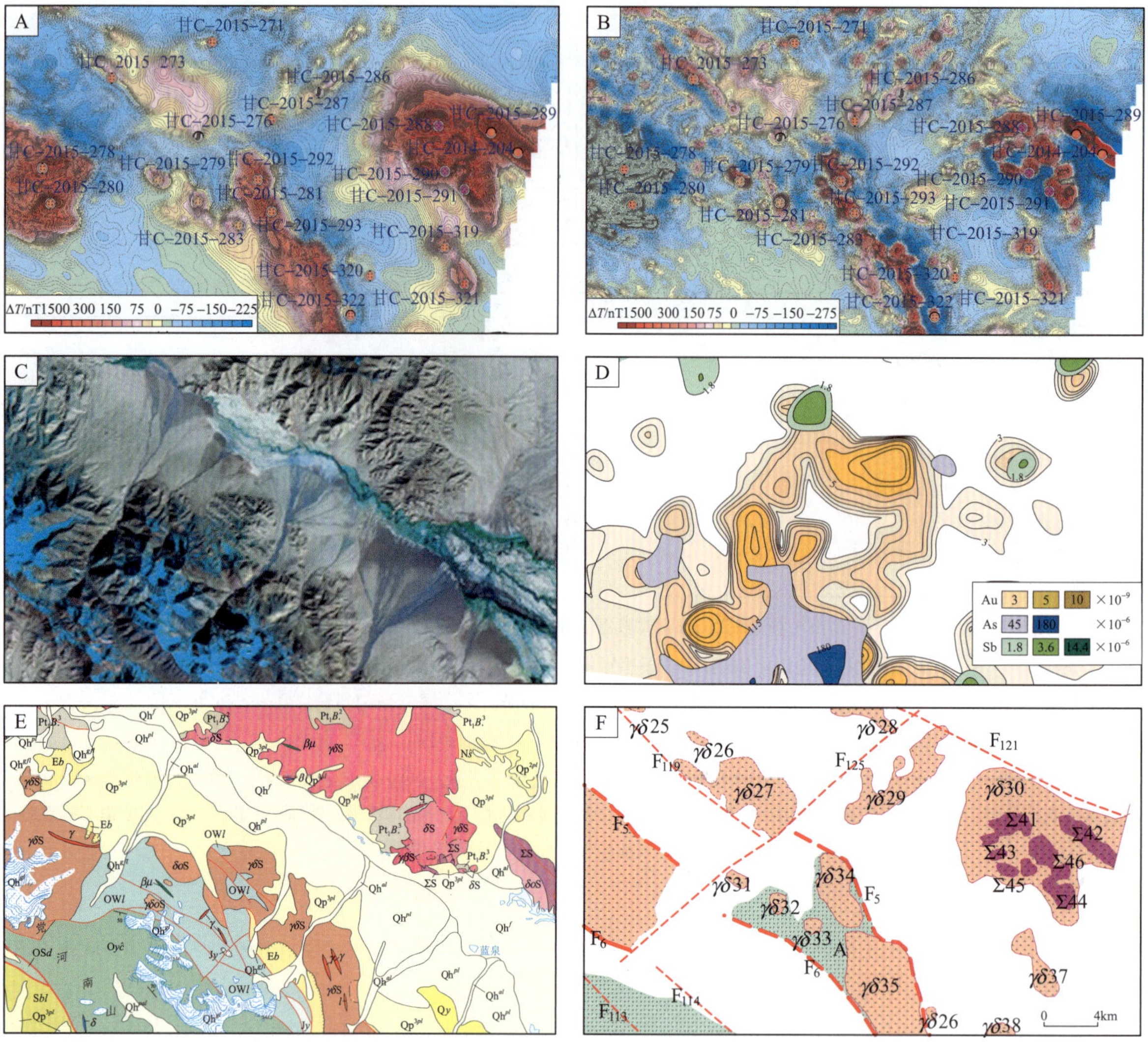

图 5-26 F_{125} 断裂航磁、遥感、化探、地质特征

A—航磁 ΔT 化极等值线平面图；B—航磁 ΔT 化极垂向一阶导数等值线平面图；C—遥感影像图；D—ETM 遥感影像图；E—1∶25 万地质矿产图；F—推断岩性构造图。

1∶25 万地质矿产图图例：Pt_1B^3—古元古界北大河岩群三岩组；Pt_1B^2—古元古界北大河岩群二岩组；O*Wl*—奥陶系吾力沟群：玄武岩-安山岩组合；O*yĉ*—奥陶系盐池湾组：变长石砂岩；OS*d*—志留系—奥陶系多索曲组：变砂岩；S*bl*—志留系巴龙贡嘎尔组；J*y*—侏罗系窑街组；E*b*—古近系白杨河组；N*ŝ*—新近系疏勒河组；Q*y*—第四系玉门组；Qp^{2pl}—中更新统洪积物；Qp^{3pl}—上更新统洪积物；Qh^{pl}—全新统洪积物；Qh^{gl}—全新统现代冰川；Qh^{pal}—全新统洪冲积物；Qh^{gfl}—全新统冰水堆积物；Qh^{al}—全新统冲积物；Qh^{f}—全新统沼泽堆积物；ΣS—志留纪辉石橄榄岩；*γδ*S—志留纪花岗闪长岩；*υ*S—志留纪辉长岩；*δ*S—志留纪闪长岩；*γδ*S—志留纪花岗闪长岩；*γδo*S—志留纪英云闪长岩；*δo*S—志留纪石英闪长岩；*βμ*—辉绿岩脉；*δ*—闪长岩脉；q—石英脉；*γ*—花岗岩脉。推断岩性构造图图例：Σ41—超基性岩及编号；A—火山岩；*γδ*27—中酸性岩及编号；F_5—大断裂及编号；F_{125}——般断裂及编号

该断裂控制了蓟县系哈什哈尔组和长城系熬油沟组的接触关系，同时控制了多若诺尔等基性岩浆岩带的分布。该基性岩体向东延伸出测区，查干布尔斯中型铜矿（地理坐标：96°50′00″~96°52′20″E，39°06′50″~39°11′55″N）位于该岩浆岩带上，为岩浆熔离灌入和岩浆期后充填热液交代混合型铜矿。成矿母岩为辉长岩-闪长岩岩体。所以，测区内断裂控制的出露和隐伏基性岩体分布区是寻找相似矿产的有利地区。

3. F_{56}——控制矽卡岩化带的分布、掉石沟铅锌矿的分布

位于测区北部鹰嘴山地区，呈北西向分布，全长 22.7km。

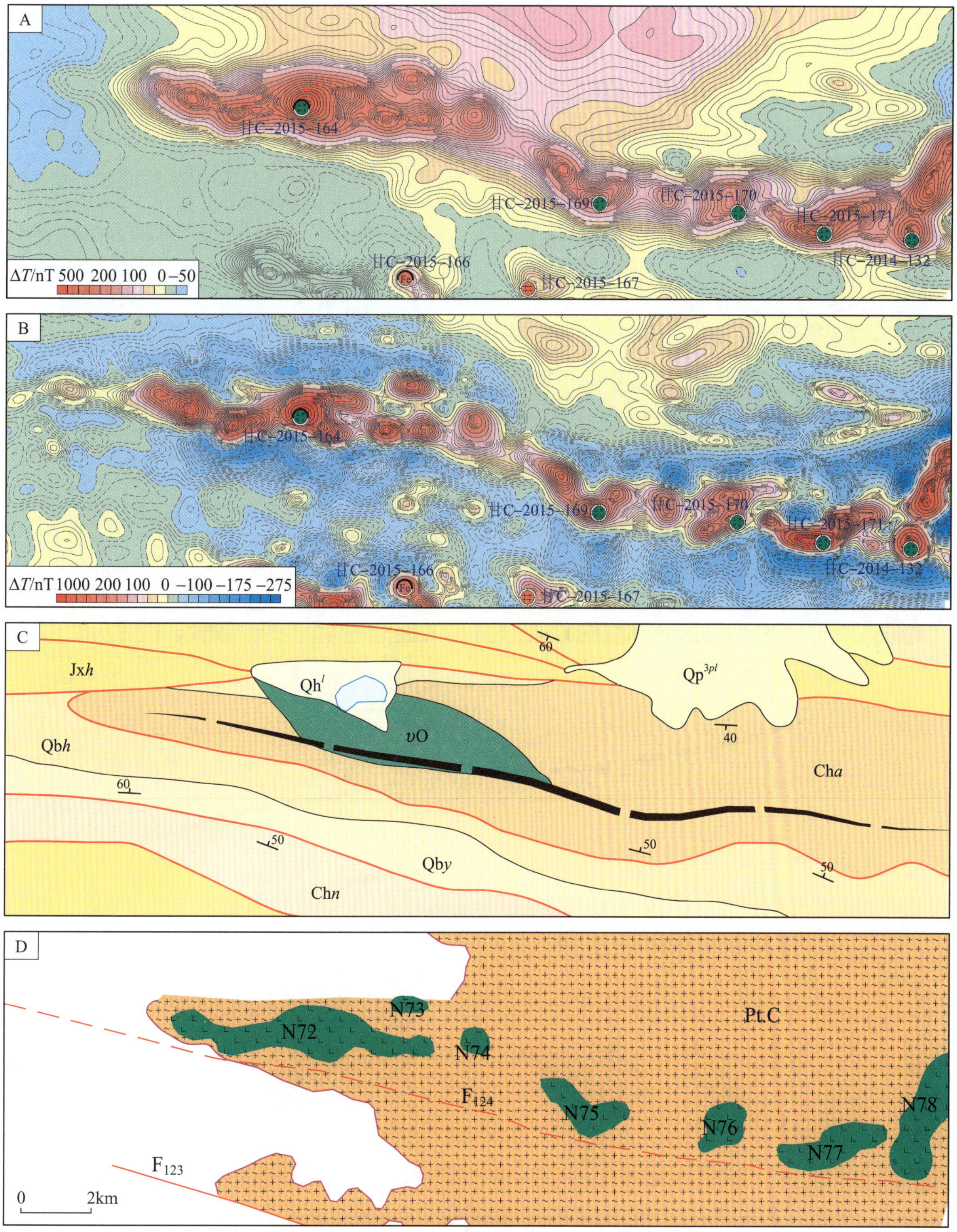

图 5-27 F_{124} 断裂航磁、地质特征

A—航磁 ΔT 化极等值线平面图；B—航磁 ΔT 化极垂向一阶导数等值线平面图；C—1∶25 万地质图；D—推断岩性构造图。1∶25 万地质图图例：Ch*a*—长城系熬油沟组：安山质-玄武质熔岩—玄武质火山碎屑岩组合；Ch*n*—长城系南白水河组：砂质板岩、变质石英砂岩、灰岩；Jx*h*—蓟县系花儿地组：白云岩、灰色含硅质白云岩；Qb*y*—青白口系龚岔群窑洞沟组：角砾状灰岩、鲕状灰岩；Qb*h*—青白口系龚岔群哈什哈尔组：板岩、粉砂岩；Qp^{3pl}—上更新统洪积物；Qh^{l}—全新统湖积物；υO—奥陶纪辉长岩。推断岩性构造图图例：Pt. C—元古宙磁性地层；N72—基性岩及编号；F_{124}—一般断裂及编号

航磁 ΔT 化极等值线平面图上，断裂位于北西向带状异常的梯度带上。航磁 ΔT 化极垂向一阶导数等值线平面图上，异常梯度带的边界更加清晰。航磁 ΔT 化极上延等值线平面图上，随着高度

的增加，异常衰减很快，说明断裂向下延伸有限。遥感影像图上，线性影像清晰，断裂两侧纹理相交并尖灭于断裂（图 5-28）。

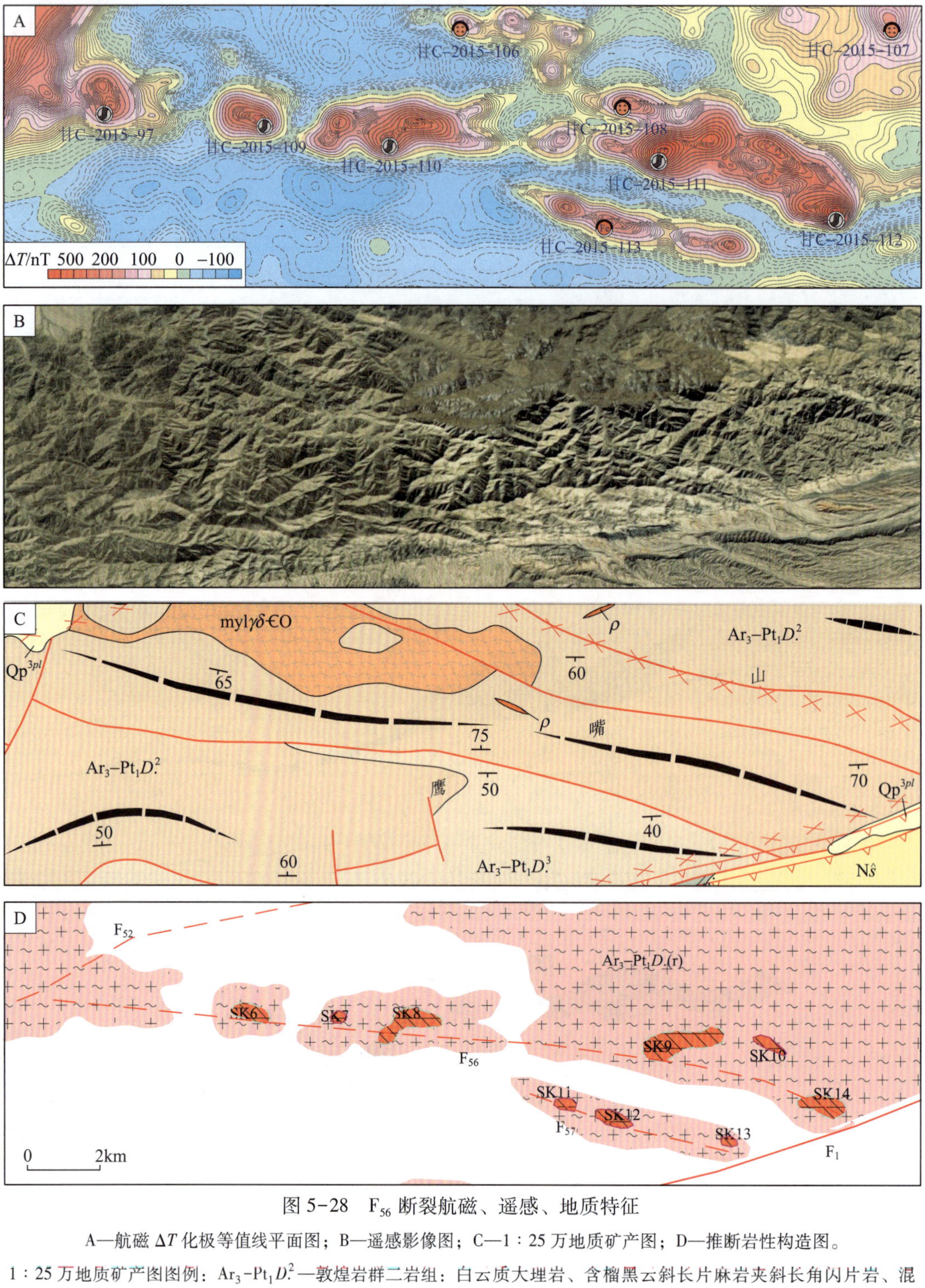

图 5-28　F_{56} 断裂航磁、遥感、地质特征

A—航磁 ΔT 化极等值线平面图；B—遥感影像图；C—1∶25 万地质矿产图；D—推断岩性构造图。

1∶25 万地质矿产图图例：Ar_3-Pt_1D^2—敦煌岩群二岩组：白云质大理岩、含榴黑云斜长片麻岩夹斜长角闪片岩、混合岩；Ar_3-Pt_1D^3—敦煌岩群三岩组：黑云斜长片麻岩、斜长角闪岩、混合岩；Nŝ—新近系疏勒河组；Qp^{3pl}—上更新统洪积物；mylγδ∈O—寒武纪—奥陶纪糜棱岩化花岗闪长岩；ρ—伟晶岩脉。推断岩性构造图图例：Ar_3-Pt_1D.（r）—新太古代—古元古代弱磁性变质地层；SK6—矽卡岩；F_1—深大断裂及编号；F_{56}——般断裂及编号

断裂产于敦煌岩群变质杂岩体二岩组，岩石组合主要为碎屑岩-碳酸盐岩建造，岩石由白云质大理岩、含榴黑云斜长片麻岩夹斜长角闪岩、混合岩组成。北西向倒转褶皱发育。

断裂南侧 F_{57} 上分布掉石沟铅锌矿和铁矿，矿化类型为矽卡岩型。F_{56} 和 F_{57} 断裂平行分布，异常特征和产出的地质环境一致，推测 F_{56} 断裂同样发生了矽卡岩型构造蚀变，同时富含矽卡岩型铁、铅锌等多金属矿化。

本次异常查证在 F_{56} 断裂与阿尔金断裂交汇处甘 C-2015-112 异常（查证编号 118 号异常）区已经发现铁矿化带 3 条，宽 1~6m，长度大于 100m，TFe 含量为 30%~40%。进一步揭示 F_{56} 断裂控制区是铁、铅、锌等多金属矿找矿的有利地区。F_{54}、F_{55} 断裂控制区也具有同样的找矿潜力。

4. F_{69}——错断阿尔金断裂，阻断北祁连向西发展

位于测区中部肃北一带，呈北西向分布，全长 40.2km，为新发现断裂。

航磁 ΔT 化极等值线平面图上，断裂位于强磁异常区，有局部异常沿断裂定向排列和拉长趋势；航磁 ΔT 化极垂向一阶导数等值线平面图上，异常定向排列，构造形迹明显（图 5-29）。

断裂与党河水系吻合，遥感和 DEM 影像上线性影像清晰。1∶25 万地质图上，阿尔金断裂以北地区被第四系覆盖，F_{69} 断裂切割阿尔金北陆核引起的强磁异常。阿尔金断裂以南，断裂东、西两侧地质构造截然不同，断裂以西为古—中元古代地层区，有基性、超基性岩体侵入；断裂以东为古生代火山岩和岩浆岩分布区。该断裂的发生阻断了北祁连岩浆弧向西发展，与阿尔金断裂汇聚尖灭。

北祁连是重要的铜、铅、锌、金、铁等多金属成矿带，包含有鹰嘴山金矿（中型）、寒山金矿（中型）、塔尔沟钨矿（大型）、小柳沟铜钼矿（大型）、柳沟峡铜铁矿（中型）、石硐沟铅锌矿（大中型）、刃岗梁铁矿（小型）等，F_{69} 断裂控制了该成矿带向西发展。因此寻找相似矿产，也应以 F_{69} 断裂为界。

5. F_{95}——全吉地块内控制超基性岩带的分布

位于测区西南部全吉山地区，呈北西向弧形分布，全长 41.1km，为新发现断裂。

航磁 ΔT 化极等值线平面图上，断裂表现为平缓背景场上弧形带状分布的串珠状异常带。航磁 ΔT 化极垂向一阶导数等值线平面图上，异常收缩、边界清晰，形状延伸更加明显。航磁 ΔT 化极上延等值线平面图上，异常衰减迅速，说明向下延伸有限。遥感影像图上，线性影像明显，断裂两侧色调纹理差异较大（图 5-30）。

地质上，沿断裂分布奥陶纪超基性岩株、岩脉，据 1∶20 万地质报告，该区金泉山超基性岩体总共圈定岩株、岩脉 17 处。围岩为古元古界达肯大坂岩群一岩组（$Pt_1D.^1$），岩石为砂泥质-碳酸盐岩建造，岩性为黑云石英片岩、十字石二云石英片岩、黑云角闪斜长片麻岩、大理岩；物性测量显示，超基性岩体磁化率值明显偏高，一般为几千到几万个单位，与围岩形成明显差异，异常带由超基性岩引起，超基性岩来源于地壳深部，沿构造上涌，是圈定构造的直接地质标志。

F_{95} 断裂控制了金泉山超基性岩分布，另外根据异常特征推断沿断裂有大量隐伏超基性岩分布，这些地区是寻找与超基性岩有关的金属矿产的有利地区。甘 C-2016-197 异常由已知含镍超基性岩体（金泉山镍矿）引起，本次航磁异常查证工作，在甘 C-2016-278 异常（查证编号阿 C-18）发现 Au、As、W 等异常，异常与辉长岩、闪长岩及其引起的磁异常关系密切，为进一步找矿提供了良好的找矿线索。

（四）环形构造

根据磁场上反映的环形异常，结合地质、物探、化探、遥感等特征，综合圈定环形构造 4 处，环形构造多与出露或者隐伏的岩浆岩有关。例如，小红山异常（H_1）与石炭纪的云英岩化花岗闪长岩有关，崔木土环形构造（H_2）与奥陶纪的闪长岩有关，阳关环形构造（H_3）与隐伏的闪长岩有关，化石沟环形构造（H_4）与二叠纪的闪长岩有关。根据地球源涌构造理论（陈荫祥，2010），来自地球深部的高能物质在地壳浅部薄弱部位形成独立的环形构造，该类构造对金属矿产的形成将

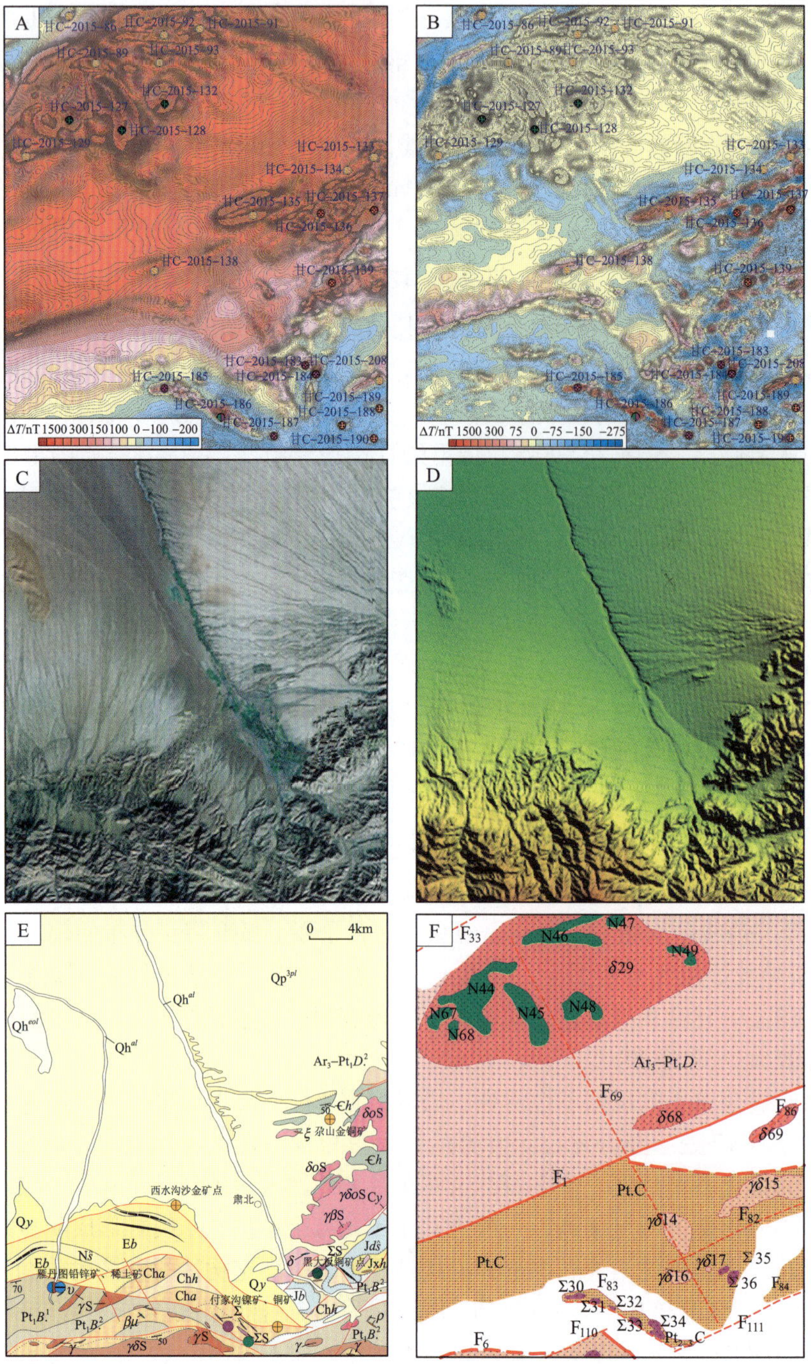

图 5-29 F_{69} 断裂航磁、遥感、DEM、地质特征

A—航磁 ΔT 化极等值线平面图；B—航磁 ΔT 化极垂向一阶导数等值线平面图；C—遥感影像图；D—DEM 高程图；E—1∶25 万地质矿产图；F—推断岩性构造图。

1∶25 万地质矿产图图例：Ar_3-Pt_1D^2—敦煌岩群二岩组；Pt_1B^1—北大河岩群一岩组；Pt_1B^2—北大河岩群二岩组；Cha—长城系熬油沟组；Chh—长城系桦树沟组；Jxh—蓟县系花儿地组；∈h—寒武系黑茨沟组；Cy—石炭系羊虎沟组；J$d\hat{s}$—侏罗系大山口组；Jb—侏罗系博罗组；Eb—古近系白杨河组；N$\hat{s}$—新近系疏勒河组；Qy—第四系玉门组；Qp^{3pl}—上更新统洪积物；Qh^{eol}—全新统风积物；Qh^{al}—全新统冲积物；ΣS—志留纪辉石橄榄岩；δoS—志留纪石英闪长岩；$\gamma\delta o$S—志留纪英云闪长岩；$\gamma\delta$S—志留纪花岗闪长岩；γS—志留纪花岗岩；$\gamma\beta$S—志留纪黑云母花岗岩；Σ—超基性岩脉；$\beta\mu$—辉绿岩脉；δ—闪长岩脉；υ—辉长岩脉；γ—花岗岩脉；ρ—伟晶岩脉；ξ—正长岩脉。推断岩性构造图图例：Ar_3-$Pt_1D.$—新太古代—古元古代磁性变质地层；Pt.C—元古宙磁性地层；Σ30—超基性岩及编号；N48—基性岩及编号；δ68—中性侵入岩及编号；$\gamma\delta$15—中酸性岩及编号；F_1—深大断裂及编号；F_6—大断裂及编号；F_{69}—一般断裂及编号

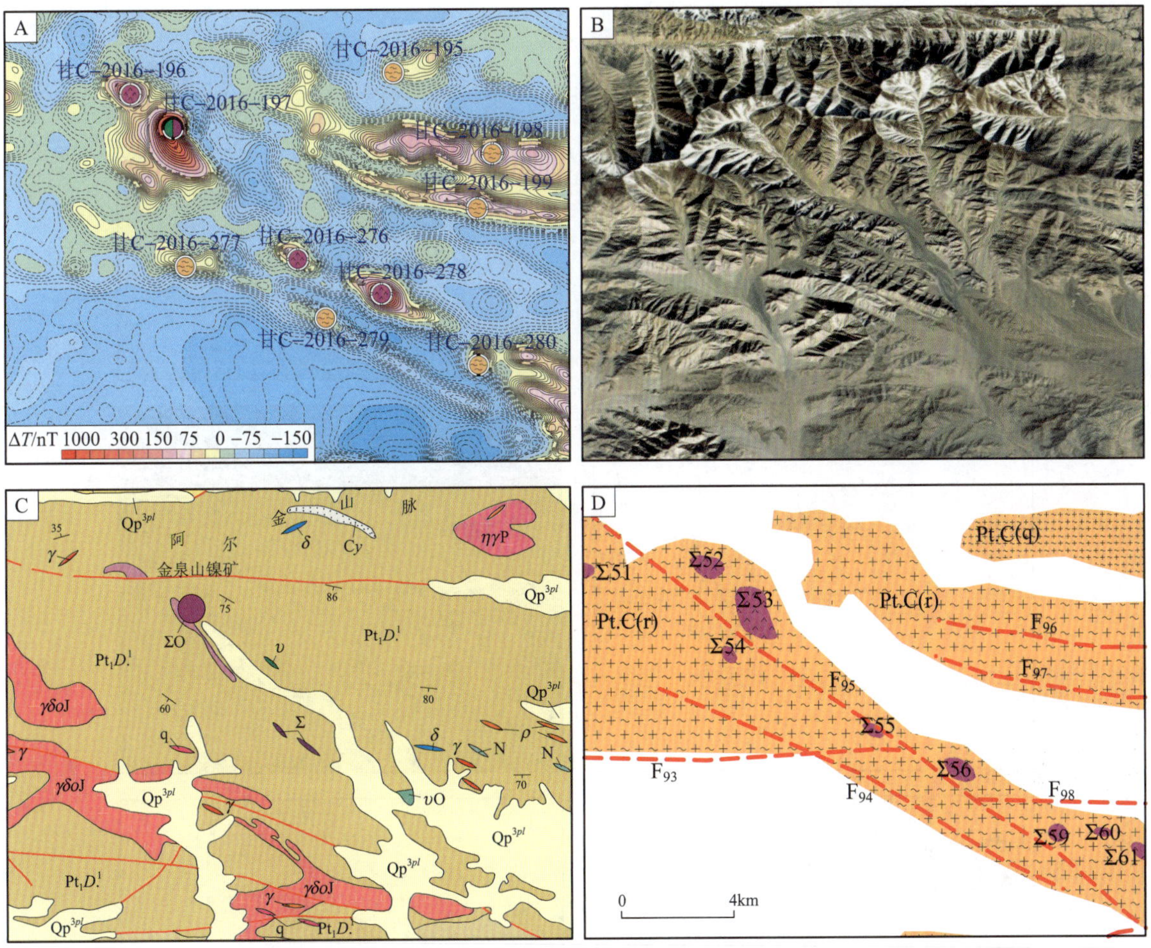

图 5-30　F_{95} 断裂航磁、遥感、地质特征

A—航磁 ΔT 化极等值线平面图；B—遥感影像图；C—1∶25 万地质矿产图；D—推断岩性构造图。

1∶25 万地质矿产图图例：$Pt_1D_1^1$—古元古界达肯大坂岩群一岩组：黑云石英片岩、黑云角闪斜长片麻岩；Cy—石炭系羊虎沟组；Qp^{3pl}—上更新统洪积物；ΣO—奥陶纪超基性岩（蛇纹石化斜辉橄石岩）；υO—奥陶纪辉长岩；ηγP—二叠纪二长花岗岩；γδoJ—侏罗纪英云闪长岩；Σ—超基性岩脉；N—基性岩脉；δ—闪长岩脉；γ—花岗岩脉；q—石英脉；ρ—伟晶岩脉；υ—辉长岩脉。推断岩性构造图图例：Pt.C(r)—元古宙弱磁变质地层；Pt.C(q)—元古宙强磁变质地层；Σ54—超基性岩及编号；F_{95}——般断裂

有较大贡献。例如，中亚地区乌兹别克斯坦 Muruntau 巨型金矿、哈萨克斯坦 Kounrad 和 Aktogai 超大型铜矿床、蒙古国 Oyu Tolgoi 超大型铜金矿床、新疆西天山查岗诺二大型铁矿床等都与环形构造体有关。因此，本次工作借助航磁测量成果圈定环形构造区，对寻找大中型矿产地具有重要意义。目前这 4 个环形构造还没有重大发现，但是化石沟地区环形构造附近已经发现了斑岩型铜矿，对进一步找矿有指示意义。

1. 化石沟环形构造（H_4）

位于测区西南苏干湖北岸，化石沟一带，地理坐标：93°37′32″~93°42′11E，38°59′08″~39°03′05″N。

航磁 ΔT 化极等值线平面图上，呈不规则圆形，直径 5.5km。航磁 ΔT 剖面平面图上，为平静背景场中的升高异常，异常在 12 条测线上有反映，测线上异常呈锯齿状多峰，强度一般在 100nT 左右，相对均匀（图 5-31）。

1∶20 万剩余重力异常图上，对应剩余重力高异常。航磁 ΔT 化极上延等值线平面图上，随着高度的增加，异常衰减很快。遥感影像图上，呈负地形环形影像特征。综合反映为磁性体密度较

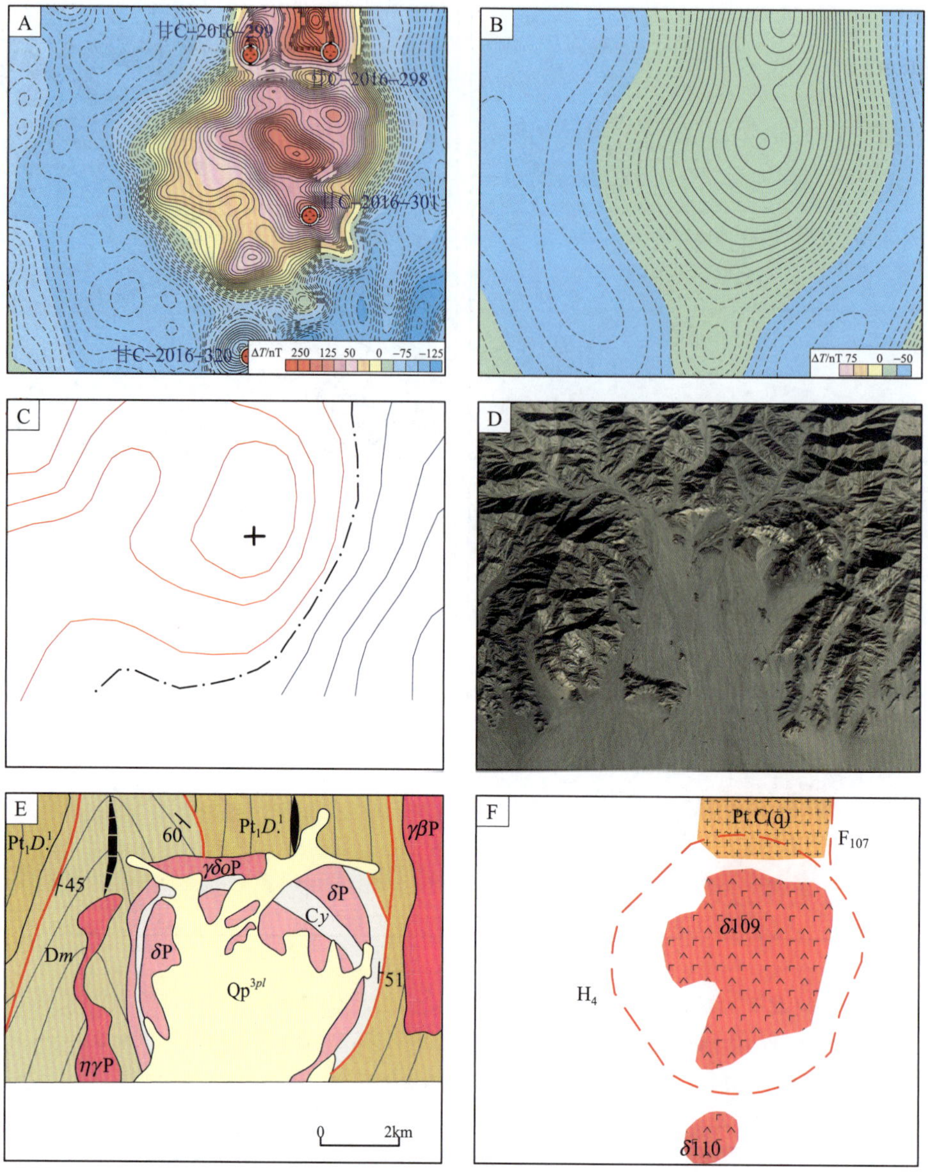

图 5-31 化石沟环形构造磁场、地质、重力、遥感特征

A—航磁 ΔT 化极等值线平面图；B—航磁 ΔT 化极上延 1km 等值线平面图；C—剩余重力异常图；D—遥感影像图；E—1∶25 万地质矿产图；F—推断岩性构造图。

1∶25 万地质矿产图图例：$Pt_1D_c^1$—达肯大坂岩群一岩组：黑云石英片岩、黑云角闪斜长片麻岩；Cy—石炭系羊虎沟组：灰黑色炭质页岩、砂岩；Dm—泥盆系牦牛山组：砂岩、长石砂岩；Qp^{3pl}—上更新统洪积物；δP—二叠纪闪长岩；$\gamma\delta oP$—二叠纪英云闪长岩；$\eta\gamma P$—二叠纪二长花岗岩；$\gamma\beta P$—二叠纪黑云母花岗岩。推断岩性构造图图例：$\delta 109$—中性侵入岩及编号；Pt. C(q)—元古宙强磁性变质地层；F_{107}—一般断裂及编号；H_4—环形构造及编号

高，埋深有限，表层发生风化。

区域地质上，环形磁异常对应环形分布的中酸性侵入体。1∶20 万地质图上，反映异常中心为二叠纪闪长岩（δP），外围环绕二叠纪石英闪长岩（$\delta\gamma oP$）和二长花岗岩（$\eta\gamma P$）。实测物性：闪长岩磁化率均值为 1556.9×10^{-5}SI，英云闪长岩磁化率均值为 21.5×10^{-5}SI，异常明显由闪长岩引起。

该岩体西部分布斑岩型铜矿——化石沟铜矿。

2. 小红山环形构造（H_1）

岩体分布在八龙沟-崔木土韧性变形带南部小红山一带。由异常甘 C-2016-81、甘 C-2016-98、

甘 C-2016-99、甘 C-2016-100、甘 C-2016-86、甘 C-2016-101 组成（图 5-32）。

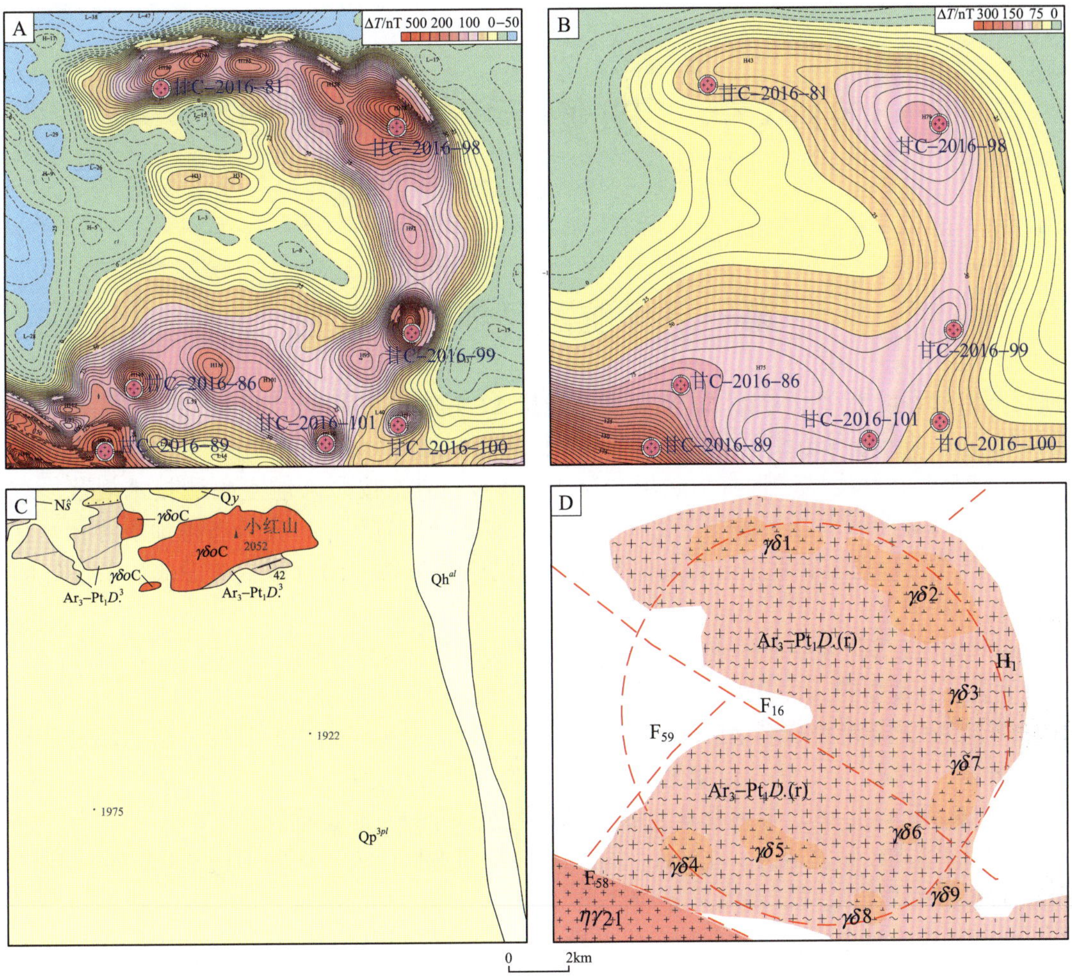

图 5-32　小红山环形构造区地质、磁场特征

A—航磁 ΔT 化极等值线平面图；B—航磁 ΔT 化极上延 1km 等值线平面图；C—1：25 万地质图；D—推断岩性构造图。1：25 万地质图图例：$Ar_3-Pt_1D.^3$—敦煌岩群三岩组：黑云斜长片麻岩、含榴黑云斜长片麻岩夹斜长角闪岩、混合岩；Nŝ—新近系疏勒河组：泥质粉砂岩；Qy—第四系玉门组；Qp^{3pl}—上更新统松散砂砾石、含粉砂黏土；Qh^{al}—全新统冲积物；γδoC—石炭纪英云闪长岩。推断岩性构造图图例：$Ar_3-Pt_1D.$（r）—新太古代—古元古代弱磁性变质地层；γδ7—中酸性岩及编号；ηγ21—酸性侵入岩及编号；F_{58}—推断一般断裂及编号；H_1—环形构造及编号

磁场图上，表现为未封闭的环形磁异常带。北部基岩出露小红山中酸性岩体，南部为第四系覆盖区。推测异常由中酸性岩体引起，即沿环形断裂中酸性岩体上涌侵入敦煌岩群内，磁场上形成环形异常。目前没有矿产地发现。

第六章　航磁异常特征研究

第一节　航磁局部异常选编

航磁异常选编以 1∶5 万航磁 ΔT 剖面平面图和 ΔT 等值线平面图为基础，参考 ΔT 化极等值线平面图、垂向一阶导数等值线平面图和剩余异常图等资料综合分析研究确定。

本次 1∶5 万高精度航磁调查，磁场总精度为±1.95nT，按照《航空磁测技术规范》（DZ/T 0142—2010），±3.80nT 以上的磁场变化视为异常。实际选编过程中，充分考虑地质背景，有选择性地对局部异常加以选编。重点选编成矿条件有利的强磁异常，同时慎重考虑成矿条件好的弱异常。具体选编原则为：

1）在航磁 ΔT 等值线平面图或剖面平面图上醒目突出的孤立异常。

2）代表不同类型的异常、规模较大异常及周围叠加的次级异常。

3）位于成矿地质环境有利地区的局部异常，如与铁、铬关系密切的基性—超基性岩带及其构造带上的异常，与铜、金、钨等地球化学元素异常吻合的局部异常。

4）在已知铜、金、钨、铅锌及其他多金属矿化点附近的局部弱异常。

5）侵入岩活动较频繁地区，在酸性、中—基性及超基性侵入岩体的周边部位，具有反映内外接触带特征的局部异常或局部叠加异常。

6）对于火山岩发育区引起的杂乱变化磁异常区，可选择具代表性异常，无找矿意义的局部异常，酌情少编。

对本次航磁勘查工作区，新发现的航磁异常编号按《航空磁测技术规范》（DZ/T 0142—2010）进行，即所属省份（简称）C-年份-序号，如甘 C-2015-22 异常，其中甘为甘肃省简称，C 代表磁异常，2015 代表于 2015 年测量发现，22 代表异常顺序号。由于该地区以往只有 1∶50 万航磁资料，主要用于小比例尺地质构造解释，只对其中部分较强磁异常进行了编号，没有相应的异常登记卡，异常的具体位置、描述及推断解释意见都没有，因此，本次 1∶5 万航磁勘查基本以新编号为主。另外，测区东部和北部有相邻测区重叠部分的少量异常采用原编号。

本次航磁调查选编航磁异常 751 处。其中，2011 年 24 个，2014 年 12 个，2015 年新编 388 个，2016 年新编 327 个。

第二节　航磁异常分类

对测区内选编的航磁异常，利用其磁场特征及所处地质、构造条件进行综合研究，分析其地质成因和找矿意义。并对异常进行分类，分类涉及两个方面：一是异常的地质成因分类，即引起异常的地质原因；二是异常的找矿意义级别分类，指异常在地质找矿中的作用和意义。

一、航磁异常成因分类

异常的地质成因分类主要以定性解释为主，并辅以半定量、定量计算，依据异常特征，异常所处的地质、构造、成矿环境，物性统计结果及异常查证结果综合研究确定。

区内局部异常按其成因划分为已知矿异常（包括铁矿、铜镍矿、铬铁矿、铌钽矿等）、推断矿致异常、超基性岩引起的异常、基性岩引起的异常、中—酸性侵入岩（中性、中酸性、酸性）引起的异常、碱性花岗岩引起的异常、火山岩引起的异常、变质岩引起的异常、与蚀变岩有关的异常和人为干扰异常共10类。具体结果详见图6-1、图6-2和表6-1。

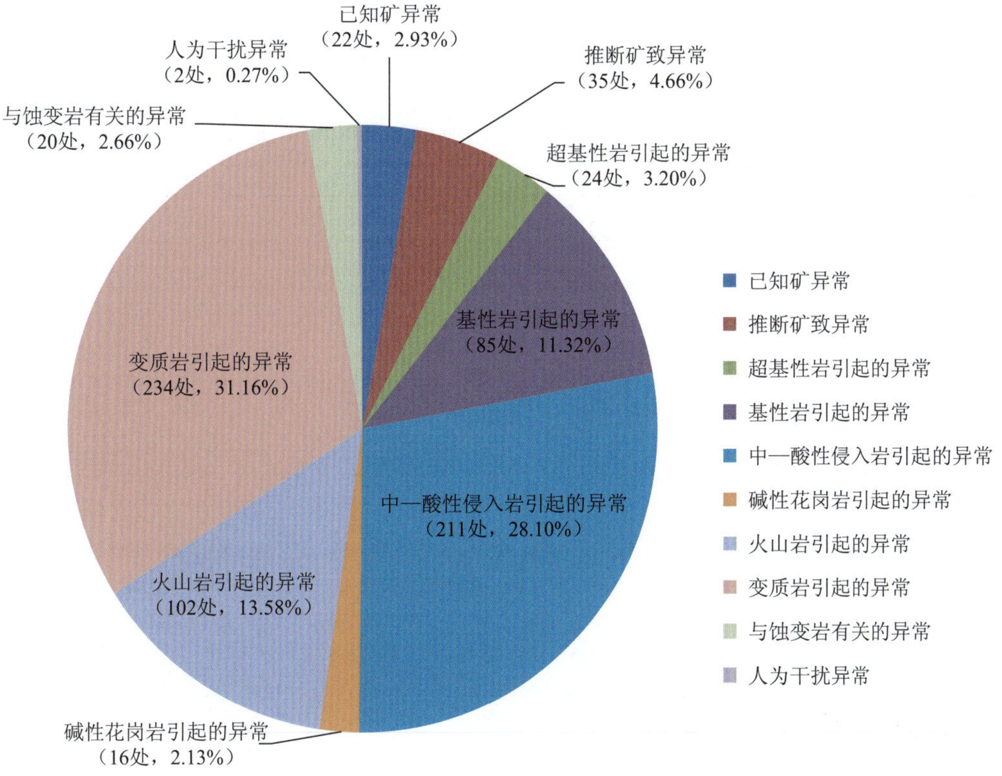

图6-1　测区异常地质成因分类比例示意图

已知矿异常22处（其中铁矿16处、铜镍矿4处、铌钽矿2处），占总数的2.93%；推断矿致异常35处（其中铁矿15处、铬铁矿1处、铜镍矿16处、铌钽矿1处、石棉矿2处），占总数的4.66%；超基性岩引起的异常24处，占异常总数的3.20%；基性岩引起的异常85处，占异常总数的11.32%；中—酸性侵入岩（中性、中酸性、酸性）引起的异常211处（其中中性侵入岩82处、中酸性侵入岩92处、酸性侵入岩37处），占总数的28.10%；碱性花岗岩引起的异常16处，占异常总数的2.13%；火山岩引起的异常102处，占异常总数的13.58%；变质岩引起的异常234处，占异常总数的31.16%；与蚀变岩有关的异常20处，占异常总数的2.66%；人为干扰异常2处，占异常总数的0.27%。

表6-1　敦煌—阿克塞地区航磁异常成因分类

成因类型		包括异常	小计	
已知矿异常	铁矿	甘C-2011-0041、1178、1185； 甘C-2014-204； 甘C-2015-5、6、18、70、113、165、166、289； 甘C-2016-157、226、227、228	16	22
	铜镍矿	甘C-2015-179、186、194； 甘C-2016-197	4	
	铌钽矿	甘C-2016-188、210	2	

续表

成因类型		包括异常	小计	
推断矿致异常	铁矿	甘 C-2011-1159、1164、1170； 甘 C-2015-19、20、112、167、168； 甘 C-2016-172、208、251、255、287、229、230	15	35
	铬铁矿	甘 C-2015-290	1	
	铜镍矿	甘 C-2011-0011； 甘 C-2014-37； 甘 C-2015-39、143、183、185、187、193、198、174、175、176、178、213； 甘 C-2016-196、225	16	
	铌钽矿	甘 C-2016-209	1	
	石棉矿	甘 C-2016-165、166	2	
超基性岩引起的异常		甘 C-2014-39； 甘 C-2015-184、192、288、291； 甘 C-2016-39、132、133、153、155、163、164、171、173、179、181、182、183、200、202、203、204、207、276	24	
基性岩引起的异常		甘 C-2011-1194、1201； 甘 C-2014-35、132； 甘 C-2015-22、23、25、27、28、29、30、31、32、33、34、37、40、45、46、49、50、56、57、58、59、60、61、62、64、65、66、67、68、71、73、74、75、78、79、82、84、85、94、127、128、132、162、163、164、169、170、171、172、173、211、212、214、262、268、270、332、333、334、335、336、337； 甘 C-2016-21、22、23、64、65、74、106、107、134、141、149、152、154、167、180、201、233、278、282	85	
中—酸性侵入岩引起的异常	中性侵入岩	甘 C-2015-7、8、35、36、42、43、44、47、102、103、104、105、115、116、117、118、136、137、139、147、148、149、150、152、153、154、155、156、157、158、159、160、161、215、216、222、226、227、229、231、233、234、235、296、297、326、380、384； 甘 C-2016-1、2、3、4、5、6、20、24、25、26、27、31、32、53、54、58、61、62、66、67、144、205、206、270、271、272、273、274、275、288、298、299、301、320	82	211
	中酸性侵入岩	甘 C-2014-253、400； 甘 C-2015-15、16、17、69、106、107、108、123、188、189、190、191、195、196、197、199、200、201、202、203、209、210、220、221、224、228、243、244、251、254、255、256、257、258、259、266、271、272、273、274、275、277、278、280、287、292、293、300、304、305、306、319、320、321、322、323、324、325、327、329、330、331、376、377、378、379、383、385、386、387、388； 甘 C-2016-52、56、57、235、236、237、238、38、42、43、44、46、47、48、79、135、142、143、148、187、302、304、321、322、326、327	92	
	酸性侵入岩	甘 C-2011-1180、1192、1193、1198； 甘 C-2015-10、14、225、253、311、370、371、372、373、374； 甘 C-2016-33、34、35、36、63、70、71、72、73、81、82、83、84、86、89、94、98、99、100、101、222、223、249	37	
碱性花岗岩引起的异常		甘 C-2014-171； 甘 C-2015-236、237、238、252、360、361、362、363； 甘 C-2016-52、56、57、235、236、237、238	16	

续表

成因类型	包括异常	小计
火山岩引起的异常	甘C-2014-370、371、372； 甘C-2015-124、144、145、146、180、181、182、239、240、241、242、245、246、247、248、249、250、260、261、263、264、279、281、282、283、301、303、308、309、310、312、313、314、315、316、317、338、339、340、341、342、343、344、345、346、347、348、349、350、351、352、353、354、355、356、357、358、359、364、365、366、367、368、369、375； 甘C-2016-19、160、161、168、169、184、185、186、211、212、213、214、216、217、218、219、220、221、239、240、241、242、243、252、253、254、256、260、261、262、263、264、265、312	102
变质岩引起的异常	甘C-2011-1188、1156、1162、1171、1177、1189、1191、1196、1197、1203； 甘C-2014-2； 甘C-2015-2、3、4、9、11、12、13、21、24、26、38、41、48、51、52、53、54、55、63、72、76、77、80、81、83、86、87、88、89、90、91、92、93、95、96、119、120、121、122、125、126、129、130、131、133、134、135、138、140、141、142、151、177、204、205、206、207、208、217、218、219、223、230、232、265、267、269、285、381、382； 甘C-2016-7、8、9、10、11、12、13、14、15、16、17、18、28、29、30、37、40、41、45、49、50、51、55、59、60、68、69、75、76、77、78、80、85、87、88、90、91、92、93、95、96、97、102、103、104、105、108、109、110、111、112、113、114、115、116、117、118、119、120、121、122、123、124、125、126、127、128、129、130、131、136、137、138、139、140、145、146、147、150、151、156、158、159、162、170、174、175、176、177、178、189、190、191、192、193、194、195、198、199、215、224、231、232、234、244、245、246、247、248、250、257、258、259、266、267、268、269、277、279、280、281、283、284、285、286、289、290、291、292、293、294、295、296、297、300、303、305、306、307、308、309、310、311、313、314、315、316、317、318、319、323、324、325	234
与蚀变岩有关的异常	甘C-2015-97、98、99、100、101、109、110、111、114、276、284、286、294、295、298、299、302、307、318、328	20
人为干扰异常	甘C-2011-1152； 甘C-2015-1	2
总计		751

注：①表中异常编号省略“甘C-2011-”“甘C-2014-”“甘C-2015-”和“甘C-2016-”；②本项目测区北侧与“甘肃敦煌—玉门地区1∶5万航空物探调查”项目部分重合，重合部分选编异常编号采用该项目所用标号，如“甘C-2011-0011”；③本项目测区东侧与“祁连成矿带西段1∶5万航磁调查”项目部分重合，重合部分选编异常编号采用该项目所用标号，如“甘C-2014-204”。

二、航磁异常找矿意义分类

航空物探异常登记及异常分类，依据最新《航空磁测技术规范》（DZ/T 0142—2010）进行。规范要求：凡经确定的物探、化探异常，无论已达到的工作程度如何，均应综合考虑其地质起因、地质找矿意义和工作（认识）程度，按规定标准分类，并在以后随着工作程度的提高和认识深入，继续考虑类别归属，必要时及时更改。具体分类原则如下：

甲类异常：为矿致异常，分两个亚类：

$甲_1$类异常：已知矿引起，推断还有进一步找矿潜力的异常。

$甲_2$类异常：已知矿引起、推断进一步找矿潜力不大的异常。

乙类异常：推断具有找矿意义的异常，分3个亚类：

$乙_1$类异常：推断矿体引起的异常。

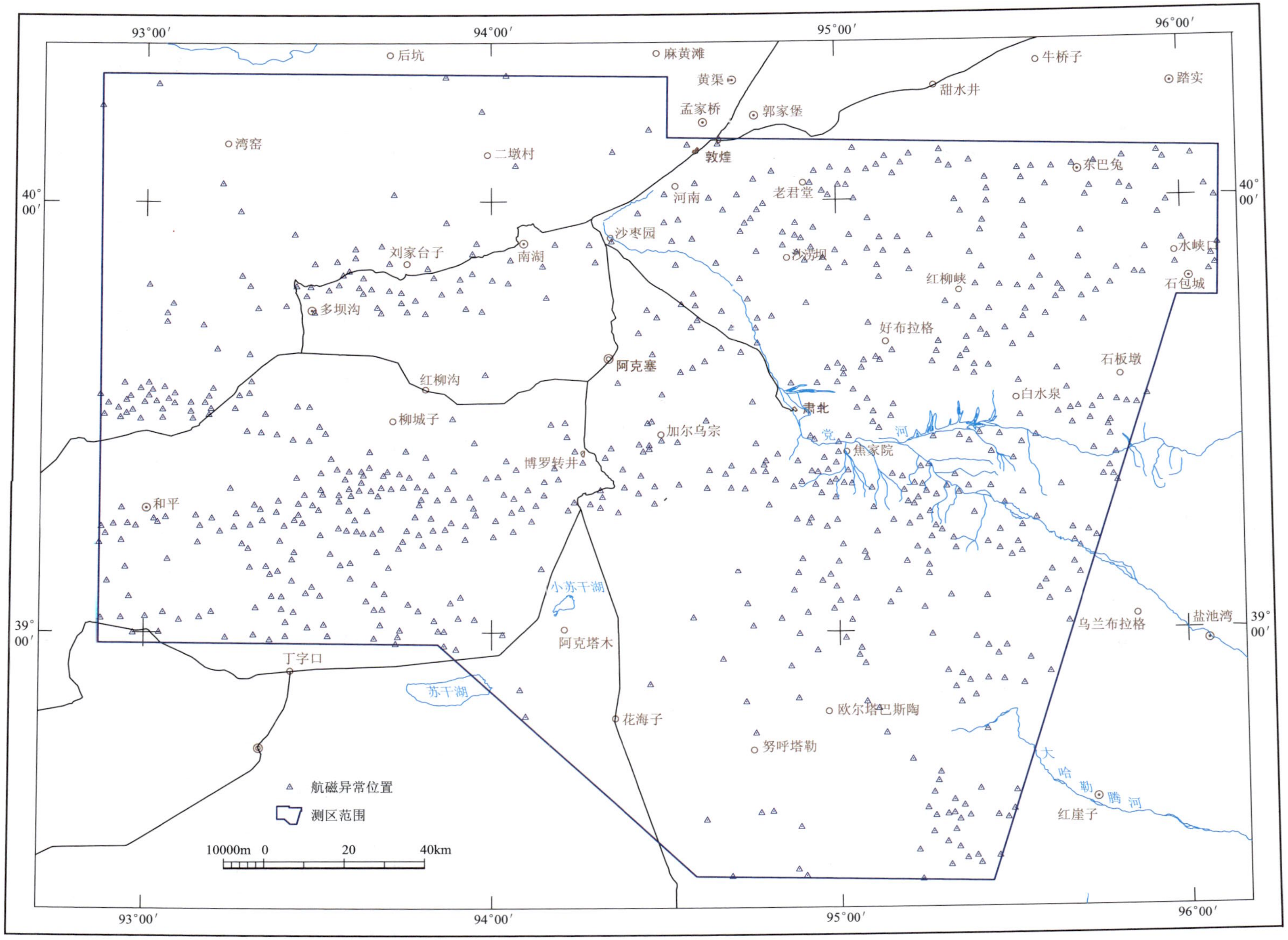

图 6-2　敦煌—阿克塞地区航磁局部异常分布图

乙$_2$ 类异常：推断含矿地质体或地质构造引起的异常。

乙$_3$ 类异常：推断具有找矿意义的地质体或构造引起的异常。

丙类异常：性质不明异常。按目前工作程度和认识水平，无法判明其找矿意义的地质体或地质构造等引起的异常。

丁类异常：按目前工作程度和认识水平，认为不具备找矿意义的岩性引起的异常、地质成因不明的异常。

依据上述异常的分类原则，区内划分甲类异常 24 处，占异常总数的 3.20%，其中甲$_1$ 类异常 18 处，占异常总数的 2.40%，甲$_2$ 类异常 6 处，占异常总数的 0.80%；乙类异常 338 处，占异常总数的 45.01%，其中乙$_1$ 类异常 35 处，占异常总数的 4.66%，乙$_2$ 类异常 137 处，占异常总数的 18.24%，乙$_3$ 类异常 166 处，占异常总数的 22.10%；丙类异常 254 处，占异常总数的 33.82%；丁类异常 135 处，占异常总数的 17.98%。详见表 6-2 和图 6-3。

甲$_1$ 和乙$_1$ 类异常合计 53 处，为目前有进一步找矿意义的异常。

表 6-2　敦煌—阿克塞地区航磁异常级别分类

异常类别		异常名称	小计
甲	甲$_1$	甘 C-2011-0041、1178、1185； 甘 C-2014-204； 甘 C-2015-18、70、113、144、165、166、179、289； 甘 C-2016-157、188、210、226、227、228	18
	甲$_2$	甘 C-2015-5、6、184、186、194； 甘 C-2016-197	6
乙	乙$_1$	甘 C-2011-0011、1159、1164、1170； 甘 C-2015-19、20、37、39、112、143、167、168、174、175、176、178、183、185、187、193、198、213、290； 甘 C-2016-165、166、172、196、208、209、225、229、230、251、255、287	35
	乙$_2$	甘 C-2011-1201； 甘 C-2014-35、39、171、253； 甘 C-2015-10、11、28、45、46、49、56、57、58、59、62、65、66、73、82、94、97、98、99、100、101、102、105、109、110、111、114、115、122、141、145、150、156、160、180、181、189、190、191、192、212、214、220、236、237、238、252、253、254、255、260、265、268、270、271、277、279、280、281、282、283、288、291、292、293、311、318、323、325； 甘 C-2016-39、64、85、106、111、112、113、114、115、116、121、124、125、126、127、128、129、130、132、133、141、147、148、149、153、155、163、164、171、173、174、175、176、177、179、180、181、182、183、189、190、191、192、193、194、198、199、200、202、204、207、216、217、218、219、233、239、241、276、278、282、301、320	137
	乙$_3$	甘 C-2011-1191、1192、1193、1194、1196、1198； 甘 C-2014-37、132； 甘 C-2015-27、29、31、40、50、60、61、64、67、68、71、74、75、76、78、79、84、85、103、104、106、107、108、116、117、118、119、120、121、123、124、127、128、132、137、140、142、146、148、149、152、153、154、155、157、158、159、164、169、170、171、172、207、211、222、226、227、231、262、272、276、294、295、298、299、300、302、304、305、306、307、310、319、321、322、329、330、331、332、335； 甘 C-2016-18、21、22、23、33、34、35、36、42、43、47、48、52、53、54、57、61、62、63、66、67、70、71、72、73、74、79、80、81、82、84、86、90、91、94、98、99、100、101、105、107、108、109、110、118、156、184、185、186、201、203、212、213、214、220、221、222、235、236、237、238、249、254、256、261、263、264、265、271、272、274、275、290、300、302、304、321、327	166

续表

异常类别	异常名称	小计
丙	甘C-2011-1156、1162、1171、1177、1180、1188、1189、1197、1203； 甘C-2014-2、400； 甘C-2015-2、3、4、7、8、9、14、15、16、17、21、22、23、24、25、26、30、32、33、34、35、36、38、41、42、43、44、47、48、51、52、53、54、63、72、77、80、81、83、86、87、88、89、90、91、92、93、95、96、125、126、129、130、131、133、134、135、136、138、139、147、151、161、162、163、173、177、182、188、195、196、197、199、200、201、202、203、204、205、206、208、209、210、215、216、217、218、219、221、223、224、225、228、229、230、232、233、234、235、239、240、243、244、251、256、257、258、259、266、267、269、273、274、275、278、284、285、286、287、296、297、320、324、326、360、361、362、363、370、371、372、373、374、376、377、378、379、380、381、382、383、384、385、386、387、388； 甘C-2016-1、2、3、4、5、6、7、8、9、10、11、12、13、14、15、16、17、19、20、24、25、26、27、28、29、30、31、32、37、38、44、46、55、56、58、59、60、65、68、69、78、83、89、92、93、95、96、97、102、103、104、122、131、134、135、136、142、143、144、145、146、152、154、161、162、167、170、205、206、244、253、270、273、280、281、285、286、288、291、292、294、298、299、306、307、312、314、315、316、317、318、319、322、323、324、325、326	254
丁	甘C-2011-1152； 甘C-2014-370、371、372； 甘C-2015-1、12、13、55、69、241、242、245、246、247、248、249、250、261、263、264、301、303、308、309、312、313、314、315、316、317、327、328、333、334、336、337、338、339、340、341、342、343、344、345、346、347、348、349、350、351、352、353、354、355、356、357、358、359、364、365、366、367、368、369、375； 甘C-2016-40、41、45、49、50、51、75、76、77、87、88、117、119、120、123、137、138、139、140、150、151、158、159、160、168、169、178、187、195、211、215、223、224、231、232、234、240、242、243、245、246、247、248、250、252、257、258、259、260、262、266、267、268、269、277、279、283、284、289、293、295、296、297、303、305、308、309、310、311、313	135
总计		751

注：①表中异常编号省略“甘C-2011-”“甘C-2014-”“甘C-2015-”和“甘C-2016-”；②本项目测区北侧与“甘肃敦煌—玉门地区1：5万航空物探调查”项目部分重合，重合部分选编异常编号采用该项目所用标号，如“甘C-2011-0011”；③本项目测区东侧与“祁连成矿带西段1：5万航磁调查”项目部分重合，重合部分选编异常编号采用该项目所用标号，如“甘C-2014-204”。

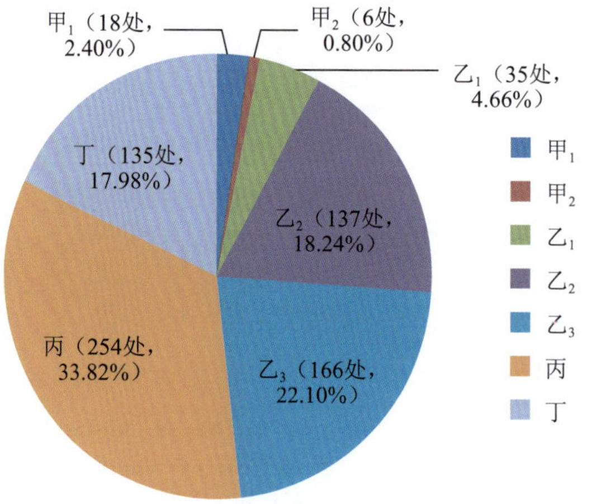

图6-3　研究区异常找矿意义分类结果统计示意图

第三节　航磁异常分析解释

结合野外岩（矿）石物性测定、局部异常地面查证、实地踏勘及正反演拟合计算等结果，参考以往地质矿产、物化遥成果，采用多源信息相结合类比分析方法，对测区 751 处航磁异常逐一进行定性解释，部分覆盖区内的异常进行了切线法计算和 2.5D、3D 反演计算。

下面按异常的地质成因分类，选择工作区内各类异常中具有代表性、特别是具有直接和间接找矿意义以及解决实际地质问题的异常或异常区分述如下。

一、已知矿异常

测区跨越塔里木板块和柴达木-祁连板块，前寒武纪变质地层出露广泛，构造岩浆发育，与深大断裂和老变质岩等有关的铁、铬、镍、铜、铅、锌、金、稀有金属矿产丰富。其中，与航磁异常有直接和间接关系的金属矿产地较多，综合分析有下面几种类型：

1）与超基性岩有关的铬铁矿和铜镍矿产：该类矿产主要产于党河南山-拉脊山蛇绿混杂岩带内，典型矿床有大道尔基铬铁矿（大中型）、付家沟脑铜镍矿点、拉排沟铜矿点、拉排沟西南铜矿点。

2）沉积变质型铁矿：该类矿产主要分布在新太古界—古元古界敦煌岩群、中元古界蓟县系花儿地组地层区内，典型矿床有大水峡铁矿（中型）和德勒诺尔铁矿（中型）。

3）矽卡岩型铁、铅锌、金矿：分布在鹰嘴山一带北西向褶皱构造带上，典型矿床有掉石沟铁、铅锌矿（中型）等。

4）与中酸性岩体有关的铜矿：分布在全吉地块一步沟-多罗尔什弧形构造带内，典型矿床有与化石沟中酸性岩体有关的化石沟铜矿（小型）。

5）与火山岩地层有关的铌钽、铁、金、铅锌多金属矿产，典型矿床有余石山铌钽矿（大型）、当金山口南西铜矿点、当金山口南西铁矿点、当金山口南金矿点、当金山口东铜矿化点等。

（一）大道尔基铬铁矿（甘 C-2015-289、甘 C-2014-204）

大道尔基铬铁矿位于肃北县东南 86km 处的大道尔基，对应于航磁异常甘 C-2015-289 和甘 C-2014-204 异常区（图 6-4）。

大道尔吉铬铁矿床产于大道尔基超基性岩体内，含矿岩体呈透镜状岩墙沿党河（沙拉果河）大断裂北侧之次级断裂带分布。铬铁矿体全部赋存于岩体的纯橄岩相带内。矿体多位于含矿岩相带膨大和转弯部位，以及岩相带近尖灭端。矿体成带成群分布，分南、北两个矿带，10 个矿群，共计 371 个矿体。矿体形态复杂，总体呈透镜状、囊团状、毛条状及不规则枝杈状。大道尔基铬铁矿床属于超基性岩浆晚期岩浆熔离型铬铁矿床。

甘 C-2015-289 异常航磁 ΔT 剖面平面图上表现为尖峰状强磁异常，北侧伴生负值，ΔT 曲线两翼基本对称，3 条测线反映明显，幅值为 2060nT，梯度约 1800nT/km，航磁 ΔT 等值线平面图上表现为椭圆状异常，范围 1.8km×1.3km，飞行高度 82m。

甘 C-2014-204 异常位于测区东部边界，异常东部延伸到测区以外，航磁 ΔT 剖面平面图上表现为尖峰状强磁异常，北侧伴生负值，ΔT 曲线两翼基本对称，5 条测线反映明显，幅值为 3672nT，梯度约 3620nT/km，航磁 ΔT 等值线平面图上表现为椭圆状异常，范围 2.4km×1.4km，飞行高度 104m。

实测物性：铬铁矿石和超基性岩都具有强磁性，一般在 5000×10^{-5}～12000×10^{-5}SI 之间，最大达 18426×10^{-5}SI，其他中酸性岩石磁性较弱（表 6-3）。超基性岩体和铬铁矿是引起异常的地质因素。

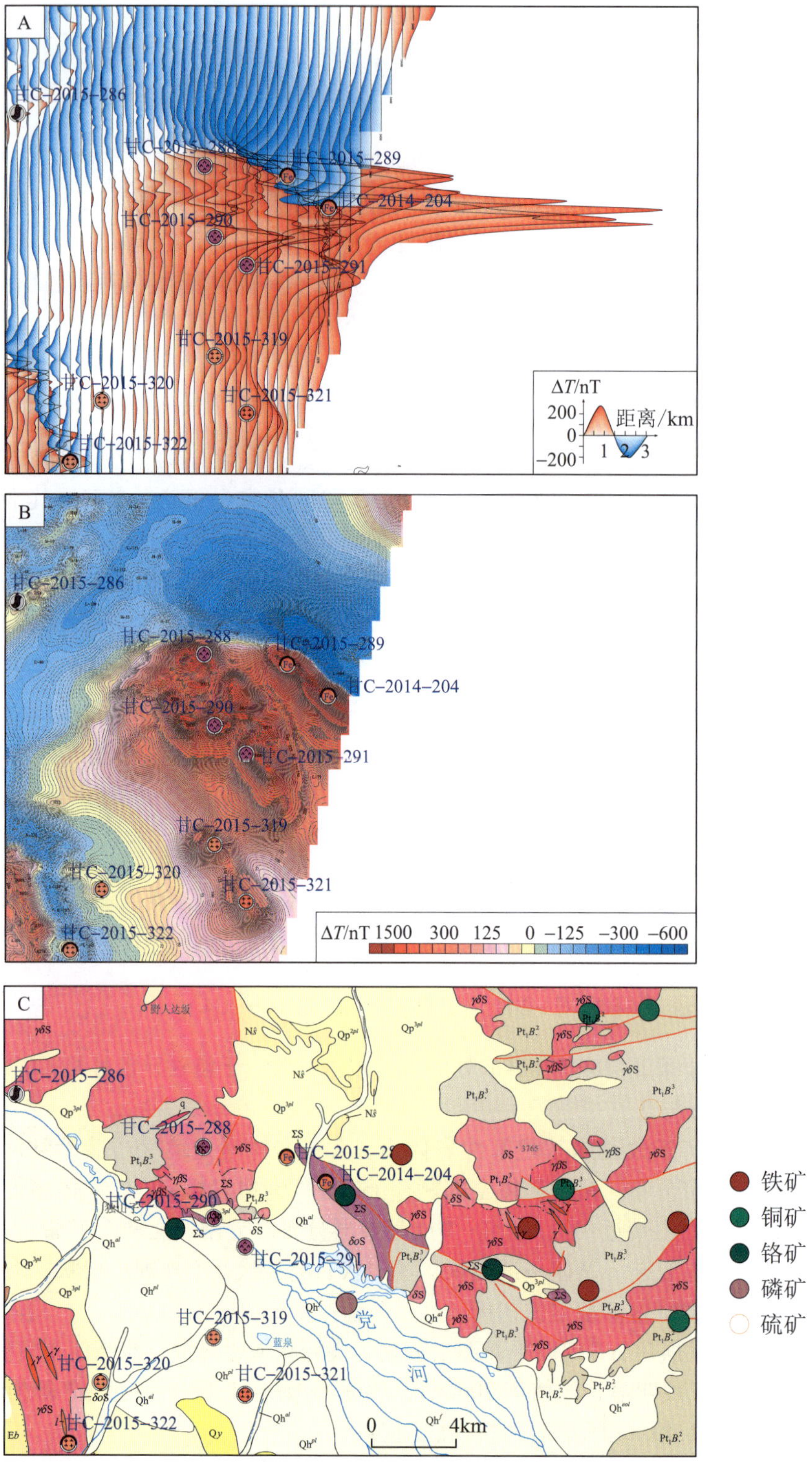

图 6-4　大道尔基铬铁矿航磁、地质特征

A—航磁 ΔT 剖面平面图；B—航磁 ΔT 等值线平面图；C—1∶25 万地质矿产图。

1∶25 万地质矿产图图例：Pt_1B^2—北大河岩群二岩组：白云石英片岩、含矽线二云石英片岩；Pt_1B^3—北大河岩群三岩组：白云石大理岩、硅质大理岩；Eb—古近系白杨河组；N$\check{s}$—新近系上新统疏勒河组；Qy—第四系玉门组；Qp^{2pl}—中更新统洪积物；Qp^{3pl}—上更新统洪积物；Qh^{eol}—全新统风积物；Qh^{f}—全新统沼泽堆积物；Qh^{al}—全新统冲积物；Qh^{pl}—全新统洪积物；ΣS—志留纪辉石橄榄岩；δS—志留纪闪长岩；δoS—志留纪石英闪长岩；$\gamma\delta$S—志留纪花岗闪长岩；$\gamma\beta$S—志留纪黑云母花岗岩；γ—花岗岩脉；q—石英脉；l—细晶岩脉

表 6-3　甘 C-2015-289、甘 C-2014-204 航磁异常磁化率统计

岩性	样品块数	最大值	最小值	算术平均值	常见值
大道尔基铬铁矿	33	17301	3420	8674	6000～12000
大道尔基铬铁矿 577 主井	30	12127	3519	5846	6000～8000
超基性岩	30	18426	1439	7551	4600～9000
志留纪花岗闪长岩	30	71	36	62	30～70

注：测定参数为磁化率（10^{-5}SI）；测量仪器为 ZH1 磁化率仪。

大道尔基超基性岩体周围，异常特征与甘 C-2014-204、甘 C-2015-289 相似的局部异常还有甘 C-2015-288、甘 C-2015-290、甘 C-2015-291 等，异常强度不及大道尔基异常，推测为隐伏超基性岩体引起，具有进一步寻找铬铁矿产的潜力。

（二）付家沟脑铜镍矿点（甘 C-2015-186）

异常位于肃北县西南 12km 处的付家沟地区，对应于航磁异常甘 C-2015-186。该区集中分布了大量同类型矿点、矿化点。

铜镍矿体产于超基性岩底部的蛇纹岩相带中。超基性岩呈脉状产出，其形成和分布受北西西向压扭性断裂所控制。矿化极不均匀，仅在岩脉宽、分异好的地段才见有星散状镍黄铁矿、磁黄铁矿、黄铁矿等分布，矿化与蛇纹岩界线不清，为渐变过渡关系。矿化体长 1～5m，宽 1～2m，经化学分析，镍含量一般为 0. 2%～0. 3%，铜含量为 0. 05%～0. 2%。矿床成因为岩浆熔离矿床。

在 1∶5 万航磁 ΔT 磁场图中，付家沟脑铜镍矿点对应甘 C-2015-186 异常。异常为正负磁场交界部位的一处正磁异常，航磁 ΔT 剖面平面图上表现为尖峰状，两翼基本对称，北侧伴生负值，十余条测线反映明显，幅值 808nT。航磁 ΔT 等值线平面图上表现为串珠状异常条带，有多个高值点，范围 5. 5km×2. 4km，飞行高度 152m（图 6-5）。

实测物性：蛇纹石化橄榄岩在异常区磁性最强（表 6-4），异常由超基性岩体引起，另外安山质凝灰岩个别岩石磁性较强，对异常也有一定贡献。

表 6-4　甘 C-2015-186 异常区物性测定结果

岩性	平均值	变化范围	样品块数
蛇纹石化橄榄岩	1409. 20	230. 33～3243. 33	30
片岩	4. 55	0. 70～12. 6	30
安山质凝灰岩	526. 88	3. 3～6446. 67	30
灰岩	11. 50	0. 67～35. 77	30
变砂岩	39. 14	16. 90～83. 03	30
砂岩	24. 90	1. 87～67. 5	30

注：测定参数为磁化率（10^{-5}SI）；测量仪器为 SM-30 磁化率仪。

甘 C-2015-185、甘 C-2015-187 与甘 C-2015-186 处于同一异常带中，推断由铜镍矿引起，其中引起甘 C-2015-185 异常的磁性体埋深 60m 左右（图 6-6）。异常带南部还有甘 C-2015-192、甘 C-2015-193、甘 C-2015-198 等异常，其所处地质环境也十分相似，推测由超基性岩引起，有寻找与超基性岩有关的铜镍矿产的找矿潜力。

（三）余石山铌钽矿（甘 C-2016-188）

余石山铌钽矿对应于甘 C-2016-188 异常，位于甘肃省阿克塞哈萨克族自治县约 238°方向 106km 处。余石山铌钽矿是在阿尔金山中段火山变质地层熬油沟组内发现的。该矿种勘查发现属于该地区首次发现，具有宏观影响，找矿潜力巨大，特别是含矿岩石具有强磁性，利用航磁测量成果

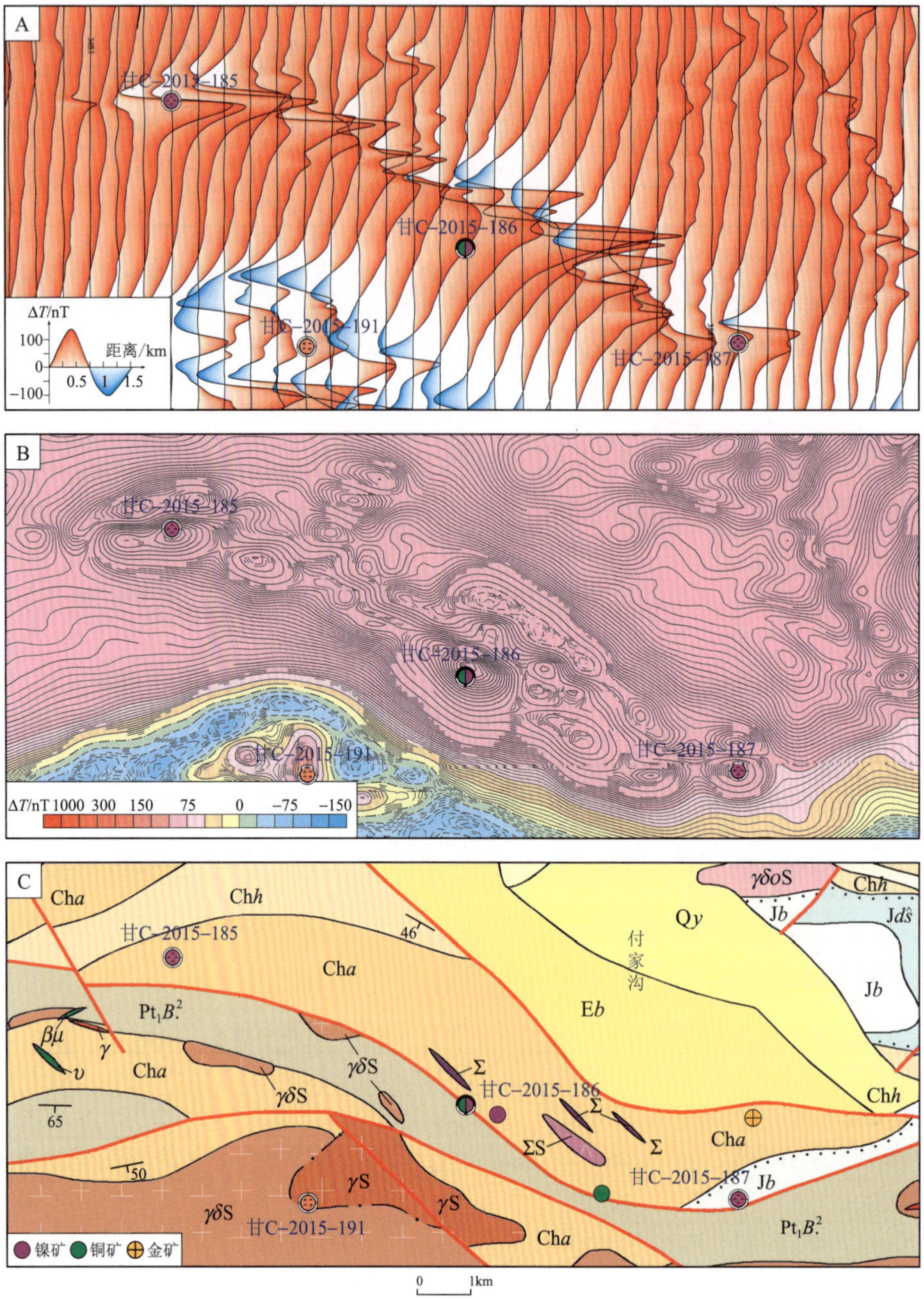

图 6-5　付家沟脑铜镍矿航磁、地质特征

A—航磁 ΔT 剖面平面图；B—航磁 ΔT 等值线平面图；C—1∶25 万地质矿产图。

1∶25 万地质矿产图图例：Pt_1B^2—北大河岩群二岩组：白云石英片岩、含二云石英片岩；Cha—熬油沟组：安山质-玄武质熔岩—玄武质火山碎屑岩组合；Chh—长城系桦树沟组：酸性凝灰岩、安山质凝灰熔岩；Jdŝ—侏罗系大山口组；Jb—侏罗系博罗组；Eb—古近系白杨河组；Qy—第四系玉门组；ΣS—志留纪辉石橄榄岩；γδoS—志留纪英云闪长岩；γδS—志留纪花岗闪长岩；γS—志留纪花岗岩；βμ—辉绿岩脉、辉绿玢岩脉；Σ—超基性岩脉；γ—花岗岩脉；υ—辉长辉绿岩脉

找矿具有重要意义。

余石山铌钽矿位于长城系熬油沟组（Cha）分布区内，岩石组合为安山质-玄武质熔岩—玄武质火山岩碎屑岩组合。目前发现南、北两个矿带，已控制长度 6km 以上，受区域断裂带控制，总体走向 260°～300°，赋矿地层均为北倾。其中，南矿带紧邻断裂带，展布完全受北西西—东西—北北东向舒缓波状区域断裂带控制，断裂带内大多为碎裂岩化大理岩。矿体呈似层状或呈长透镜状平行分布，与其顶、底板围岩及断裂构造展布近于一致。矿石自然类型有角闪二长变粒岩、角闪斜长

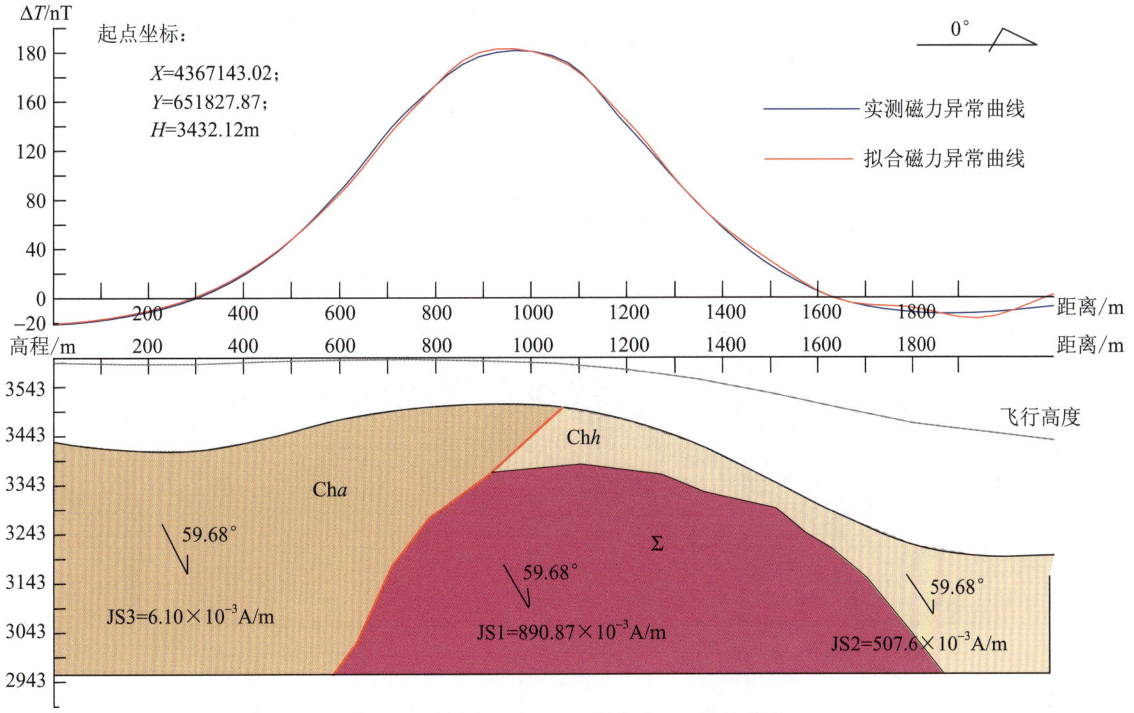

图 6-6　甘 C-2015-185 异常 2.5D 反演拟合

Cha—长城系熬油沟组；Chh—长城系桦树沟组；Σ—超基性岩；JS1＝890.87×10^{-3}A/m—反演地质体编号及磁化强度

变粒岩、二长岩、正长岩、碎裂状角闪二长变粒岩、角闪斜长变粒岩等。矿化与蚀变关系密切，矿体的顶、底板多为蛇纹石化大理岩，围岩主要与矿有关的蚀变为钾化、云英岩化、钠长石化。北矿带离区域断裂带稍远，分布特征与南矿带相似。

矿床正在勘探中，地表控制长度 6km，已圈定 5 个矿体，初步估算 Nb_2O_5 资源量 20×10^4t，已达大型。伴生 ZrO_2、HfO_2 及稀土氧化物（REO）。矿床有进一步找矿潜力，正在施工中的一号矿体，$(Nb,Ta)_2O_5$ 平均品位为 0.016%，ZK701 已控制深度 180m，仍未见底，深部延伸稳定，铌钽品位有增高趋势。

现正在开展“余石山铌钽多金属矿普查”项目，其普查范围与甘 C-2016-188 磁异常带西段的位置基本套合。航磁 ΔT 剖面平面图上，表现为叠加升高异常，在多条测线上反映明显，曲线呈锯齿状形成多个峰值，北侧伴生有负值，最大幅值为 1754nT。航磁 ΔT 等值线平面图上，异常位于正负变化磁场中剧烈升高强磁异常带上，呈北东向延伸，范围 5620m×1200m，西部范围大，磁场值强、梯度大，向北东尖灭（图 6-7）。

异常三级查证 3 条高精度地磁剖面：Ⅰ、Ⅱ、Ⅲ剖面分别在 154～172 点、128～148 点、144～162 点出现异常，强度分别为 2636nT、1997nT、1835nT，与 1∶1 万矿区地质资料对应分析，异常区与矿带分布区对应（图 6-8）。

异常查证实测物性，变粒岩具有较大磁性（表 6-5），磁化率最大值为 2200×10^{-5}SI。

表 6-5　甘 C-2016-188 异常磁化率统计

岩性	样品块数	最大值	最小值	算术平均值	几何平均值
变粒岩	42	2200	185	466	372
砂岩	30	170	5	48	35
砂质板岩	30	52	11	24	23
花岗岩脉	6	23	6	14	12

注：测定参数为磁化率（10^{-5}SI）；测量仪器为 SM-30 磁化率仪。

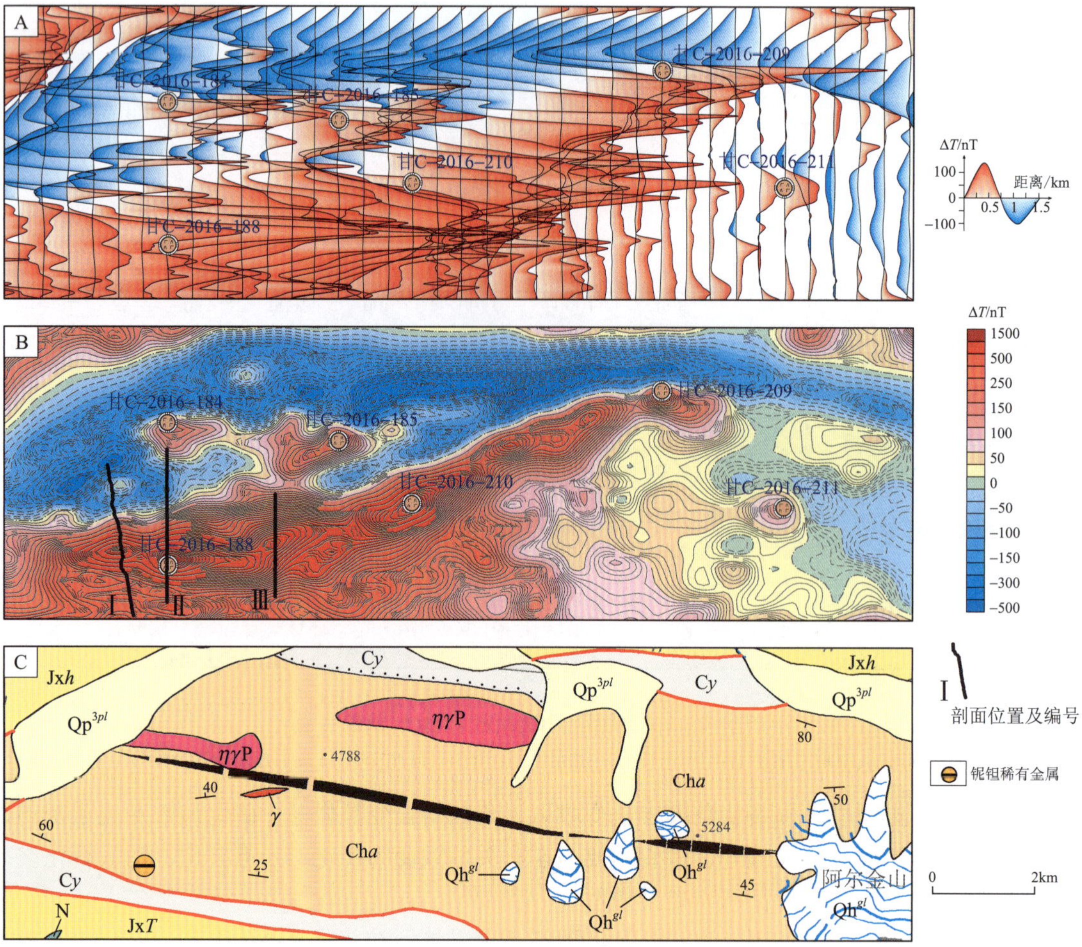

图 6-7　甘 C-2016-188 异常综合剖析图

A—航磁 ΔT 剖面平面图；B—航磁 ΔT 等值线平面图；C—1∶25 万地质矿产图。

1∶25 万地质矿产图图例：Cha—长城系熬油沟组：安山质-玄武质熔岩—玄武质火山碎屑岩组合；Jxh—蓟县系花儿地组：青灰色白云岩，灰色含硅质白云岩、含燧石结核白云岩；JxT—蓟县系塔昔达坂群：灰色结晶灰岩、白云质灰岩、砂岩、长石砂岩、泥岩；Cy—石炭系羊虎沟组：灰黑色炭质页岩、砂岩、生物灰岩，灰绿色含砾砂岩及石英砂岩，夹煤层；Qp^{3pl}—上更新统洪积物；Qh^{gl}—全新统现代冰川；ηγP—二叠纪二长花岗岩；γ—花岗岩脉；N—基性岩脉

据贾志磊 2016 年研究，余石山变粒岩的原岩为碱性的中酸性岩浆岩（如正长岩类）。根据岩浆成矿理论，碱性的中酸性岩富含 Nb、Ta、Zr、Ti、Y 等稀有元素，在变质过程中，这些高场强元素不活泼，相对稳定，在合适条件下富集成矿。这就解释了熬油沟组火山岩地层中铌钽成矿的物质来源问题。

根据地面高精度磁测剖面数据，以实测物性数据为参考，计算矿体埋深及产状，目前钻孔控制深度是 180m，反演计算顺层向下还能延伸 200m（图 6-9）。

余石山铌钽矿分布于熬油沟组区内，含矿岩石变粒岩具有强磁性，与航磁甘 C-2016-188、甘 C-2016-210 对应，同一层位有相似特征的异常还有甘 C-2016-216、甘 C-2016-217、甘 C-2016-218、甘 C-2016-219、甘 C-2016-238、甘 C-2016-237、甘 C-2016-240、甘 C-2016-241、甘 C-2016-235、甘 C-2016-254 等，都有同样找矿潜力。该区内铌钽矿的发现以及和航磁异常的关系，对利用航磁调查成果寻找铌钽稀有金属矿产具有重要意义。

（四）掉石沟铅锌矿（甘 C-2015-113）

掉石沟铅锌矿对应于甘 C-2015-113 异常，位于鹰嘴山西洞沟大坂以东。

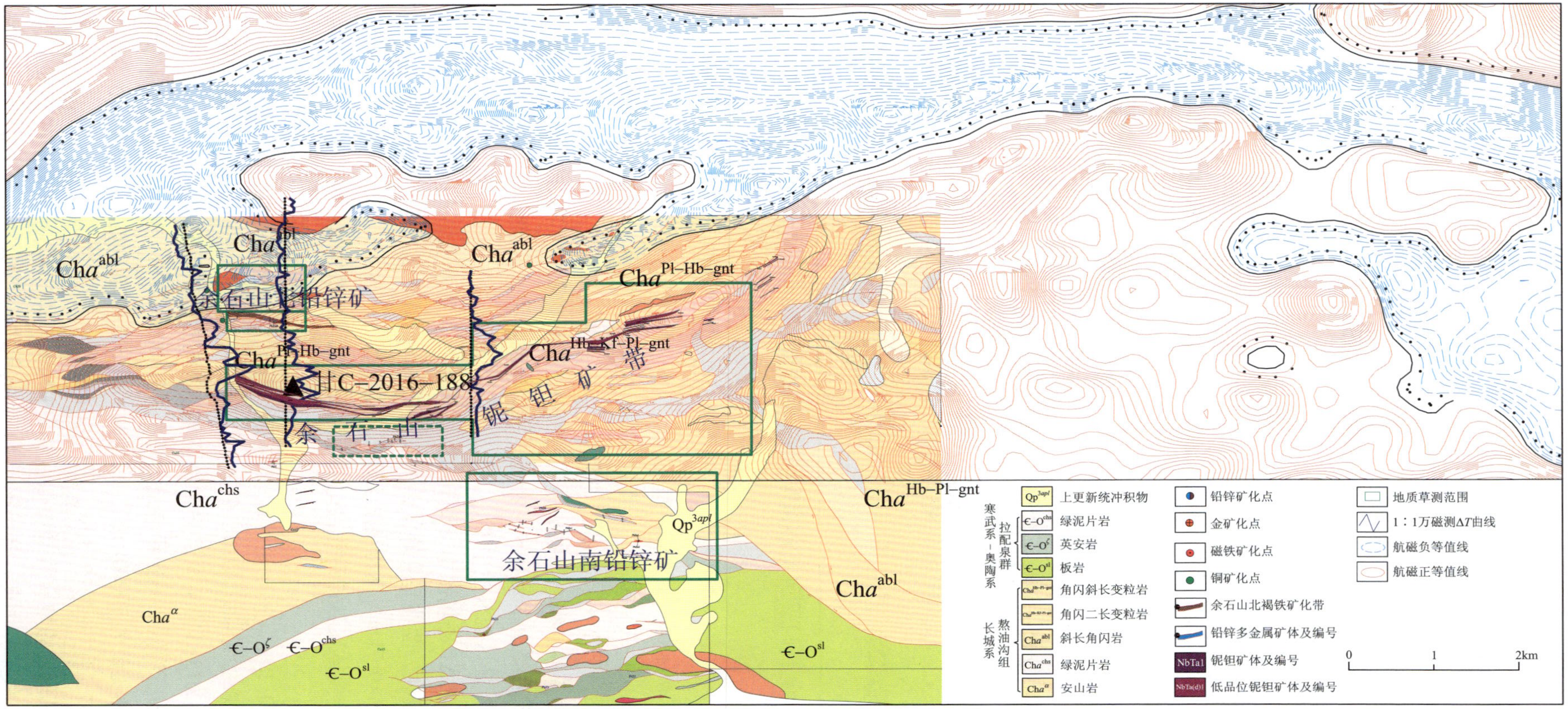

图 6-8　余石山铌钽矿与航磁地磁对应关系

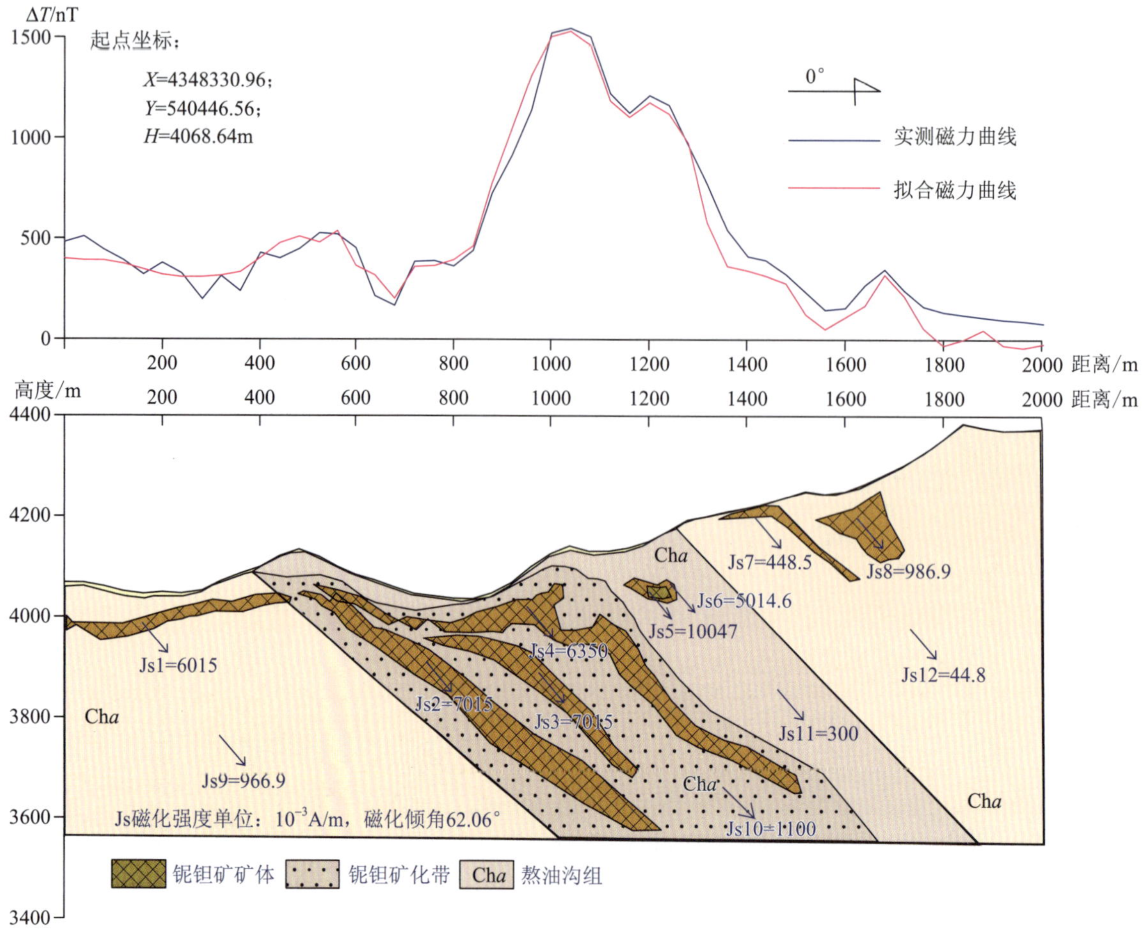

图 6-9　余石山铌钽矿地面高精度磁测反演计算图

掉石沟铅锌矿矿床赋存于敦煌岩群二岩组（$Ar_3\text{-}Pt_1D.^2$）的大理岩、石榴石透辉石矽卡岩及石墨斜长变粒岩、蚀变碎裂岩中。矿化带呈东西向展布，长约 4km，宽 10~200m，自西向东可划为 3 个矿段，共发现铅锌矿体 43 个，其中西矿段 7 个、中矿段 36 个，东矿段未发现工业矿体。主矿段钻孔验证深部有盲矿体。矿石矿物成分较为简单，矿石矿物主要有方铅矿、闪锌矿、磁铁矿、磁黄铁矿、黄铁矿。矿石类型主要有矽卡岩型、蚀变碎裂岩型、石英脉型、石墨斜长变粒岩型，有用组分主要为 Pb、Zn。矿床规模达中型，属于受变质沉积叠加改造层控矽卡岩型。

在 1∶5 万航磁 ΔT 磁场图中（图 6-10），异常为负背景场中升高正异常带。航磁 ΔT 剖面平面图上多条测线有反映，曲线呈尖峰状，幅值为 280nT。航磁 ΔT 等值线平面图上呈带状，有多个高值点，范围 6. 5km×0. 7km，飞行高度 157m。

红柳峡复向斜整体富含铁铅锌含矿层，掉石沟铅锌矿西侧有红柳沟铁铅锌矿，圈定铅锌矿化体 2 条。1 号矿化体长 30m，宽 4m，Pb 品位 0. 19%，Zn 品位 0. 26%；2 号矿化体长 24m，Pb 品位 0. 18%，Zn 品位 0. 28%。圈定磁铁矿体 24 条，其中 5 条为主矿体，走向北西西向，长 33~325m，矿体平均品位为 20. 02%~37. 37%，铁矿石资源量为 143.37×10^4t（刘百成等，2013）。对应甘 C-2015-109、甘 C-2015-110 异常，异常特征与掉石沟铅锌矿甘 C-2015-113 异常相似。

实测物性：掉石沟铁矿石磁化率最大值为 161000×10^{-5}SI，最小值为 26852×10^{-5}SI，平均值为 111715×10^{-5}SI，常见值为 90000×10^{-5}~120000×10^{-5}SI。矿石磁性极强，足以引起磁异常。

甘 C-2015-97、甘 C-2015-109、甘 C-2015-110、甘 C-2015-111、甘 C-2015-112 组成北西西向带状异常，其所处的地质背景相似，其中甘 C-2015-112 异常在本次查证工作中已发现铁矿带，提供较好找矿线索。因此，推测该类 11 个异常甘 C-2015-97、甘 C-2015-109、甘 C-2015-

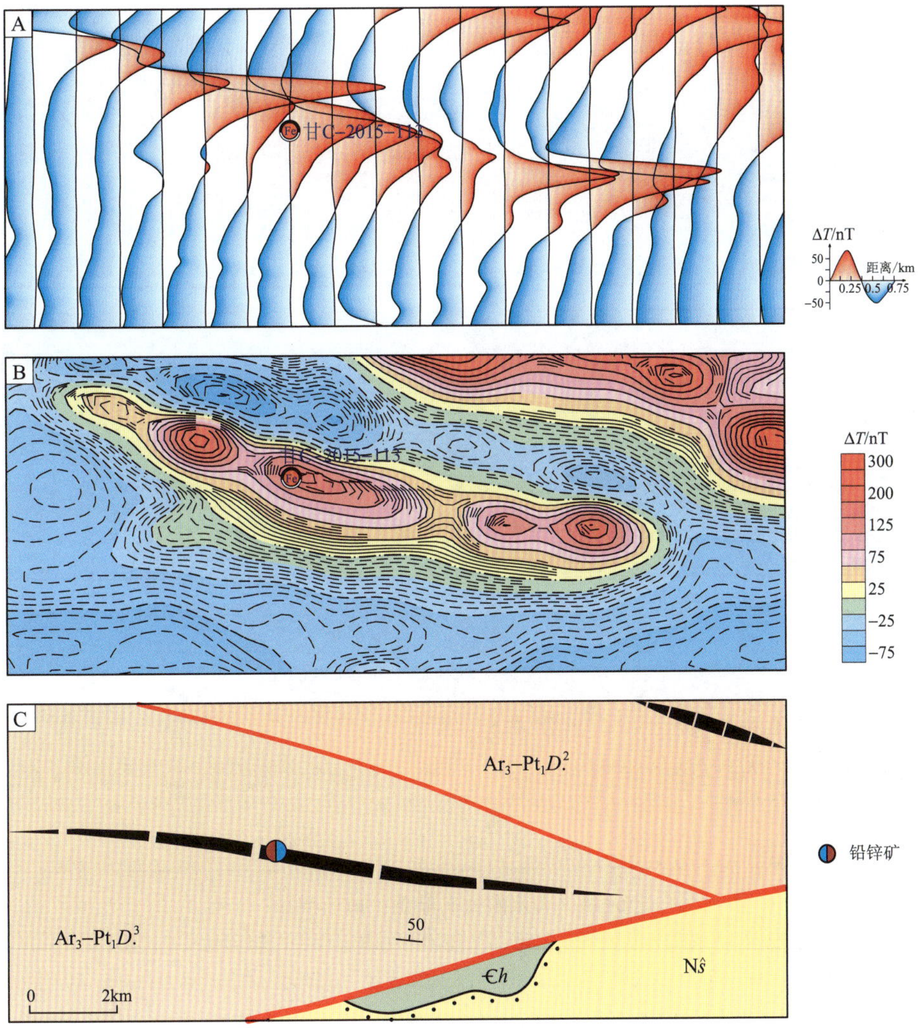

图 6-10　掉石沟铅锌矿航磁、地质特征

A—航磁 ΔT 剖面平面图；B—航磁 ΔT 等值线平面图；C—1∶25 万地质矿产图。

1∶25 万地质矿产图图例：$Ar_3-Pt_1D^2$—敦煌岩群二岩组：白云质大理岩、含榴黑云斜长片麻岩夹斜长角闪片岩、混合岩；$Ar_3-Pt_1D^3$—敦煌岩群三岩组：黑云斜长片麻岩、含榴黑云斜长片麻岩夹斜长角闪岩、混合岩；Є*h*—寒武系黑茨沟组：板岩、石英砂岩、微晶灰岩，下部夹灰绿色玄武岩、安山岩、中酸性凝灰岩；Nŝ—新近系疏勒河组

110、甘 C-2015-111、甘 C-2015-112、甘 C-2015-100、甘 C-2015-114、甘 C-2015-98、甘 C-2015-99、甘 C-2015-100、甘 C-2015-101 有同样寻找矽卡岩型铁、铅锌矿产的潜力。

（五）大水峡铁矿（甘 C-2015-18、甘 C-2011-0041、甘 C-2011-1185、甘 C-2011-1178）

大水峡铁矿对应航磁甘 C-2015-18、甘 C-2011-0041、甘 C-2011-1185、甘 C-2011-1178 异常，异常位于测区东北部边缘，瓜州县锁阳镇东巴兔村一带（图 6-11）。

大水峡铁矿赋矿围岩为新太古界—古元古界敦煌岩群三岩组（$Ar_3-Pt_1D^3$），岩性主要为黑云斜长片麻岩、混合质角闪黑云斜长片麻岩夹斜长角闪岩、混合岩。区内含铁片麻岩构成的含铁矿层断续长 15km，总体走向近东西向，倾向北—北北东向。目前发现铁矿体 7 条，其中主矿体 2 条。主矿体长 600m，宽 150m，延伸 500m。矿体形态比较复杂，以透镜状、鸡窝状产出。矿石矿物主要为磁铁矿，脉石矿物有石英、碧玉、碳酸盐类矿物。矿石中 TFe 平均品位为 21.61%。矿床为沉积变质型铁矿，达到大型规模。

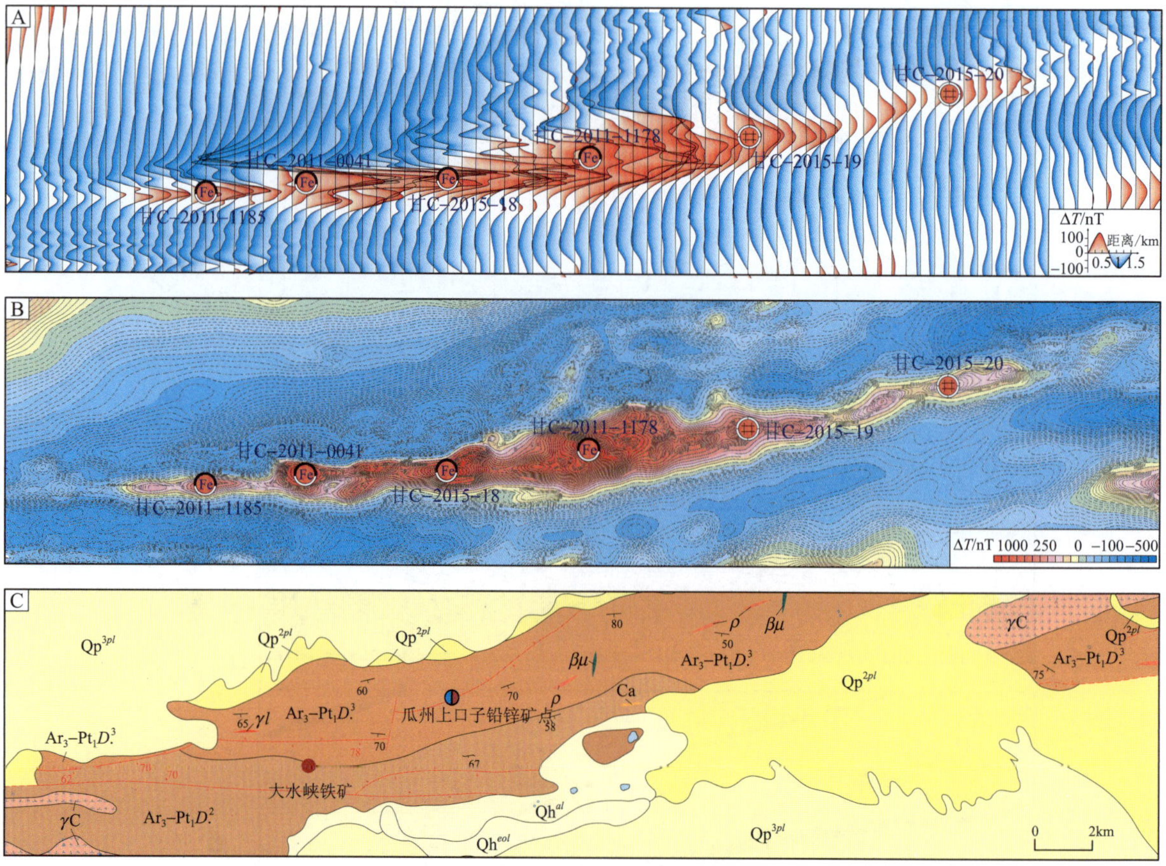

图 6-11　大水峡铁矿航磁、地质特征

A—航磁 ΔT 剖面平面图；B—航磁 ΔT 等值线平面图；C—1：25 万地质矿产图。

1：25 万地质矿产图图例：Ar_3-$Pt_1D_t^2$—敦煌岩群二岩组：白云质大理岩、含榴黑云斜长片麻岩夹斜长角闪片岩、混合岩；Ar_3-$Pt_1D_t^3$—敦煌岩群三岩组：黑云斜长片麻岩、斜长角闪岩、混合岩；Qp^{2pl}—中更新统洪积物；Qp^{3pl}—上更新统洪积物；Qh^{al}—全新统冲积物；Qh^{eol}—全新统风积物；γC—石炭纪花岗岩；ρ—伟晶岩脉；$\beta\mu$—辉绿岩脉；γl—花岗细晶岩脉；Ca—方解石脉

航磁图上，上述异常为低缓负背景场中呈近东西向延伸的局部升高带状正异常，异常幅值在 470～1892nT 之间，异常中心飞行高度在 72～91m 之间。其中：

甘 C-2015-18 异常中心点坐标为 95°37′43″E，40°04′14″N。航磁 ΔT 剖面平面图上呈尖峰状，7 条测线有反映，异常幅度约 1160nT。航磁 ΔT 等值线平面图上呈椭圆形，有两个高值点，范围 3.3km×1.2km，飞行高度 88m。

甘 C-2011-0041 异常中心点坐标为 95°34′12″E，40°04′14″N。航磁 ΔT 剖面平面图上呈尖峰状，10 条测线有反映，部分测线显示双峰状，北侧伴生负值，异常幅度约 1892nT。航磁 ΔT 等值线平面图上呈椭圆形，有多个异常高值点，正异常强度达 1190nT，负异常强度为 702nT，范围 4.6km×1.8km，飞行高度 72m。

甘 C-2011-1185 异常中心点坐标为 95°31′45″E，40°04′06″N。航磁 ΔT 剖面平面图上呈尖峰状，11 条测线有反映，异常幅度约 470nT。航磁 ΔT 等值线平面图上呈串珠状，范围 5.1km×0.7km，飞行高度 91m。

甘 C-2011-1178 异常中心点坐标为 95°41′16″E，40°04′33″N。航磁 ΔT 剖面平面图上呈尖峰状，15 条测线有反映，异常幅度约 860nT。航磁 ΔT 等值线平面图上呈椭圆形，范围 7.3km×2.2km，飞行高度 88m。

实测物性：铁矿石磁化率一般为几万至十几万个单位，呈强磁性，是引起磁异常的地质因素（表6-6）。

表6-6　大水峡铁矿区岩石磁化率统计

岩性	样品块数	最大值	最小值	平均值	常见值
大水峡铁矿石	30	103124	10314	39690	10000~50000
敦煌岩群大理岩	30	8	2	5	0~8
钾长花岗岩	30	153	15	54	40~100
敦煌岩群花岗片麻岩	30	133	28	78	50~80

注：测定参数为磁化率（10^{-5}SI）；测量仪器为ZH1磁化率仪。

异常带继续向东部延伸，有进一步找矿潜力，具体异常编号为甘C-2015-19、甘C-2015-29、甘C-2011-1159、甘C-2011-1170、甘C-2011-1164等。

（六）德勒诺尔铁矿（甘C-2015-165、甘C-2015-166）

德勒诺尔铁矿对应航磁甘C-2015-165、甘C-2015-166异常，位于肃北县东65km处（图6-12）。

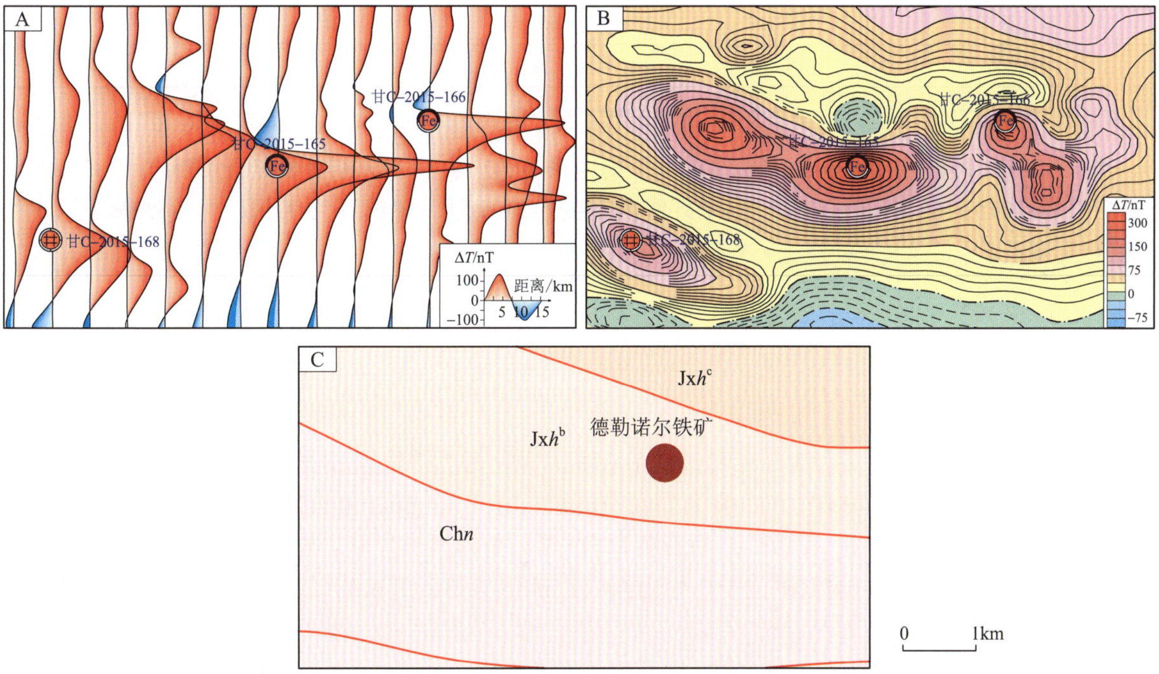

图6-12　德勒诺尔铁矿航磁、地质特征

A—航磁 ΔT 剖面平面图；B—航磁 ΔT 等值线平面图；C—1∶5万地质矿产图。

1∶5万地质矿产图图例：Jxh^c—花儿地组c岩组：灰白—灰黑色大理岩、结晶灰岩；Jxh^b—花儿地组b岩组：黑灰色黑云石英片岩、粉砂岩；Chn—南白水河组：灰黑色大理岩、灰色绢云石英千枚岩

矿体赋存地层为蓟县系花儿地组（Jxh），岩石组合为一套以浅变质的海相火山碎屑岩为主夹碳酸盐岩，近东西向展布。已发现两条矿（化）带，赋矿岩石为泥硅质板岩，矿体围岩为凝灰质板岩。共圈定铁矿体41条，其中Ⅱ、Ⅲ、Ⅲ-1、Ⅳ、Ⅴ、Ⅵ、Ⅵ-1为主矿体。矿体呈层状、似层状、透镜体状，展布方向为北西西-南东东向。矿体长200~4647m，厚1.61~11.83m，矿体平均品位TFe为21.77%~32.94%、mFe为0.58%~19.70%，矿床平均品位TFe为29.98%、mFe为12.09%。矿石类型有碧玉岩型铁矿石、纤闪石片岩型铁矿石、泥硅质板岩型铁矿石。主要矿物为

磁铁矿，含赤铁矿。属于沉积变质型铁矿，矿床形成时间与赋存地层一致，为中—新元古代，达到大型规模。

在 1∶5 万航磁 ΔT 磁场图中，甘 C-2015-165、甘 C-2015-166 为平静正背景场中升高的带状正异常，呈近东西向展布，异常范围 7.1km×1.6km。其中，甘 C-2015-165 异常航磁 ΔT 剖面平面图上 8 条测线有反映，异常幅度约 576nT，飞行高度 104m。甘 C-2015-166 异常航磁 ΔT 剖面平面图上 2 条测线反映明显，呈尖峰状，北侧伴生负值，异常幅度约 400nT，飞行高度 103m。

收集矿区物性：铁矿石和含矿岩石磁化率相对较高，辉长岩脉和绿泥片岩也有一定磁性，异常主要由铁矿及含矿地层岩石引起（表 6-7）。

表 6-7　德勒诺尔铁矿区及周边岩石磁化率统计

岩性	样品块数	最大值	最小值	算术平均值
磁铁矿	57	8072	30	2489
灰岩硅质条带	21	6062	14	823
绿帘绿泥片岩	6	1199	38	375
辉长岩	30	3248	13	335
泥质板岩	12	276	76	89
蚀变辉长岩	24	1068	126	49
硅质砂岩	123	660	1	36
千枚岩	12	22	122	22

注：测定参数为磁化率（10^{-5}SI）；测量仪器为 SM-30 磁化率仪。

甘 C-2015-167、甘 C-2015-168 异常位于第四系覆盖区，形态、所处的地质背景与甘 C-2015-165、甘 C-2015-166 相似，是德勒诺尔外围找矿的有利地段，建议开展工作，寻找德勒诺尔式的沉积变质型铁矿。

（七）化石沟铜矿（甘 C-2016-301）

化石沟岩体对应于甘 C-2016-301 异常，矿床位于岩体西部龙尾沟-化石沟弧形断裂内（图 6-13）。

化石沟斑岩体由内向外岩性分带明显，中心主体岩性为二叠纪闪长岩（δP），外围西部环带状分布二叠纪英云闪长岩（$\gamma\delta o$P）、二叠纪二长花岗岩（$\eta\gamma$P）。围岩为达肯大坂岩群一岩组和牦牛山组。达肯大坂岩群一岩组（$Pt_1D.^1$）为石英片岩-黑云角闪斜长片麻岩建造，牦牛山组（Dm）为细砂岩-粉砂岩建造。化石沟铜矿位于牦牛山组内，矿化与英云闪长岩关系密切，受南北向逆冲断层控制，弧形展布。

矿床位于化石沟斑岩体西侧龙尾沟-化石沟弧形断裂内，长 14km，宽 100～200m，总体呈近南北向展布，矿化带由英云闪长岩、英云闪长斑岩、石英闪长岩、石英闪长玢岩，以及少量的片岩、片麻岩、脉岩组成。矿区内共圈定矿体 44 条，其中铜矿体 40 条、钨矿体 3 条、金矿体 1 条。矿体多分布于英云闪长斑岩、石英闪长玢岩的边部和断裂构造叠加部位，矿体长度一般为 40～1760m，最长达 2140m，平均厚度一般在 0.45～14.36m 之间，最厚达 18.76m，Cu 品位一般为 0.2%～1.13%，最高为 1.2%，平均品位为 0.4%。

航磁甘 C-2016-301 异常为背景场中的升高异常。航磁 ΔT 剖面平面图上曲线呈锯齿状，多条测线反映，中心点幅值为 116nT。航磁 ΔT 等值线平面图上呈团块状，长 5200m，宽 4700m，飞行高度 65m。

实测物性：二叠纪闪长岩（δP）磁化率均值为 1536.89×10^{-5}SI，二叠纪英云闪长岩（$\gamma\delta o$P）磁化率均值为 24.42×10^{-5}SI，二叠纪二长花岗岩（$\eta\gamma$P）区内最大的一组均值为 208×10^{-5}SI。围岩

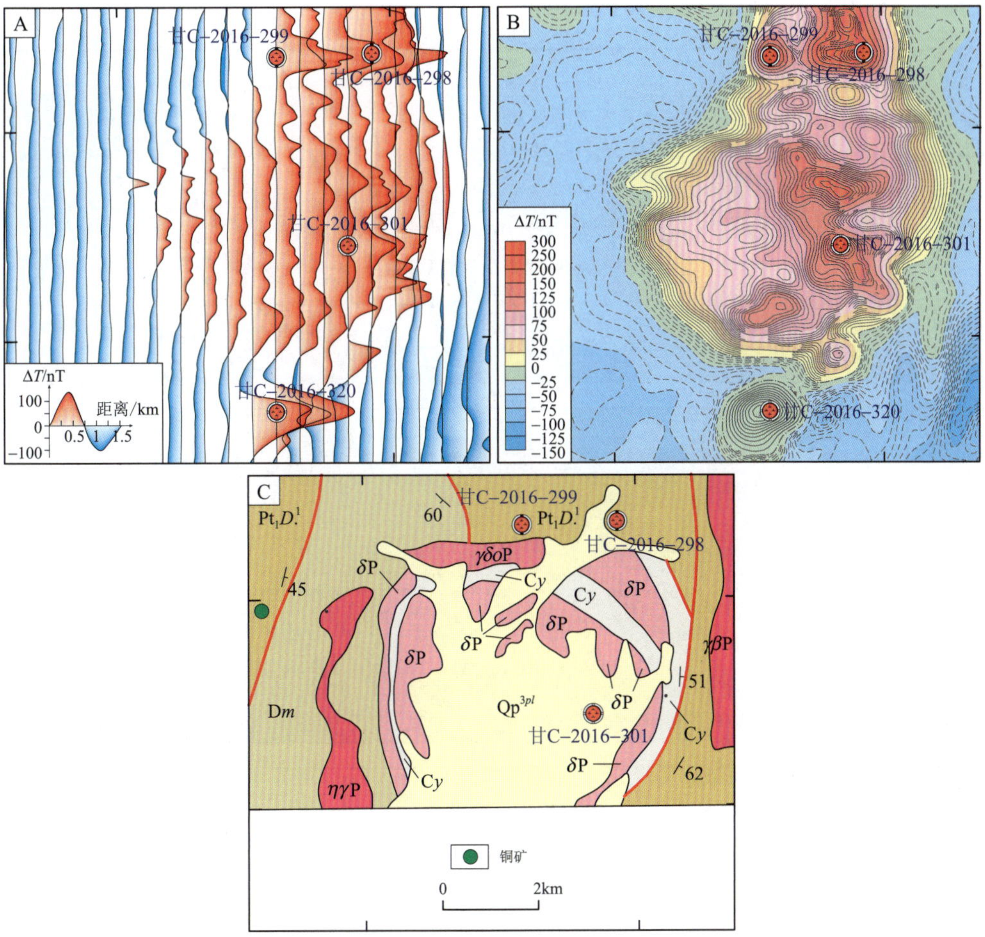

图 6-13 化石沟铜矿区航磁、地质特征

A—航磁 ΔT 剖面平面图；B—航磁 ΔT 等值线平面图；C—1∶25 万地质矿产图。

1∶25 万地质矿产图图例：Pt_1D^1—达肯大坂岩群一岩组：黑云石英片岩、黑云角闪斜长片麻岩；D*m*—泥盆系牦牛山组含砾砂岩、长石砂岩；C*y*—石炭系羊虎沟组炭质页岩、砂岩；Qp^{3pl}—上更新统洪积物；δP—二叠纪闪长岩；γδ*o*P—二叠纪英云闪长岩；ηγP—二叠纪二长花岗岩；γβP—二叠纪黑云母花岗岩

达肯大坂岩群一岩组和牦牛山组分布区磁场图上无异常反映。异常由化石沟岩体引起。矿床位于岩体外围的构造内，成因与岩体关系密切，该矿床与磁异常之间的关系对同类型异常找矿具有指示意义。

类比分析，测区东部月牙山岩体及外围有多处次生异常与本异常有较大程度的相似性，有甘C-2015-311、甘 C-2015-294、甘 C-2015-298、甘 C-2015-300、甘 C-2015-302 等，其中甘 C-2015-311 土壤剖面测量金含量最大达到 289×10^{-9}，已有较好找矿线索，有进一步找矿潜力。

二、推断矿致异常和对找矿有意义的异常

在区域成矿地质背景和成矿规律分析的基础上，利用航磁测量成果和异常查证成果综合分析，推断了一部分矿致异常和一部分有进一步找矿意义的异常，包括与基性岩有关的铜镍矿，与火山岩地层区有关的铌钽、铁金矿，沉积变质型铁矿，矽卡岩型铁铅锌矿，与中酸性岩浆岩有关的多金属矿产等。

（一）甘 C-2011-0011 航磁异常——与基性岩有关的铜镍铬矿化异常

甘 C-2011-0011 航磁异常位于三危山东 12.4km 处，区域上属于敦煌地块、敦煌基底杂岩隆起

区，在且末-敦煌断裂（F_2）附近（图 6-14）。

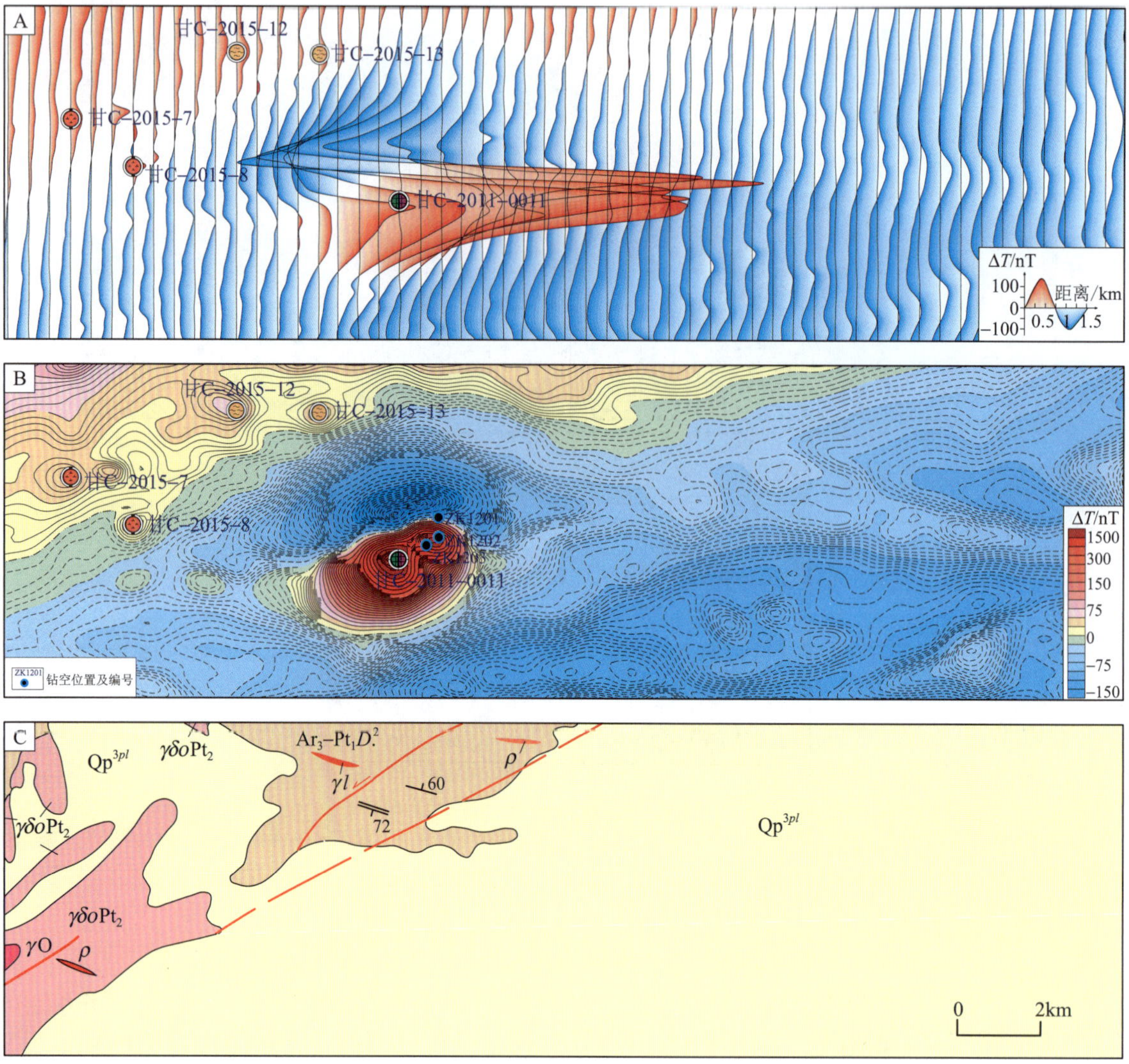

图 6-14　甘 C-2010-11 航磁异常航磁、地质特征及钻孔位置图

A—航磁 ΔT 剖面平面图；B—航磁 ΔT 等值线平面图；C—1：25 万地质图。

1：25 万地质图图例：Ar_3-Pt_1D^2—敦煌岩群二岩组：白云质大理岩、含榴黑云斜长片麻；Qp^{3pl}—上更新统洪积物；$\gamma\delta o Pt_2$—中元古代英云闪长岩；γO—奥陶纪花岗岩；ρ—伟晶岩脉；γl—花岗细晶岩脉

异常为负背景场中的尖峰状升高正异常。航磁 ΔT 剖面平面图上 9 条测线反映明显，北侧伴生负值，两翼基本对称，幅值 2150nT，梯度 2260nT/km，飞行高度 82m。航磁 ΔT 等值线平面图上呈椭圆形，长 4.2km，宽 3.8km。

异常位于鸣沙山逆冲型韧性变形带上，褶皱和断裂发育。异常区被第四系覆盖，北侧出露敦煌岩群二岩组（Ar_3-Pt_1D^2）斜长角闪岩-黑云斜长片麻岩-大理岩建造，岩性为黑云斜长片麻岩，夹斜长角闪片岩、混合岩、白云质大理岩。变质地层内分布中元古代英云闪长岩（$\gamma\delta o Pt_2$）、辉长岩（υPt_2）岩体。辉长岩体由斜长石、角闪石、透辉石、磁铁矿及微量磷灰石组成。

地面 1：1 万高精度磁测显示，Ⅰ号剖面通过主异常中心，134～182 号点位之间出现正负伴生异常，最大值为 2250nT，最小值为-1300nT，幅值为 3550nT。Ⅲ号剖面幅值为 4300nT。核工业 212 地质队布置了 3 个钻孔（图 6-14B），钻孔内岩性的磁性测定结果为：孔内磁化率高的地段岩性为辉长岩和辉石岩，辉石岩（含磁铁矿）的磁化率平均值为 14500×10^{-5}SI，苏长辉长岩的磁化率均值为 5672×10^{-5}SI，其他岩性磁性显弱磁或无磁性。其中，在辉石岩中含有磁铁矿和铜镍矿，钻孔

深度77.08~100.02m段，出现Fe含量高值区，为15.02%~18.77%；222.65~269.52m段，出现Cu、Co、Ni高值区，含量分别为2628×10^{-6}、600×10^{-6}、1240×10^{-6}，且Cu、Co达到边界品位（Cu、Ni为0.2%~0.3%，Co为0.03%）。

甘C-2010-0011异常由隐伏的辉石岩引起，初步勘查，辉石岩含铁、铜镍矿化。异常区外围，具有相似成矿背景的异常还有甘C-2015-23、甘C-2015-36、甘C-2015-37、甘C-2015-40、甘C-2015-45、甘C-2015-46、甘C-2015-49、甘C-2015-50、甘C-2015-56、甘C-2015-57、甘C-2015-94、甘C-2015-58、甘C-2015-59、甘C-2015-66、甘C-2015-64、甘C-2015-65、甘C-2015-79、甘C-2015-82、甘C-2015-84、甘C-2016-106、甘C-2016-107、甘C-2016-134等一大批位于敦煌盆地内部覆盖区下的高强度磁异常，推测都由基性岩体引起，并且含铁、铜、镍矿化的可能性较大，甘肃省第二地质矿产勘查院已经利用此次航磁调查成果和异常查证及综合研究成果进行省基金立项，正在开展进一步地质找矿工作。该异常带东西长约200km，南北宽10~30km，是铁、铜、镍等金属矿产勘查的重要找矿远景区（图6-15）。

（二）甘C-2015-213航磁异常——与基性岩有关的铜镍铬矿化异常

甘C-2015-213异常（查证编号C-16）位于党河南山敖包沟西岔一带，区域上属于党河南山-拉脊山蛇绿混杂岩带上。

1. 异常特征

航磁异常特征：1∶5万高精度航磁测量显示，异常为负磁背景场中一升高的正磁异常带，呈豆荚状北西向展布。航磁ΔT剖面平面图上表现为尖峰状，两翼基本对称，5条测线反映明显。航磁ΔT等值线平面图上表现为串珠状异常中的局部呈北西向展布的椭圆状正磁异常，异常强度为443nT，长轴约为2300m，短轴约为880m（图6-16）。

地质特征：区域上异常位于党河南山-拉脊山蛇绿混杂岩带和中祁连隆起带之间的过渡带上。异常区出露地层为北大河岩群二岩组（Pt_1B^2），岩性主要为斜长角闪岩—含矽线黑云斜长片麻岩—石英二云片岩，异常带北部为志留纪辉长岩（υS）（部分已发生纤闪石化，进一步变质成阳起石片岩），南部为志留纪石英闪长岩（$\delta o S$）。岩浆岩与围岩地层呈侵入接触关系。

地球化学特征：异常区发育Au、As、Sb、Bi、W、Mo、Cu、Pb、Zn综合异常，异常强度高，浓集中心明显、吻合好。异常峰值：Au 5.2×10^{-9}，As 125×10^{-6}，Sb 9.92×10^{-6}，Bi 0.65×10^{-6}，W 4.6×10^{-6}，Mo 1.52×10^{-6}，Cu 50.7×10^{-6}，Pb 34.4×10^{-6}，Zn 362.2×10^{-6}，Co 21.6×10^{-6}，Cr 153.7×10^{-6}。金、铜、铅、锌、镍、铬等多金属找矿前景好。

重力异常特征：1∶20万剩余重力异常图上，异常位于剩余重力高异常带上，地质上异常带与柳树沟辉长岩体（υS）对应。

综合异常的地质、物化探特征分析，异常可能与辉长岩体有关，剩余重力高异常反映了基性岩体的物理特征，丰富的化探多金属异常反映了在异常区存在着铜、镍、铬、铅、锌、金等多金属找矿潜力。本次工作列为重点异常进行了异常查证工作。

2. 航磁异常查证情况

垂直异常走向，布置了3条地质、磁测、地球化学剖面，剖面方位角为40°。C-16-2号剖面长2.2km，C-16-3号剖面长2.52km，C-16-4号剖面长2.02km。

C-16-3号剖面为主剖面，从查证结果看，剖面曲线形态规整，有两个紧挨的尖峰异常，最大幅值为3580nT（极大值为2762nT，伴生负异常，极小值为-818nT）。地质剖面测量自北向南岩性分别为石英闪长岩、斜长片麻岩、阳起石片岩、辉长岩、硅化大理岩、砂岩等。从标本测定结果看，本区阳起石片岩（原岩辉长岩）、辉长岩的磁化率最高，是引起区内磁异常的主要岩性，其他岩性显示弱磁性（表6-8）。

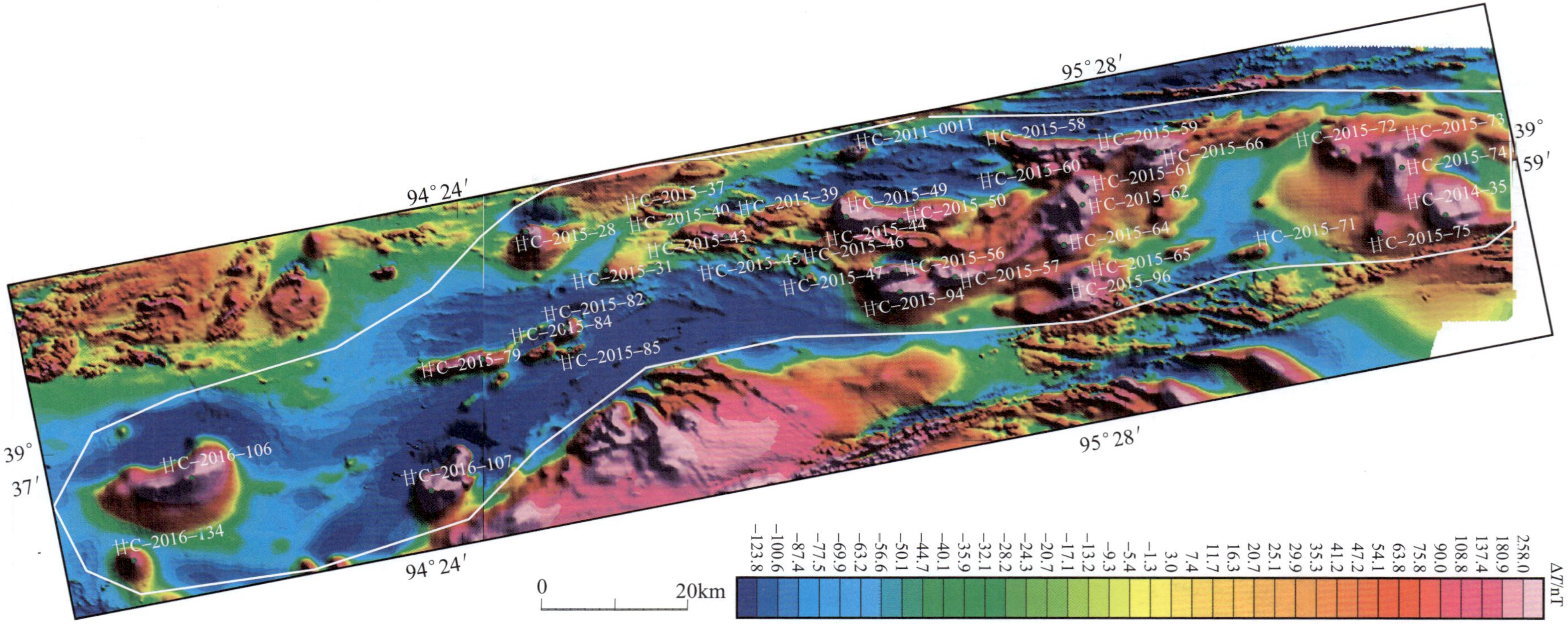

图 6-15　敦煌盆地内铁铜镍找矿重点异常分布图

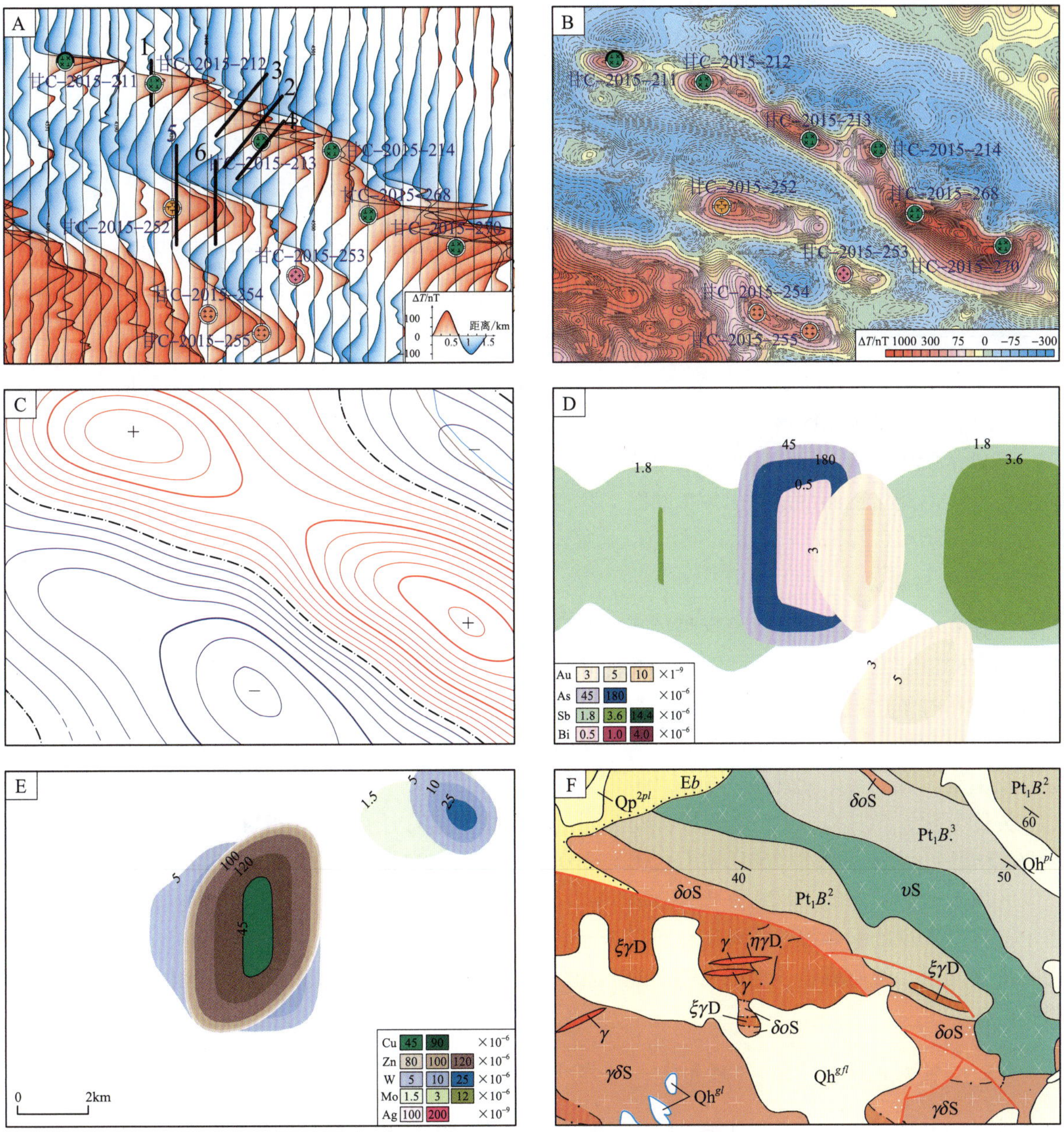

图 6-16 甘 C-2015-213 航磁异常综合剖析图

A—航磁 ΔT 剖面平面图；B—航磁 ΔT 等值线平面图；C—剩余重力异常图；D—化探 Au、As、Sb、Bi 异常图；E—化探 W、Mo、Cu、Pb、Zn 异常图；F—1∶25 万地质图。

1∶25 万地质图图例：$Pt_1B^2_.$—北大河岩群二岩组：白云石英片岩、含榴二云石英片岩、含矽线二云石英片岩；$Pt_1B^3_.$—北大河岩群三岩组：白云石大理岩；E*b*—古近系白杨河组：砂岩；Qp^{2pl}—中更新统洪积物；Qh^{gfl}—全新统冰水堆积物；Qh^{gl}—全新统现代冰川；Qh^{pl}—全新统洪积物；*υ*S—志留纪辉长岩；*γδ*S—志留纪花岗闪长岩；*δο*S—志留纪石英闪长岩；*ηγ*D—泥盆纪二长花岗岩；*ξγ*D—泥盆纪正长花岗岩；*γ*—花岗岩脉

C-16-2 剖面（图 6-17）：土壤地球化学测量显示，Cu、Ni、Cr 在 T48～T64 点之间异常显著，Cu 含量为 $115\times10^{-6}\sim2100\times10^{-6}$，Ni 含量为 $53.9\times10^{-6}\sim2757\times10^{-6}$，Cr 含量为 $133\times10^{-6}\sim1616\times10^{-6}$，异常宽度超 360m。在 C-16-2 剖面的 T60、T62 两点，Cu 含量分别为 1800×10^{-6} 和 2100×10^{-6}，Ni 含量分别为 2458×10^{-6} 和 2757×10^{-6}，Cr 含量分别为 1481×10^{-6} 和 1616×10^{-6}，铜、镍已达边界品位。在该异常带东北侧，Cu、Ni、Cr 异常再次出现。

C-16-3 剖面（图 6-18）：T24～T32 点间，宽度大于 160m，Cu、Ni、Cr 异常相当显著，其中

T24、T26 点 Cu 含量分别为 119×10^{-6}、24.9×10^{-6}，Ni 含量分别为 506×10^{-6}、446×10^{-6}，Cr 含量分别为 11781×10^{-6}、1088×10^{-6}。在 T68～T76 点，异常再次出现。

表 6-8　甘 C-2015-213 异常（查证编号 C-16）区磁化率测定结果

岩性	平均值/10^{-5}SI	变化范围/10^{-5}SI	样品块数
变砂岩	10.86	3.87～65.83	30
阳起石片岩（原岩为辉长岩）	1282.53	39.17～2526.67	30
石英闪长岩	8.08	6.43～15.20	30
橄榄角闪单斜辉长岩（薄片鉴定）	1218	500～1500	30

C-16-4 剖面：Cu、Ni、Cr 异常也有出现，Cu 含量最高为 340×10^{-6}，Ni 含量最高为 441×10^{-6}，Cr 含量最高为 2050×10^{-6}，也同样显示出该异常铜、镍、铬多金属成矿的可能性。

该异常所处的同一异常带上相邻异常甘 C-2015-212（查证编号 C-15）号异常区内也有同样的发现：土壤测量剖面显示 C-15-1 剖面 T20 点 Cu 含量达 572×10^{-6}，T166 点 Cu 含量达 108×10^{-6}、Ni 含量达 436×10^{-6}、Cr 含量达 1146×10^{-6}，显示了较好的异常反映。

3. 结论与建议

在异常查证的基础上，结合区域地质、物化探资料综合分析认为：甘 C-2015-213 异常（查证编号 C-16）由基性岩体引起。在岩体和地层的接触带的土壤剖面上有多个点位发现 Cu、Ni 异常值接近和超过了边界品位。

同一异常带上，甘 C-2015-212 异常（查证编号 C-15）区也出现相同异常。在该异常带上，普遍发生铜、镍、铬矿化现象。

类比分析，与甘 C-2015-213 异常处于同一异常带上还有甘 C-2015-211、甘 C-2015-212、甘 C-2015-214、甘 C-2015-268、甘 C-2015-270 等异常，同样具有找矿意义，都值得进一步工作。

区域上分布良好的 1∶20 万化探 Au、As、Sb、Bi、W、Mo、Cu、Pb、Zn 等多金属矿化异常，指示该区已发现的铜、镍、铬等矿化还应该有金、铅锌等多金属找矿意义，建议进一步开展大比例尺的土壤测量、地质测量、地面高精度磁测和激电测量，缩小找矿靶区，根据情况配合工程验证，圈定矿体。

（三）甘 C-2016-255 航磁异常——与火山岩地层有关的铁金多金属矿化异常

甘 C-2016-255 异常（查证编号阿 C12）区位于当金山口，区域上属于党河南山-拉脊山蛇绿混杂岩带北西西向向北东东向构造方向转折点上。

1. 航磁异常特征

航磁 ΔT 剖面平面图上表现为正磁背景场叠加的尖峰状正异常，曲线规则，在 7 条测线反映明显，中心强度大，幅值为 1264nT，梯度为 1766nT/km。航磁 ΔT 等值线平面图上呈椭圆形，长轴为东西向，长度为 3200，宽度为 1700，飞行高度为 79m（图 6-19）。

甘 C-2016-255 异常与甘 C-2016-251 异常共同组成北东向延伸的异常带，甘 C-2016-251 异常长 2000m，宽 800m，幅值为 444nT。

2. 地质特征、物化探特征

航磁异常主要位于第四系覆盖区内，北侧出露奥陶系吾力沟群。奥陶系吾力沟群为灰岩建造、砂岩建造和玄武岩-安山岩建造，岩性为变砂岩、变长石砂岩、碎屑灰岩，夹灰绿色玄武岩、蚀变安山岩，含磁铁矿。异常区北部分布北大河岩群变质岩。区域上以北东向的断裂为主，控制着地层分布。岩浆岩主要有志留纪英云闪长岩（$\gamma\delta o$S）、志留纪二长花岗岩（$\eta\gamma$S），呈岩株分布，另外还

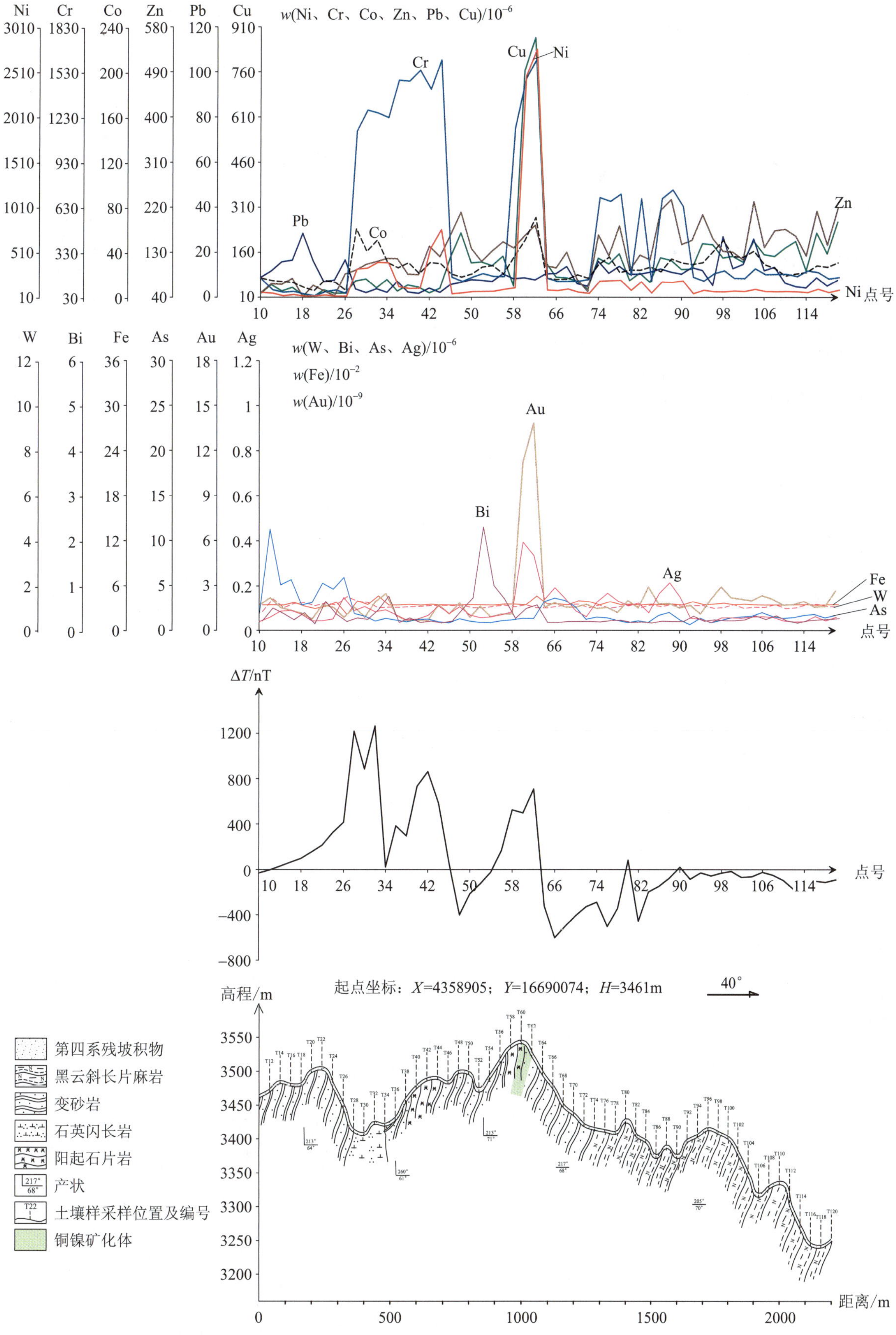

图 6-17　敦煌—阿克塞地区航磁 C-16-2 地、物、化综合剖面图

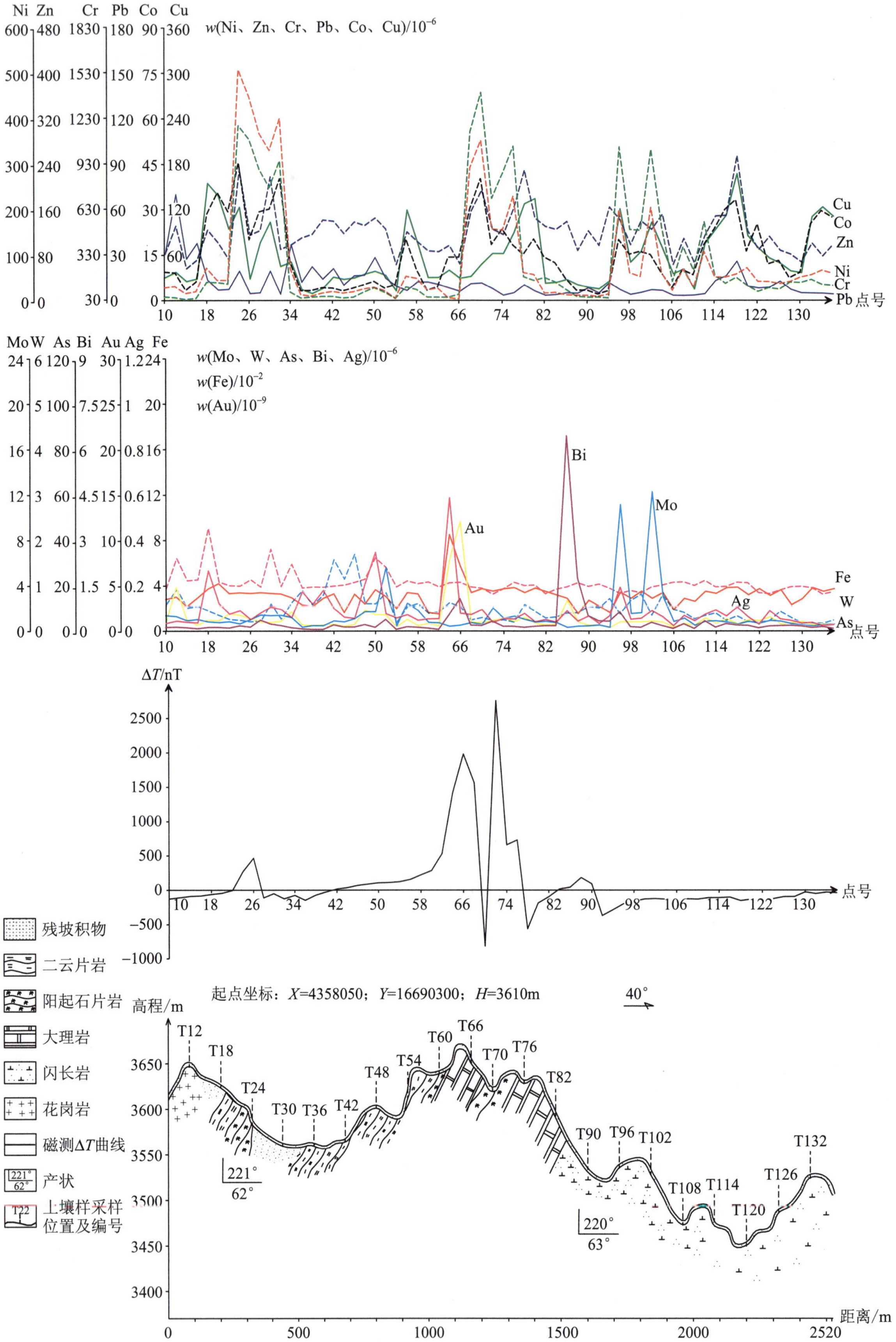

图 6-18　敦煌—阿克塞地区航磁 C-16-3 地、物、化综合剖面图

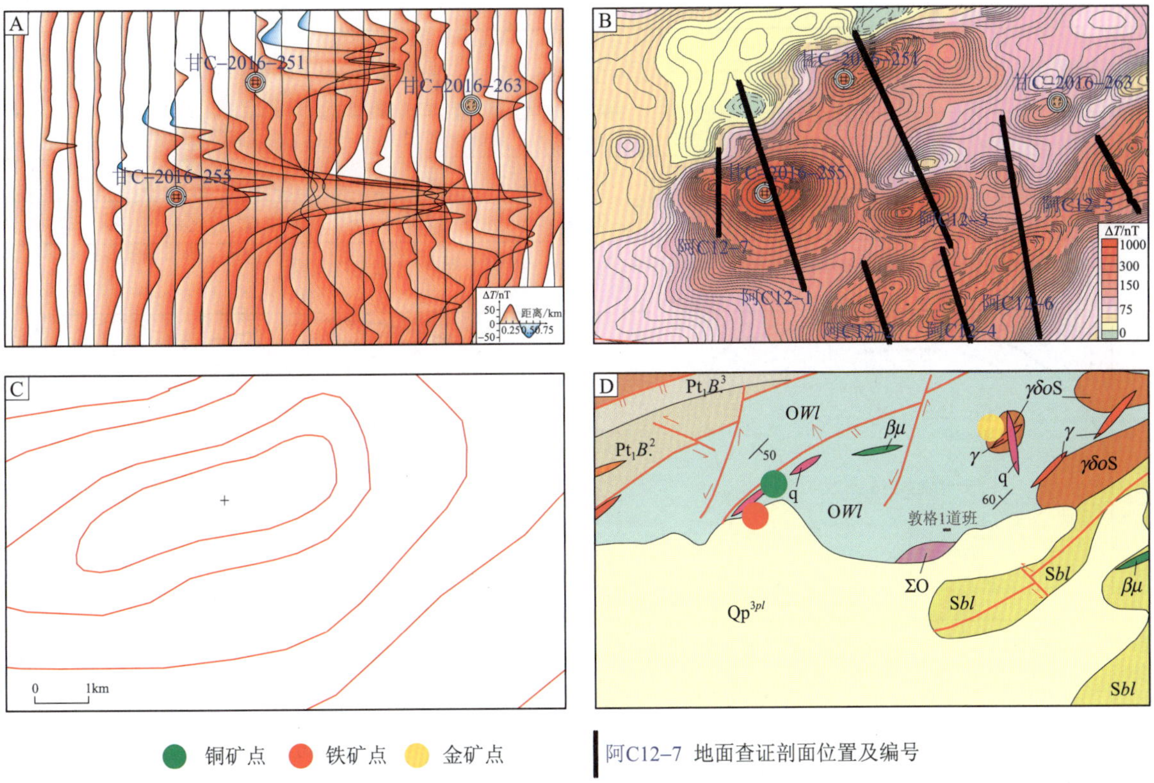

图 6-19　甘 C-2016-255 航磁异常综合剖析图

A—航磁 ΔT 剖面平面图；B—航磁 ΔT 等值线平面图；C—剩余重力异常图；D—1：25 万地质图。

1：25 万地质图图例：$Pt_1B_*^2$—北大河岩群二岩组：白云石英片岩、含榴二云石英片岩、含矽线二云石英片岩；$Pt_1B_*^3$—北大河岩群三岩组：白云石大理岩、硅质大理岩；OWl—奥陶系吾力沟群：玄武岩-安山岩组合；Sbl—志留系巴龙贡嘎尔组：片理化砂板岩；Qp^{3pl}—上更新统洪积物；ΣO—奥陶纪超基性岩（蛇纹石化斜辉橄石岩）；$\gamma\delta o$S—志留纪英云闪长岩；$\beta\mu$—辉绿岩脉、辉绿玢岩脉；γ—花岗岩脉；q—石英脉

有各类基性、中酸性岩脉（$\beta\mu$、γ、ρ、q）分布广泛。

异常与 1：20 万化探肃北—当金山幅综合异常 HS-33 位置套合，主元素为 Ni、Cr、Co、Cu、Au，元素组合较好，浓度分带较好，特征值见表 6-9。经三级查证，异常强度升高，其中 Cr 均值为 385×10^{-6}，峰值为 500×10^{-6}，面积为 2.8km^2；Au 均值为 18.7×10^{-9}，峰值 43.8×10^{-9}，面积为 1.0km^2（图 6-20）。反映异常区内有与基性岩有关的金、铬、铜、镍等多金属找矿前景。

表 6-9　HS-33 综合异常特征

元素	异常强度		异常面积/km^2	衬度	异常规模	浓度分带
	峰值	均值				
Ni	147.7	125.83	22.56	1.9	42.89	中、外
Cr	449.3	322.8	25.0	1.6	40.48	中、外
Mg	7.59	6.53	22.02	1.3	28.63	外
Co	34.6	31.2	19.65	1.2	23.58	外
Pd	2.0	1.76	20.0	1.17	23.4	外
Pt	7.0	4.1	12.36	1.8	22.25	中、外
Au	8.3	4.5	13.90	1.1	15.29	中、外
Fe	6.23	6.16	10.72	1.03	11.04	外
Cu	50.3	45.9	6.47	1.18	7.73	外

续表

元素	异常强度		异常面积/km^2	衬度	异常规模	浓度分带
	峰值	均值				
Mn	1055.8	1009.3	4.49	1.05	4.71	外
Cd	225.0	174.0	2.01	1.4	2.81	外
V	80.4	80.4	2.25	1.0	2.25	外

注：Fe 含量单位 10^{-2}，Au 含量单位 10^{-9}，其他元素含量单位 10^{-6}；异常规模=异常面积×衬度。

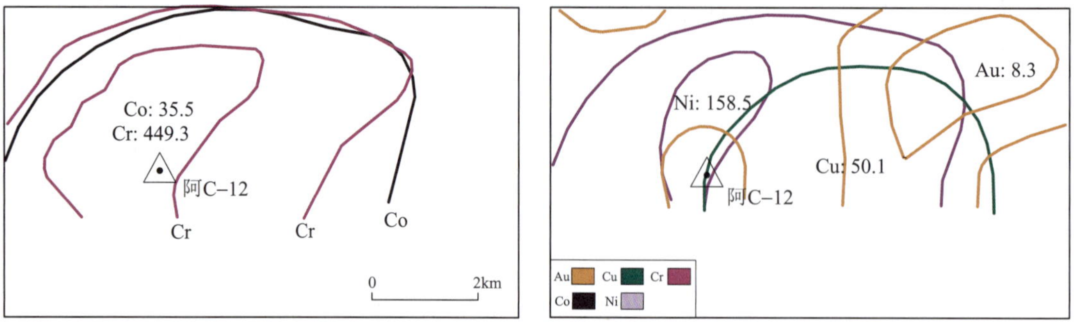

图 6-20　1：20 万化探肃北—当金山幅 HS-33 化探异常剖析图

Au 含量单位为 10^{-9}；其他元素含量单位为 10^{-6}

剩余重力图中显示为剩余重力高异常，反映异常区有高密度体分布，可能与隐伏基性岩体有关。

3. 异常查证情况

异常区布置了 7 条剖面，其中 5 条磁测剖面，长 10.8km，2 条地、物、化综合剖面，长 7.9km。地磁测量结果显示，阿 C12-1 剖面有两个磁异常区（图 6-21）。

图 6-21　阿 C12-1 的 144 点宽约 4m 的磁铁矿体地表情况

图中红线表示矿化带边界

北侧 144~148 点异常区：基岩出露，地磁剖面出现两个尖峰状异常，强度分别为 531nT 和 1279nT。对应断裂破碎带，出露岩石为玄武岩、片理化英安岩。实地探勘发现一条磁铁矿矿体，矿体近东西走向，宽约 4m，长约 400m，磁铁矿呈条带状赋存于玄武碧玉岩当中。岩（矿）石分析，TFe 平均含量为 15.3%，最高为 35.29%，mFe 平均含量为 13%，最高为 31%，金含量为 0.23×10^{-6}。

物性结果显示，玄武岩和磁铁矿具有强磁性，最大值分别达到 11200×10^{-5}SI 和 19446×10^{-5}SI，远远高于剖面中出现的其他岩性，详细见表 6-10，对于异常形成具有重要作用。

表 6-10　甘 C-2016-255 异常磁化率参数统计

岩性	样品块数	最大值	最小值	算术平均值	几何平均值
片理化英安岩	42	47	7	21	19
安山岩	36	2540	24	315	98
玄武岩	52	11200	45	4217	2545
磁铁矿	12	48700	2130	19446	14741

注：测定参数为磁化率（10^{-5}SI）；测量仪器为 SM-30 磁化率仪。

土壤测量样品结果显示，断裂破碎带上出现 Au、As、Ag、Cu、Zn 等元素异常。其中，Au 元素含量最高为 1848×10^{-9}，已达金矿边界品位；其他元素含量较高，Ag、Cu、Zn 峰值分别为 0.977×10^{-9}、164.4×10^{-6}、129.6×10^{-6}，也呈强异常分布（图 6-22）。

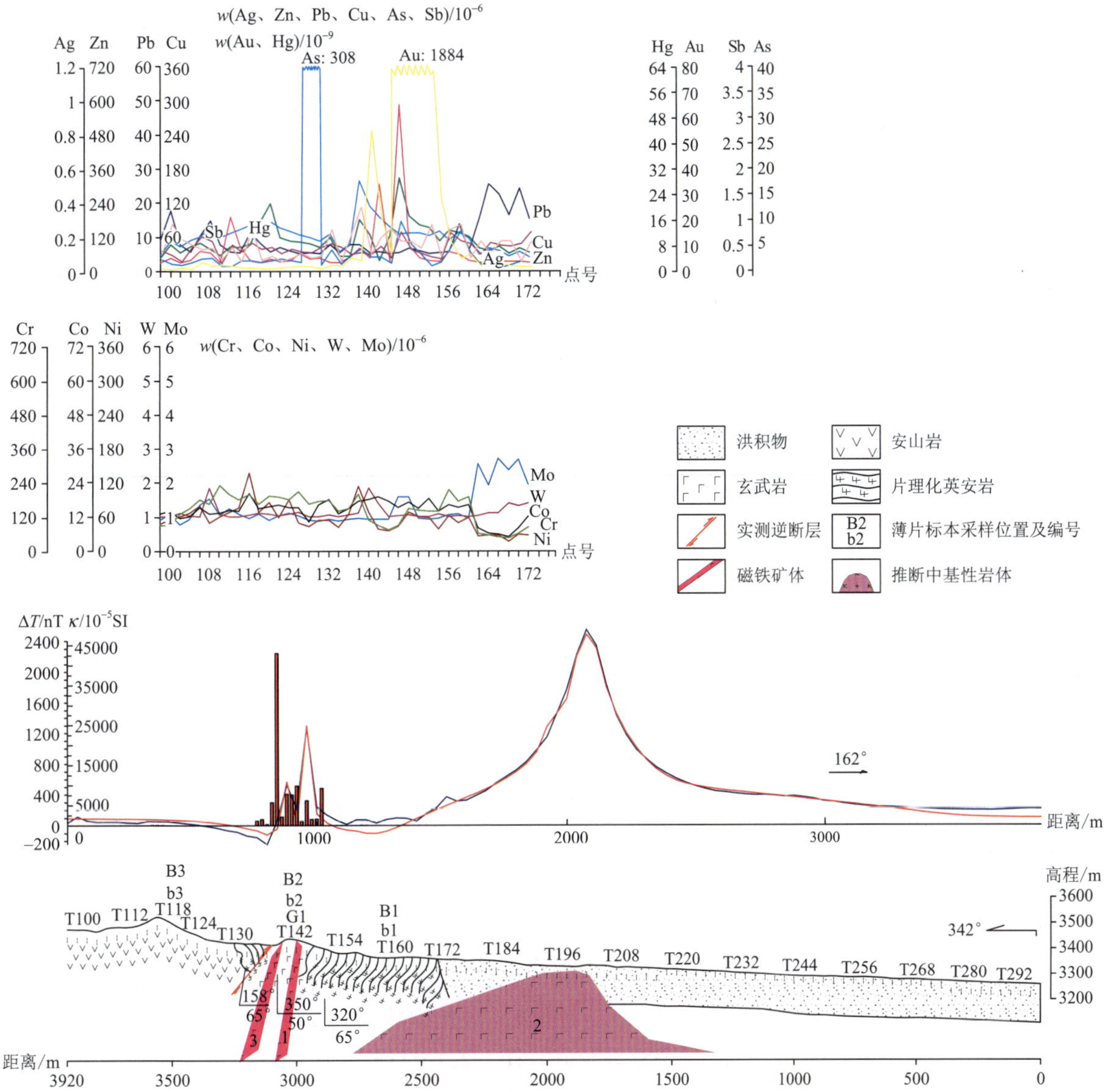

序号	模型密度/(g·cm⁻³)	磁化强度/(0.01A·m⁻¹)	磁化倾角/(°)	磁化偏角/(°)	+Y	−Y
1	2.670	265.411	59.950	0.340	−200.000	200.000
2	2.670	601.355	59.950	0.340	−200.000	200.000
3	2.670	182.712	59.940	0.340	−200.000	200.000

图 6-22　阿 C12-1 综合剖面图和地磁反演计算图

南侧192~214点异常区：为第四系覆盖区，与航磁甘C-2016-255异常中心对应，异常曲线圆滑，强度、梯度大，幅值高达2545nT。推测由隐伏的中基性岩体引起。

利用阿C12-1剖面地磁数据进行2.5D反演（图6-22），反演模型中144~148点异常区对应1、3号地质体为磁铁矿矿体，已经出露，南侧192~214点异常区对应2号地质体模型埋深50~100m，磁化率为含磁铁矿地质体（1、3号地质体）的数倍，推测为中基性岩体，含磁铁矿的可能性极大。

4. 结论与建议

异常区发现磁铁矿矿体，基岩出露区物性测量显示，异常由磁铁矿矿体和玄武岩引起，并且在玄武岩与片理化英安岩的断裂接触带上出现Au、As、Ag、Cu、Zn土壤异常，其中Au已经达到工业品位。隐伏区主体异常规模大，强度高，密度大，推测异常可能由中基性岩体引起，含磁铁矿的可能性较大。

1∶5万矿调工作在异常区北侧发现金矿点、铜矿点、铁矿点，其中金含量达到19×10^{-6}。

综合分析，该区以吾力沟群火山岩地层为主，该层位富含铁、金、铜、铅、锌等多金属矿产，前人工作和本次异常查证都有重要找矿发现，特别是覆盖区发现的磁异常，扩展了进一步找矿空间和找矿指示意义，有进一步工作价值。建议对该异常区进一步开展工作，在已发现的磁铁矿及Au异常上开展激电测量工作，对矿化体形态进行控制；在隐伏异常中心布置钻孔，查明隐伏异常体的性质，研究其找矿前景。

（四）甘C-2015-112航磁异常——矽卡岩型铁矿化异常

甘C-2015-112（查证编号C-118）异常位于鹰嘴山掉石沟一带，位于鹰嘴山北西向褶皱构造带和阿尔金断裂构造交汇处。

1. 异常特征

航磁特征：异常为负背景场中尖峰状正磁异常，异常形态不规则。航磁ΔT剖面平面图上3条测线有反映，梯度1400nT/km。航磁ΔT等值线平面图上呈近东西向椭圆形，有两个高值点，最大强度为699nT（图6-23）。甘C-2015-97、甘C-2015-109、甘C-2015-110、甘C-2015-111、甘C-2015-112等异常呈北西向带状分布，异常走向与鹰嘴山背斜轴部走向一致。

地质特征：异常位于青山-勒巴泉脆性走滑断裂带上，阿尔金断裂和鹰嘴山北西向褶皱带的交汇处，鹰嘴山背斜轴部的西南端。出露地层为敦煌岩群斜长角闪岩、片麻岩夹伟晶岩、石英岩。同一异常带西部分布红柳沟铁矿，异常区南部平行发育一条褶皱构造，内部含掉石沟铅锌矿。

地球化学特征：异常位于1∶20万别盖幅化探综合异常AS4的东部，异常元素为Pb、Zn、Ag、Cd、Mn、Sb，为一套亲硫元素组合，异常浓集中心明显，套合好，多金属矿化指示意义明显。

2. 异常查证情况

异常区布置3条地质、地磁剖面，剖面方位角180°。其中，C-118-1号剖面配置化探土壤剖面。从查证结果看：C-118-1号剖面磁异常ΔT呈单峰异常，南、北异常基本对称，曲线形态规整，梯度较大，极大值为5210nT（图6-24）。地质测量高磁异常区段岩性为斜长角闪岩和黑云角闪片麻岩，前者磁化率范围为21×10^{-5}~77682×10^{-5}SI，磁化率均值为7448×10^{-5}SI；后者磁化率范围为10.8×10^{-5}~25900×10^{-5}SI，均值为882.73×10^{-5}SI（表6-11）。C-118-2号剖面磁异常ΔT曲线磁异常类似，在磁异常峰值区为斜长角闪岩、角闪片麻岩。

异常区域斜长角闪岩、黑云角闪片麻岩是引起磁异常的主要地质原因。

C-118-1号剖面土壤测量结果显示，在T70~T108点之间，Cu、Zn、Ni、Cr、Co元素出现异常，最大值分别为：Cu 244×10^{-6}、Ni 70.2×10^{-6}、Cr 209×10^{-6}、Co 42.2×10^{-6}、Zn 233×10^{-6}，化探异常规律性较差。地面踏勘，发现磁铁矿矿（化）体露头一处，利用拣块样圈定磁铁矿矿体3条。

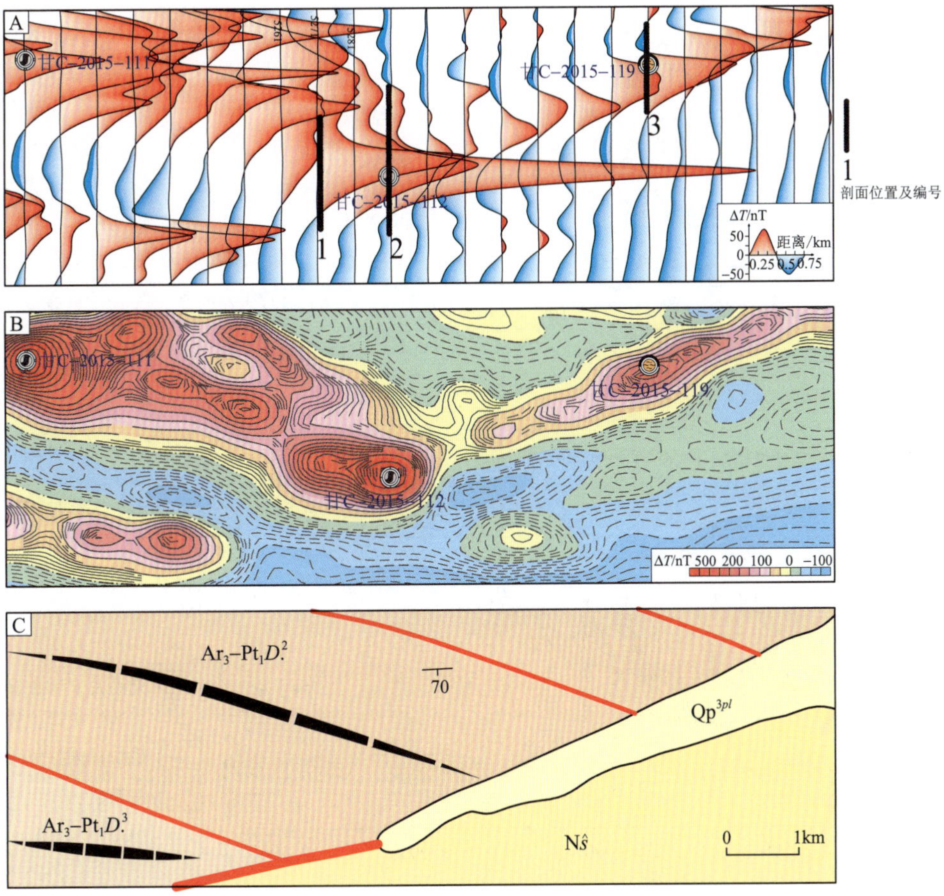

图 6-23 甘 C-2015-112 航磁异常综合剖析图

A—航磁 ΔT 剖面平面图；B—航磁 ΔT 等值线平面图；C—1∶25 万地质图。

1∶25 万地质图图例：$Ar_3-Pt_1D^2$—敦煌岩群二岩组：白云质大理岩、含榴黑云斜长片麻岩夹斜长角闪片岩、混合岩；$Ar_3-Pt_1D^3$—敦煌岩群三岩组：黑云斜长片麻岩、含榴黑云斜长片麻岩夹斜长角闪岩、混合岩；Qp^{3pl}—上更新统洪积物：松散砂砾石、含粉砂黏土；Nŝ—新近系疏勒河组：灰色、紫色泥质粉砂岩夹砂岩、砾岩、细砂岩，砖红色粉砂岩、粉砂质黏土岩

其中，矿体 Fe1 宽 3m，TFe 含量为 40.18%，mFe 含量为 36.46%；矿体 Fe2 宽 6m，TFe 含量为 24.12%，mFe 含量为 17.26%；矿体 Fe3 宽 1.2m，TFe 含量为 40.18%，mFe 含量为 36.46%。矿体延长大于 100m。

表 6-11 C-118-1 号剖面物性测定结果

岩性	磁化率平均值/10^{-5}SI	变化范围/10^{-5}SI	样品块数
大理岩	0.09	0.00～0.50	30
黑云角闪片麻岩	882.73	10.8～25900	30
斜长角闪岩	7448.23	21.20～77682.07	30
磁铁矿石	76500.00	75033.33～77966.67	2

3. 结论与建议

甘 C-2015-112（查证编号 C-118）异常区内发现磁铁矿矿体，推断是引起异常的主要地质原因。区内还发现 Cu、Zn、Ni、Cr、Co 等异常，有进一步寻找多金属矿产的潜力。该区与掉石沟铅锌矿、红柳沟铁铅锌矿处于同一异常带上，属于矽卡岩型。异常区外围还有甘 C-2015-97、甘 C-2015-109、甘 C-2015-110、甘 C-2015-111、甘 C-2015-119 等异常属于同种类型（图 6-25）。综合分析，该区异常量大，成矿条件有利，找矿标志明显，是一个值得重点勘查的地区。

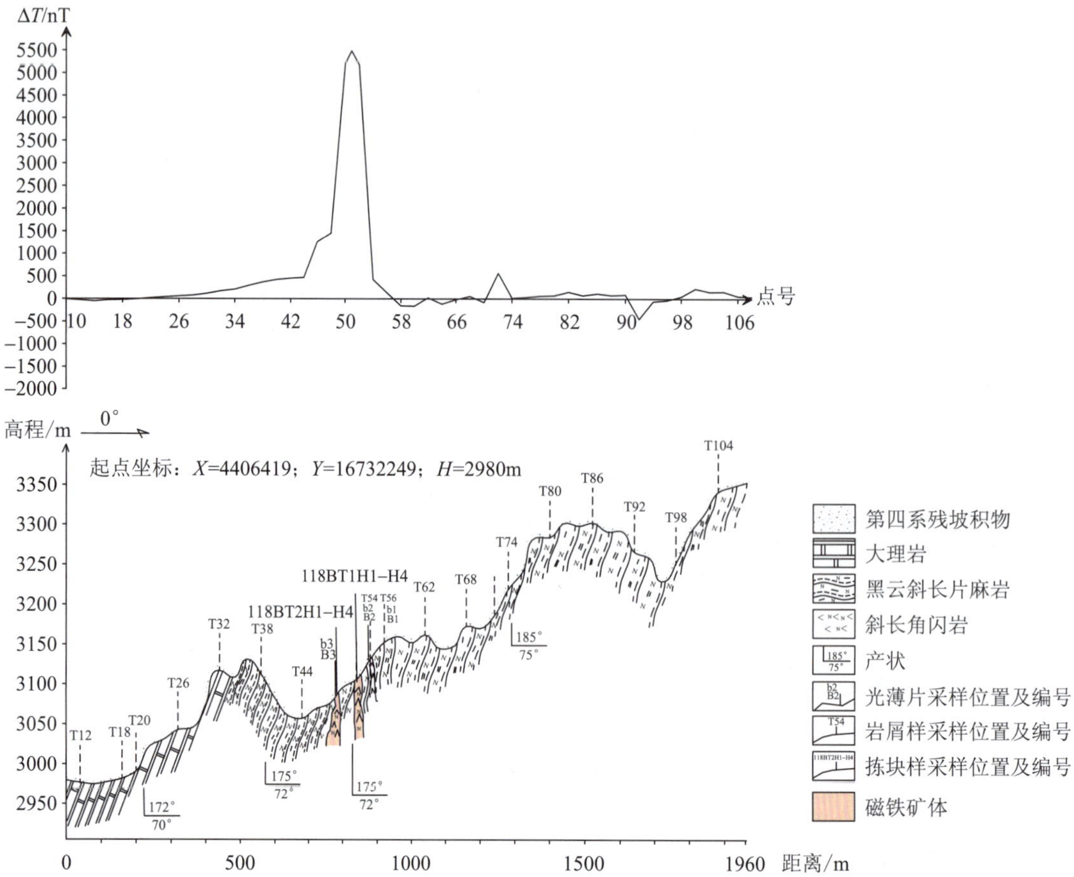

图 6-24　C-118-1 号剖面地磁 ΔT 剖面图

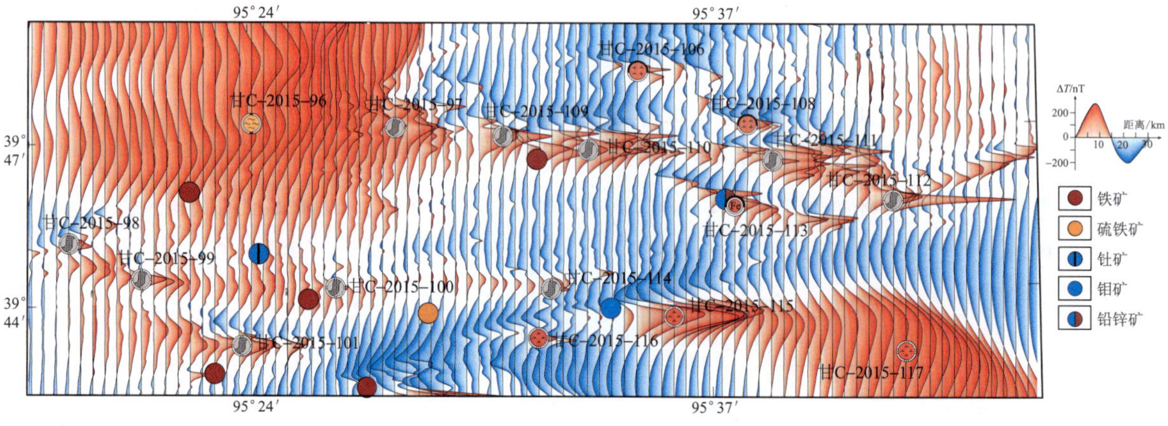

图 6-25　甘 C-2015-97、甘 C-2015-109、甘 C-2015-110、甘 C-2015-111、甘 C-2015-112、甘 C-2015-113 异常分布图

（五）甘 C-2016-172 航磁异常——与超基性岩有关的铁矿化异常

甘 C-2016-172（查证编号阿 C-7）异常位于测区西部安南坝一带，区域上位于中-南祁连弧盆系党河南山-拉脊山蛇绿混杂岩带内。

1. 异常特征

航磁异常特征：在航磁 ΔT 等值线平面图上，异常为北西向椭圆形，长 980m，宽 730m。在航磁 ΔT 剖面平面图上表现为升高的叠加异常，2 条测线上反映明显，西北侧梯度小，东南侧梯度大，北部伴生有负值，幅值为 1063nT，梯度为 1715nT/km（图 6-26）。

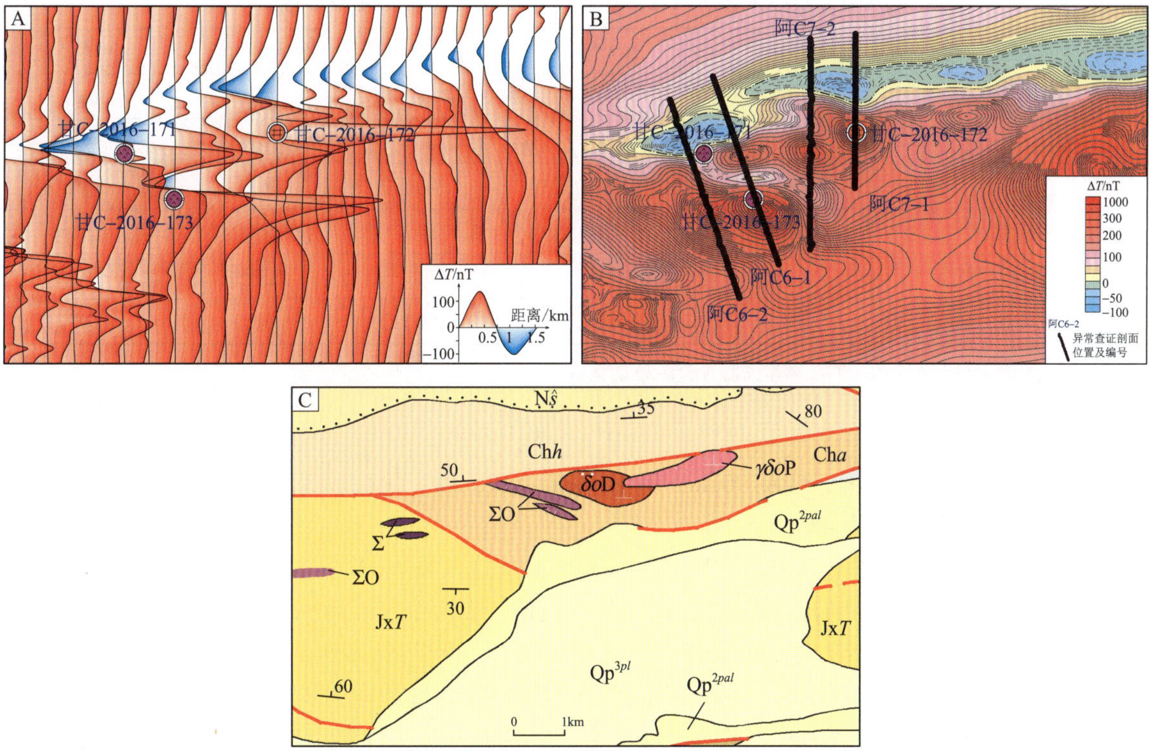

图 6-26　甘 C-2016-171、甘 C-2016-172 航磁异常综合剖析图

A—航磁 ΔT 剖面平面图；B—航磁 ΔT 等值线平面图；C—1∶25 万地质图。

1∶25 万地质图图例：Chh—长城系桦树沟组：酸性凝灰岩-安山质凝灰熔岩-玄武岩组合；Cha—长城系熬油沟组：安山质-玄武质熔岩-玄武质火山碎屑岩组合；JxT—蓟县系塔昔达坂群：结晶灰岩、砂岩；N$\hat{s}$—新近系疏勒河组；Qp^{2pal}-中更新统洪冲积物；Qp^{3pl}—上更新统洪积物；ΣO—奥陶纪超基性岩（蛇纹石化斜辉橄石岩）；Σ—超基性岩；δoD—泥盆纪石英闪长岩；$\gamma\delta o$P—二叠纪英云闪长岩

区域地质特征：区内构造较复杂，出露中元古界变质岩地层，超基性、中酸性岩浆岩发育，断裂北东、北西走向控制岩体分布。

出露的地层主要为中元古界长城系熬油沟组（Cha）、桦树沟组（Chh）。熬油沟组（Cha）为板岩-砂岩建造、中基性碎屑岩-玄武岩建造，主要有粉砂质板岩、片理化砂岩、硅质岩，下部夹浅灰色安山质凝灰熔岩、深灰绿色玄武质集块岩。桦树沟组（Chh）为中酸性碎屑岩-玄武岩建造，主要有灰色泥质板岩、片理化粉砂岩、长石石英砂岩、硅质岩及磁铁矿透镜体，上部夹灰绿色中酸性碎屑岩、片理化玄武岩。

岩浆岩发育，但规模较小，有奥陶纪超基性岩（斜辉橄榄岩）（ΣO）、泥盆纪石英闪长岩（δoD）、二叠纪英云闪长岩（$\gamma\delta o$P）呈岩株、岩脉产出。其中，超基性岩脉脉宽一般小于 0.5m，走向为近东西向，粒状鳞片变晶结构，主要由橄榄石和斜方辉石组成。

北东东向断裂为区内主要断裂，与岩层走向基本一致，北西向断裂与北东东向断裂斜交，沿断裂带岩石破碎强烈。

化探异常特征：该航磁异常位于 1∶20 万化探多坝沟幅综合异常 HS-10 内部。元素组合为 Fe、Mn、Cu、Au、As、Sb、Pb、Zn、Ni、Ti、Cr 等，异常强度高，面积大，元素组合好，为一套与基性、超基性岩有关的铁族元素、多金属矿矿化指示元素组合。

岩（矿）石磁性特征：实测磁化率结果显示，砂质板岩为无磁、弱磁，形成低弱背景场，花岗闪长岩（脉）磁化率为 608×10^{-5}SI，具有中等磁性，赤铁矿化变砂岩磁化率均值为 3616×10^{-5}SI，具有强磁性，蛇纹石化橄榄岩磁化率均值为 3633×10^{-5}SI，具有强磁性（表 6-12）。超基性岩和赤铁矿化变砂岩是引起磁异常的主导因素。

表 6-12　甘 C-2016-171、甘 C-2016-172 航磁异常磁化率统计

岩性	样品块数	最大值	最小值	算术平均值	几何平均值
安山岩	30	910	320	720	665
赤铁矿变砂岩	30	5950	2110	3616	3409
橄榄岩	33	5120	1440	3633	3456
砂质板岩	42	71	3	24	21
灰岩/硅质岩	6	—	—	无磁性	
花岗闪长岩脉	6	720	544	608	599

注：测定参数为磁化率（10^{-5}SI）；测量仪器为 SM-30 磁化率仪。

2. 查证情况

布置 2 条剖面，南北向，线距 900m。阿 C-7-1 为地、物、化综合剖面，长度为 3km；阿 C-7-2 剖面为磁测剖面，长度为 4km。

阿 C-7-1 剖面在 152~158 点和 176 点形成两个高值区（图 6-27）。

152~158 点：呈单峰状升高磁异常，北侧伴生负值，有两个次级叠加小异常，北陡南缓，梯度大，异常强度为 2171. 79nT。异常处见蛇纹石化橄榄岩，岩体（脉）走向近东西向，延伸约 3km，宽 100m 至数百米。化探出现 Ni、Cr 高值异常区，其中 Ni 含量最大为 1733×10^{-6}，Cr 含量最大为 1768×10^{-6}，异常区同时伴生 Hg、As、Sb 元素异常。异常由超基性岩引起，Cr、Ni 含量高，有找矿潜力。

174~176 点：磁测曲线形态呈单峰状，北侧伴生负值，异常强度为 840nT，推测该处有一条隐伏断裂。实地踏勘，在该异常峰值处发现并圈定磁（赤）铁矿矿化体一条，矿体长度大于 1000m，地表出露宽 2~25m 不等，走向 135°，倾向南，倾角 75°左右，矿石为变质砂岩，岩石赤铁矿化、硅化（图 6-28，图 6-29）。经地表采样分析：TFe 平均品位为 11. 55%，mFe 平均品位为 4. 89%，Au 平均含量为 0.1×10^{-6}。异常由铁矿化引起。

另外，在甘 C-2016-172 异常东部甘 C-2016-171、甘 C-2016-173（查证编号阿 C-6-1）异常，本次查证同样有较好发现。172~180 点位：地磁异常强度为 2250nT，对应蛇纹石化橄榄岩，Cr、Ni、Sb 异常最大值分别为 1815×10^{-6}、1910×10^{-6}、19.34×10^{-6}；220~228 点位：地磁异常强度为 2200nT，对应安山岩，化探异常峰值 Mo 为 19.32×10^{-6}、As 为 34.56×10^{-6}、Hg 为 174.8×10^{-6}、Ag 为 0.995×10^{-6}（图 6-30）。有热液型多金属钼、银矿的找矿潜力。

3. 结论建议

异常由超基性岩和含磁铁矿的赤铁矿带引起。已发现铁矿带一处，Cr、Ni、Au、Pb、Sb、Ag、Mo 异常多处，是寻找与超基性岩有关的铁、镍、钴、金等多金属矿产的有利地区。

（六）甘 C-2015-193 航磁异常——与超基性岩有关的铜镍矿化异常

异常位于肃北县西南 18km 处的拉排沟地区，区域上位于党河南山-拉脊山蛇绿混杂岩带内，航磁推断大断裂 F_5、F_6 与 F_{111}、F_{110} 构造交汇区内。

异常为正磁背景场中的升高正磁异常。航磁 ΔT 剖面平面图上 5 条线反映明显，多峰，幅值为 430nT，飞行高度为 91m。航磁 ΔT 等值线平面图上呈椭圆形，长 2. 9km，宽 1. 2km，有多个异常高值点（图 6-31）。

异常位于长城系熬油沟组分布区内，岩性为基性火山熔岩、变质火山碎屑岩夹凝灰岩及碳酸盐岩。有超基性岩脉出露，北侧分布志留纪花岗闪长岩（$\gamma\delta$S）。

异常区分布化探 Cu、Ni、Mo、W、Bi 异常，其中 Bi 异常强度高、浓集中心明显，峰值达 5. 0×

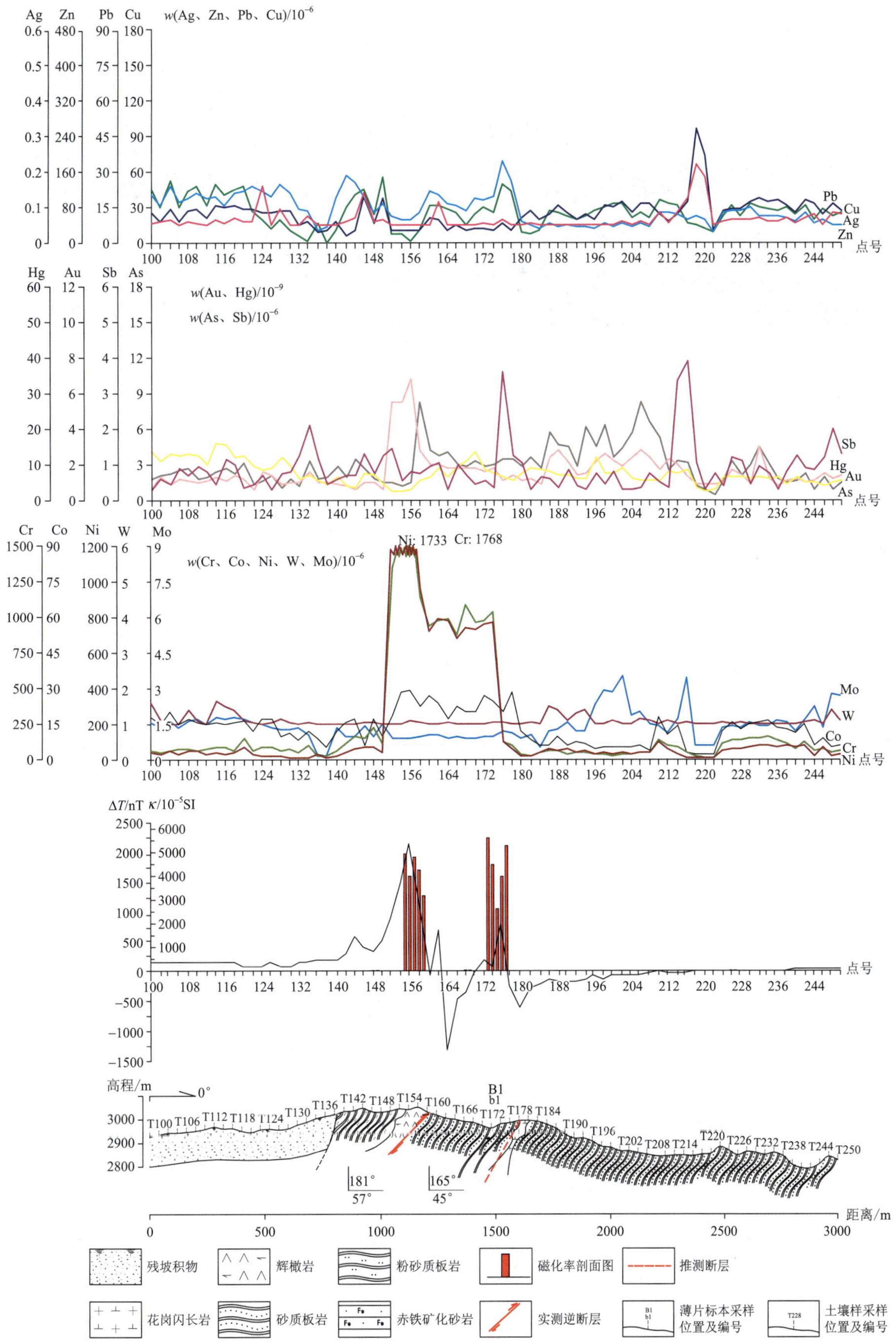

图 6-27　阿 C-7-1 剖面地、物、化综合剖面图

图 6-28　磁（赤）铁矿体示意图

图 6-29　阿 C-7-1 剖面 174 点磁（赤）铁矿体露头

10^{-6}，反映了异常区具有高温热液活动特征。1∶20 万剩余重力异常图上，对应剩余重力高异常，说明异常区分布有高密度体，由地表分布超基性岩脉以及区域上有超基性岩体密集分布等特征，说明异常区有隐伏超基性岩体存在（图 6-32）。根据 2.5D 反演计算（图 6-33），超基性岩体埋深 50m 左右，磁化强度为 852.56×10^{-3}A/m（磁化率相当于 1930×10^{-5}SI），近乎直立。综合分析，该区可能有与超基性岩有关的铜、镍矿化，矿化与热液活动有关。

异常区东侧 3.3km 处甘 C-2015-194 异常附近分布超基性岩体（ΣS）和多处铜、镍矿点。类比分析，甘 C-2015-193 和甘 C-2015-194 异常位于同一异常带上，具有相同的成矿条件，推断由超基性岩引起，有铜、镍多金属矿找矿潜力。

类比分析，具有同样找矿潜力的异常还有甘 C-2015-198、甘 C-2015-185、甘 C-2015-187、甘 C-2015-183 等。

（七）甘 C-2016-208 航磁异常——沉积变质型铁矿引起的异常

异常位于阿尔金山主峰北侧萨木萨克，区域上属于阿尔金逆冲推覆构造带，海拔 5128m。

航磁异常特征显示为正负磁场变化区内呈尖峰状的正磁异常。航磁 ΔT 剖面平面图上 13 条线反映明显，曲线规则、两翼对称，梯度大，强度高，幅值为 1228nT。航磁 ΔT 等值线平面图上呈椭圆形，长 6650m，宽 930m，飞行高度为 53m（图 6-34）。

异常位于蓟县系花儿地组地层区内，该组岩性主要为微晶灰岩、钙质千枚岩、绿泥千枚岩（1∶25 万区调）。1∶5 万矿调成果显示，花儿地组岩性为海相碎屑岩、碳酸盐岩沉积建造，经区域变质和动力变质形成板岩、结晶灰岩等中浅变质岩，其中 Jxh^b 层为含磁铁矿泥硅质板岩、凝灰质板岩。德勒诺尔铁矿产于该层位中。

异常强度高，规模大，北部分布红柳沟沉积变质型铁矿点多处，区域上与德勒诺尔铁矿成矿环境相似，推测由沉积变质型铁矿引起。由于海拔高、积雪覆盖，未进行异常查证。

（八）甘 C-2016-278 航磁异常——与基性岩有关的金矿化异常

甘 C-2016-278（查证编号阿 C-18）异常位于测区西南金泉山东南部。

1. 异常特征

航磁异常特征：航磁 ΔT 剖面平面图上表现为正磁背景场中的尖峰状正异常，两翼基本对称，北侧伴生负值，幅值为 518nT，飞行高度为 81m，在 9 条测线反映明显。在航磁 ΔT 等值线平面图上，形态呈椭圆状，北西向展布，长 4.2km，宽 2.3km。

地质特征：出露地层达肯大坂岩群一岩组（Pt_1D^1），为斜长角闪岩-含矽线黑云斜长片麻岩-石英二云片岩建造，主要岩性为黑云石英片岩、十字石二云石英片岩、黑云角闪斜长片麻岩。出露

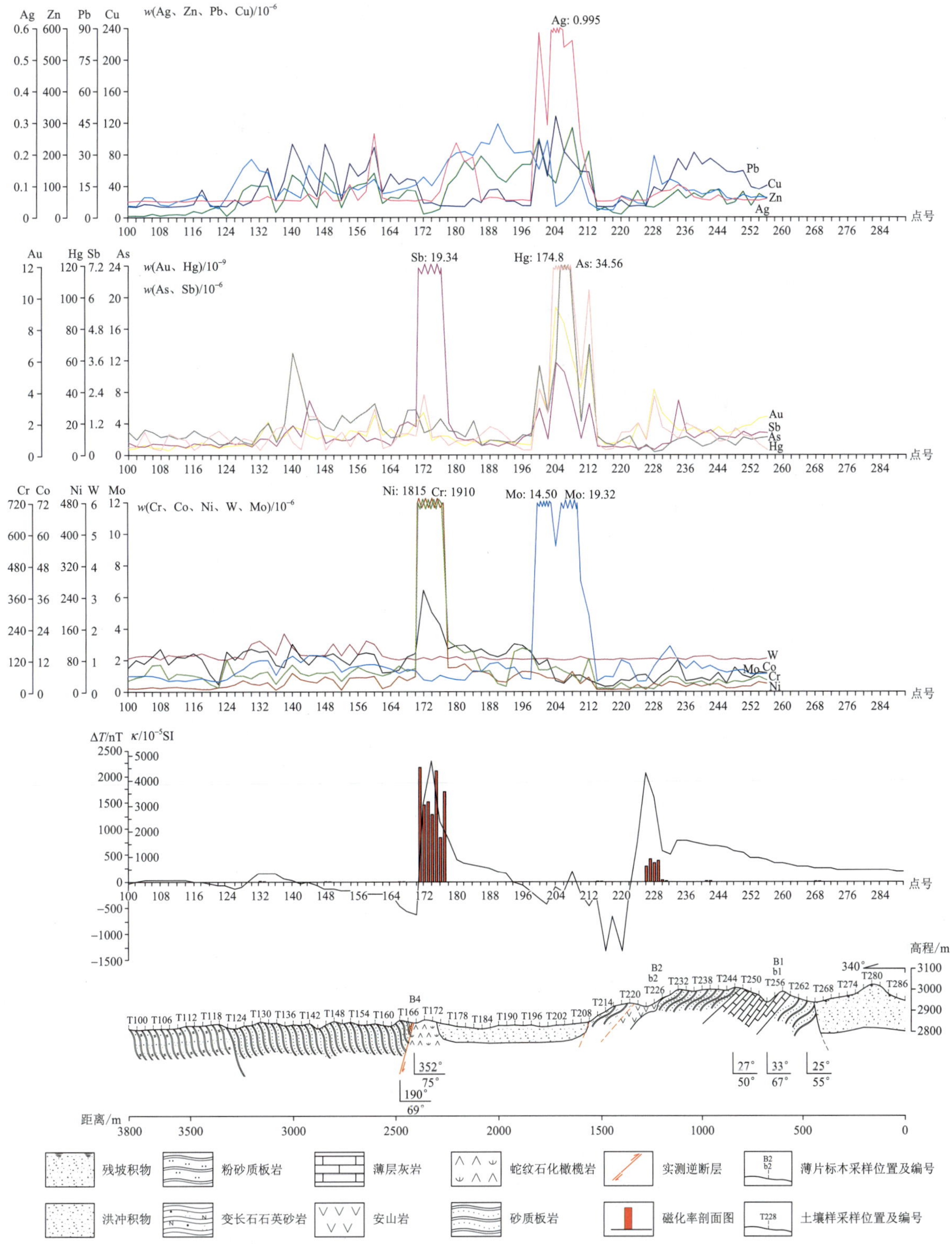

图 6-30　阿 C-6-1 剖面地、物、化综合剖面图

岩体为奥陶纪辉长岩（υO）：岩石呈灰绿色，细粒辉绿结构、辉长结构，辉石含量 60%～70%、斜长石含量 30%～40%，具次闪石化、钠长石化、绿泥石化。另外，各类基性、中酸性岩脉较发育。

异常区断裂以北西向为主，主要分布于阿得扎果塞鲁他鲁源泉地带，以逆冲断裂为主；同时，也分布于航磁推断的 F_{95} 和 F_{106} 断裂交汇处。

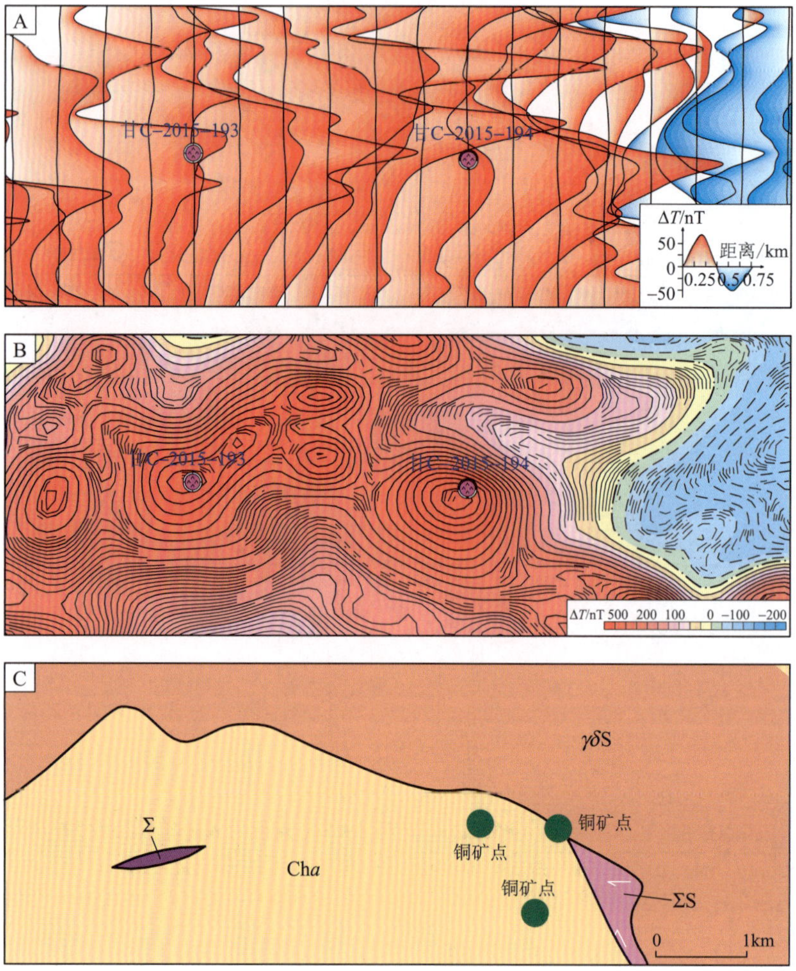

图6-31　甘C-2015-193航磁异常综合剖析图

A—航磁 ΔT 剖面平面图；B—航磁 ΔT 等值线平面图；C—1∶25万地质矿产图。

1∶25万地质矿产图图例：Cha—长城系敖油沟组：安山质-玄武质熔岩—玄武质火山碎屑岩组合；ΣS—志留纪超基性岩（蛇纹石化斜辉橄石岩）；γδS—志留纪花岗闪长岩；Σ—超基性岩脉

化探异常特征：1∶20万化探多坝沟幅综合异常HS-12上异常主成矿元素为Au，元素组合为Au、Hg、Ag、Ti、Sb、Fe等，异常强度高、面积大，元素组合好，具体特征见表6-13。

表6-13　HS-12综合异常特征

元素组合	异常强度		异常面积/km²	衬度	异常规模	浓度分带
	峰值	均值				
Hg	0.039	0.028	7.75	3.09	23.99	中、外
Au	19.0	19.0	23.36	9.46	220.94	内、中、外
Sb	208.0	147.3	14.35	30.26	434.38	内、中、外
Ag	0.084	0.081	8.66	1.85	16.06	外
Fc	5.81	5.81	3.42	1.41	4.81	外
Ti	5222.9	5222.9	10.21	1.45	14.80	外

注：Au含量单位为 10^{-9}，Fe含量单位为 10^{-2}，其他元素含量单位为 10^{-6}。

岩（矿）石磁性特征：实测物性结果显示，二云母片岩和石英片岩均表现为无磁—弱磁性，形成背景场；角闪变粒岩磁化率在 113×10^{-5} ~ 4100×10^{-5} SI之间，平均值为 1112×10^{-5} SI，具有中—强磁性；辉长岩脉磁化率在 321×10^{-5} ~ 5130×10^{-5} SI之间，平均值为 1892×10^{-5} SI，具有中—强磁性

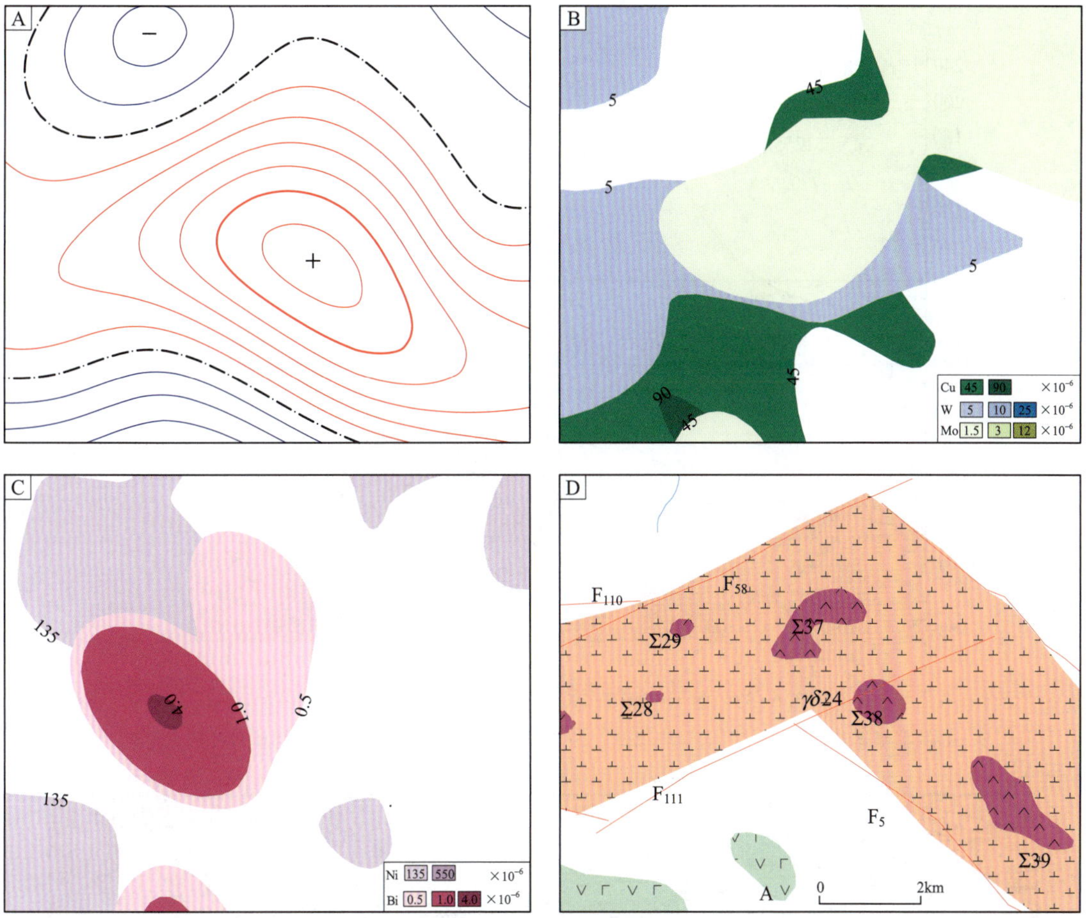

图 6-32　拉排沟地区甘 C-2015-193 异常区地质、物化探特征

A—剩余重力异常图；B—化探 Cu、W、Mo 异常图；C—化探 Ni、Bi 异常图；D—推断岩性构造图。

推断岩性构造图图例：$\gamma\delta24$—中酸性岩体及编号；Σ29—超基性岩体及编号；A—火山岩；F_{111}——般断裂及编号

（表 6-14）。

表 6-14　甘 C-2016-278 异常磁化率统计

岩性	样品块数	最大值	最小值	算术平均值	几何平均值
二云母片岩	33	26	3	13	12
石英片岩	39	45	1	10	13
角闪变粒岩	30	4100	113	1112	495
辉长岩脉	9	5130	321	1892	975

注：测定参数为磁化率（10^{-5}SI）；测量仪器为 SM-30 磁化率仪。

2. 查证情况

布置了 4 条剖面，南北向，综合剖面长 3.5km，单磁剖面长 4km。

阿 C-18-1、阿 C-18-2、阿 C-18-4 剖面异常明显，强度分别为 905nT、409nT、2572nT，对应角闪变粒岩和辉长岩脉，二者物性磁化率较大，是引起磁异常的主要地质因素。另外，磁异常区出现 Ni、Co、Cr、Hg 组合异常，为基性岩组合异常反映。附近 168~174 点出现 Au、As、W、Cu 组合异常，最大值 Au 为 73.4×10^{-9}、As 为 73.4×10^{-6}、W 为 50.21×10^{-6}、Cu 为 144.5×10^{-6}；元素套合性好，与达肯大坂岩群二云片岩对应，推测岩体和地层的接触带可能存在矿化。

阿 C-18-3 号剖面（图 6-35）磁异常较弱，但化探异常发育好，出现 Au、As、W 等元素组合

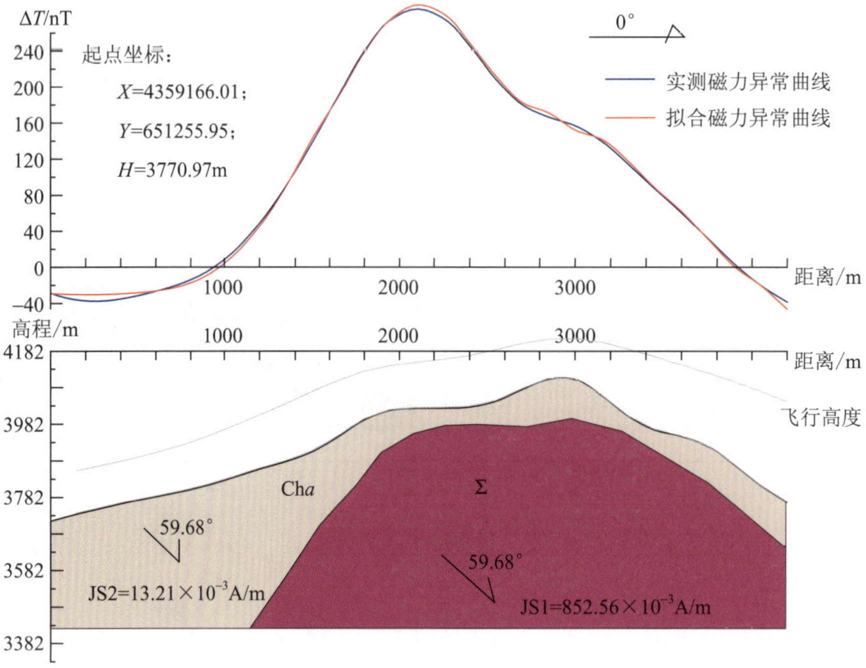

图 6-33　甘 C-2015-193 异常 2.5D 反演拟合示意图

Cha—长城系熬油沟组；Σ—超基性岩体；JS1 = 852.56×10^{-3} A/m—反演地质体编号及磁化强度

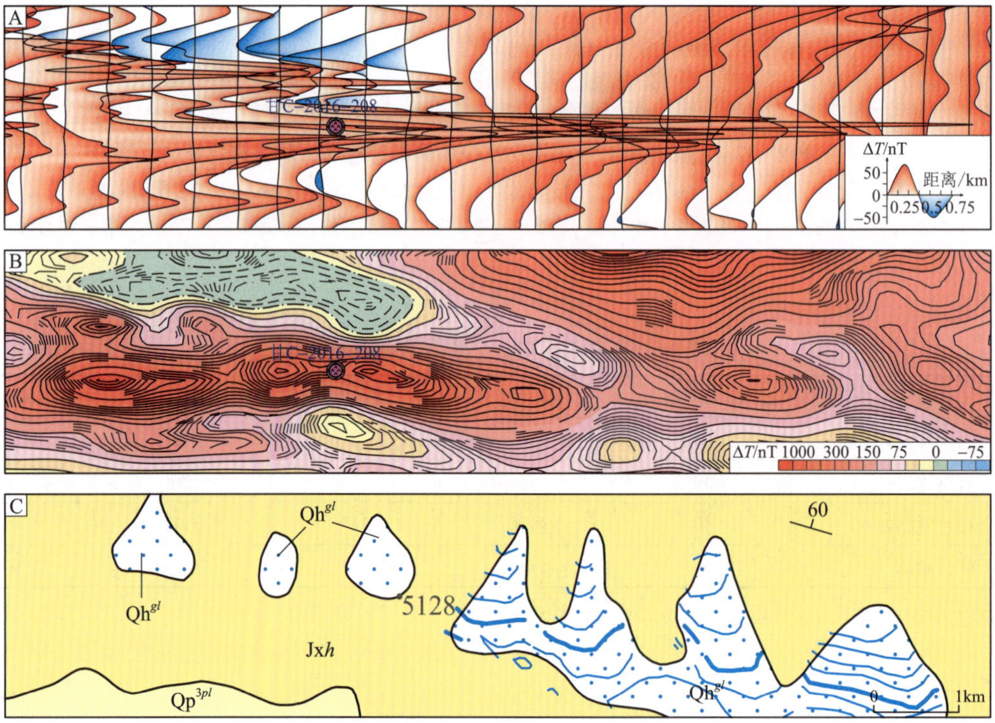

图 6-34　甘 C-2016-208 航磁、地质特征

A—航磁 ΔT 剖面平面图；B—航磁 ΔT 等值线平面图；C—1∶25 万地质图。

1∶25 万地质图图例：Jxh—蓟县系花儿地组：青灰色白云岩，灰色含硅质白云岩、含燧石结核白云岩；

Qp^{3pl}—上更新统洪积物：松散砂砾石、含粉砂黏土；Qh^{gl}—全新统现代冰川：雪粒、坚硬冰层

异常，最大值 Au 为 479×10^{-9}、As 为 2236.3×10^{-6}、W 为 41.25×10^{-6}，异常强度高，套合关系好，反映热液活动强烈，对应达肯大坂岩群石英片岩。区内岩脉发育，金矿化潜力大。

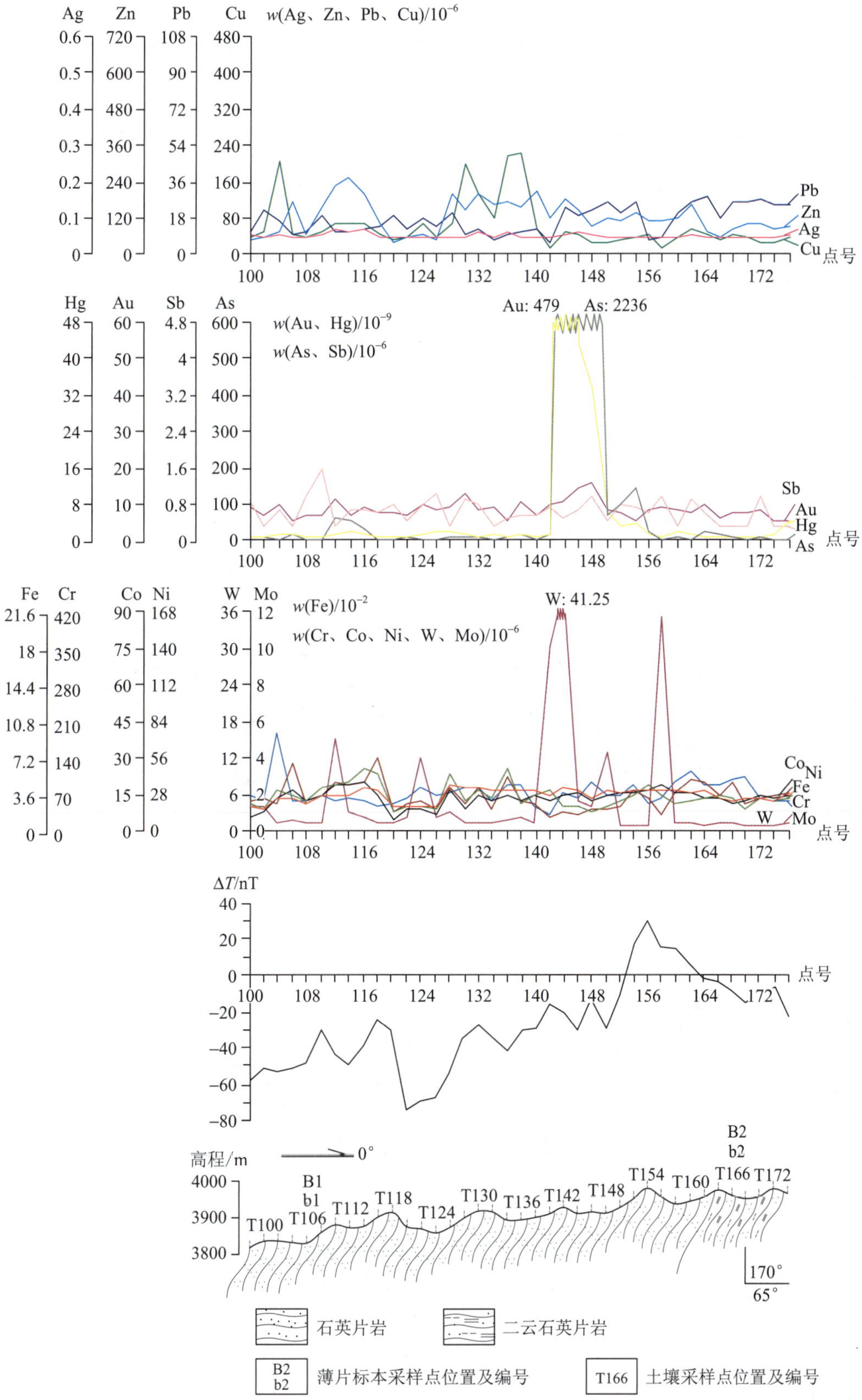

图 6-35　阿 C-18-3 剖面地、物、化综合剖面图

3. 结论建议

该磁异常与基性岩和变质岩关系密切，磁异常主要为角闪变粒岩及辉长岩引起；从区域异常所

处的位置来看，异常位于 F_{95} 断裂带上，沿断裂带分布一系列串珠状基性、超基性岩体，所以从异常特征来看，甘 C-2016-278 异常由基性岩体引起的可能性较大。异常区化探异常 Au、As、W、Cu 等强度高，套合性好，有较大金多金属矿找矿潜力。

（九）甘 C-2015-143 航磁异常——与火山岩地层区有关的铜矿化异常

甘 C-2015-143（查证编号 C-8）异常位于鹰嘴山好布拉格一带。

1. 异常特征

航磁异常特征：异常为正磁背景场中叠加的局部升高异常。航磁 ΔT 等值线平面图上，表现为沿阿尔金断裂平行分布的串珠状异常排列的升高异常带的一部分，异常呈椭圆形、北东东向展布，异常强度为 628nT，异常长轴为 1600m，短轴为 700m。航磁 ΔT 剖面平面图上，表现为尖峰状异常，4 条测线上反映明显（图 6-36）。航磁 ΔT 剩余异常剖面平面图上，异常清晰。航磁 ΔT 化极垂向一阶导数等值线平面图上，异常边界明显。

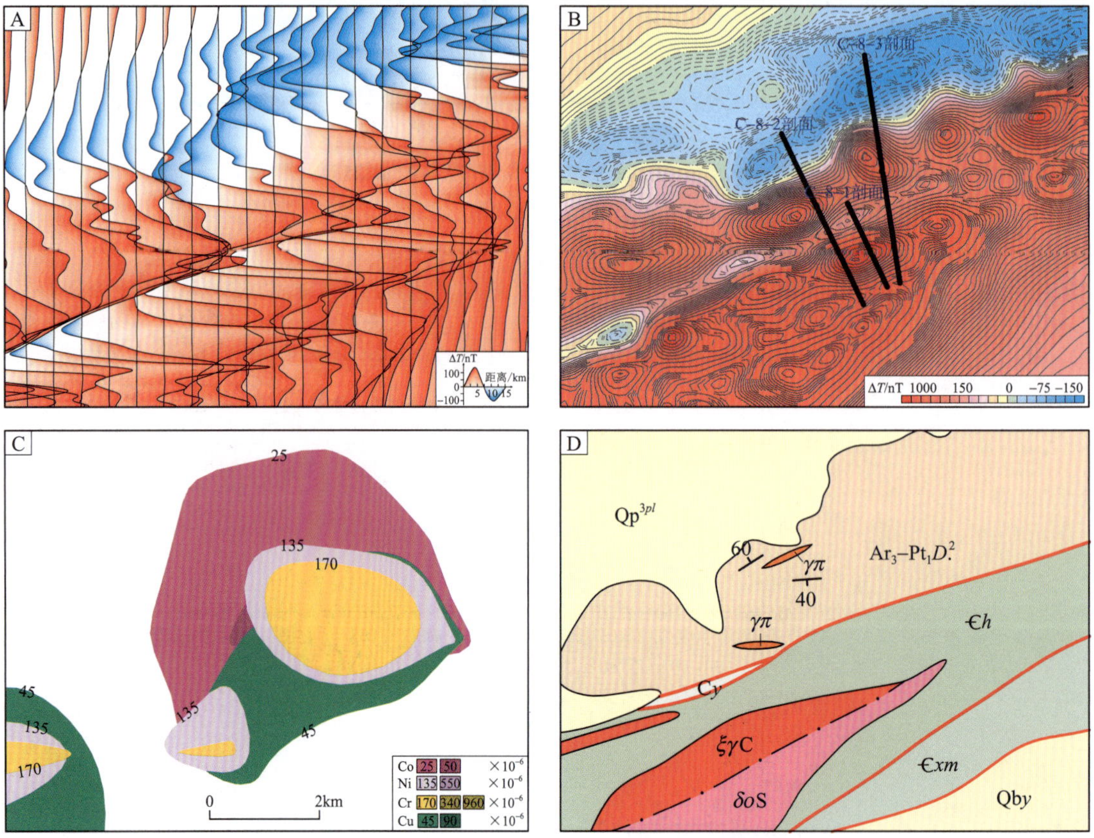

图 6-36 甘 C-2015-143 异常地质、航磁、化探综合图

A—航磁 ΔT 剖面平面图；B—航磁 ΔT 等值线平面图；C—化探 Cu、Co、Cr、Ni 异常图；D—1∶25 万地质图。1∶25 万地质图图例：Ar_3-$Pt_1D^2_c$—敦煌岩群二岩组：白云质大理岩、含榴黑云斜长片麻岩夹斜长角闪片岩、混合岩；Qby—青白口系龚岔群窑洞沟组：角砾状灰岩、鲕状灰岩、砂质板岩；€xm—寒武系香毛山组：板岩、变质砂岩、灰岩、硅质岩；€h—寒武系黑茨沟组：板岩、石英砂岩，下部夹灰绿色玄武岩；Cy—石炭系羊虎沟组：灰黑色炭质页岩、砂岩；Qp^{3pl}—上更新统洪积物；δoS—志留纪石英闪长岩；ξγC—石炭纪正长花岗岩；γπ—花岗斑岩脉

2. 地质特征、物化探特征

地质特征：异常位于阿尔金断裂上，中心点位于阿尔金断裂南部寒武系黑茨沟组与中酸性岩体的接触带上。黑茨沟组（€h）岩性为板岩、石英砂岩、微晶灰岩，下部夹绿色玄武岩、安山岩、英安岩、中酸性凝灰岩。侵入岩体有石炭纪正长花岗岩（ξγC）、石英闪长（δoC）。阿尔金断裂北

部分布敦煌岩群二岩组（$Ar_3-Pt_1D^2_c$）的斜长角闪岩、片麻岩夹伟晶岩、石英岩等。西南方向5~10km范围内，同一异常带上相同地质构造条件下分布已知铜、镍等多金属矿点较多，有尕秀铜矿点、三个泉铅矿点、老弯子铜矿点、黄硐子沟铜矿化点等，以热液型为主。

区域上位于1∶20万重力剩余异常的局部重力高范围内。1∶20万化探测量显示，异常区出现Cu、Co、Cr、Ni异常，各异常吻合好，浓集中心明显，异常峰值分别为Cu 87.7×10^{-6}、Co 37.7×10^{-6}、Cr 298×10^{-6}、Ni 145×10^{-6}，异常区面积为11.9km^2。

综合分析，异常可能与中基性火山岩有关，铜、镍、铬、钴的矿化指示意义明显。本次工作列为重点异常进行查证。

3. 航磁异常查证情况

垂直构造方向布设3条剖面，剖面总长度为9.08km，其中剖面C-8-1长1.64km、C-8-2剖面长3.36km、C-8-3剖面长4.08km，剖面方位角为334°。

地面高精度磁测：3条剖面曲线ΔT异常呈剧烈变化的锯齿状。

物性测定结果显示，斜长角闪岩磁化率较高，平均值为1561.94×10^{-5}SI，赤铁矿（光薄片鉴定，赤铁矿矿石内含约8%的磁铁矿）磁性较高，标本磁化率在1620.33×10^{-5}SI左右，其他岩性磁化率较低（表6-15）。

表6-15　甘C-2015-8异常物性测定结果

岩性	磁化率平均值/10^{-5}SI	变化范围/10^{-5}SI	样品块数
斜长角闪岩	1561.94	1322.00~1792.00	30
闪长岩	557.28	452.33~663.00	31
片麻岩	159.95	59.40~260.83	30
花岗斑岩	9.61	6.11~19.53	30
正长花岗岩	116.54	56.6~181.57	30
赤铁矿	36.49	30.10~48.73	30

综合剖面测量发现：

C-8-1剖面土壤测量结果显示，Cu、Ni、Cr等元素相关性较好，多处出现共同的峰值区。最大值：Cu为213×10^{-6}，Ni为165×10^{-6}，Cr为286×10^{-6}。铜、镍多金属成矿的可能性较大。

在C-8-2剖面花岗岩内的破碎带上有铜矿化点一处，地表为第四系覆盖，依据地形推测破碎带宽约10m，延伸较长；沿构造带地表多处可见孔雀石化转石（图6-37）。孔雀石化露头拣块样分析Cu含量为0.12%，接近边界品位。

4. 结论与建议

物性测量结果和异常展布特征显示，角闪岩和含磁铁矿的赤铁矿磁性较强，推测异常与火山岩地层或者岩体和地层的接触带有关。

异常区地质构造复杂，火山岩地层和岩浆岩发育，成矿条件有利。地质剖面测量显示，在构造破碎带上发现孔雀石矿化岩石露头多处，并已接近边界品位，但综合地质、地面高精度磁测、化探土壤剖面综合测量结果分析，矿化与异常并没有很好的对应关系，区域上在相同地质构造条件下，已经有多处铜矿点、矿化点发现，但未发现大中型矿产地。建议进一步工作，查清矿化来源和矿化规模，实现找矿突破。

三、超基性岩引起的异常

超基性岩沿深大断裂和大断裂分布，测区阿尔金断裂（F_1）和党河南山-拉脊山蛇绿混杂岩带

图 6-37　C-8-2 剖面南侧孔雀石化矿化露头

（F_4、F_5、F_6）内集中了测区主要的超基性岩带。

航磁异常多呈尖峰状、带状定向排列和延伸，一般强度较高，与围岩背景场形成明显的差别。该类异常含有大量岩浆熔离型铜、镍、铬、铁等多金属矿产，如大道尔基铬铁矿、拉排沟西岔铜矿点、先锋付家沟铜镍矿点、七一铜镍矿等。

另外，在全吉地块内沿推断的 F_{95} 断裂分布串珠状异常带，其中甘 C-2016-197 异常包含金泉山镍矿点。

除了已知超基性岩引起的异常外，还推测了大量隐伏超基性岩体，对地质构造分析和找矿预测都有重要意义。

（一）甘 C-2015-184 异常

异常位于肃北县东南 8.1km 处的黑达坂一带，区域上属于党河南山-拉脊山蛇绿混杂岩带和北西向党河断裂交汇区。

异常为正背景场中的剑锋状升高异常，多峰，强度不等，航磁 ΔT 等值线平面图上呈椭圆形，长 1.0km，宽 0.85km，幅值为 800nT，飞行高度为 78m。

区域地质图上，异常对应于北东向分布的超基性岩体，岩体含黑达坂铬铁矿点、康沟南镍矿点。围岩为长城系桦树沟组千枚岩、板岩、结晶灰岩。外围分布志留纪英云闪长岩岩基。异常区分布化探 Cr、Ni、Co 异常，与超基性体和矿点吻合，为含矿超基性体的反映（图 6-38）。

区域物性测量显示，超基性岩磁性普遍较强，一般在 $4600\times10^{-5}\sim9000\times10^{-5}$SI 之间，磁化率最大值为 18426×10^{-5}SI，桦树沟组的砂岩、板岩、结晶灰岩一般无磁性或者磁性较弱，志留纪的英云闪长岩磁化率一般在 $200\times10^{-5}\sim900\times10^{-5}$SI 之间，最大值为 2020×10^{-5}SI。超基性岩体是引起航磁异常的主导因素。

异常区外围相同地质构造条件下异常特征相似的异常还有甘 C-2015-183、甘 C-2015-185、甘 C-2015-186、甘 C-2015-197、甘 C-2015-192、甘 C-2015-193、甘 C-2015-194、甘 C-2015-198 等，其中甘 C-2015-194、甘 C-2015-179 已发现铜镍矿点（铁匠沟脑铜矿点、拉排沟西岔铜矿），其他异常有进一步找矿潜力。

（二）甘 C-2016-197 异常

异常位于阿尔金山南坡金泉山一带，区域上位于柴达木盆地北缘全吉地块内。

异常为宽缓背景场中叠加的尖峰状正磁异常。航磁 ΔT 剖面平面图上，5 条测线反映明显，曲线不规则，南缓北陡，北侧伴生负值，幅值为 1920nT，梯度为 5330nT/km。航磁 ΔT 等值线平面图

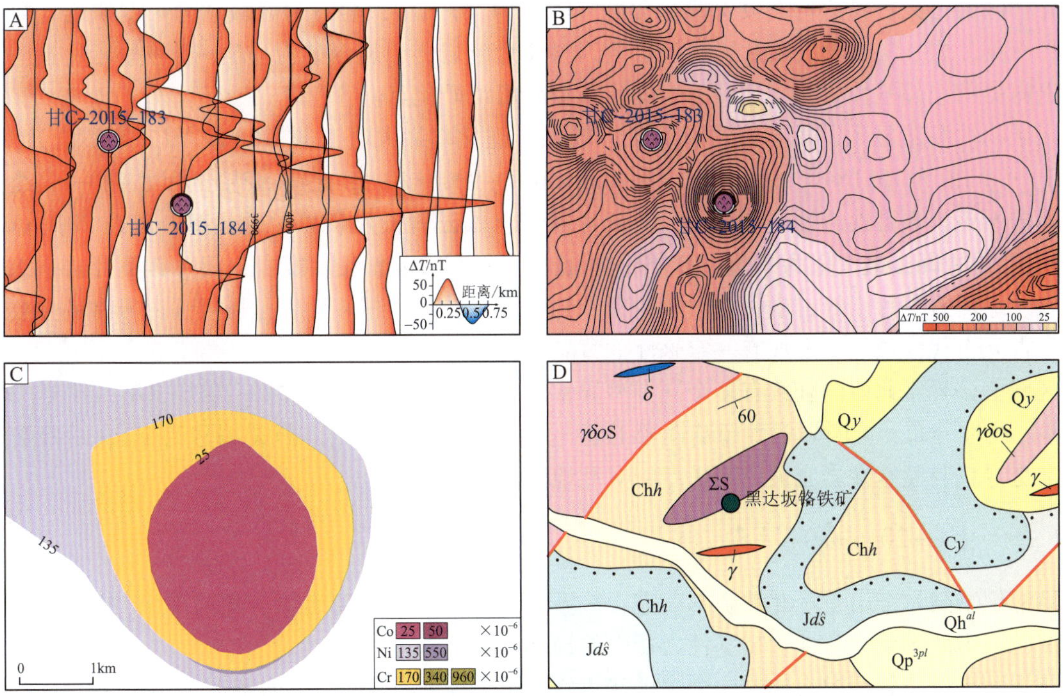

图 6-38　甘 C-2015-184 异常地质、物化探异常特征图

A—航磁 ΔT 剖面平面图；B—航磁 ΔT 等值线平面图；C—化探异常图；D—1∶25 万地质矿产图。

1∶25 万地质矿产图图例：$Pt_1B_2^2$—北大河岩群二岩组：二云母片岩-变基性岩建造；Ch*h*—长城系桦树沟组：酸性凝灰岩-安山质凝灰熔岩-玄武岩组合；J*xh*—蓟县系花儿地组：青灰色白云岩、灰色含硅质白云岩；C*y*—石炭系羊虎沟组：含煤碎屑岩建造；J*dŝ*—侏罗系大山口组：砂砾岩、粉砂岩；Q*y*—第四系玉门组；Qp^{3pl}—上更新统洪积物；Qh^{al}—全新统冲积物；ΣS—志留纪辉石橄榄岩；$\gamma\delta o$S—志留纪英云闪长岩；δ—闪长岩脉；γ—花岗岩脉

上，异常呈不规则团块状，正负伴生。北西向分布，长 3.1km，宽 2.19km（图 6-39）。

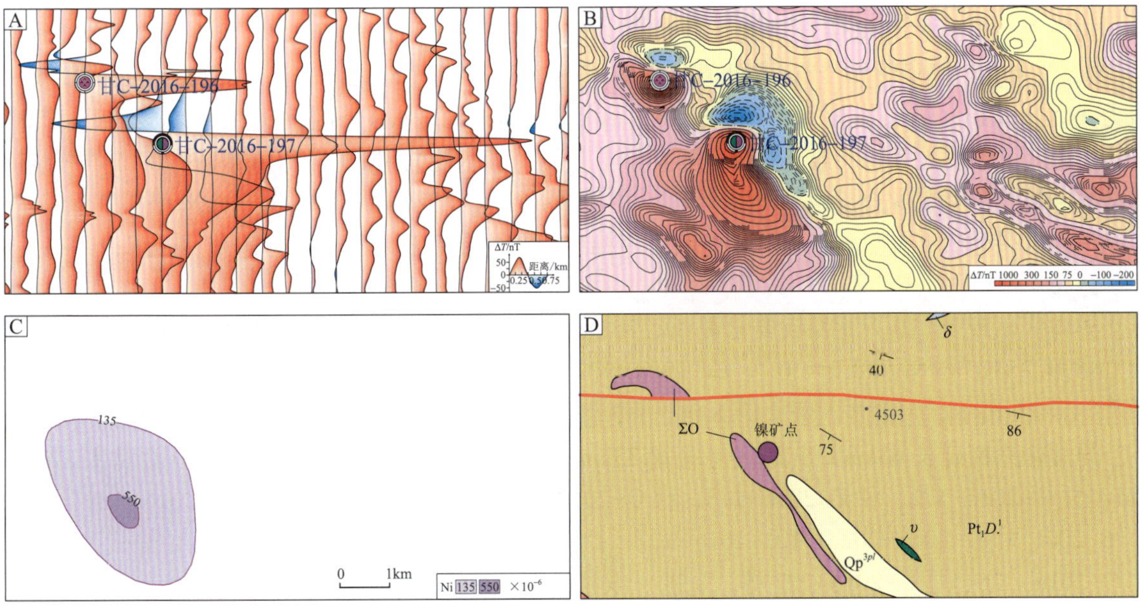

图 6-39　甘 C-2016-197 异常区地质、航磁、化探异常特征图

A—航磁 ΔT 剖面平面图；B—航磁 ΔT 化极等值线平面图；C—化探 Ni 异常图；D—1∶20 万地质矿产图。

1∶20 万地质矿产图图例：Pt_1D^1—古元古界达肯大坂岩群一岩组：黑云石英片岩、十字石二云石英片岩、黑云角闪斜长片麻岩；Qp^{3pl}—上更新统洪积物；ΣO—奥陶纪超基性岩；υ—辉长岩脉；δ—闪长岩脉

异常区为古元古界达肯大坂岩群一岩组（$Pt_1D.^1$）分布区，岩石为区域动力热变质岩，岩性为黑云母石英片岩、二云母石英片岩、黑云角闪斜长片麻岩，原岩为砂泥质岩-碳酸盐岩建造。异常中心出露奥陶纪超基性岩体（ΣO），岩体分布金泉山镍矿化点。

区域物性测量显示，超基性岩普遍磁性较强，磁化率最大值为 18426×10^{-5}SI，最小值为 1439×10^{-5}SI，平均值为 7551×10^{-5}SI，常见值在 $4600\times10^{-5}\sim9000\times10^{-5}$SI 之间。达肯大坂岩群一岩组岩石磁性强弱不等，强磁性岩性有黑云角闪斜长片麻岩、黑云斜长片麻岩，磁化率一般在 $2000\times10^{-5}\sim6000\times10^{-5}$SI 之间，最大值为 8550×10^{-5}SI；弱磁性岩石有黑云斜长片麻岩、云母石英片岩、二云石英片岩、绿泥石英片岩等，磁化率一般为几十到几百个单位。超基性岩是形成强磁异常的主要地质要素，古元古代变质地层形成有一定磁性的背景场。

区域上该异常北西向陆续有多个同类型异常（甘 C-2016-196、甘 C-2016-276、甘 C-2016-278 等）线性分布，推断异常由超基性岩引起，并推断有断裂通过，断裂编号为 F_{95}，沿断裂分布的异常是寻找与超基性岩有关的镍矿产的有利地区。

（三）甘 C-2016-204 异常

异常位于阿尔金山主峰北坡萨木萨克，区域上位于阿尔金断裂南缘、党河南山-拉脊山蛇绿混杂岩带内。为萨木萨克基性、超基性岩带内的局部异常。

异常为正磁背景场中叠加的一个尖峰状正磁异常。航磁 ΔT 剖面平面图上，7 条测线反映明显，曲线规则，两翼对称，北侧伴生负值，异常强度高，幅值为 2854nT。航磁 ΔT 等值线平面图上为东西向串珠状正磁异常带中的一部分，异常长 3. 82km，宽 1. 3km（图 6-40）。

异常区位于萨木萨克基性、超基性岩带内，岩性为超基性岩（斜辉橄榄岩）（ΣO），绿色—黑色，原岩几乎全部蚀变，被次生矿物蛇纹石置换，少量滑石化、碳酸盐化、绿泥石化。与超基性岩伴生的基性岩，岩性为辉长辉绿岩（$\beta\upsilon$O），为似斑状结构、辉长辉绿结构，暗绿色，主要矿物为拉长石、普通辉石、普通角闪石，不同程度蚀变。围岩为蓟县系花儿地组（Jx*h*），岩性为青灰色白云岩、灰色含硅质白云岩、含燧石结核白云岩，白云岩建造。

物性测量显示，超基性岩普遍磁性较强，磁化率最大值为 18426×10^{-5}SI，最小值为 1439×10^{-5}SI，平均值为 7551×10^{-5}SI，常见值在 $4600\times10^{-5}\sim9000\times10^{-5}$SI 之间；基性岩磁性也很强，最小值为 472×10^{-5}SI，最大值为 16410×10^{-5}SI，平均值为 8639.23×10^{-5}SI，一般在 $8000\times10^{-5}\sim1200\times10^{-5}$SI 之间。围岩大理岩一般无磁性。异常带由基性、超基性岩引起，甘 C-2016-204 异常为超基性岩体和基性岩体的综合反映。

该异常带包含多处温石棉矿，即蛇纹石石棉矿，其中和平乡的石棉矿已达大型矿床，还有大量铁矿分布。

异常区出现 1：20 万化探铁族元素 Cr、Ni、Co 异常，并且浓集中心吻合较好，异常峰值分别为 Cr 599.2×10^{-6}、Ni 932.5×10^{-6}、Co 35.2×10^{-6}，分别为异常下限（Cr 171.4×10^{-6}、Ni 67.5×10^{-6}、Co 25.6×10^{-6}）的 3. 5 倍、13. 8 倍、1. 3 倍，富集作用强，铬、镍、钴等成矿可能性大。

异常带东西延长 63km，出露区南北宽 33km，西部隐伏区延伸 30km，包含异常甘 C-2016-171、甘 C-2016-172、甘 C-2016-173、甘 C-2016-181、甘 C-2016-182、甘 C-2016-183、甘 C-2016-200、甘 C-2016-202、甘 C-2016-207、甘 C-2016-208、甘 C-2016-133、甘 C-2016-225、甘 C-2016-226、甘 C-2016-227 等，是进一步寻找铁、石棉、铬、镍、钴等矿产的有利地区。

四、基性岩引起的异常

测区基性岩沿深大断裂和大断裂分布，测区主要分布在阿尔金断裂（F_1）上，党河南山-拉脊山蛇绿混杂岩带（F_4、F_5、F_6）、且末-敦煌断裂（F_2）以及北祁连南缘断裂（F_3）附近。有时与

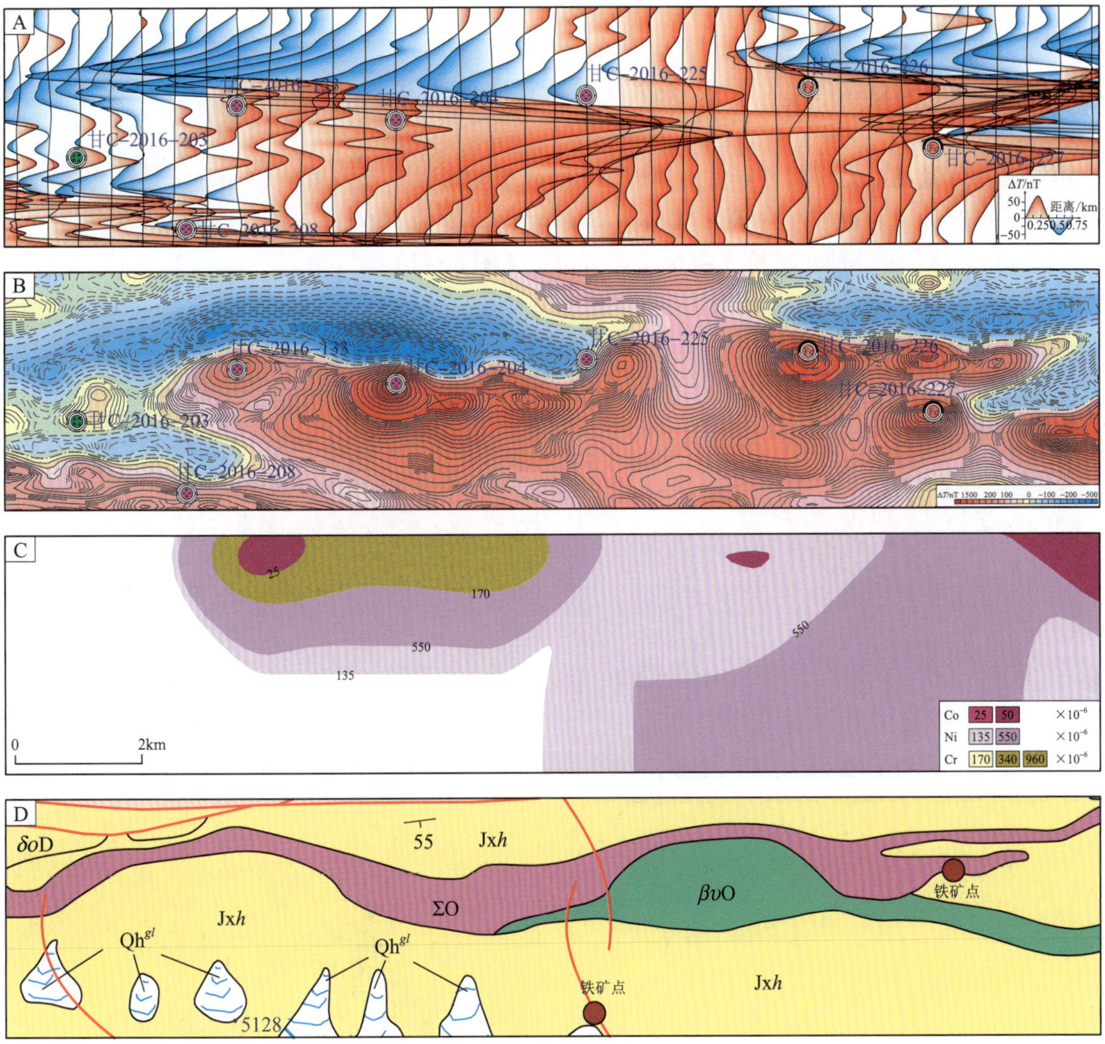

图 6-40　甘 C-2016-204 异常地质矿产、航磁特征图

A—航磁 ΔT 剖面平面图；B—航磁 ΔT 等值线平面图；C—化探 Cr、Ni、Co 异常图；D—1∶25 万地质矿产图。

1∶25 万地质矿产图图例：Jx*h*—蓟县系花儿地组：青灰色白云岩，灰色含硅质白云岩、含燧石结核白云岩；Qh^{gl}—全新统现代冰川：雪粒、坚硬冰层；ΣO—奥陶纪超基性岩（蛇纹石化斜辉橄石岩）；$\beta\upsilon$O—奥陶纪辉长辉绿岩；δoD—泥盆纪石英闪长岩

超基性岩伴生。航磁异常多呈尖峰状异常，团块状、带状。该类异常反映了地壳深部构造岩浆活动产物特征，同时岩体分布区常常伴生 Cu、Pb、Zn、Au、Ag、As、Sb、Bi、Cr、Ni、Co 等多金属矿化指示元素异常，铜、铁、钴、镍、金等多金属矿产找矿意义较大。

测区内已发现大量与基性岩有关的铜、镍、钴矿化异常。其中，甘 C-2015-213 异常铜、镍已达边界品位（Cu 含量为 2100×10^{-6}，Ni 含量为 2757×10^{-6}，Cr 含量为 1616×10^{-6}）。甘 C-2010-0011 异常钻孔中 Cu、Co 达到边界品位（Cu 含量为 2628×10^{-6}，Co 含量为 600×10^{-6}，Ni 含量为 1240×10^{-6}）。

基性岩磁化率高低不等，区域物性统计显示，辉绿岩（$\beta\upsilon$O）磁化率最大值为 16410×10^{-5}SI，最小值为 472×10^{-5}SI，平均值为 8639.23×10^{-5}SI，常见值在 $8000\times10^{-5}\sim12000\times10^{-5}$SI 之间，磁场上能引起强磁异常。甘 C-2015-213 和甘 C-2010-0011 矿化异常都是强磁异常，该异常特征详见第六章第三节。另外，也有部分基性岩磁性较低，磁化率在几十到几百个单位之间，引起的磁异常不明显。

另外，敦煌盆地内可能分布大量由基性岩引起的异常，有待于进一步验证。

（一）甘 C-2015-28 异常

异常位于甘肃鸣沙山南侧黑石峰，区域上位于且末-敦煌断裂（F_2）南侧，敦煌地块内，敦煌盆地边缘。

异常为负背景场中尖峰状正异常。航磁 ΔT 剖面平面图上 7 条测线反映明显，曲线形态较为规则，两翼基本对称，北侧伴生负值，幅值为 2312nT，梯度为 1360nT/km，飞行高度为 84m。航磁 ΔT 等值线平面图上呈等轴状，长 3.4km，宽 2.6km（图 6-41）。

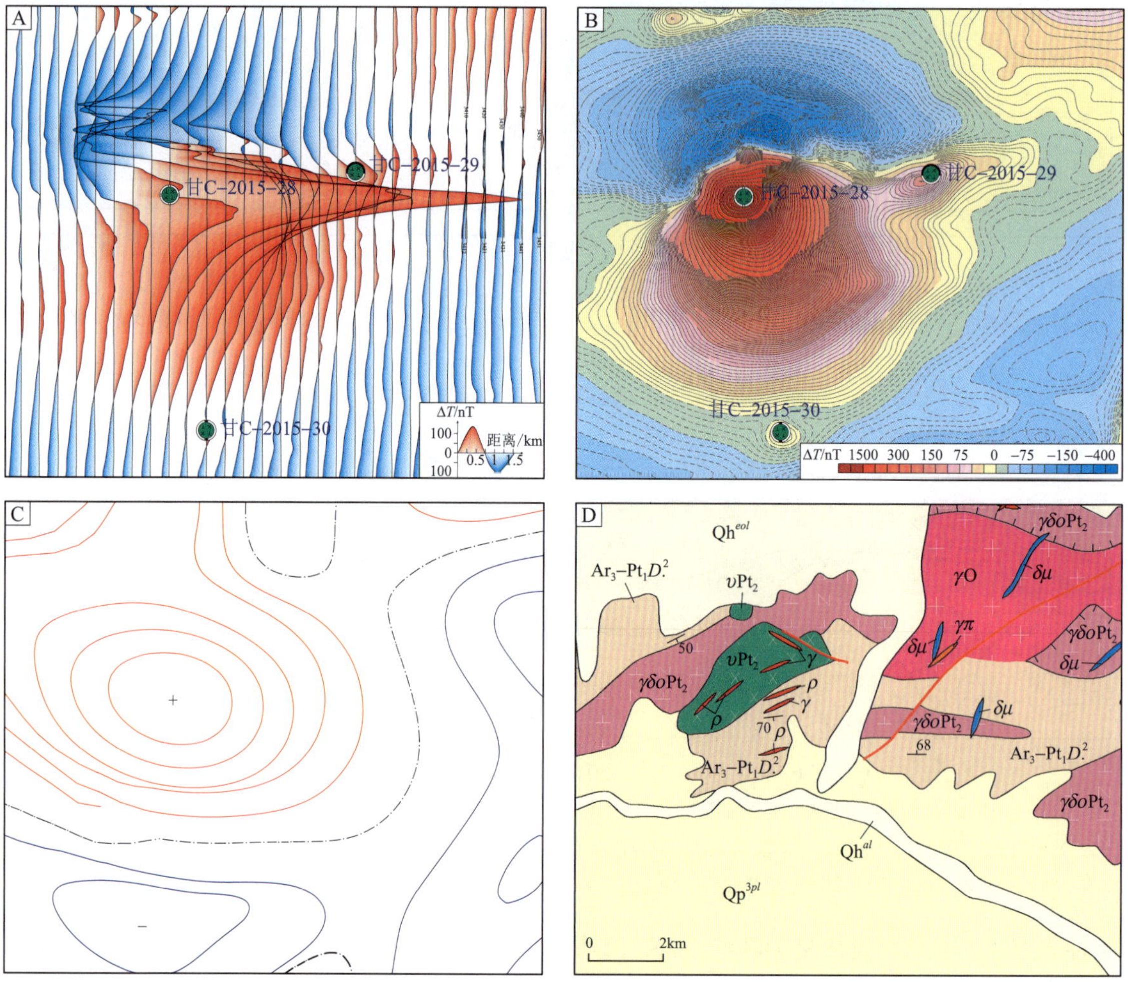

图 6-41　甘 C-2015-28 航磁异常综合分析图

A—航磁 ΔT 剖面平面图；B—航磁 ΔT 等值线平面图；C—剩余重力异常图；D—1∶25 万地质图。

1∶25 万地质图图例：Ar_3-Pt_1D^2—敦煌岩群二岩组：白云质大理岩、含榴黑云斜长片麻岩夹斜长角闪片岩、混合岩；Qp^{3pl}—上更新统洪积物；Qh^{eol}—全新统风积物；Qh^{al}—全新统冲积物；υPt_2—中元古代辉长岩：深灰、灰黑色，由斜长石、角闪石、透辉石、磁铁矿及微量磷灰石组成；$\gamma\delta o Pt_2$—中元古代英云闪长岩；γO—奥陶纪花岗岩；$\gamma\pi$—花岗斑岩脉；γ—花岗岩脉；ρ—伟晶岩脉；$\delta\mu$—闪长玢岩脉

航磁异常中心对应黑石峰岩体（中元古代辉长岩体（υPt_2）），岩石呈深灰、灰色，由斜长石、角闪石、透辉石、磁铁矿及微量磷灰石组成。岩体北侧分布有中元古代中粒英云花岗闪长岩（$\gamma\delta o Pt_2$），南侧分布有敦煌岩群（Ar_3-Pt_1D^2）斜长角闪岩、片麻岩夹伟晶岩、石英岩。

1∶20 万剩余重力异常图上对应重力高异常，为中基性岩体的反映。

地磁剖面测量 7.12km，异常呈尖峰状正异常，曲线形态两翼基本对称，伴生负值，幅值 4158nT。异常区物性测量结果见表 6-16，辉长岩标本的磁化率均值在 4200×10^{-5}SI 左右，其他变质

岩闪长岩体有中等磁性，基性岩体磁性最强，是引起异常的主要地质因素。

表 6-16 甘 C-2015-28 异常物性测定结果

岩性	磁化率平均值/10^{-5}SI	变化范围/10^{-5}SI	样品块数
辉长岩	4206. 93	31. 6~7523	6
砂岩	15. 43	8. 33~26. 31	4
闪长岩	841. 48	2. 36~3747	5
花岗岩	13. 33	0. 57~38. 6	3
石英	0. 00	0. 00	2
片麻岩	247. 87	3. 94~3030	13

甘 C-2011-0011 异常是敦煌地块中与基性岩体有关的铜、镍、铁多金属矿化的典型异常，甘 C-2015-28 异常与其同样位于敦煌地块敦煌盆地边缘鸣沙山纬向构造带上，成矿地质构造条件相似，异常特征相似，有同样寻找与基性岩体有关的铁、铜、镍等多金属矿产的潜力。2. 5D 反演计算，地表岩体出露较小，地下规模较大（图 6-42）。

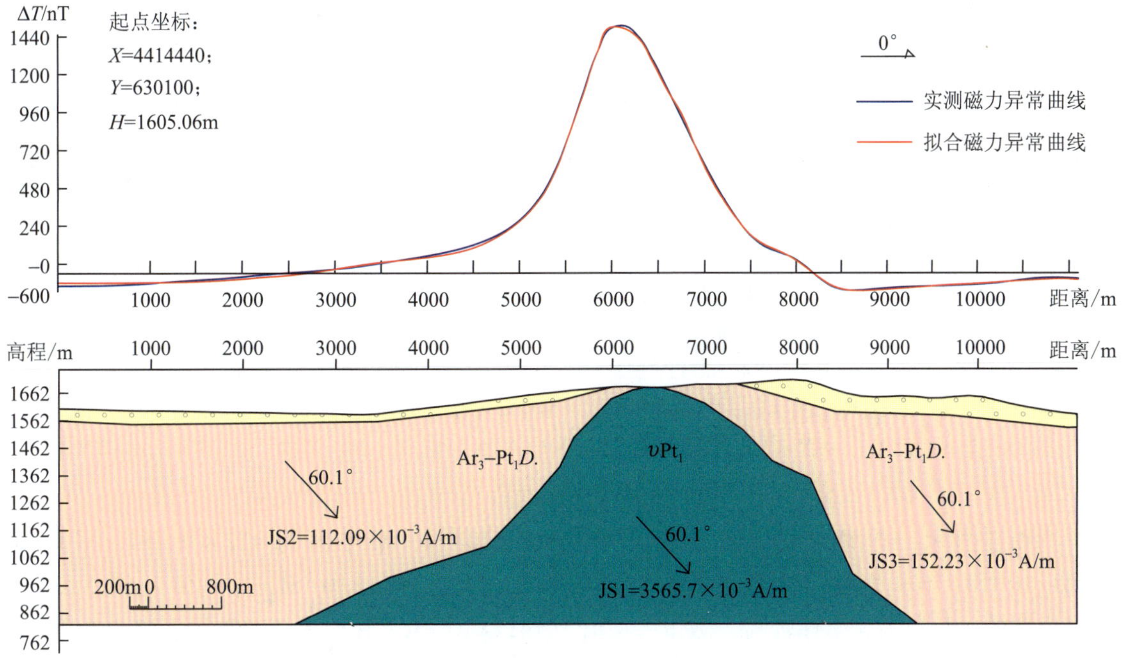

图 6-42 甘 C-2015-28 异常 2. 5D 反演拟合示意图

$Ar_3-Pt_1D.$—古元古界—新太古界敦煌岩群；υPt_1—古元古代基岩侵入体；JS1 = 3565. 7×10^{-3} A/m—反演地质体编号及磁化强度

（二）甘 C-2016-141 异常

异常位于测区西部阿克塞沟东部青崖子，区域上位于阿尔金断裂上，为青崖子-萨木萨克基性、超基性岩带出露岩体的东端。

异常为正负磁场交界处的正磁异常带，近东西向分布。航磁 ΔT 剖面平面图上，9 条测线反映明显，呈尖峰状异常带，两翼基本对称，北侧伴生负值，异常幅值为 1335nT，梯度值为 3600nT/km。航磁 ΔT 等值线平面图上，为串珠状异常带，长 4870m，宽 930m（图 6-43），飞行高度为 88m。

异常区出露地层有北大河岩群一岩组（$Pt_1B.^1$）和蓟县系花儿地组（Jxh）。北大河岩群一岩组岩性为斜长角闪岩、二云石英片岩、透辉变砾岩、黑云斜长片麻岩；花儿地组岩性为白云岩、硅质白云岩。出露奥陶纪辉绿岩岩体（$\beta\upsilon O$）。岩体受断裂控制，北东向分布，北端受阿尔金断裂截断。

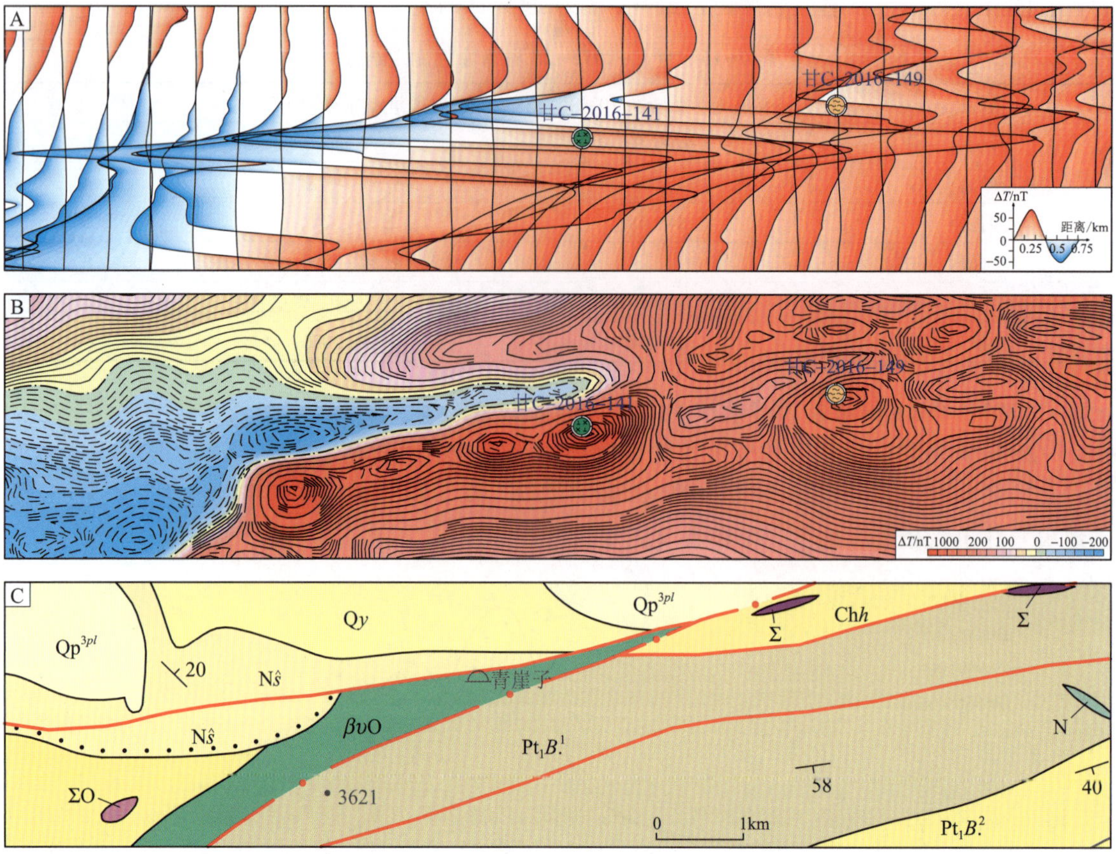

图 6-43　甘 C-2016-141 异常地质航磁异常特征

A—航磁 ΔT 剖面平面图；B—航磁 ΔT 等值线平面图；C—1∶25 万地质图。

1∶25 万地质图图例：$Pt_1B^1_\cdot$—北大河岩群一岩组：斜长角闪岩、二云石英片岩、透辉变粒岩；$Pt_1B^2_\cdot$—北大河岩群二岩组：白云石英片岩、二云石英片岩；Ch*h*—长城系桦树沟组：酸性凝灰岩-安山质凝灰熔岩-玄武岩组合；N*ŝ*—新近系疏勒河组；Q*y*—第四系玉门组；Qp^{3pl}—上更新统洪积物；*βυ*O—奥陶纪辉长辉绿岩；ΣO—奥陶纪超基性岩；N—基性岩脉；Σ—超基性岩脉

实测物性显示，辉绿岩磁化率最大值为 16410×10^{-5}SI，最小值为 472×10^{-5}SI，平均值为 8639.23×10^{-5}SI；辉长岩磁化率最大值为 113×10^{-5}SI，最小值为 41×10^{-5}SI，平均值为 67.5×10^{-5}SI；北大河岩群的斜长角闪岩磁性较高，磁化率均值为 1415×10^{-5}SI；其他透辉变砾岩、二云石英片岩、黑云角闪片麻岩、砂岩等磁化率一般为几十到几百个单位，最大值仅 439×10^{-5}SI。相比较而言，辉绿岩磁性强，异常主要由辉绿岩引起。

该异常是测区内异常强度最高的一类异常，对应地质体是青崖子-萨木萨克基性、超基性岩带出露岩体的一部分。该基性、超基性岩带出露区长约 33km，向西还推测有 30km，基性、超基性岩在测区内富含铁、铜、镍、铬、石棉等矿产，磁场图上反映的强磁异常带是该类矿产找矿的有利地区。

（三）甘 C-2015-164 异常

异常位于测区东部石板墩西南 10km 处的多若诺尔，区域上位于北祁连南缘断裂南部。

异常为正磁背景场中的升高异常，航磁 ΔT 剖面平面图上，异常多条测线反映，北侧伴生负值，异常强度中等，幅值为 680nT，飞行高度为 62m。航磁 ΔT 等值线平面图上，呈椭圆形，长 7800m，宽 1400m（图 6-44）。

异常对应于多若诺尔奥陶纪辉长岩岩体（*υ*O），围岩为中元古代砂岩-板岩-安山岩-玄武岩建

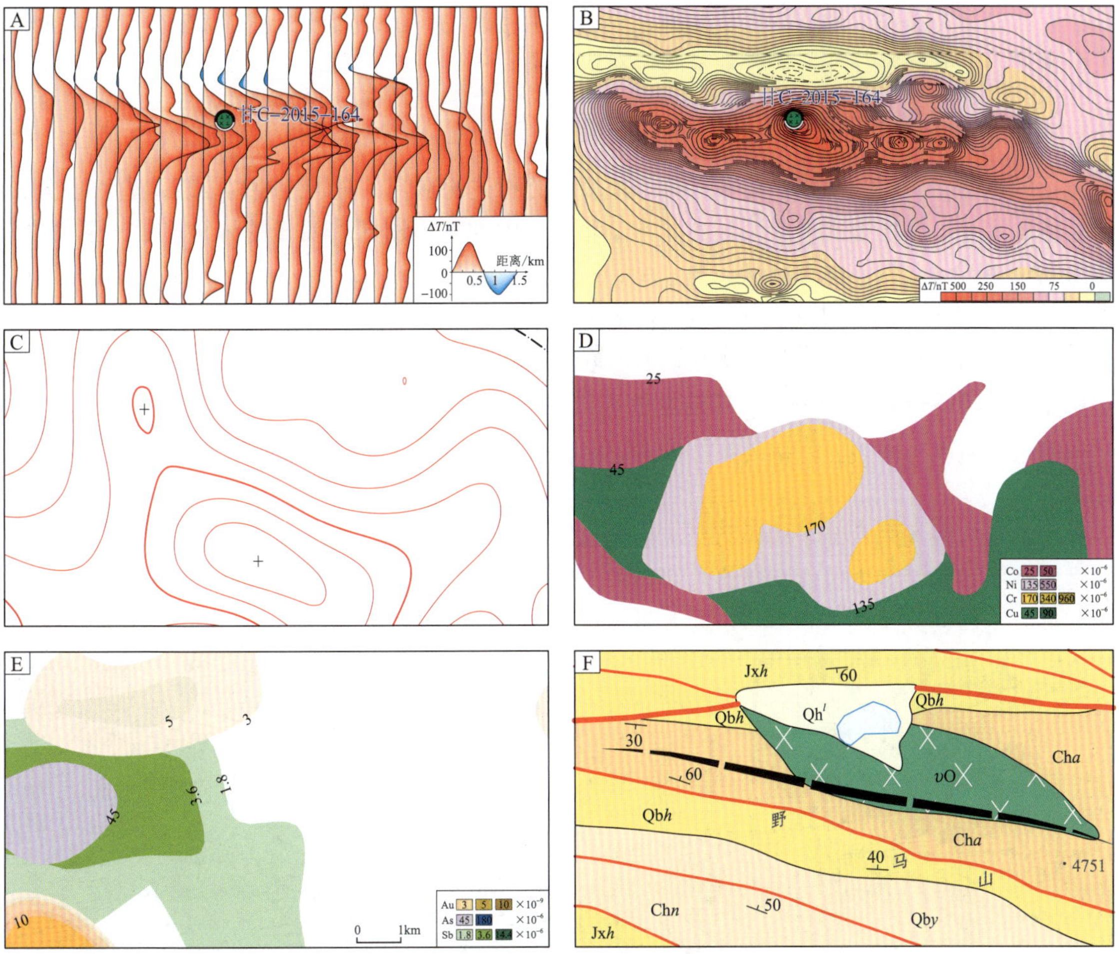

图 6-44 甘 C-2015-164 异常区地质、航磁异常特征

A—航磁 ΔT 剖面平面图；B—航磁 ΔT 等值线平面图；C—剩余重力异常图；D—化探 Co、Ni、Cr、Cu 异常图；E—化探 Au、As、Sb 异常图；F—1∶25 万地质图。

1∶25 万地质图图例：Cha—长城系熬油沟组：安山质-玄武质熔岩—玄武质火山碎屑岩组合；Chn—长城系南白水河组：砂质板岩；Jxh—蓟县系花儿地组：青灰色白云岩、灰色含硅质白云岩；Qby—青白口系龚岔群窑洞沟组：角砾状灰岩、鲕状灰岩、砂质板岩；Qbh—青白口系龚岔群哈什哈尔组：板岩、粉砂岩、砂岩；Qh^l—全新统湖积物；υO—奥陶纪辉长岩

造（Cha、Qbh、Jxh）。区域上辉长岩有较强磁性，平均值为 1282.33×10^{-5}SI，最大值为 2526×10^{-5}SI，是引起航磁异常的主要地质因素。围岩区对应航磁背景场，为无磁性或者弱磁性岩石地层。

对应 1∶20 万剩余重力高异常，为辉长岩体的反映。发育 1∶20 万铁族元素 Cr、Ni、Co、Cu 异常和 Au、As、Sb、Cu 热液矿化多金属元素组合异常，异常组合具有与基性岩有关的铜、金等多金属矿化特征。

异常向东南方向继续延伸，陆续分布甘 C-2015-169、甘 C-2015-170、甘 C-2015-171、甘 C-2014-132 等异常。该异常带向东延伸到“祁连成矿带西段 1∶5 万航磁调查”测区，该异常带上分布有查干布尔嘎斯中型铜矿，该矿床含矿岩石为辉长-闪长岩体，成因属于基性岩浆熔离贯入及岩浆期后热液充填交代混合型。该矿床的分布对本测区多若诺尔一带的基性岩体找矿有一定的指导意义。

五、中性岩、中酸性岩、酸性岩侵入体引起的异常

这 3 类岩体异常常常分布在一起，很难区分。从异常强度来看，有中性岩>中酸性岩>酸性岩

的规律。岩体分布在各个地质构造单元内，以早古生代为主，晚古生代和中生代较少，与多金属矿产关系密切，但其异常往往与矿产地呈间接对应关系。

（一）中性岩异常

包括闪长岩、石英闪长岩，分布在敦煌地块、北祁连构造带、全吉地块内。敦煌地块内分布的闪长岩体较零星，磁场上未形成明显的异常。北祁连中性岩出露区有明显的异常显示，强度中等，一般为100~400nT，岩体附近有铁、铜、铅、锌的多金属矿点分布，岩体的分布对找矿有一定的指示意义。全吉地块内化石沟西部40km处中性岩分布规模大、磁异常强度高，目前未发现与已知矿产有明显关系。化石沟二叠纪闪长岩有较弱的异常反映，与化石沟铜矿化有关。

1. 甘C-2015-105异常——北祁连中性岩异常

异常位于鹰嘴山南坡，红柳峡东部大泉一带，区域上位于北祁构造带西端，与阿尔金构造带汇交处。

异常为负背景场中升高正磁异常带。航磁 ΔT 剖面平面图上，连续4条测线呈较强异常反映，曲线呈尖峰状，北侧伴生负值，幅值为582nT，飞行高度为90m。航磁 ΔT 等值线平面图上，异常呈椭圆形，东西向分布，长2.4km，宽1.0km（图6-45）。

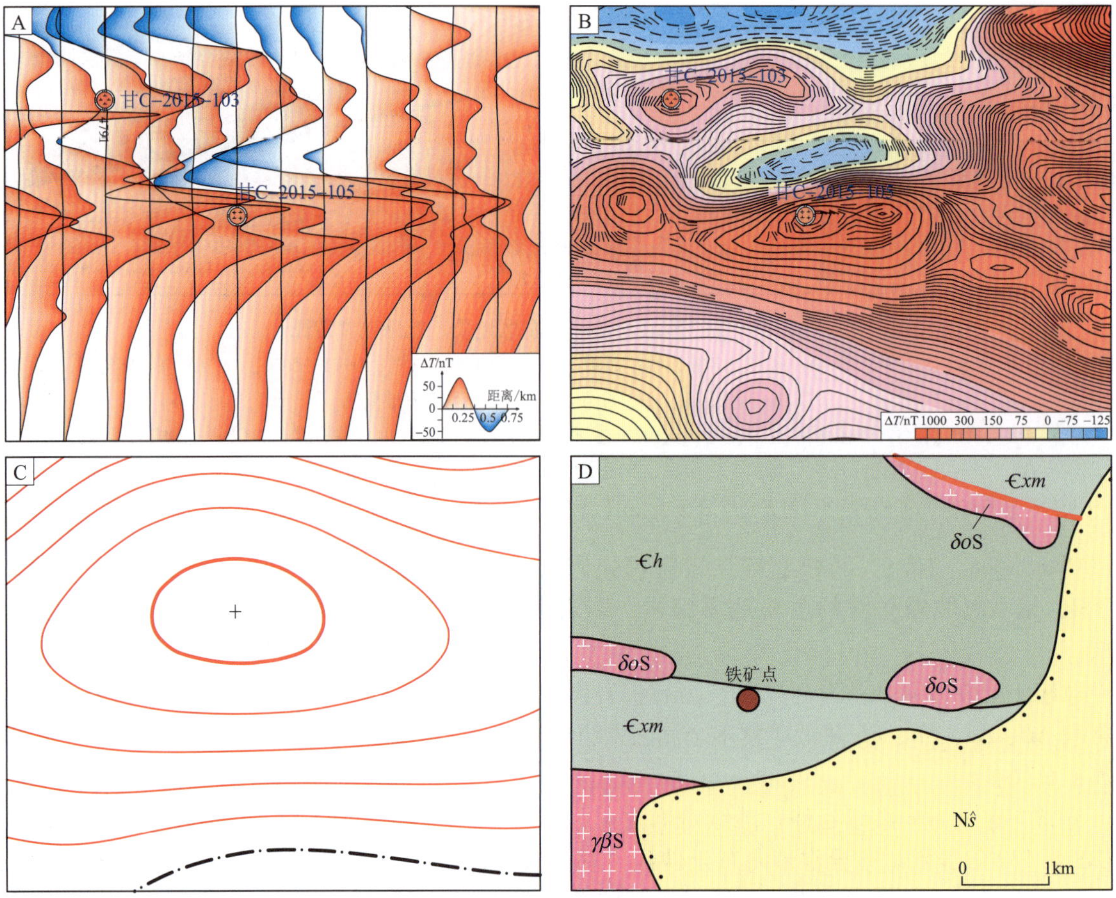

图6-45 甘C-2015-105异常区航磁、地质、重力异常特征

A—航磁 ΔT 剖面平面图；B—航磁 ΔT 等值线平面图；C—重力异常图；D—1∶25万地质矿产图。

1∶25万地质矿产图图例：Є*xm*—寒武系香毛山组：板岩、变质砂岩、灰岩、硅质岩；Є*h*—寒武系黑茨沟组：板岩、石英砂岩、微晶灰岩，下部夹灰绿色玄武岩；N*ŝ*—新近系疏勒河组；*δo*S—志留纪石英闪长岩；*γβ*S—志留纪黑云母花岗岩

异常对应志留纪石英闪长岩（*δo*S），围岩有寒武系香毛山组和黑茨沟组。黑茨沟组（Є*h*）为砂岩、板岩建造，香毛山组（Є*xm*）为砂板岩-灰岩建造。

志留纪石英闪长岩磁性较大，一般在 $1700\times10^{-5}\sim2300\times10^{-5}$SI 之间，均值为 1968×10^{-5}SI，围岩砂岩、板岩、灰岩磁性较弱。异常由石英闪长岩引起。

异常区对应 1∶20 万剩余重力高异常，为闪长岩岩体反映。

异常外围分布大泉铁矿化点，为中温热液型，推测与岩体有关。

异常带上和异常区外围，地质构造条件相同，异常特征相似的异常还有甘 C-2015-104、甘 C-2015-152、甘 C-2015-153、甘 C-2015-156、甘 C-2015-157、甘 C-2015-160，以及隐伏区的甘 C-2015-161、甘 C-2015-115、甘 C-2015-117、甘 C-2015-118 等，都有间接寻找多金属矿产的潜力。

2. 甘 C-2016-320 异常——全吉地块内化石沟中性岩

异常位于化石沟南部，区域上位于全吉地块一步沟-多罗尔什弧形逆冲变形带内化石沟斑岩体边部。

异常为负背景场中的升高正磁异常。航磁 ΔT 剖面平面图上，3 条测线反映明显，两翼对称，幅值为 520nT，飞行高度为 76m。航磁 ΔT 等值线平面图上，呈近南北向椭圆形，长 1.4km，宽 1.0km，异常边界清晰。地磁剖面异常与航磁异常吻合，在 I 剖面 136~168 点出现高值区，两侧伴生负值，幅值为 510nT（图 6-46）。

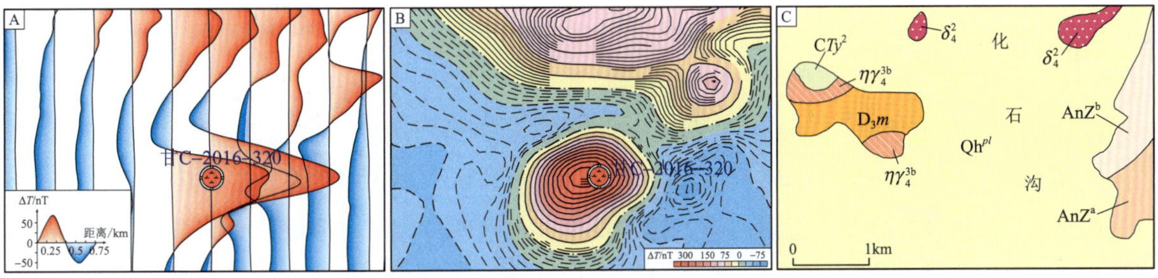

图 6-46 甘 C-2016-320 异常航磁、地质特征

A—航磁 ΔT 剖面平面图；B—航磁 ΔT 平面等值线；C—1∶20 万地质图。

1∶20 万地质图图例：AnZ^a—前震旦亚界第一岩组：混合岩、黑云角闪斜长片麻岩、混合片麻岩、黑云混合片麻岩、黑云中长片麻岩；AnZ^b—前震旦亚界第二岩组：黑云石英片岩、二云石英片岩、绢云绿泥石英片岩、绿泥石英片岩夹黑云斜长片麻岩，底部大理岩；D_3m—泥盆系牦牛山组：砂岩、钙质粉砂岩及板岩；CTy^2—石炭系太原群二岩组：炭质页岩、生物灰岩、含砾砂岩及石英砂岩；Qh^{pl}—第四系全新统洪积碎石、砂、砾；$\eta\gamma_4^{3b}$—加里东期二长花岗岩；δ_4^2—华力西期闪长岩

地质上位于化石沟斑岩体南部的第四系覆盖区内。化石沟斑岩由中酸性岩石组成（δP、$\gamma\delta o$P、$\eta\gamma$P），其中闪长岩（δP）有磁性，磁化率均值为 1536.89×10^{-5}SI，其他岩石磁化率在几十到几百个单位之间。

推测甘 C-2016-320 异常由化石沟岩体外围闪长岩小岩株引起。

根据透岩浆成矿理论，岩体外围的小岩株、岩脉往往是成矿的有利地区。本测区由于覆盖，地面查证异常未发现地质矿化线索，深部含矿性有待于进一步工作。根据地磁剖面数据进行 2.5D 反演，推断隐伏磁性体北倾，宽度约 600m，埋深约几十米（图 6-47）。

（二）中酸性岩异常

测区中酸性侵入岩体分布最广，有大规模岩基、岩浆岩带，也有小的岩株、岩脉。磁场图上，中酸性岩体引起的磁异常规模和磁场强度差别较大，不仅不同时期、不同岩性磁场特征不同，即使是同一岩性、同一时期、分布在不同地区的岩浆岩磁场特征也有差异，如党河南山、野马南山同为志留纪花岗闪长岩，但前者为强磁场，后者为弱磁场。另外，在岩体和地层的接触带次生的小岩株、岩脉等引起的磁异常往往强度低、规模小，但却是找矿的有利地区，值得重视。

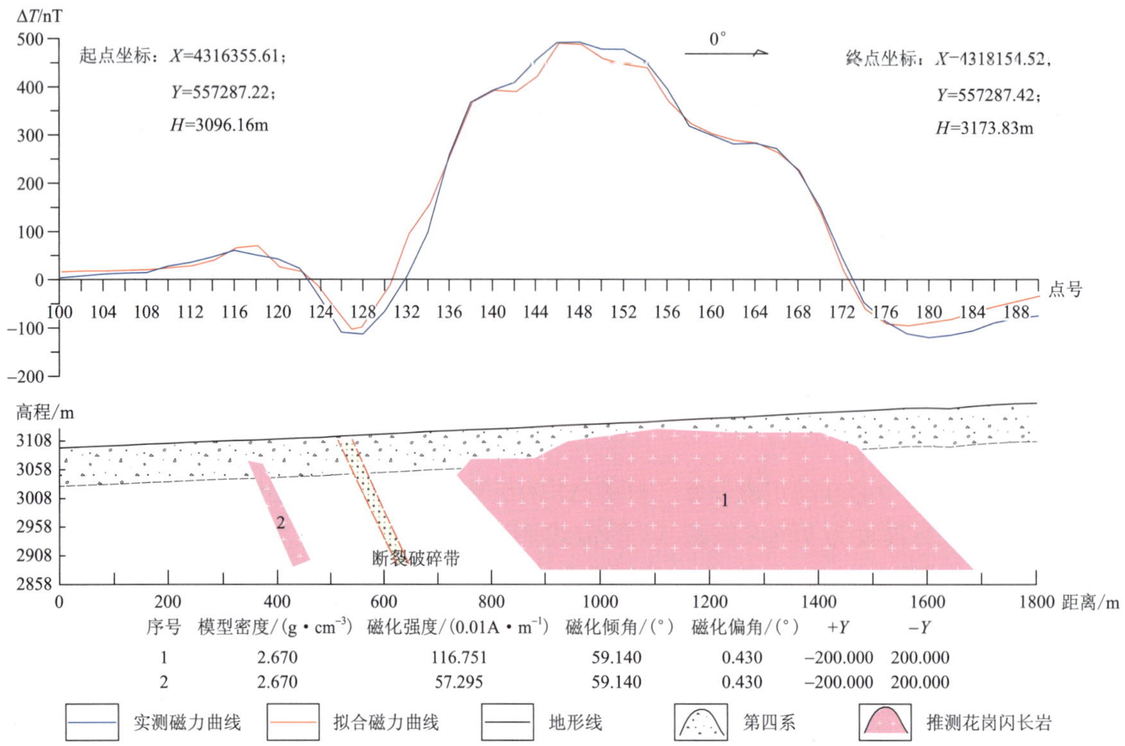

图 6-47 甘 C-2016-320 异常 I 号磁测剖面及 2.5D 反演图

1. 党河南山（甘 C-2015-258）、野马南山（甘 C-2015-224）中酸性岩基引起的异常

党河南山中酸性岩分布在党河南岸。异常规模大、强度高，区内形成长 68.8km、宽 2~10km 的异常带，异常强度为 200~400nT，最高为 800nT，航磁 ΔT 剖面平面图上，呈现连续分布的多峰正磁异常带，异常彼此难以分割。航磁 ΔT 等值线平面图上，异常呈北西西向带状展布，异常带与围岩边界清晰（图 6-48）。空间上，与党河南山-拉脊山蛇绿混杂岩带上的志留纪花岗闪长岩（$\gamma\delta$S）带对应。物性测量显示，磁性较高的一组花岗闪长岩岩石磁化率平均值为 1189×10^{-5}SI，最大值为 2538×10^{-5}SI，最小值为 600×10^{-5}SI，常见值在 $1000\times10^{-5}\sim1900\times10^{-5}$SI 之间，样品统计数

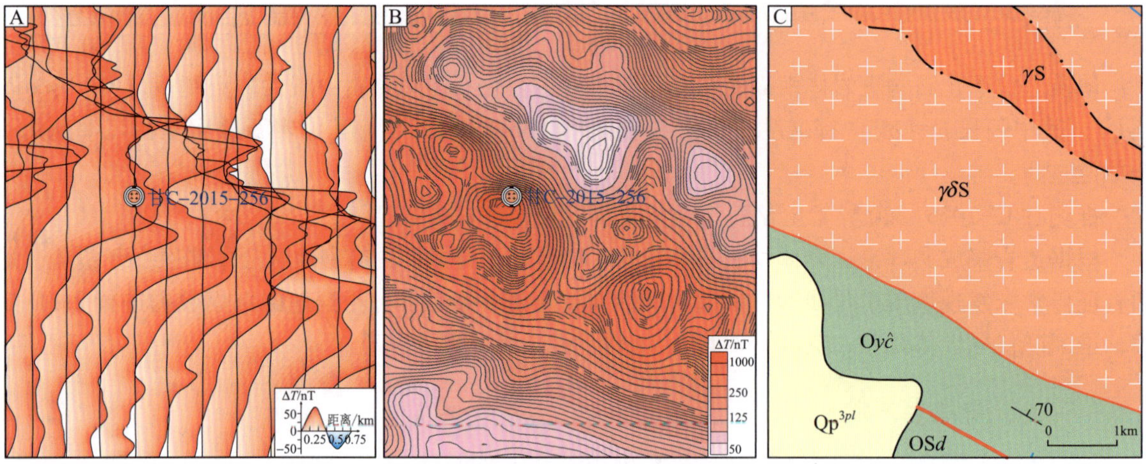

图 6-48 甘 C-2015-256 党河南山志留纪花岗闪长岩异常特征

A—航磁 ΔT 剖面平面图；B—航磁 ΔT 等值线平面图；C—1∶25 万地质图。

1∶25 万地质图图例：Oy$\hat{c}$—奥陶系盐池湾组：变长石砂岩、变长石石英砂岩、变长石石英粉砂岩、硅质板岩；OS*d*—志留系—奥陶系多索曲组：变砂岩，上部夹灰绿色安山岩、杏仁状玄武岩、安山质凝灰岩；Qp^{3pl}—上更新统洪积物：松散砂砾石、含粉砂黏土；$\gamma\delta$S—志留纪花岗闪长岩；γS—志留纪花岗岩

据为 60 个。该区花岗闪长岩磁性较强。

野马南山中酸性岩异常分布在党河北岸。岩体分布区大部分处于负背景场中，其中较强的磁异常分布在长虫沟一带，以磁场强度最大的甘 C-2015-224 为特征，异常长 5530m，宽 2380m，幅值为 206nT。航磁 ΔT 等值线平面图上异常呈带状，北西西向分布。航磁 ΔT 剖面平面图上，呈锯齿状，11 条测线有反映（图 6-49）。空间上，位于野马南山志留纪花岗闪长岩岩体（$\gamma\delta$S）内。物性测量显示，磁化率平均值为 36×10^{-5}SI，最大值为 102×10^{-5}SI，最小值为 10×10^{-5}SI，常见值在 $10\times10^{-5}\sim50\times10^{-5}$SI 之间，样品统计数据为 153 个。该区花岗闪长岩磁性较弱。

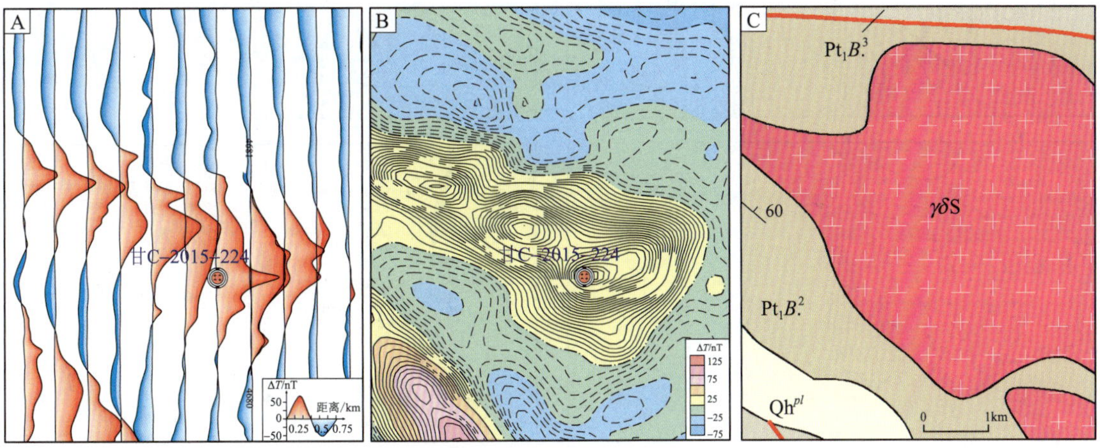

图 6-49　甘 C-2015-224 野马南山志留纪花岗闪长岩异常特征

A—航磁 ΔT 剖面平面图；B—航磁 ΔT 等值线平面图；C—1：25 万地质图。

1：25 万地质图图例：Pt$_1B^2$—古元古界北大河岩群二岩组：白云石英片岩、含榴二云石英片岩；Pt$_1B^3$—古元古界北大河岩群三岩组：白云石大理岩、硅质大理岩；$\gamma\delta$S—志留纪花岗闪长岩；Qh^{pl}—全新统洪积物：松散砂砾石

对比分析，以党河为界，党河南岸中酸性岩磁性高，异常强度高、规模大；党河北岸的野马南山中酸性岩岩体磁性弱，异常规模小、强度低，大部分处于背景场中。从 1：25 万区域地质资料来看，岩石组成、结构和构造基本相同（表 6-17）。但是从地质背景分析，磁性差异可能与构造环境有关：党河南山花岗闪长岩（$\gamma\delta$S）产于大陆裂谷环境；野马南山花岗闪长岩（$\gamma\delta$S）分布在中元古代基底内部。具体原因有待于进一步研究。

表 6-17　党河南山和野马南山花岗闪长岩特征对比

岩体	代号	结构	岩性	侵位深度	剥蚀深度	含矿	岩石系列	岩石成因类型	岩石构造组合
党河南山花岗闪长岩	$\gamma\delta$S	细粒花岗结构	灰色，斜长石（55%）、钾长石（15%）、石英（25%）、黑云母+角闪石（5%）	中深成相	中深剥蚀	铜、铅、石棉矿	钙碱系列	壳幔混合型	花岗岩+二长花岗+花岗闪长岩+英云闪长岩
野马南山花岗闪长岩	$\gamma\delta$S	中细粒花岗结构	灰、深灰色，斜长石（60%～65%）、钾长石（15%）、石英（25%～30%）、黑云母（3%）	中深成相	中浅剥蚀	铜	钙碱系列	壳幔混合型	花岗岩+花岗闪长岩+闪长岩

2. 甘 C-2015-311 异常——月牙山东中酸性岩株引起的异常

异常位于党河南山南坡月牙山岩体东侧 10km 处，地质上异常位于月牙山中酸性岩体外围的弧形构造带上。

异常为负背景场中的升高异常。航磁 ΔT 剖面平面图上，表现为双峰，曲线两翼对称，6 条测线反映明显，幅值为 596nT。航磁 ΔT 等值线平面图上，表现为等轴状正磁异常，直径为 3.2km，飞行高度为 100.6m（图 6-50）。

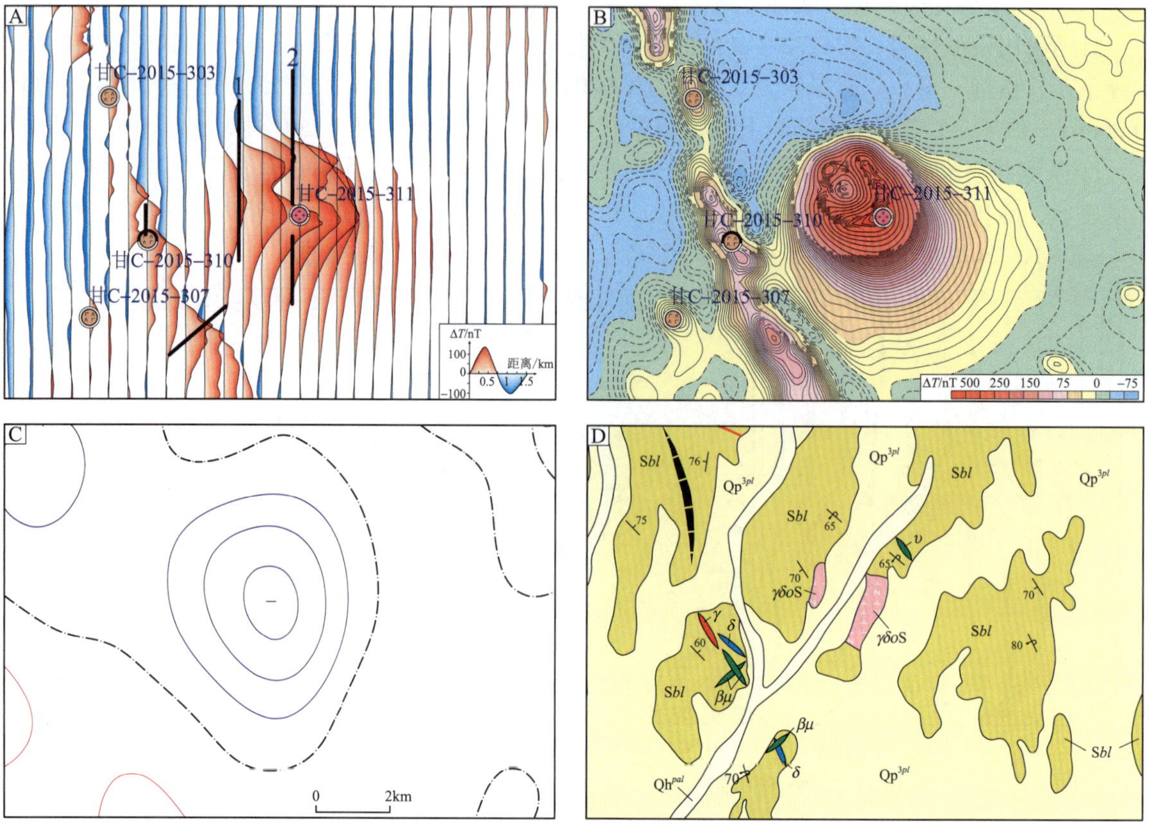

图 6-50 甘 C-2015-311 航磁异常综合分析图

A—航磁 ΔT 剖面平面图；B—航磁 ΔT 等值线平面图；C—剩余重力异常图；D—1∶25 万地质图。

1∶25 万地质图图例：S*bl*—志留系巴龙贡嘎尔组：片理化中细粒长石砂岩、变质粉砂岩夹片理化英安岩；Qp^{3pl}—上更新统洪积物；Qh^{pal}—全新统洪冲积物；$\gamma\delta o$S—志留纪石英花岗闪长岩；$\beta\mu$—辉绿岩脉、辉绿玢岩脉；δ—闪长岩脉；γ—花岗岩脉；υ—辉长岩脉

异常对应志留纪石英花岗闪长岩（$\gamma\delta o$S），围岩志留系巴龙贡嘎尔组呈弧形围绕月牙山岩体分布，岩性为砂岩、粉砂岩、片岩夹大理岩。

1∶20 万剩余重力异常图上，对应剩余重力低异常。

异常查证工作布置了 3 条剖面，长 9.98km，其中Ⅰ单磁剖面长 4.08km，Ⅱ地、物、化综合剖面长 5.96km。结果如下：

Ⅰ、Ⅱ号剖面磁异常形态相似，其中Ⅱ号剖面在志留纪石英花岗闪长岩出露地段呈现异常高值区，极大值为 510nT。

物性测定结果（表 6-18）显示，异常区内花岗斑岩磁性较大，磁化率均值为 239.27×10^{-5}SI，最大值为 696×10^{-5}SI。其他岩石：辉长岩为弱磁性，石英岩、砂岩基本为无磁性。区内中酸性岩体磁性相对较高，空间上与异常对应，是异常的主要地质因素。

表 6-18 甘 C-2015-311 异常物性测定结果

岩性	磁化率平均值/10^{-5}SI	变化范围/10^{-5}SI	样品块数
石英	0	0	4
花岗斑岩	239.27	20~696	30
辉长岩	84.21	22~232	30
变砂岩	25.10	19~33	30

土壤测量结果显示，在Ⅱ号剖面（图 6-51）T192~T204 点之间，Au、As、Ag 元素共同出现

了异常现象，其中 Au 含量最大为 289×10^{-9}，Ag 含量最大为 0.85×10^{-6}，As 含量最大为 4164×10^{-6}，为典型热液型金矿化元素组合。异常对应于磁异常边部，同时是岩体和地层的接触带。

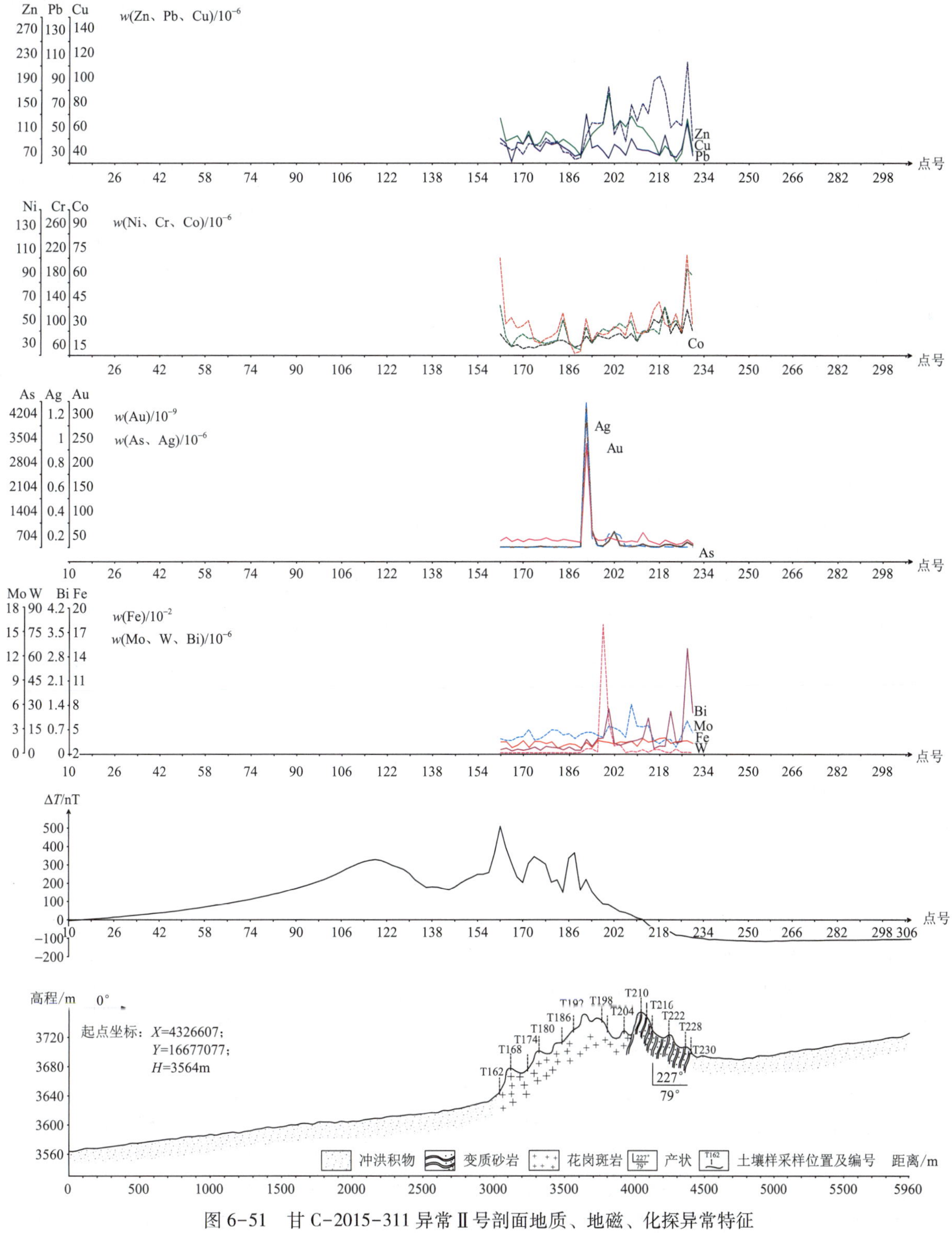

图 6-51　甘 C-2015-311 异常Ⅱ号剖面地质、地磁、化探异常特征

综合区域地质背景和异常查证结果分析，异常由中酸性岩体引起，并且岩体与围岩接触带上发生了热液多金属矿化现象，其中金含量最大达到 289×10^{-9}，异常明显，值得关注。同理，在月牙山周围弧形构造带上还分布有相似的异常，如甘 C-2015-294、甘 C-2015-298、甘 C-2015-300、甘 C-2015-302 等，都有相似的异常特征，是金多金属矿找矿的有利地区。

（三）酸性岩异常

测区内分布较少，在大红山、多坝沟等地出露，岩性以花岗岩、二长花岗岩、黑云母花岗岩为主，磁性不均，大部分为几十个单位，个别高的达到几百个单位。磁场图上大部分地区无异常反映，个别较大规模的岩基有平缓升高磁场反映。

甘 C-2016-34——二长花岗岩异常

异常位于多坝沟西 38km 处，区域上属于且末-敦煌构造带控制的敦煌基底隆起区。

异常为负背景场中的升高异常。航磁 ΔT 剖面平面图上，曲线不对称，大致东西向延伸，4 条测线有反映，北侧伴生负值，幅值 390nT。航磁 ΔT 等值线平面图上，呈椭圆形，长轴方向近东西向，长 1700m，宽 850m，飞行高度 97m。

异常区对应于志留纪二长花岗岩，围岩为敦煌岩群。磁场上岩体出露区呈正磁异常区，敦煌岩群及第四系覆盖区呈平静背景场。

推断异常由酸性岩体引起。详见第五章第一节。

六、碱性花岗岩引起的异常

碱性花岗岩分布受深、大断裂控制明显。磁场图上碱性岩异常强弱差别较大。

阿尔金山构造带（F_1）和党河南山-拉脊山蛇绿混杂岩带（F_4、F_5、F_6）的碱性岩异常表现为强度高、梯度大、规模大等特征，典型异常有黑沟正长花岗岩（$\xi\gamma$K）、大牛沟正长花岗岩（$\xi\gamma$K）、野马南山角闪止长岩-石英闪长岩（ξ-δoO）等异常。

分布在且末-敦煌断裂和土尔根达坂的碱性岩磁性较低，异常平缓，规模有限。

碱性花岗岩区富含稀有金属元素异常和铀、钍、铌、钽等矿产地。

（一）甘 C-2015-236、甘 C-2015-237、甘 C-2015-238 异常——野马河正长花岗岩异常

异常位于大道尔基北 17km 处，区域上位于中祁连隆起区内。

野马南山角闪正长岩-石英闪长岩异常强度高、规模大，稀有金属 La、Nb、Sr 等异常发育，具有寻找稀有金属矿产的潜力。异常特征详见第五章第一节。

（二）甘 C-2016-235 异常——黑沟正长花岗岩异常

异常位于阿尔金山南坡黑沟一带，区域上位于党河南山-拉脊山蛇绿混杂岩带内当金山口北西西向向北东东向转折区域内。

异常为正负变化磁场中的升高正磁异常带。航磁 ΔT 剖面平面图上，曲线不规则、多峰，多条测线反映，部分伴生负值，最大幅值为 456nT。航磁 ΔT 等值线平面图上，异常呈近东西向带状分布，长 4400m，宽 1200m，飞行高度为 88m（图 6-52）。

异常对应于阿尔金山黑沟正长花岗岩岩体（$\xi\gamma$K），岩体呈东西向长条状展布。实测物性显示，正长花岗岩岩脉磁化率最大值为 5894×10^{-5}SI，最小值为 1734×10^{-5}SI，平均值为 3520.45×10^{-5}SI，岩石磁性强，是引起航磁异常的主要地质要素。围岩为长城系熬油沟组，对应于磁场平缓高背景区。熬油沟组岩性分两组：一组是板岩-砂岩建造，无磁性或者弱磁性；另一组是中基性火山碎屑岩建造，强磁性，区域上形成强异常。本区熬油沟组分布区异常反映较弱，可能以砂岩、板岩成分为主。

（三）甘 C-2016-52 异常——崔木土碱性花岗岩异常

异常位于多坝沟乡东 40km 处的崔木土一带，区域上位于且末-敦煌断裂附近。

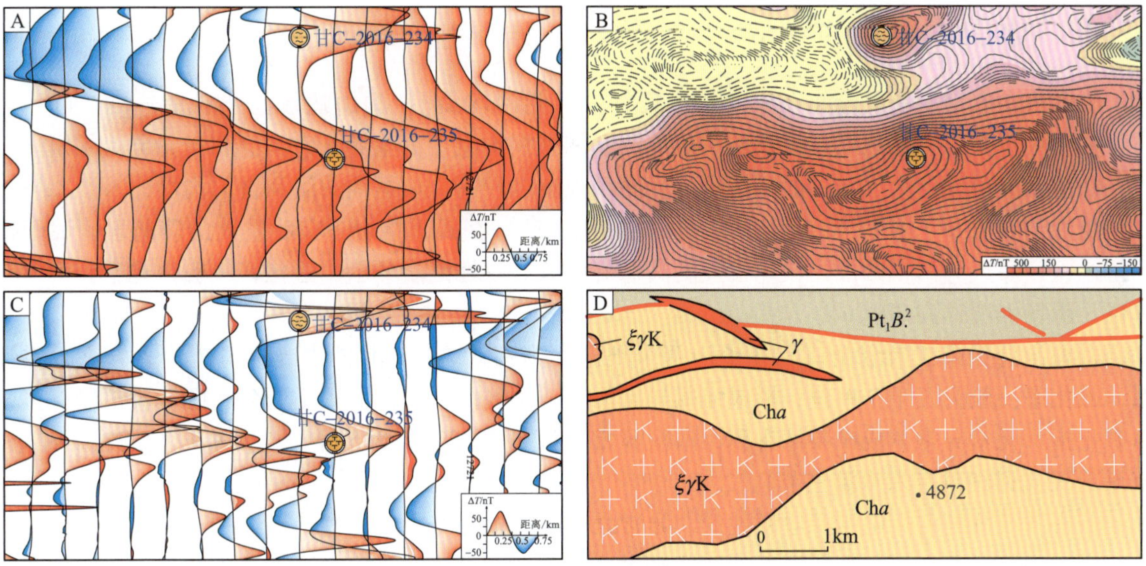

图 6-52　甘 C-2016-235 异常的航磁、地质特征

A—航磁 ΔT 剖面平面图；B—航磁 ΔT 等值线平面图；C—航磁 ΔT 剩余异常剖面平面图；D—1∶25 万地质图。

1∶25 万地质图图例：Pt_1B^2—古元古界北大河岩群二岩组：白云石英片岩、含榴二云石英片岩、含矽线二云石英片岩；

Cha—长城系敖油沟组：安山质-玄武质熔岩—玄武质火山碎屑岩组合；ξγK—白垩纪正长花岗岩；γ—花岗岩脉

异常为正负变化磁场中的升高异常带。航磁 ΔT 剖面平面图上，11 条测线有反映，异常曲线不规则、多峰，幅值为 288nT。航磁 ΔT 等值线平面图上，异常呈北东向带状分布，长 5900m，宽 1100m（图 6-53）。飞行高度为 71m。

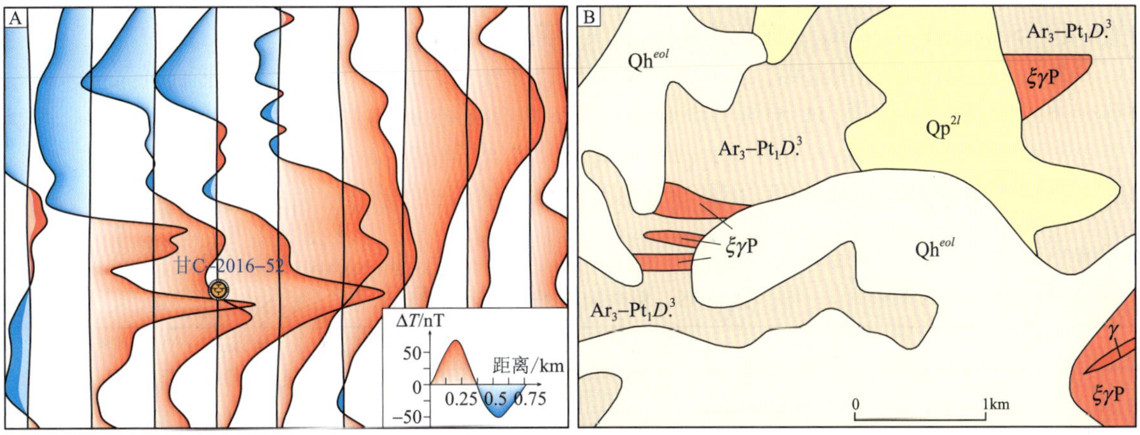

图 6-53　甘 C-2016-52 异常航磁、地质特征

A—航磁 ΔT 剖面平面图；B—1∶25 万地质图。

1∶25 万地质图图例：$Ar_3-Pt_1D^3$—敦煌岩群三岩组：黑云斜长片麻岩、含榴黑云斜长片麻岩夹斜长角闪岩、混合岩；

Qp^{2l}—中更新统湖积物：灰黄、灰绿色粉砂、砂质黏土，含薄层石膏；Qh^{eol}—全新统风积物：松散细砂、粉砂；

ξγP—二叠纪正长花岗岩：肉红色，钾长石、斜长石、石英、黑云母；γ—花岗岩脉

异常区第四系覆盖严重，北部出露敦煌岩群三岩组（$Ar_3-Pt_1D^3$）和二叠纪正长花岗岩（ξγP）。$Ar_3-Pt_1D^3$ 岩性为黑云斜长片麻岩、含榴黑云斜长片麻岩、黑云角闪斜长片麻岩，原岩为海相碎屑岩建造。

异常两个高值区分别对应正长花岗岩岩体露头，敦煌岩群分布区磁场上呈低背景场特征，因此推断异常由正长花岗岩岩体引起。区域上正长花岗岩磁化率在几百至几千个单位之间，可以引起中等强度的磁异常。

七、火山岩引起的异常

测区火山岩地层主要分布在中南祁连裂谷带（党河南山-拉脊山蛇绿混杂岩带）内，以元古宙、古生代为主，主要地层包括长城系熬油沟组和桦树沟组、古生界吾力沟群和巴龙贡嘎尔组。

铁镁质成分高的火山岩一般磁性较强，磁场强度也较高，如熬油沟组和吾力沟群。

熬油沟组分布于阿尔金山南坡，岩石组合为安山质-玄武质熔岩—玄武质火山碎屑岩，属于幔源型，铁镁质成分高，磁性强，异常强度高、规模大。物性测量显示，磁化率一般为几千到上万个单位，磁场强度达到2000nT。

吾力沟群分布在当金山口和扎子沟两个地区，为玄武岩-安山岩建造，铁镁质成分高，磁性强，磁化率一般为几千个单位，形成强磁异常区带。测区内吾力沟群火山岩分布区一般都伴有多金属矿化指示元素异常，成矿条件有利，本次异常查证甘 C-2016-255 异常也发现较好的找矿线索，值得重视（详细见第六章第三节）。

英安质成分高的火山岩一般磁性低，异常强度和规模都有限，如桦树沟组和巴龙贡嘎尔组。

桦树沟组分布在阿尔金断裂上，博罗转井一带，岩石组合为酸性凝灰岩-安山质凝灰岩-玄武安山岩组合，有些基性成分少，受构造破坏严重，出露零星岩层，异常特征不明显。

巴龙贡嘎尔组为英安岩建造，磁性弱，以火山岩夹层分布在党河南山一带。

（一）甘 C-2016-241 异常——熬油沟组火山岩异常

异常位于阿尔金上主峰西 14. 5km 处，区域上位于安南坝-阿克塞脆性走滑断裂带上。

位于正背景场中升高的尖峰状正磁异常带上。航磁 ΔT 剖面平面图（图 6-54）上，15 条测线反映明显，曲线不规则，跳跃、多峰，北侧伴生负值。航磁 ΔT 等值线平面图上，呈北西西向带状分布，长 7500m，宽 1100m，幅值为 1414nT。飞行高度为 169m。

异常位于长城系熬油沟组中，熬油沟组岩石组合为安山岩-玄武质安山岩-玄武质火山碎屑岩。野外实测物性结果（表 6-19）显示，中基性火山岩磁化率较高，一般为几千到上万个单位，酸性火山岩磁化率为几千个单位，其他岩石磁化率较低，在几十到几百个单位之间。因此，火山岩是引起航磁异常的主要地质因素。该层位发现了余石山铌钽矿，并且矿化岩石具有较高磁性。因此，推测熬油沟组火山岩地层内强磁异常具有找同类型矿产的潜力。

表 6-19　熬油沟组岩石磁化率统计

岩性	样品块数	最大值/10^{-5}SI	最小值/10^{-5}SI	算术平均值/10^{-5}SI	常见值/10^{-5}SI
中基性碎屑岩	31	4328	1818	2987	2000~3500
中基性碎屑岩	46	13825	1290	6055	4000~10000
浅色安山质凝灰岩	35	3615	1013	1850	1000~2000

（二）甘 C-2015-281 异常——吾力沟群异常

甘 C-2015-281 异常位于党河南山扎子沟地区，分布在党河南山-拉脊山蛇绿混杂岩带（F_5、F_6）与北东向断裂（F_{125}）构造交汇部位。

异常为低缓正磁背景场中的升高正异常。航磁 ΔT 剖面平面图（图 6-55）上，2 条测线有反映，曲线较规则，南缓北陡，伴生负值，幅值为 280nT。航磁 ΔT 等值线平面图上，为椭圆形，南北向，长 1900m，宽 700m。飞行高度为 99m。

异常位于吾力沟群区内，岩石组合复杂，有玄武岩-安山岩建造和砂板岩-石灰岩建造，以及生物碎屑灰岩。地层被北西、北东向构造分割错层严重，岩浆岩发育，以志留纪石英闪长岩为主，

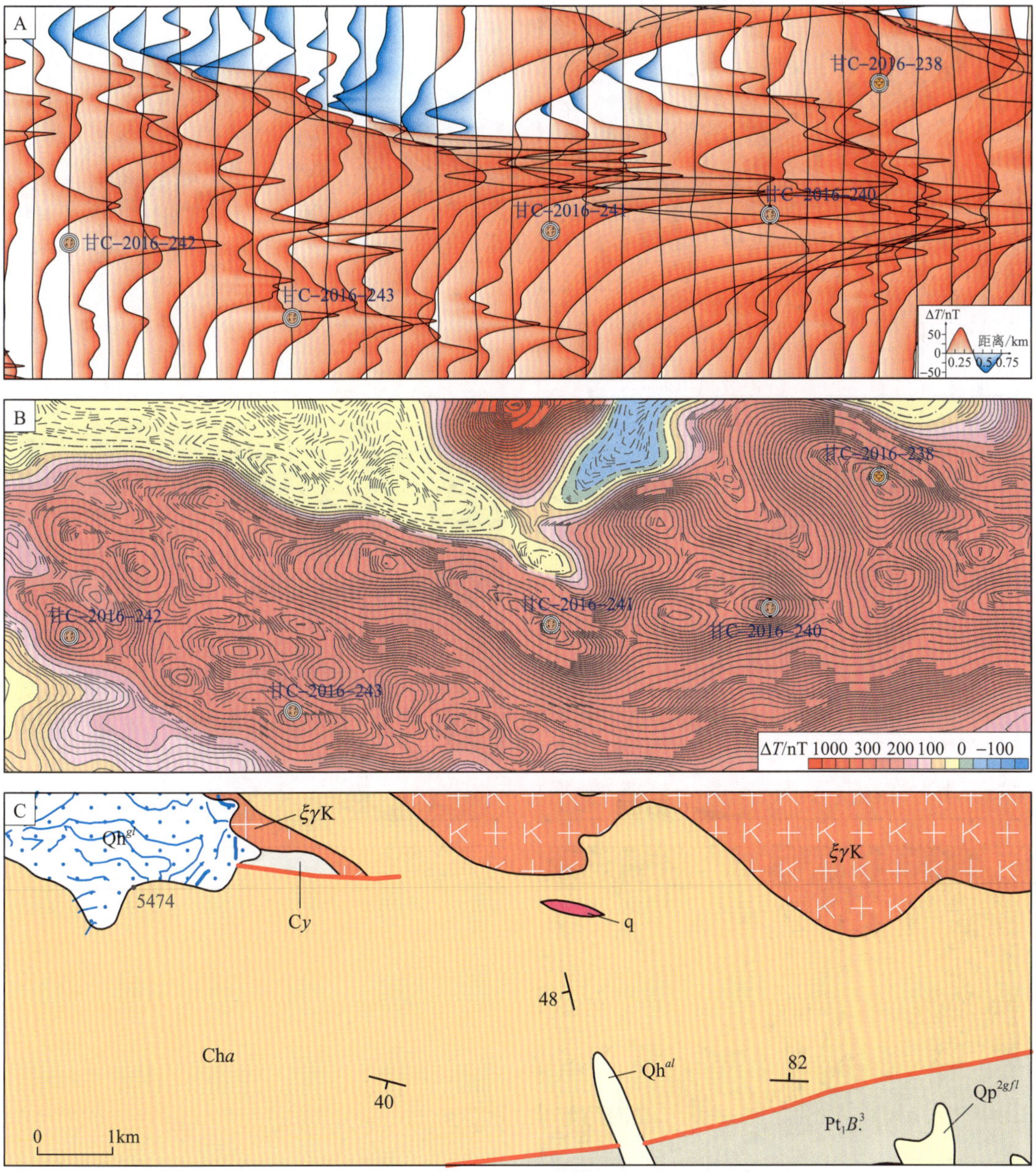

图 6-54 甘 C-2016-241 异常综合剖析图

A—航磁 ΔT 剖面平面图；B—航磁 ΔT 等值线平面图；C—1∶25 万地质图。

1∶25 万地质图图例：Pt_1B^3—古元古界北大河岩群三岩组：白云石大理岩、硅质大理岩；Ch*a*—长城系熬油沟组：安山质-玄武质熔岩—玄武质火山碎屑岩组合；C*y*—石炭系羊虎沟组：灰黑色炭质页岩、砂岩、生物灰岩；Qp^{2gfl}—中更新统冰水堆积物；Qh^{al}—全新统冲积物；Qh^{gl}—全新统现代冰川；ξγK—白垩纪正长花岗岩；q—石英脉

主要分布在地层区北侧。

实测物性显示，玄武岩磁化率均值为 2079×10^{-5}SI，杏仁状安山岩磁化率均值为 3719×10^{-5}SI，灰绿色蚀变安山岩磁化率均值为 494×10^{-5}SI，砂岩、变质砂岩基本无磁性；石英闪长岩磁化率较高的一组均值为 1189×10^{-5}SI，较低的一组均值为 226×10^{-5}SI。异常区石英闪长岩磁性较低，磁场呈负背景场。吾力沟群中基性火山岩物性磁化率较高，引起较强异常。

异常位于 1∶20 万化探发现的 Cr、Ni、Co、Cu、Au 异常区内，该组化探异常强度高，浓集中心吻合好，峰值分别为：Cr 196.1×10^{-6}，Ni 133.3×10^{-6}，Co 39.6×10^{-6}，Cu 127.7×10^{-6}，Au 23×10^{-9}，反映了与基性岩石有关的金、铜多金属矿化组合。

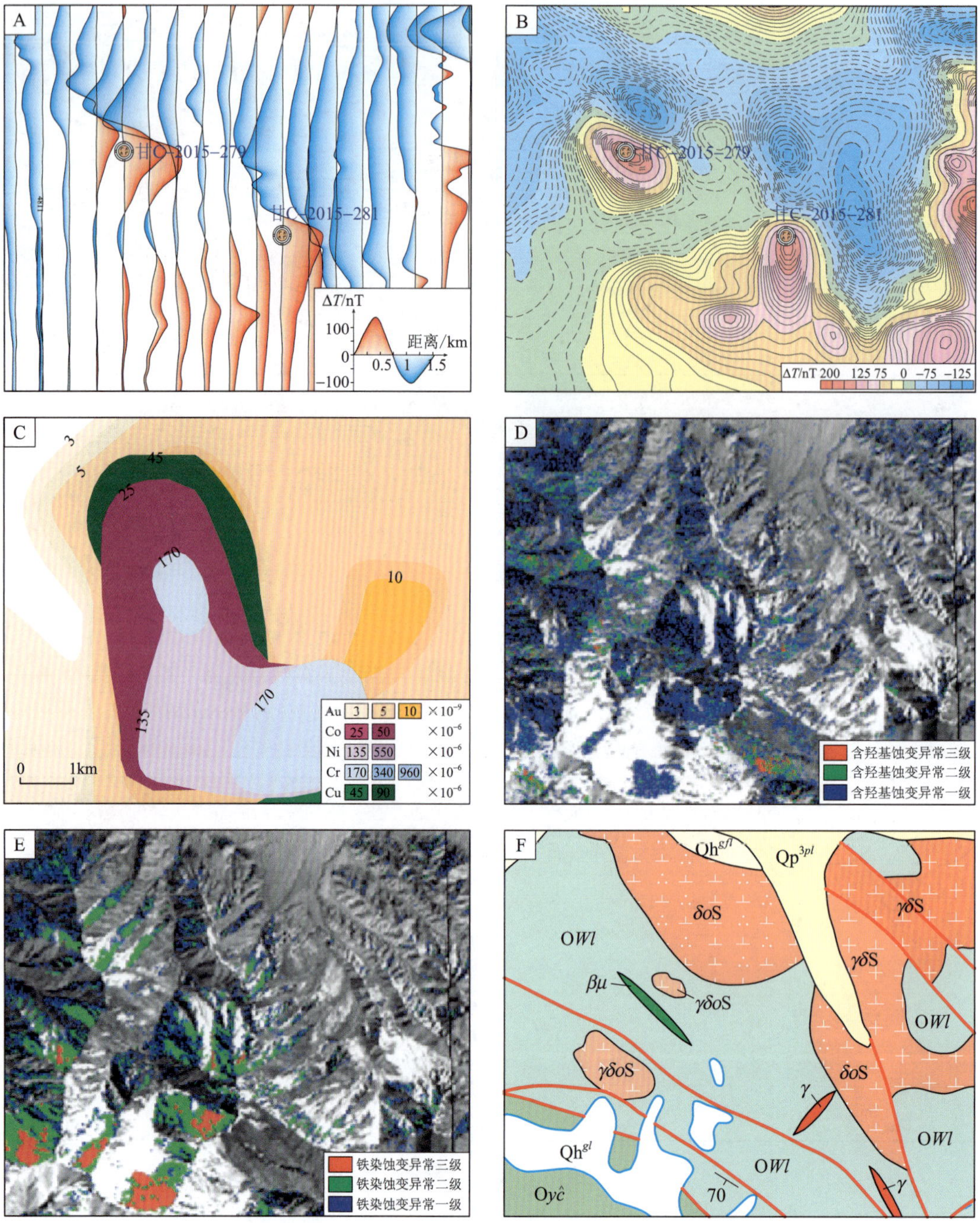

图 6-55 甘 C-2016-281 异常航磁、地质、化探、遥感异常特征

A—航磁 ΔT 剖面平面图；B—航磁 ΔT 等值线平面图；C—化探异常图；

D—遥感羟基异常图；E—遥感铁染异常图；F—1∶25 万地质图。

1∶25 万地质图图例：OWl—奥陶系吾力沟群：玄武岩-安山岩组合；Oyĉ—奥陶系盐池湾组：变长石砂岩、变长石石英砂岩、变长石石英粉砂岩、绢云千枚岩、硅质板岩；Qp^{3pl}—上更新统洪积物；Qh^{gl}—全新统现代冰川；Qh^{gfl}—全新统冰水堆积物；δoS—志留纪石英闪长岩；$\gamma\delta$S—志留纪花岗闪长岩；$\gamma\delta o$S—志留纪英云闪长岩；$\beta\mu$—辉绿岩脉、辉绿玢岩脉；γ—花岗岩脉

利用 ETM 数据进行蚀变异常提取研究，该区羟基蚀变异常和铁染蚀变发育。其中，铁染蚀变异常强度高、规模大，这可能与地层富含铁质成分并经历热液活动、氧化作用有关；羟基蚀变异常（反映含水蚀变矿物组合）呈北西向带状分布，受构造控制明显。该组异常能为区内热液型金、铜多金属矿找矿提供蚀变矿物异常标志，有重要找矿意义。

航磁异常位于 1∶20 万剩余重力异常边部，反映异常所在位置为基性火山岩通道的边部。

综上所述，异常可能位于火山通道边部，由吾力沟群基性火山岩引起，异常区金、铜矿化异常发育，并且遥感热液蚀变异常指示明显，是金、铜多金属矿找矿的有利地区。同一异常带内甘 C-2016-279、甘 C-2016-283 以及未编号的弱磁异常都值得重视。

异常区位于盐池湾保护区内，未开展地面查证工作。

八、变质岩引起的异常

异常为由新太古代—古元古代区域动力变质作用下形成的结晶基底变质岩（敦煌岩群、北大河岩群和达肯大坂岩群）引起的异常。区内出露广泛，约占出露岩石面积的 50%。其中，敦煌岩群分布在阿尔金断裂以北，北大河岩群和达肯大坂岩群分布在阿尔金断裂以南的中南祁连地体和柴北缘的全吉地块内。由于原岩物质成分差异和区域变质作用使得变质岩磁性差异较大。敦煌岩群磁场上呈现负背景场（-50～25nT）、中等强度异常区（25～150nT）和强磁异常区（150～700nT），局部有沉积变质型铁矿分布。北大河岩群多呈中等强度的正磁异常区（50～400nT）；达肯大坂岩群主要呈现负背景场和中等强度异常区（-25～150nT）。

（一）甘 C-2016-112、甘 C-2016-113、甘 C-2016-114、甘 C-2016-115、甘 C-2016-116 异常——敦煌岩群变质岩异常

异常位于阿尔金山北坡，区域上属于敦煌地块内阿克塞-赛马沟逆冲韧性变形带。

在航磁 ΔT 等值线平面图（图 6-56）上，该异常表现为负背景场中剧烈升高的正磁异常带，该带呈北西向展布，北侧伴生负值，延伸 16km，形成若干个异常高值中心，异常极大值为 1140nT。航磁 ΔT 剖面平面图上，呈叠加的尖峰状异常，在多条测线反映明显。异常位于青石沟向斜的南翼，展布方向与区域构造线一致，对应于向斜的北翼，磁异常为负值，异常受北西向青石沟断裂和岩浆活动作用显著。

出露地层为敦煌岩群二岩组（$Ar_3Pt_1D.^2$），该岩组主要为斜长角闪岩-含矽线黑云斜长片麻岩-镁质大理岩建造，岩性主要有白云质大理岩、含榴黑云斜长片麻岩夹斜长角闪片岩、混合岩。

异常区在区域上断裂发育，最为显著的构造形迹为北西向的断裂，主要有青石沟断裂、梧桐沟断裂。其控制着岩浆岩及岩脉的侵入。岩浆岩发育，以石炭纪为主，脉岩主要有花岗岩脉（γ）、花岗伟晶岩脉（$\gamma\rho$）等。

化探 Au、Ag、Hg、Cu、Zn、Ti、Ni、Cr、Fe、Mn 异常出现，但较分散。

异常查证情况：针对该异常布置 5 条查证剖面，方位为 0°，长度分别为 1.7km、2.6km、3.6km、4.6km、2.5km，地面磁测同时进行物性测量和地质、化探测量。

剖面测量情况：Ⅰ、Ⅱ、Ⅲ、Ⅳ、Ⅴ剖面在同一层位出现磁异常，异常强度分别为 5192nT（图 6-57）、2578nT、1334nT、2067nT、2765nT，对应岩石为角闪片麻岩。另外，Ⅱ剖面闪长岩分布区也出现了异常。

实测物性结果（表 6-20）：角闪片麻岩平均磁化率为 2417×10^{-5}SI，是引起异常的主要岩石；闪长岩磁化率为 86×10^{-5}～1160×10^{-5}SI，引起局部异常；其他岩石为弱磁性，为背景场岩石。

表 6-20　甘 C-2016-115 异常磁化率统计

岩性	样品块数	最大值	最小值	算术平均值	几何平均值
花岗岩	42	34	3	10	8
角闪片麻岩	30	8030	118	2417	1250
斜长片麻岩	33	124	5	36	28
闪长岩	36	1160	86	342	270

注：测定参数为磁化率（10^{-5}SI）；测量仪器为 SM-30 磁化率仪。

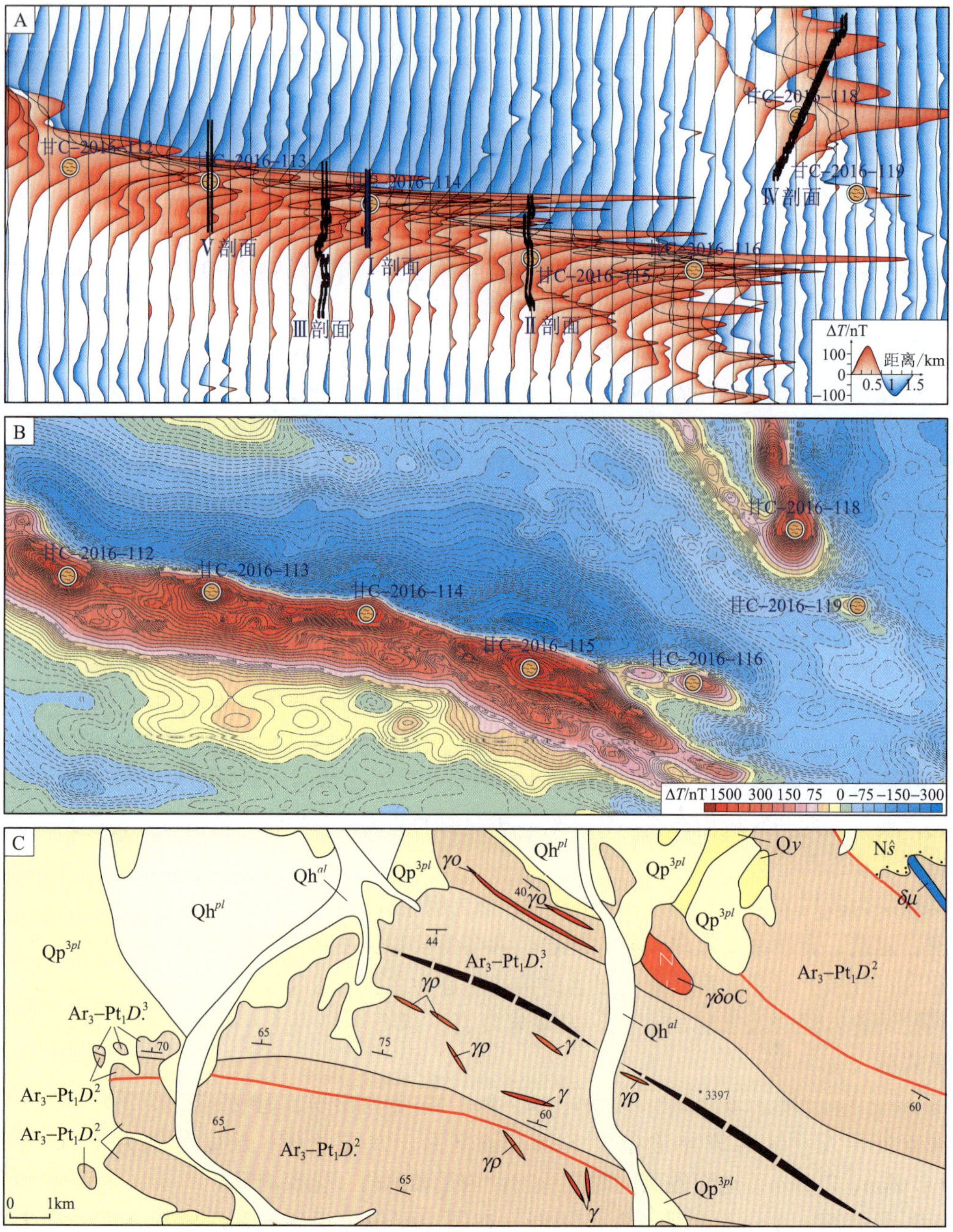

图 6-56 甘 C-2016-112、甘 C-2016-113、甘 C-2016-114、甘 C-2016-115、甘 C-2016-116 异常航磁、地质特征

A—航磁 ΔT 剖面平面图；B—航磁 ΔT 等值线平面图；C—1：25 万地质图。

1：25 万地质图图例：Ar_3-Pt_1D^2—敦煌岩群二岩组：白云质大理岩、含榴黑云斜长片麻岩；Ar_3-Pt_1D^3—敦煌岩群三岩组：黑云斜长片麻岩；Nŝ—新近系疏勒河组：灰色、紫色泥质粉砂岩；Q*y*—第四系玉门组；Qp^{3pl}—上更新统洪积物；Qh^{pl}—全新统洪积物；Qh^{al}—全新统冲积物；*γδο*C—石炭纪英云闪长岩；*γ*—花岗岩脉；*γρ*—花岗伟晶岩脉；*γο*—斜长花岗岩脉；*δμ*—闪长玢岩脉

从查证结果看，异常主要由角闪片麻岩和闪长岩引起。其中，Ⅰ、Ⅲ、Ⅳ、Ⅴ剖面磁异常主要由角闪片麻岩引起，形成的磁异常范围窄、强度高、梯度大；Ⅱ剖面磁异常由闪长岩引起，具有一定规模，强度较大。化探铁族元素及多金属矿化指示元素未富集形成异常，找矿意义不明显。

（二）甘 C-2015-208 异常——北大河岩群变质岩异常

异常位于肃北县南黑达坂东 5km 处，区域上属于中祁连隆起区雁丹图-野马南山逆冲构造

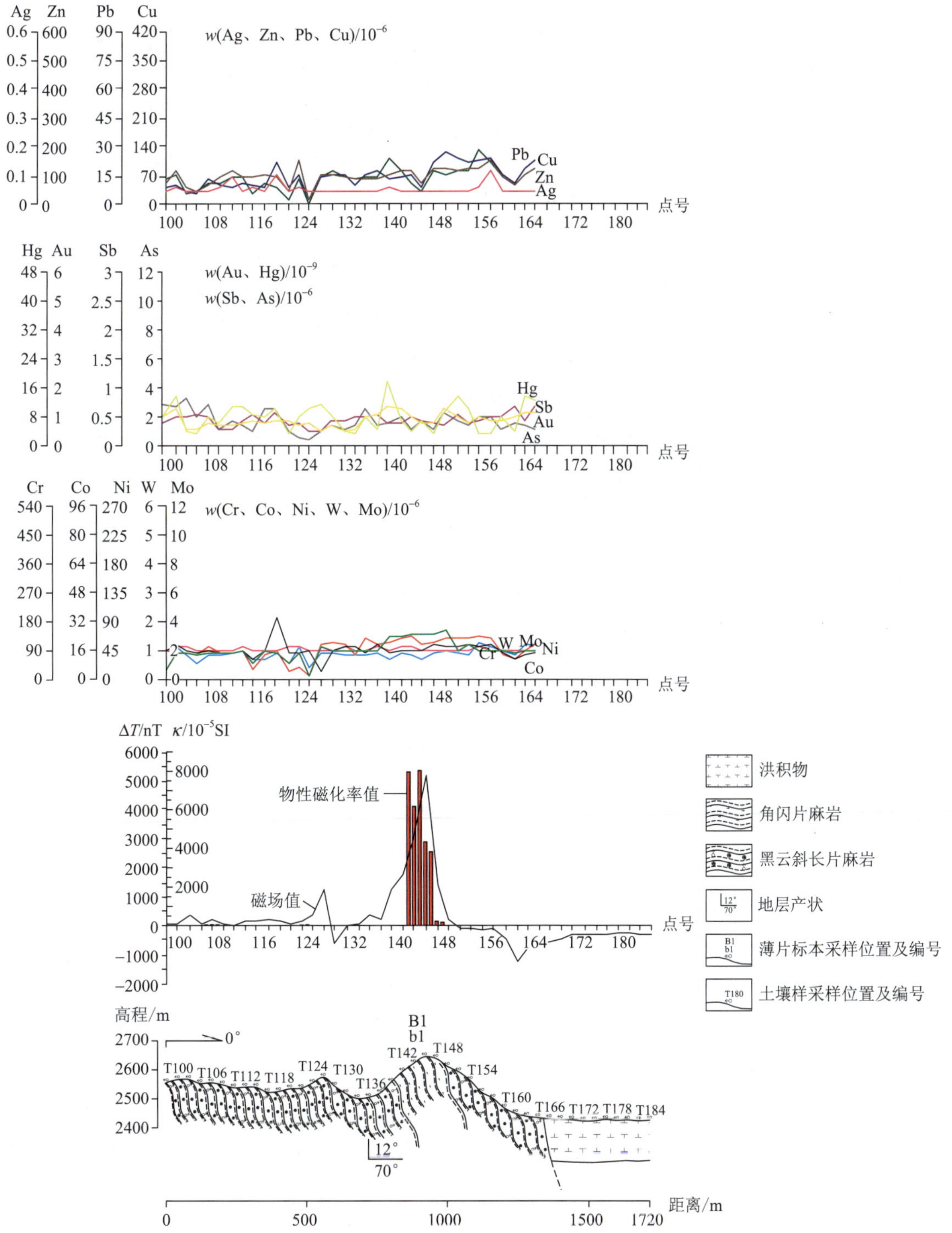

图 6-57 甘 C-2015-115 查证区 I 剖面地、物、化综合剖面图

带上。

异常为低缓正磁背景场中升高异常，7 条测线反映明显，曲线两翼不对称，最大幅值为 400nT，飞行高度为 172m。航磁 ΔT 等值线平面图上呈带状（图 6-58），北东东向分布，与地层走向基本一致，长 3600m，宽 700m，有多个高值点。

异常位于北大河岩群二岩组（Pt_1B^2）分布区，岩性为二云石英片岩、二云片岩夹斜长角闪岩、大理岩。实测物性可分为两组：一组包含二云石英片岩、斜长角闪岩，磁性较强，磁化率均值为 2423×10^{-5}SI，常见值在 $1200\times10^{-5}\sim3000\times10^{-5}$SI 之间；另外一组包含二云母片岩、石英片岩、

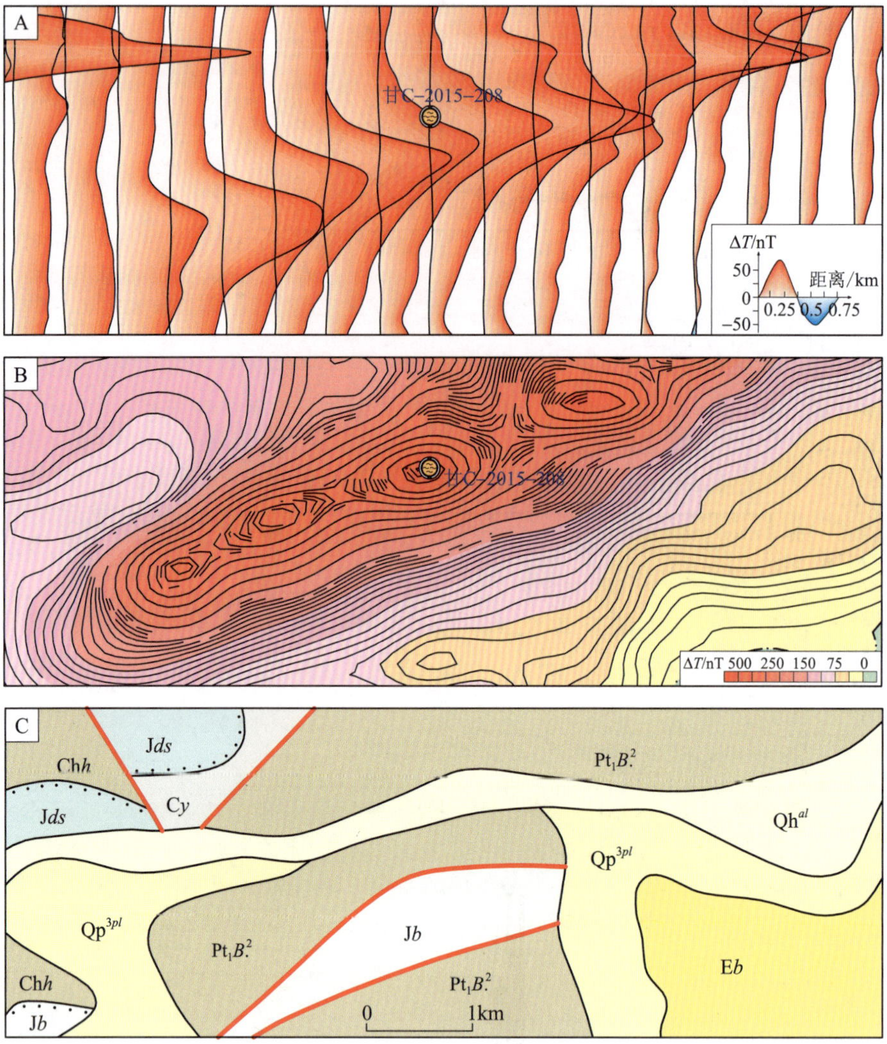

图 6-58 甘 C-2015-208 航磁、地质特征

A—航磁 ΔT 剖面平面图；B—航磁 ΔT 等值线平面图；C—1∶25 万地质图。

1∶25 万地质图图例：Pt_1B^2—古元古界北大河岩群二岩组：白云石英片岩、二云石英片夹岩斜长角闪岩、含矽线二云石英片岩；Ch*h*—长城系桦树沟组：泥质板岩、硅质岩、酸性碎屑岩；C*y*—石炭系羊虎沟组；J*dŝ*—侏罗系大山口组；J*b*—侏罗系博罗组；E*b*—古近系白杨河组；Qp^{3pl}—上更新统洪积物；Qh^{al}—全新统冲积物

斜长片麻岩等，磁性弱，磁化率均值为 131×10^{-5}SI，常见值在 $30\times10^{-5}\sim500\times10^{-5}$SI 之间。同一层位岩石磁性差异较大，可能与含磁性矿物多少有关，推测异常由磁性较强的二云石英片岩、斜长角闪岩等引起。

（三）甘 C-2016-224 异常——达肯大坂岩群变质岩异常

异常位于阿尔金山南坡龙尾沟，区域上位于全吉地块一步沟-多罗尔什弧形逆冲韧性变形带上。

异常为正磁背景场中叠加的升高正磁异常带。航磁 ΔT 剖面平面图（图 6-59）上，20 余条测线反映明显，曲线较规则，呈波浪形，近东西向规律排列。航磁 ΔT 等值线平面图上，表现为带状异常，长 1170m，宽 800m，幅值为 447nT，飞行高度为 191m。

异常位于达肯大坂岩群一岩组（Pt_1D^1）分布区，区域上北西西向褶皱和断裂发育，受一步沟-多罗尔什弧形逆冲韧性变形带控制，地层走向与构造线一致。岩性组合为斜长角闪岩-黑云斜长片

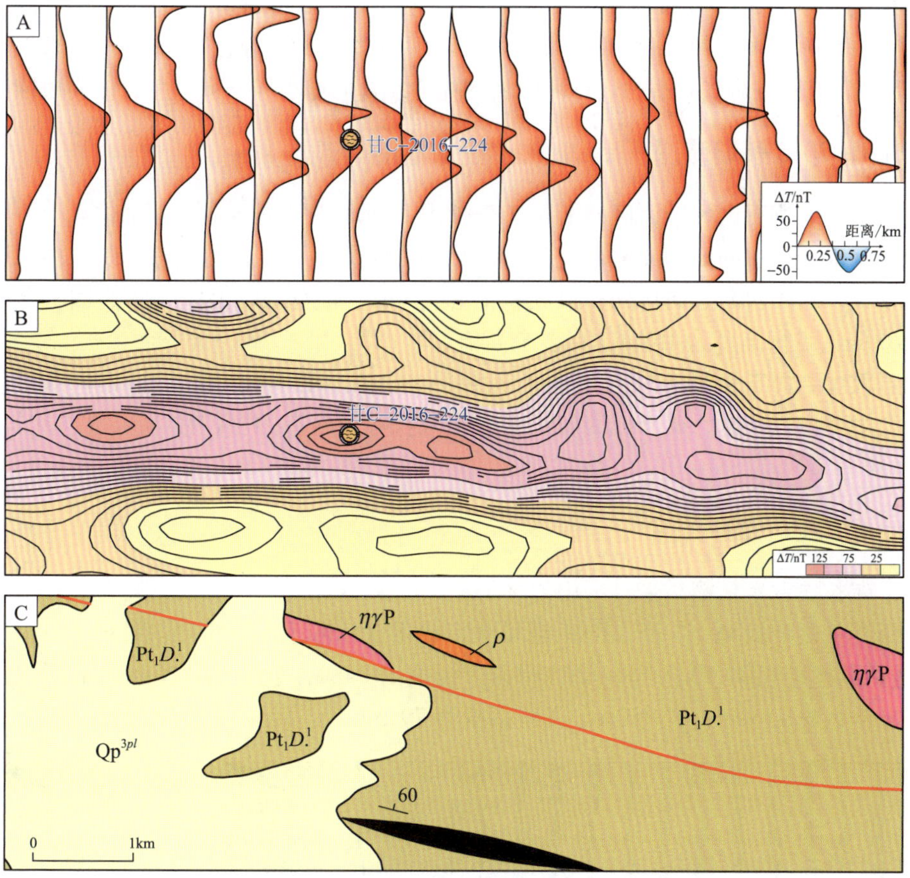

图 6-59　甘 C-2016-224 异常航磁、地质特征

A—航磁 ΔT 剖面平面图；B—航磁 ΔT 等值线平面图；C—1∶25 万地质图。

1∶25 万地质图图例：$Pt_1D.^1$—达肯大坂岩群一岩组：黑云石英片岩、黑云角闪斜长片麻岩；Qp^{3pl}—上更新统洪积物；$\eta\gamma P$—二叠纪二长花岗岩；ρ—伟晶岩脉

麻岩-石英二云片岩。实测物性统计结果（表 6-21）显示，磁性强弱不等，可分两组。一组以黑云斜长片麻岩为主，磁性较强，均值为 3770×10^{-5}SI；另外一组岩性为石英岩、片麻岩、黑云斜长片麻岩等，磁性较弱，均值为 88×10^{-5}SI。两组岩石磁性差异明显，因此在同一岩组地层区内，出现顺层分布的航磁异常带，异常由地层内部磁性较高的夹层引起。

表 6-21　达肯大坂岩群磁化率统计

岩性	样品块数	最大值	最小值	算术平均值	常见值
黑云斜长片麻岩	43	8550	862	3770	2000～6000
片麻岩、石英片岩、黑云斜长片麻岩	90	630	12	88	80～200

注：测定参数为磁化率（10^{-5}SI）；测量仪器为 ZH1 磁化率仪。

九、蚀变岩引起的异常

这类异常指位于中酸性岩体周围的次级或叠加异常，或沿褶皱、断裂带分布的正常沉积层中的局部异常。推测异常由受热液和动力变质作用引起。这些异常本身及周围对于寻找多金属矿产具有重要意义。如掉石沟铅锌矿（对应甘 C-2015-113 异常）空间上位于敦煌岩群内一褶皱核心轴线上，是一个与构造蚀变有关的矽卡岩型铅锌矿床，规模已达中型。在同一成矿区带内还有多条褶皱、断裂构造带，同时出现相似的航磁异常，有甘 C-2015-97、甘 C-2015-109、甘 C-2015-110、

甘 C-2015-111、甘 C-2015-112、甘 C-2015-100、甘 C-2015-114、甘 C-2015-98、甘 C-2015-99、甘 C-2015-100、甘 C-2015-101 共 11 个。其中，本次异常查证在甘 C-2015-112 异常中发现铁矿化带，推测该区有进一步找矿潜力。月牙山岩体周边发育的弱小异常带等由岩体周边蚀变岩引起。

（一）甘 C-2015-113 异常

异常位于鹰嘴山掉石沟一带，区域上位于鹰嘴山北西向褶皱构造带核心部位。

异常位于负背景场中的升高异常。航磁 ΔT 剖面平面图上，14 条测线有反映，曲线光滑，两翼对称，呈尖峰状，北西西向定向排列，最大幅值为 280nT。航磁 ΔT 等值线平面图上，呈带状，长 6500m，宽 700m，飞行高度为 157m，有多个高值点。

异常位于敦煌岩群三岩组（$Ar_3-Pt_1D^3$）地层区内，北西西向褶皱和北西西向断裂带上。异常区包含掉石沟中型铅锌矿床，矿床成因属于受变质沉积叠加改造的层控矽卡岩型（沈其韩，2007）（详见第六章第三节）。

（二）甘 C-2015-294 异常

异常位于南祁连古生代褶皱带月牙山岩体外围。

异常为低缓负磁背景场中一升高的正磁异常。航磁 ΔT 剖面平面图上（图 6-60），表现为弱异常，ΔT 曲线两翼南缓北陡，3 条测线反映明显，幅值为 84nT。航磁 ΔT 等值线平面图上，表现为椭圆状正磁异常，长 1550m，宽 950m，飞行高度为 79. 5m。

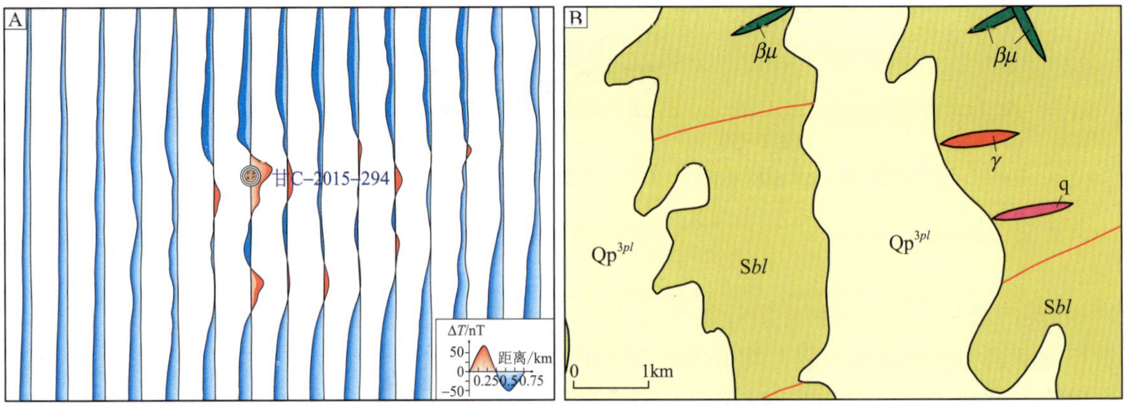

图 6-60 甘 C-2015-294 异常特征

A—航磁 ΔT 剖面平面图；B—1∶25 万地质图。

1∶25 万地质图图例：S*bl*—志留系巴龙贡嘎尔组：片理化中细粒长石砂岩、变质粉砂岩夹片理化英安岩；Qp^{3pl}—上更新统洪积物：松散砂砾石、含粉砂黏土；$\beta\mu$—辉绿岩脉、辉绿玢岩脉；q—石英脉；γ—花岗岩脉

异常位于月牙山中酸性岩体外围的巴龙贡嘎尔组中。巴龙贡嘎尔组岩性主要为变质砂岩、变质粉砂岩、片岩夹大理岩。该组岩性无磁性，磁场图上呈低背景场。月牙山岩体主要岩性为志留纪英云闪长岩，岩石磁化率最大值为 2020×10^{-5}SI，平均值为 967×10^{-5}SI，最小值为 593×10^{-5}SI，磁场图上形成典型岩体异常。

推断甘 C-2015-294 异常为月牙山岩体同源岩浆形成岩株、岩脉引起的蚀变异常。该区同类型异常还有甘 C-2015-298、甘 C-2015-299、甘 C-2015-300、甘 C-2015-301、甘 C-2015-302、甘 C-2015-303 等。为多金属矿找矿的有利地区。

十、干扰异常

由人类生产和社会活动等非地质因素引起的异常。

甘 C-2015-1 异常

异常位于敦煌市西部七里镇，区域上位于且末-敦煌断裂上。

异常为正磁背景场中的升高正异常区。航磁 ΔT 剖面平面图上，9 条测线反映明显，曲线杂乱，呈锯齿状。航磁 ΔT 等值线平面图上，异常分两个区，南部沿敦煌-肃北公路呈串珠状排列；北部异常区呈不规则状，有多个异常中心，对应青海石油管理局办公区和生活区（图 6-61）。

异常由人为活动引起。

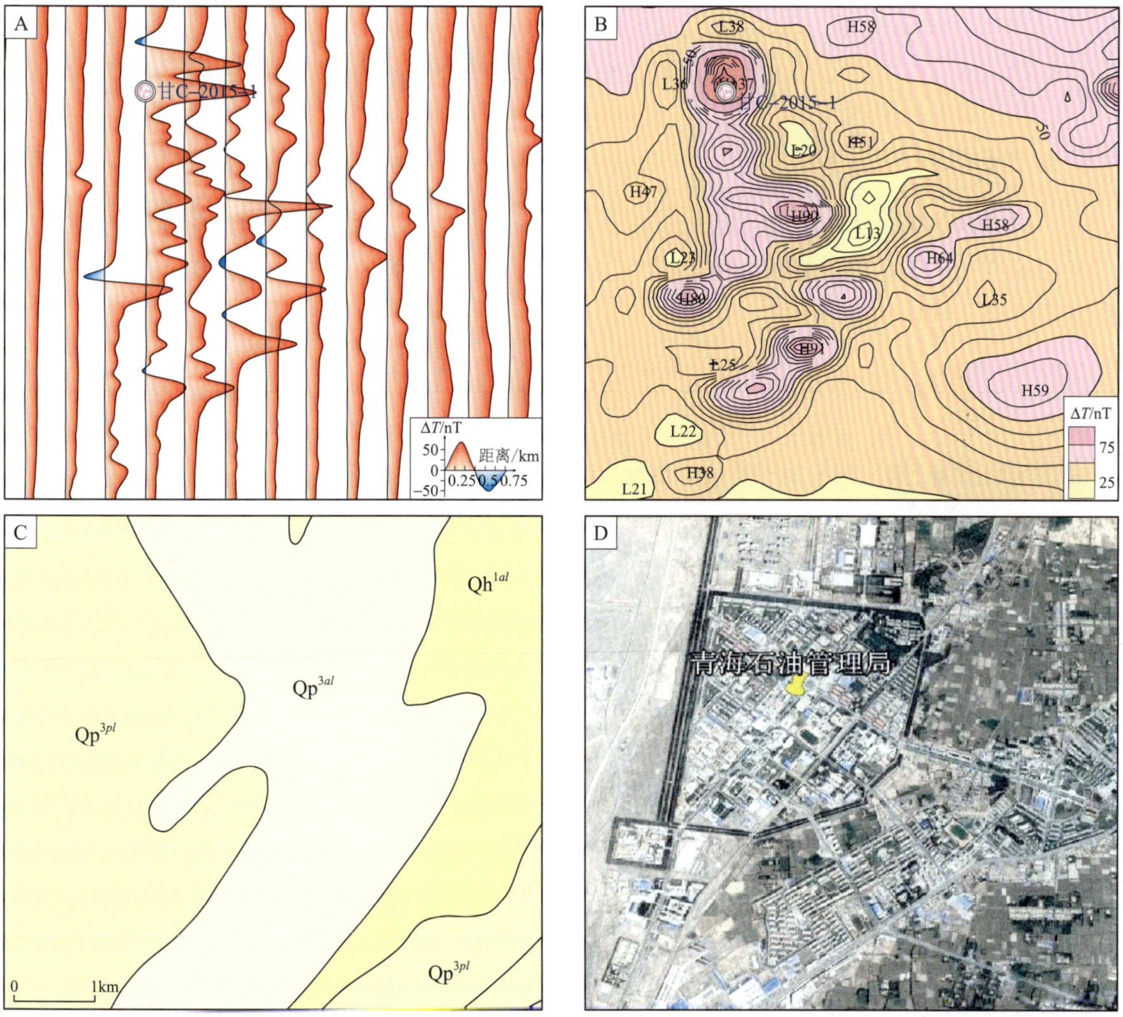

图 6-61　甘 C-2015-1 异常航磁、地质、遥感特征（GoogleEarth）

A—航磁 ΔT 剖面平面图；B—航磁 ΔT 等值线平面图；C—1∶25 万地质图；D—Google 影像图。

1∶25 万地质图图例：Qp^{3al}—上更新统冲积物：褐灰色松散的碎石和砂土；

Qp^{3pl}—上更新统洪积物：松散砂砾石；Qh^{1al}—下全新统冲积物

第七章　找矿远景预测

第一节　成矿条件分析

一、成矿规律分析

成矿区带划分研究是对区域成矿空间分布规律研究的诠释，本书以“甘肃省矿产资源潜力评价”项目研究成果为基础，总结本测区矿产空间分布规律。本测区跨3个成矿省（表7-1）、5个成矿区带（图7-1）。

表7-1　敦煌—阿克塞地区成矿单元划分

成矿省	成矿带	时间
塔里木成矿省	Ⅰ：敦煌（地块）Fe-Cu-Ni-Au-Ag-W-Pb-Zn等多金属成矿带	Pz_2
		Pt_3—Pz_2
阿尔金-祁连（造山带）成矿省	Ⅱ：北祁连Cu-Pb-Zn-Fe-Cr-Au-Ag成矿带	Pz_1
	Ⅲ：中祁连Fe-Cr-Cu-Ni-W-Mo-Pb-Zn成矿带	Pz
		Mz
	Ⅳ：南祁连Pb-Zn-Au-Cu-Ni-Cr成矿带	Pz_1
		Pz，T
昆仑成矿省	Ⅴ：柴达木北缘Pb-Zn-Mn-Cr-Au-白云母成矿带	Pz_1

注：成矿区带划分选编于《甘肃省矿产资源潜力评价成果报告》，2013。

（一）敦煌（地块）Fe-Cu-Ni-Au-Ag-W-Pb-Zn等多金属成矿带（Ⅰ）

位于测区北部，阿尔金断裂以北的广大地区。区内戈壁沙漠广布，兼有古近纪—新近纪红色盆地，基岩出露很少，几乎全部为敦煌岩群和各类侵入岩。敦煌岩群主要由斜长片麻岩类、石英片岩类、斜长角闪岩类、大理岩类和变质火山岩类组成，夹石英岩、千枚岩、云母片岩类和混合岩类等，原岩为海相砂泥质岩-碳酸盐岩-火山岩建造。侵入岩有基性、中酸性、碱性花岗岩。包含两个成矿亚带：

1. 鸣沙山-双塔Au-Pb-Zn-Cu-P成矿亚带（Ⅰ-1）

该成矿亚带地处敦煌地块，与敦煌基底杂岩隆起区吻合，出露前长城系敦煌岩群变质岩系。有元古宙辉长岩、闪长岩和加里东期中酸性岩体分布。地层和岩体受若羌-敦煌断裂控制，北东东向分布。且局部有化探Au异常分布。已发现的矿产主要有铁、铅锌、铜、铀、锡、金等。

本次航磁调查结果反映为弱磁异常带，磁化率为几十到几百个单位，分布范围与基底隆起区对应。

2. 阿克塞-好布拉格Pb-Zn-Cu-Fe-硫铁矿-白云母成矿亚带（Ⅰ-2）

该成矿亚带位于敦煌地块南缘阿尔金走滑断裂带上，出露敦煌岩群。主要矿产以铅锌、铁、硫

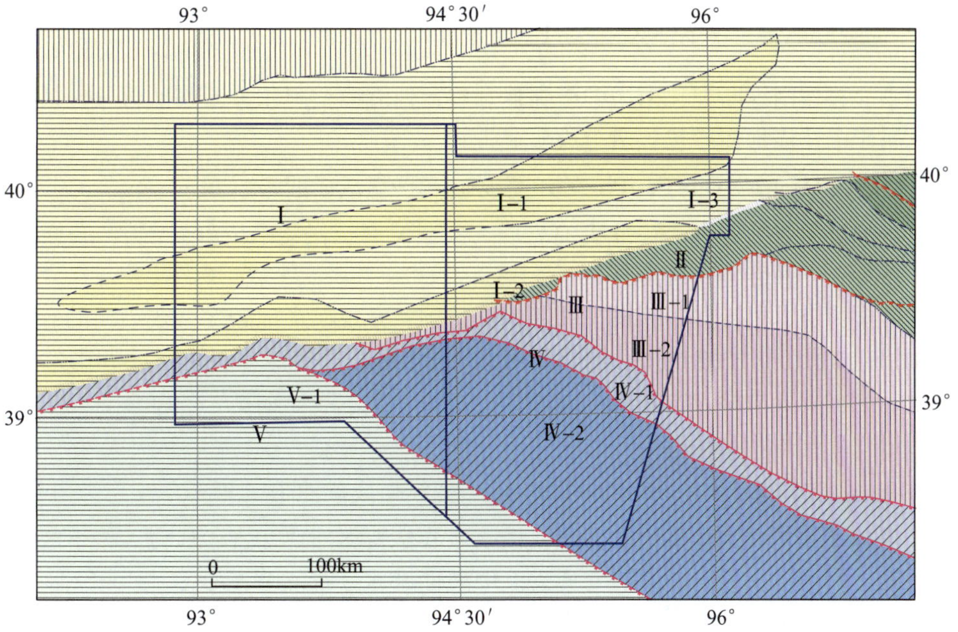

图 7-1　阿克塞地区成矿区带划分图

（据潘桂棠等，2015）

Ⅰ-1—鸣沙山-双塔 Au-Pb-Zn-Cu-P 成矿亚带；Ⅰ-2—阿克塞-好布拉格 Pb-Zn-Cu-Fe-硫铁矿-白云母成矿亚带；Ⅱ-1-肃北-香毛山 Au-Mn-Cu-Pb-Zn 成矿亚带；Ⅲ-1—别盖-硫磺山 W-Mo-Cu-Fe-Pb-Zn-菱镁矿-硫-煤成矿亚带；Ⅲ-2—大道尔基-黑沟口 Cr-Cu-Pb-Zn-Fe-稀土-菱镁矿成矿亚带；Ⅳ-1—党河南山 Au-Cu-Fe-Ni 成矿亚带；Ⅳ-2—哈拉腾河-青海湖 Au-Pb-(Zn)-钾盐成矿亚带；Ⅴ-1—化石沟-小哈拉腾 Cu-Au-钾盐成矿亚带

铁矿为主，已发现红柳沟沉积变质型铁矿（小型）、红柳沟岩浆热液型磁铁矿点、红柳峡沉积变质型铁矿（小型）、土达坂热液型铅矿（小型）、白台沟岩浆热液型铁矿点、掉石沟沉积改造型铁铅锌矿（小型）、小必台南硫铁矿（小型）。深变质的敦煌岩群是多金属矿产的赋矿层位。

本次航磁调查结果：阿尔金断裂在磁场图上反映为线性延伸的巨型磁场变化界线，在成矿带内主要表现为反映基底构造的巨型强磁异常和正负变化的局部异常。局部异常一般规模较小，3~5条测线反映，幅值为 50~250nT，最大达 1000nT，带状分布，曲线呈剑锋状或者平缓突起。该类型异常与已知矿产地关系密切，如红柳沟铁矿（甘 C-2015-109）、红柳峡铁矿（甘 C-2015-116）、掉石沟铁铅锌矿（甘 C-2015-113）、白台沟铁矿（甘 C-2015-100）等。

（二）北祁连 Cu-Pb-Zn-Fe-Cr-Au-Ag 成矿带（Ⅱ）

肃北-香毛山 Au-Mn-Cu-Pb-Zn 成矿亚带（Ⅱ-1）

该成矿亚带西起肃北，向东经鹰嘴山到昌马附近。成矿业带受控于阿尔金断裂和北祁连南缘断裂（石油河脑-朱龙关河断裂带），相当于北祁连海沟俯冲杂岩带。

该亚带大部分被第四系覆盖，基岩出露较少。出露岩石主要为寒武纪基性—超基性岩块、火山岩、硅质岩及砂岩、板岩。加里东期的花岗岩、花岗闪长岩、石英闪长岩、二长花岗岩分布广泛。带内发现的主要矿产为金（银）、铅锌、铜、锰等。矿床类型为构造蚀变岩型、热液型等。较为重要的矿床有鹰嘴山金矿（构造蚀变岩型）、香毛山铜矿点（与基性—超基性岩热液有关）、尕山金铜矿点（岩浆热液型）、西北山砂金矿点（砂矿型）、尕秀铜矿点（热液型）、三个泉铅矿点（热液型）等。

航磁异常带走向清晰，北西西向分布明显，反映构造、火山岩地层和中酸性岩体的分布，岩体和古生代地层的接触带上的局部异常是铜、铅、锌等多金属矿化的有利地区。

（三）中祁连 Fe-Cr-Cu-Ni-W-Mo-Pb-Zn 成矿带（Ⅲ）

成矿带北为北祁连南缘断裂，南为中南祁连裂谷，西北段被阿尔金断裂所截，包括野马南山和野马山地区，属于中祁连地体。包含两个成矿亚带：

1. 别盖-硫磺山 W-Mo-Cu-Fe-Pb-Zn-菱镁矿-硫-煤成矿亚带（Ⅲ-1）

该成矿亚带地层主要为元古宇（北大河岩群、朱龙关群、托莱南山群），为一套变质程度不一的变质岩系。基性、中酸性侵入岩发育。

带内矿产主要为金、铅锌、钼、铜、铁、铬铁矿等，发现矿产地较多，代表性的有钓鱼钩砂金矿、小冰沟铅锌矿、大龚岔自然硫矿、野马滩-冰沟钨钼矿，以热液型为主。德勒诺尔铁矿产于蓟县系花儿地组，为沉积变质型。区外同一成矿带上有查干布尔嘎斯铜矿，与基性岩有关，对本区德勒诺尔辉长岩带找矿有指示意义。

2. 大道尔基-黑沟口 Cr-Cu-Pb-Zn-Fe-稀土-菱镁矿成矿亚带（Ⅲ-2）

该成矿亚带地处中祁连岩浆弧构造环境，由前寒武纪裂离地块和古生代侵入岩组成。主要出露地层为前长城系、蓟县系、青白口系的变质岩。中酸性岩体分布范围大。

区内发现的矿产主要有铬、铁、铅、锌、铜、金、稀土矿等。成因类型有岩浆型、热液交代型、构造蚀变岩型。铬铁矿以大道尔基铬铁矿为代表，为岩浆岩型，与加里东超镁铁质岩有关，是西北地区最大的铬铁矿。铅、锌、铜等多金属矿多为热液型，有别盖菱镁矿、大别盖菱镁矿、雁丹图稀土矿、雁丹图铅锌矿等。金矿以测区外围的夏吾特为代表，产于长城纪构造破碎带中，为蚀变岩型。

本次航磁调查，中祁连区基本为平静背景场反映，在老虎沟、野马山地区的元古宙地层分布区表现为具有一定走向的异常场特征，异常为变质地层内部的磁性矿物引起。德勒诺尔地区的带状分布的航磁异常对德勒诺尔地区外围铁矿有指导作用；德勒诺尔北部地区的磁异常带对寻找与基性岩有关的铜矿有指示意义；大道尔基中酸性岩体包含超基性岩体，磁场上呈强磁异常场特征，对大道尔基铬铁矿外围找矿有指导作用；野马河南岩体角闪正长岩—石英闪长岩呈现强磁异常场特征，对稀有元素找矿有指导作用。

（四）南祁连 Pb-Zn-Au-Cu-Ni-Cr 成矿带（Ⅳ）

1. 党河南山 Au-Cu-Fe-Ni 成矿亚带（Ⅳ-1）

该成矿亚带呈北西-南东向带状展布，与党河南山-拉脊山蛇绿混杂岩带吻合，由 4 个矿集区组成，分别是安南坝 Fe 矿集区、红柳沟 Fe 矿集区、付家沟 Cu-Ni 矿集区、黑刺沟 Au 矿集区。该亚带地处南祁连岩浆弧构造环境，出露的主要地层为奥陶纪火山岩、志留纪陆源碎屑岩巨厚沉积。主要矿产为金、铁、铜、镍、铬矿等。金矿赋存于古生代地层，典型矿床有黑刺沟、贾公台、鸡叫沟金矿等。铁矿以沉积变质型铁矿为主，典型矿床有红柳沟铁矿。铜镍矿以拉排沟地区与基性、超基性岩有关的铜镍矿为代表。该区有大量的金、铜多金属元素地球化学异常，是祁连地区面积最大的金地球化学块体，有巨大的找矿潜力。

2. 哈拉腾河-青海湖 Au-Pb-(Zn)-钾盐成矿亚带（Ⅳ-2）

该成矿亚带从测区南北经过。

地层主要为志留系巴龙贡噶尔组，岩性为片理化硬砂岩、板岩，夹硅质岩及灰岩透镜体，局部地段见中酸性火山岩。有古生代中酸性侵入体分布。测区范围内以现代盐湖钾盐为主，伴生硼矿、锂矿。代表性矿点为小苏干湖钾盐矿。

磁场图上，区域上呈平静背景场，志留系巴龙贡噶尔组火山岩地层分布区引起弱磁场带，沿党河南山南坡北西西向分布。中部分布月牙山中酸性岩体引起的强磁异常，周边分布同类型异常多处，推测由同类型岩体引起。该区中酸性小岩体分布区是金属矿产找矿的有利地区。

（五）柴达木北缘 Pb-Zn-Mn-Cr-Au-白云母成矿带（Ⅴ）

化石沟-小哈拉腾 Cu-Au-钾盐成矿亚带（Ⅴ-1）

该成矿亚带位于测区阿尔金山—小哈拉腾一带。

地层为古元古界达肯大坂岩群的片麻岩、片岩、大理岩，加里东期、印支期中酸性侵入体多呈岩基出露。韧性剪切断裂发育。矿产有铜、镍、金、钨、银矿，钾盐矿等。

达肯大坂岩群含有磁性较高的层位，地层区内分布的中酸性岩体有较强磁性，受区域旋转构造影响，磁性层和岩体引起的异常也表现明显的旋转构造。

二、控矿因素分析

（一）构造

从矿床的分布特征来看，矿床的形成与构造带在时间上和空间上有着密切关系，受成矿时期的地壳运动方向和方式制约，有着明显的规律性。

1. 阿尔金构造带

阿尔金构造带在其发展和演化过程中，促进了地壳物质的迁移、聚集和变质，控制着南、北两侧造山带和成矿带的分布和走向。例如，祁连造山带北西向绵延 800km，宽 200km，内部成矿具有明显的分带性，自北向南划分为北祁连、中祁连和南祁连构造带。北祁连构造带以黄铁矿型多金属矿为主，中祁连构造带以层控型、高温热液型汞、锑、金矿化为特征，南祁连构造带以金、铜矿为主。如此规模巨大、矿藏丰富的巨型成矿带被阿尔金断裂阻截，向北失去延展。

2. 北西向褶皱构造带是早古生代成矿期的主导构造

早古生代金属矿产在祁连地区分布最广，也最为重要，集中在寒武纪、奥陶纪、志留纪。控制祁连成矿带的北西向褶皱构造带，由于顺时针扭动产生的一系列总体走向为北西西向且相互平行的隆起带、凹陷带、冲断带，对沉积建造、岩浆活动及成矿作用具有重要的控制作用。

3. 北东东向构造带是前古生代成矿期的主导构造

阿尔金断裂及以北敦煌地块内的广大地区，北东东向构造带的活动在前古生代发生强烈，产生一些总体呈北东东向相互平行的褶皱、冲断带，为长城纪海相火山岩、震旦纪沉积岩及古生代岩浆的侵入和矿液的运移造成有利的构造条件，是形成含矿建造和矿液运移、聚集的主要动力。因此，它是前古生代成矿期的主导构造体系。

（二）岩浆岩

古元古代侵入岩：主要分布在阿尔金断裂以北敦煌地体中，有关的矿产有铜、镍、钴、铂族、铌钽、铁、铜、铅锌矿等。

元古宙火山岩：主要有分布于祁连、阿尔金地区的长城系熬油沟组和桦树沟组，产铁、铜等矿产。中基性火山岩携带铁、铜等有用组分，喷发至地表，有的直接聚集成矿，有的为后期沉积变质型铁矿的形成提供丰富的物质来源。

早古生代侵入岩：在祁连地区，基性、超基性侵入岩成矿以石棉矿、铬铁矿、铜镍矿为主。典型矿床有大道尔基铬铁矿床。中酸性侵入岩与内生金属矿产关系密切。

早古生代火山岩：祁连地区火山活动强烈，矿种复杂、类型繁多，北祁连分布火山热液型铜、铅锌、铁、锰等矿产，成矿条件有利，南祁连奥陶系吾力沟群发育较好 Fe-Cu-Pb-Zn-Co-Ni-Cr 等化探异常，有较好找矿潜力。

（三）地层

测区地层主要发育有太古宙、元古宙和古生代地层。前寒武纪和早古生代地层 Fe、Cr、Ni、Co、Cu、Zn、W、Mo、Au、Hg、Sb、Ag 等元素背景高。该组地层成为区内主要成矿元素的矿源层，富含铁、铜、铬、镍、铅、锌、金等多金属及贵金属矿产。

其中，敦煌岩群（Ar_3-$Pt_1D.$）为区内最老的地层，广泛分布在阿尔金断裂以北地区，由以基底角闪变质为特征的结晶片岩和碳酸盐岩—碎屑岩组成，是铁、铜、铅、锌、金、钨矿等矿产的重要含矿层，其中一、三岩组富含含铁石英岩及锰铁矿。

北大河岩群（$Pt_1B.$）下段以角闪岩相为主，原岩为泥质碎屑岩-火山岩建造；上段以绿片岩相为主，原岩为泥质碎屑岩-碳酸盐岩-火山岩建造。该套地层为多金属矿产的含矿地层。

达肯大坂岩群（$Pt_1D.$）为片麻岩、片岩、大理岩、角闪岩及混合岩组合，发育韧性剪切变质变形，其原岩为泥质碎屑岩-中基性火山岩-碳酸盐岩建造，为柴北缘金矿床的主要赋矿地层之一。

长城系熬油沟组（Ch*a*）主要岩石组合为暗绿色强蚀变的基性火山岩、变质火山碎屑岩夹凝灰质板岩及碳酸盐岩等，为泥砂岩-碳酸盐岩-火山岩含铁复理石建造，是主要含铁地层之一。目前发现稀有金属矿产。

桦树沟组（Ch*h*）岩石以黑、灰绿色千枚岩、白云质灰岩与灰、灰黄色变质粉砂—细砂岩、基性火山岩复理石互层为主，上部夹碳酸盐岩、变石英砂岩、火山岩及铁矿层。

寒武系黑茨沟组（∈*h*）以灰绿色夹紫红色中酸性凝灰岩为主，夹凝灰质板岩及少量结晶灰岩，形成于陆缘裂谷带，成为北祁连铜多金属矿产重要的赋矿层位。

（四）变质作用与矿产之间的关系

区内发育变质程度不同的各类变质岩，变质作用波及新太古代至古生代。

阿尔金断裂以北敦煌地区，基本为结晶基底裸露区，主要为新太古界—古元古界敦煌岩群（Ar_3-$Pt_1D.$），高绿片岩相—低角闪岩相。阿尔金断裂以南祁连地区，主要为古元古代变质地层北大河岩群（$Pt_1B.$），高绿片岩相—低角闪岩相；中—新元古代变质地层朱龙关群、托莱南山群、龚岔群，绿片岩相。

党河南山发育区内规模最大的蛇绿混杂岩带，构造蚀变发育，矿产丰富。沉积变质型铁矿多产于前寒武纪变质地层内，有产于敦煌岩群的大水峡铁矿、蓟县系花儿地组的德勒诺尔铁矿等；接触交代型金属矿产分布广泛，有敦煌岩群内的掉石沟铅锌矿（矽卡岩型）、掉石沟铁矿（矽卡岩型）和北大河岩群的化石沟铜矿（斑岩型）。党河南山-拉脊山蛇绿混杂岩带内有产于古生代构造蚀变岩型的贾公台金矿、黑刺沟金矿。

三、区域构造演化与成矿

测区经历了6个构造演化阶段：①太古宙表壳形成阶段；②古元古代初始陆壳形成阶段；③中—新元古代陆壳成熟阶段；④震旦纪末至志留纪大陆裂谷演化阶段；⑤中南祁连裂谷或裂陷阶段；⑥晚古生代—中-新生代陆内造山阶段。

（一）太古宙表壳的形成与成矿

初始陆壳在伸展作用下形成凹陷，接受沉积，本区的敦煌岩群就是这个阶段的产物，测区内分布在阿尔金断裂以北的广大地区。由于地壳较薄，出现喷发和侵入两种形式的堆积和充填，形成泥质碎屑岩-火山岩建造。又由于地热梯度高，有益元素分布较均匀，未发生明显分异，聚集成矿能力差。

（二）古元古代初始陆壳形成与成矿

表壳发生裂解，形成裂陷盆地，以北大河岩群、达肯大坂岩群为代表的砂泥质岩-中酸性火山岩-镁铁质碳酸盐岩建造的陆块，分布在测区阿尔金断裂以南，沿阿尔金山向东延伸到野马南山。该阶段多形成铁矿化，未见成形的矿床；该阶段岩石厚度大，钨、铜、金、铅、锌等元素丰度高，为后期这些元素的成矿奠定了基础。

（三）中—新元古代陆壳增生、成熟阶段与成矿

在初始陆壳形成的基础上，中元古代表现为活动带，有火山活动形成大陆溢流玄武岩，如本区的长城系朱龙关群碎屑岩-中基性火山岩-碳酸盐岩建造。中—新元古代进入稳定的沉积期，如本区的蓟县系花儿地组的石灰岩-砂板岩建造和龚岔群的碎屑岩-镁铁碳酸盐岩-细碎屑岩-泥岩建造。本期有大量铁、铜矿产形成，是祁连地区重要的铁、铜成矿期，以中元古代为主。

（四）震旦纪末至志留纪大陆裂谷或裂陷演化阶段与成矿

震旦纪末—志留纪，祁连陆壳发生张裂，沉积巨厚的双峰式火山岩及碎屑岩。本区以寒武系黑茨沟组为代表，铅、锌、铜矿产富集。

（五）中南祁连裂谷或裂陷作用阶段与成矿

震旦纪末，中南祁连地体中南部的党河南山一带发生陆内裂谷，在拉张强烈地段形成基性、超基性岩体和火山岩系，赋存与岩浆岩有关的铬铁矿、铜镍矿、稀土矿。

（六）晚古生代—中-新生代陆内造山作用阶段和成矿

受华力西期运动影响，沿某些断裂带仍有超基性岩和中酸性岩浆岩侵入，形成一些岩浆型钛铁矿和热液型铜、铅、锌、金、铌、钽矿。中—新生代主要为盐湖钾盐、砂金、自然硫等矿产。

第二节　典型矿床与找矿标志研究

一、典型矿床特征分析

选择测区内磁场上与成矿关系密切，并且利用本次航磁调查成果有较大找矿潜力的找矿类型，选择有代表性的已知矿床（大道尔基铬铁矿、德勒诺尔铁矿、掉石沟铅锌矿、化石沟铜矿、余石山铌钽矿等）作为典型矿床进行研究，总结其地质、物、化、遥特征，为区内同类型矿产勘查提供参考。

（一）大道尔基铬铁矿（岩浆岩型铬铁矿）

大道尔基铬铁矿位于甘肃省肃北县盐池湾乡，中祁连-柴达木板块西端南缘，为一大型铬铁矿床，现已探明储量 156×10^4t。

1）区域地质背景：矿床位于中祁连岩浆弧内，党河南山-拉脊山蛇绿混杂岩带北侧（图 7-2）。航磁推断的岩性构造图反映：含大道尔基铬铁矿床的超基性岩体位于两组断裂交汇处，向南受控于党河南山 F_4、F_5 断裂，该断裂反映党河南山-拉脊山蛇绿混杂岩带的南北向边界，向西受控于 F_{125}，该断裂错断了党河南山-拉脊山蛇绿混杂岩带，推断推移距离为 6.4km。

2）地质特征：大道尔基超基性岩体呈狭长的透镜状，沿着沙果河深断裂北侧呈北西-南东方

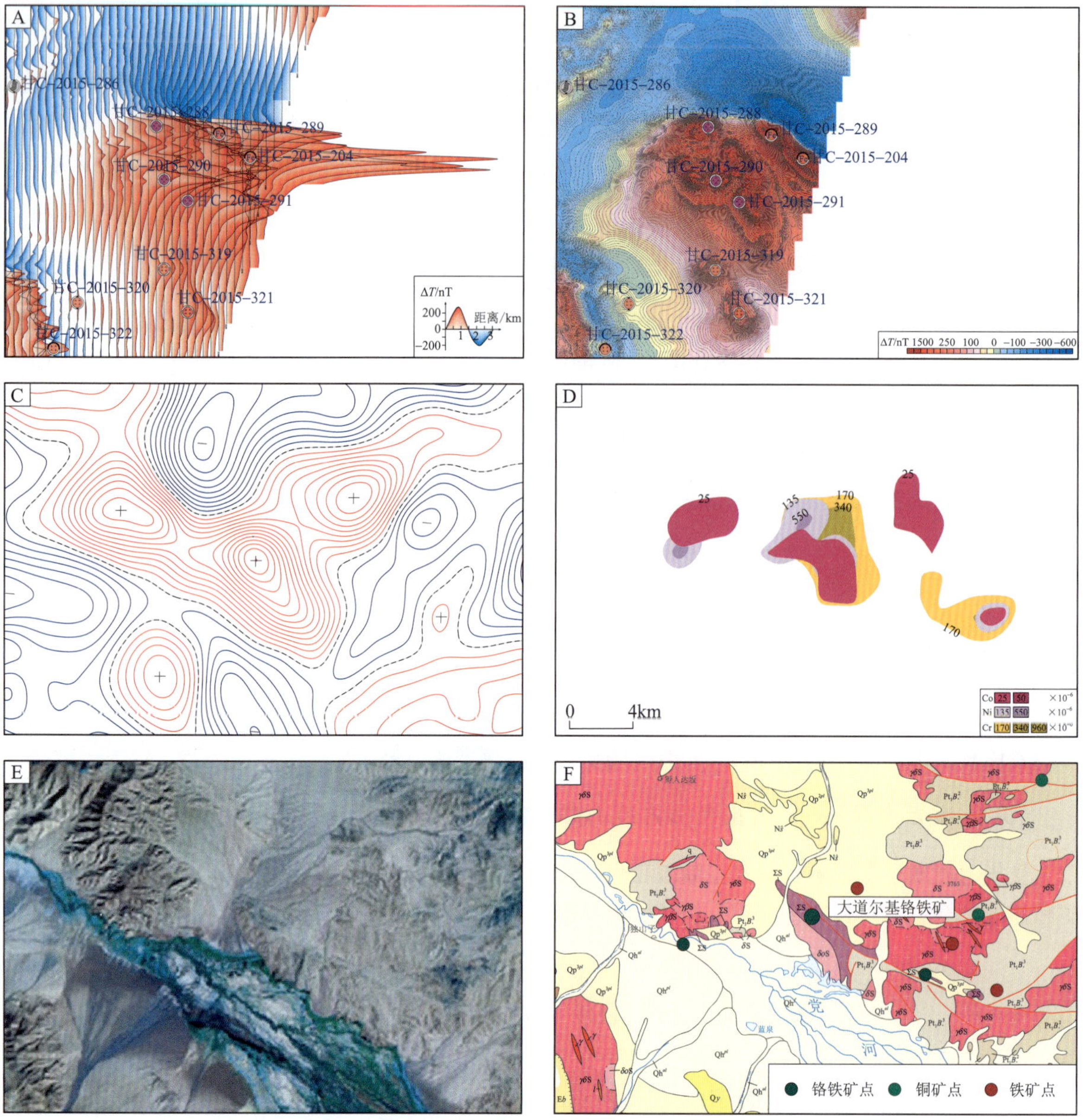

图 7-2 大道尔基铬铁矿床区域地质、物化探、遥感特征

A—航磁 ΔT 剖面平面图；B—航磁 ΔT 等值线平面图；C—剩余重力异常图；D—化探异常图；

E—遥感影像图；F—1∶25 万地质矿产图。

1∶25 万地质矿产图图例：Pt_1B^2—北大河岩群二岩组：白云石英片岩、含榴二云石英片岩；Pt_1B^3—北大河岩群三岩组：白云石大理岩、硅质大理岩；*Eb*—古近系白杨河组；Nŝ—新近系疏勒河组；*Qy*—第四系玉门组；Qp^{2pl}—中更新统洪积物；Qp^{3pl}—上更新统洪积物；Qh^{al}—全新统冲积物；Qh^{pl}—全新统洪积物；Qh^{f}—全新统沼泽堆积物；Qh^{eol}—全新统风积物；ΣS—志留纪辉石橄榄岩；δS—志留纪闪长岩；γδS—志留纪花岗闪长岩；δoS—志留纪石英闪长岩；γβS—志留纪黑云母花岗岩；γ—花岗岩脉；q—石英脉；*l*—细晶岩脉

向展布，在东南端折转为南北向，长 8.4km，宽 0.5~0.9km，最宽 1.2km，面积约 8km²。岩体大部分被第四系覆盖，岩体主要由单辉辉石岩和纯橄榄岩组成，分别占总面积的 43% 和 49%，岩体原生流动构造和次生断裂构造发育，蛇纹石化和次闪石化普遍。岩体包括两个矿带，北矿带为主矿体，长 2.6km，包含 300 余个矿体，矿石中金属矿物为铬尖晶石，含磁铁矿和铂族元素。矿石类型为浸染状，矿床成因为岩浆晚期熔离式同生矿床。

3）磁场特征：强大正负伴生异常群。其中，甘 C-2014-204 和甘 C-2015-289 异常对应于已

知大道尔基超基性岩体和矿体。异常呈带状北西向分布，宽1.8km，区内长4.5km，向东南方向延出工作区外。曲线图上呈剑锋状，异常幅值分别为3672nT和2060nT。矿体外围还分布大量强磁异常。地面实测物性铬铁矿矿石磁化率均值为8600×10^{-5}SI。

4）化探特征：铁族元素异常发育好，异常Fe、Co、Ni、Cr等强度高，浓集中心明显，吻合好。异常最大值分别为：Co 28.9×10^{-6}，Cr 583.6×10^{-6}，Ni 162.2×10^{-6}。异常极大值有多个联系点，异常稳定。

5）重力特征：1∶20万布格重力对应于重力高，同时西南部分布重力梯级带。剩余异常对应重力高更明显，同时是北西、北东向重力高异常区的转向处。

6）遥感特征：遥感解译是环形构造与线性构造交切部位，是火山、岩浆及断裂构造活动汇集地区。

大道尔基铬铁矿床是由含矿超基性岩浆岩形成的，航磁的高强度异常是铬铁矿床的直接找矿标志。化探铁族元素异常、剩余重力高异常和遥感环线异常都有明显反映。

（二）德勒诺尔铁矿（沉积变质型铁矿）

德勒诺尔铁矿位于甘肃省肃北县野马山德勒诺尔以南。

1）大地构造背景：矿床位于中祁连隆起区，平达坂深大断裂带两侧。

2）地质特征：中元古代基底隆起区，发育中元古代的碎屑岩-中基性火山岩-碳酸盐岩建造和新元古代的碎屑岩-铁镁质碳酸盐岩-泥岩建造。地层褶皱轴向以东西向或北东东向为主，南北翼基本对称，倾角60°~70°。伴随强烈的挤压褶皱，形成了一组与褶皱轴向大致平行的压性逆断层。

矿体赋存于蓟县系花儿地组b岩组（Jxh^b）钙质千枚岩、硬绿泥千枚岩和哈什哈尔组板岩、粉砂岩地层内。总长度大于7km。目前已发现两条矿（化）带，矿体呈层状、似层状、透镜体状，展布方向为北西西向。矿体长200~4590m，厚1.7~48.48m，矿体平均品位TFe 23.12%~27.87%，mFe 3.27%~22.32%。目前求得铁矿石资源量为10634.16×10^4t，确定为大型沉积变质型铁矿。

3）磁异常特征：铁矿床分布在1∶100万甘C-83-60磁异常东南端，异常呈北西向的长条形，北侧伴生负异常，异常最大值为140nT，中心位于铁矿北部；1∶1万和1∶5万高精度磁测异常与铁矿吻合。

1∶5万航磁测量工作覆盖德勒诺尔铁矿区，航磁测量的结果显示，同样出现3条近东西向的异常带，异常带的规模形态与地面磁测结果相似，矿床位于中部近东西向展布的带状异常带上，对应航磁甘C-2015-165、甘C-2015-166异常，异常长17km，宽2km（图7-3），多处异常高值区强度为450nT、270nT、260nT、184nT等，最大幅值为491nT，飞行高度在40~110m之间。

1∶1万地面磁测出现3条异常带，磁铁矿处于中部异常带，强度最大达1600nT；南部异常带范围较宽且跳跃较大，强度一般在400~900nT之间，多由闪长岩岩体及接触带引起；北带异常呈跳跃状东西向展布，强度在600~1000nT之间，与辉长岩岩体分布有关。

4）物性测定结果：磁铁矿磁化率平均值为60000×10^{-5}SI，围岩磁性较弱，物性差异明显。

5）化探特征：1∶20万化探Fe、Cu、Ni、Co、Pb、Mn、Zn等多元素组合异常。

6）遥感特征：遥感影像图上，水系发育，沟谷切割较深，北西向线状构造明显，反映了构造和地层的北西向展布特征。

总之，德勒诺尔铁矿床为沉积变质型铁矿，控矿地层为蓟县系花儿地组泥硅质板岩或含钙质千枚岩。条带状分布的磁异常是德勒诺尔铁矿的直接找矿标志，铁族元素化探异常也是重要找矿标志。钻孔控制主矿体深度为300m，宽几米到几十米（图7-4）。地磁剖面数据反演矿体深度为300m。目前矿床处于停产状态。

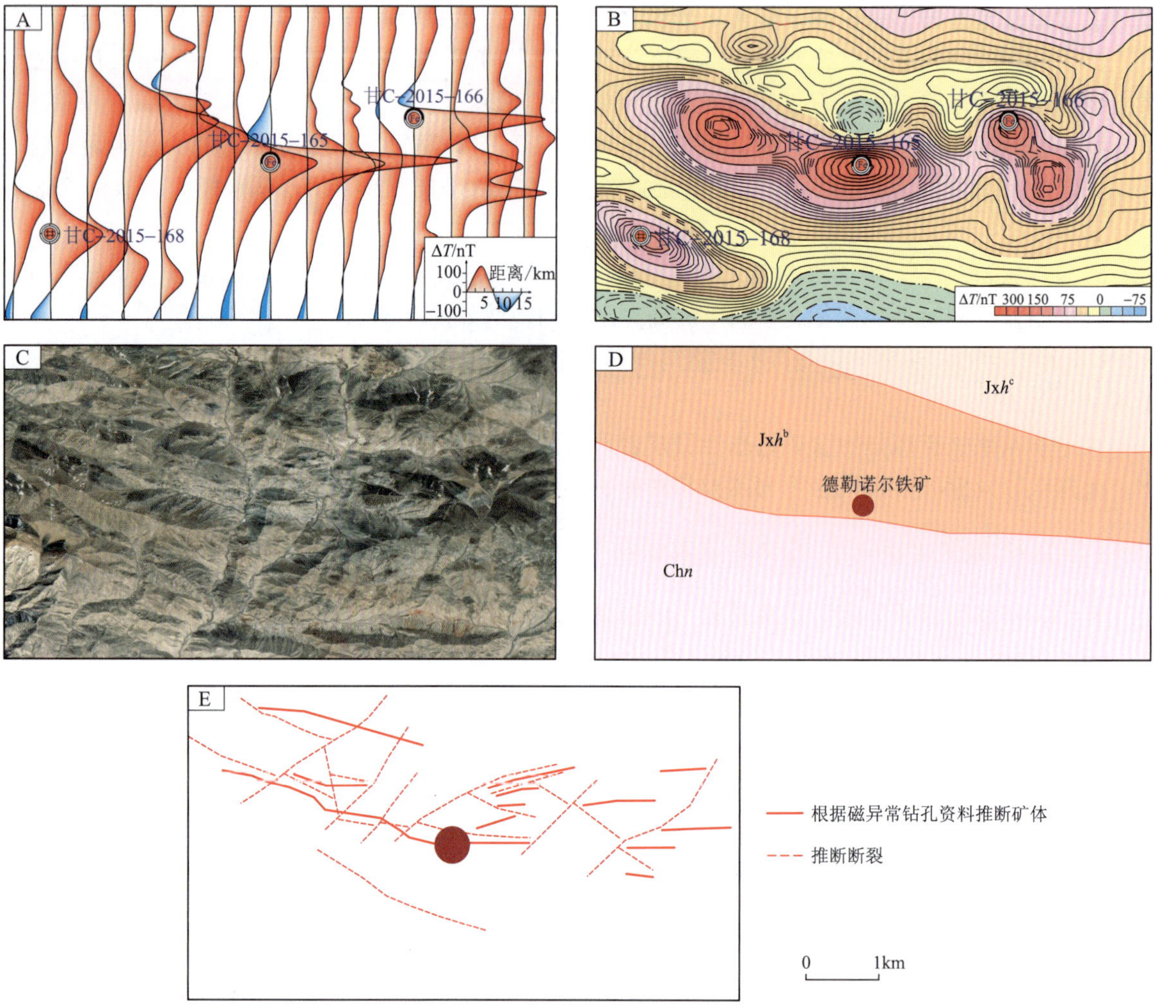

图 7-3　德勒诺尔铁矿床区域地质、物化探、遥感特征

A—1∶5 万航磁 ΔT 剖面平面图；B—1∶5 万航磁 ΔT 等值线平面图；C—遥感影像图；D—1∶1 万地质矿产图；E—1∶1 万矿体分布及断裂推断图。

1∶1 万地质矿产图图例：Jxh^c—花儿地组 c 岩组：灰白—灰黑色大理岩、结晶灰岩；Jxh^b—花儿地组 b 岩组：黑灰色黑云石英片岩、粉砂岩；Chn—南白水河组：灰黑色大理岩、灰色绢云石英千枚岩

（三）掉石沟铅锌矿（受构造控制的矽卡岩型铁铅锌多金属矿）

掉石沟铅锌矿位于甘肃省肃北县东北方向，直线距离超 60km，是敦煌地块南缘铁铅锌成矿带的重要矿床，矿床赋存于敦煌岩群中。该矿床是由甘肃省地质矿产勘查开发局酒泉地质矿产调查队发现并评价的层控矽卡岩型矿床（沈其韩，2007），矿床规模达到中型。

1）区域地质背景：矿床位于敦煌古元古界隆起区内，受控于阿尔金断裂以北的北西西向断裂及褶皱构造带控制（图 7-5）。

2）地质特征：掉石沟铅锌矿位于褶皱的核部。矿化带总体轴向 290°，断续延伸达 3km，出露宽度为 30~200m，含矿围岩为石墨斜长变粒岩、矽卡岩。铅锌矿体往往赋存于石墨斜长变粒岩与矽卡岩的接触部位，矿体与围岩的界线不截然，尤其铅锌矿体与石墨斜长变粒岩呈渐变关系。

3）磁场特征：矿床位于甘 C-2015-113 号异常中心，异常呈带状东西走向，长 7km，宽 1.5km，正负伴生，幅值为 497nT，异常对应于敦煌岩群内一个东西向分布的向斜构造（图 7-5）。本次航磁调查地面物性测量测得矿石样品磁化率在 $27000\times10^{-5}\sim160000\times10^{-5}$SI 之间，平均值为 111715×10^{-5}SI，具有极强磁性。异常主要由矽卡岩及矿体引起。

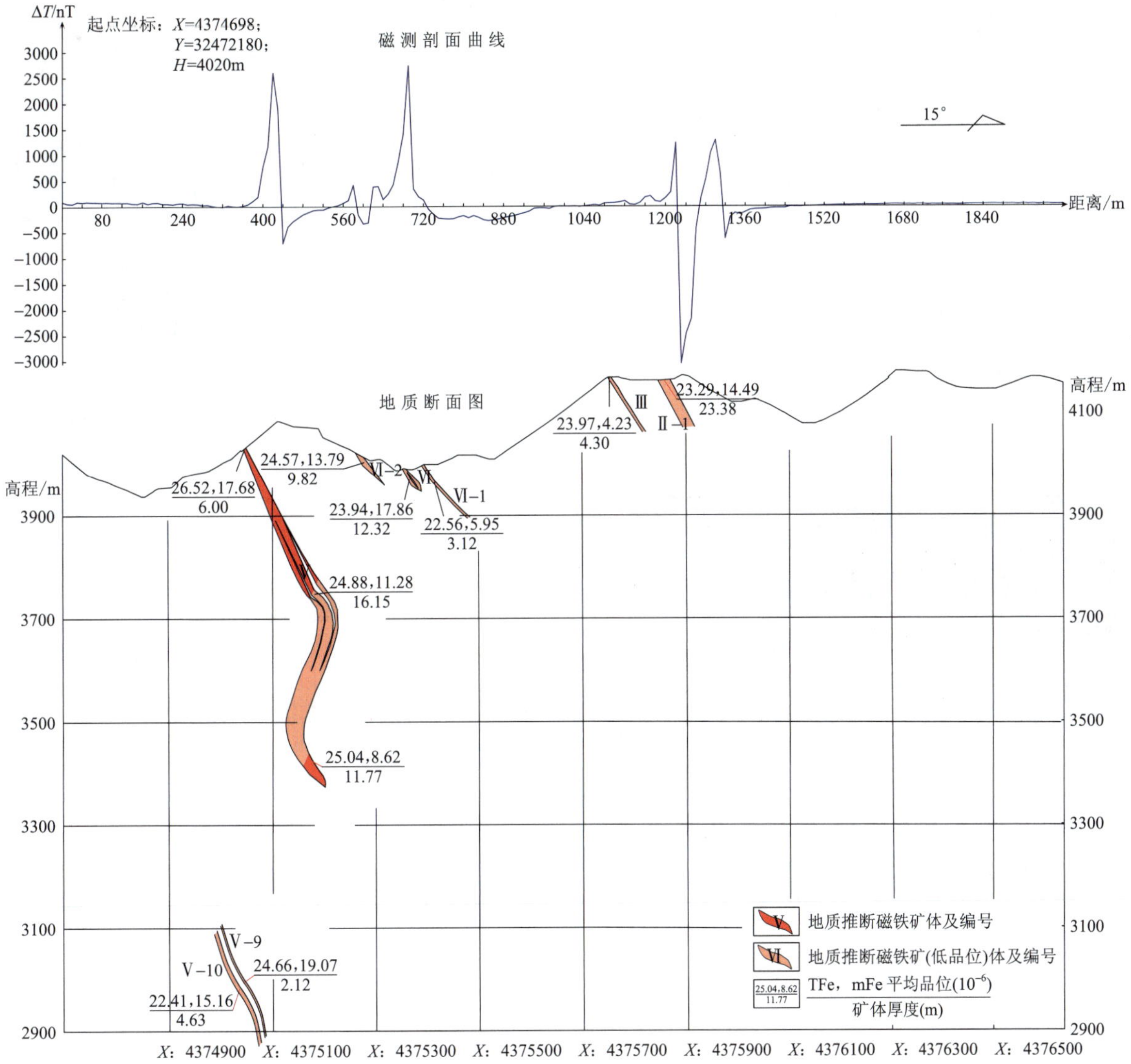

图 7-4　德勒诺尔 00#号勘探线综合剖面图

4）化探特征：1∶20 万化探异常在区域上显示有 Cu、Pb、Zn、Co、Ni、W、Mo、As、Sb 等多金属及热液活动指示元素异常。其中，Pb、Zn 异常中心与掉石沟铁铅锌矿吻合，异常峰值分别为 33×10^{-6} 和 196.8×10^{-6}。1∶5 万化探扫面成果显示，掉石沟矿区及东延地段存在面积约 7.5km^2 的化探异常，异常元素组合为 Pb、Zn、Mn、Mo、As、Sb、Ag、Sn、Bi 并以 Pb、Zn、Mn 为主，异常浓集中心明显，发育多级浓度分带，浓集中心的位置与地磁异常、矿床地表出露的范围相互吻合。

5）遥感特征：遥感 ETM 数据提取了羟基和铁染异常。北西西和北东东向分布的磁异常带上都有遥感蚀变异常分布，羟基蚀变异常显著，强度达三级，有明显的强值中心。遥感异常反映该区矿化与热液活动关系密切。

掉石沟铅锌矿床为层控矽卡岩型，带状强磁异常是构造变形矽卡岩蚀变化的反映，是矿床的间接找矿标志，Pb、Zn 化探异常找矿指示意义大。

（四）化石沟铜矿（与中酸性岩体有关的多金属矿）

化石沟铜矿位于甘肃省阿克塞哈萨克族自治县化石沟，小苏干湖西 50km 处。为小型斑岩型铜矿。

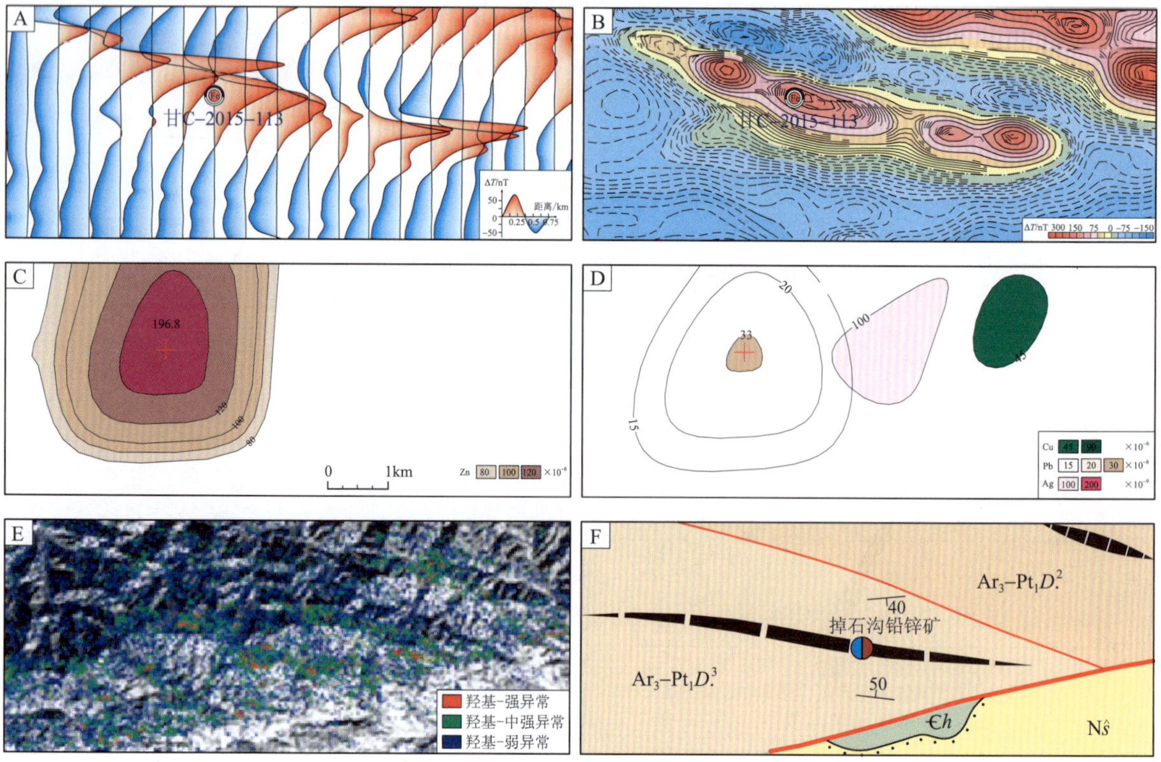

图 7-5 掉石沟铅锌矿区域地质、物化探、遥感特征

A—航磁 ΔT 剖面平面图；B—航磁 ΔT 等值线平面图；C—化探 Zn 异常图；D—化探 Pb、Ag、Cu 异常图；E—羟基蚀变异常图；F—1：25 万地质矿产图。

1：25 万地质矿产图图例：Ar_3-Pt_1D^2—敦煌岩群二岩组：白云质大理岩、含榴黑云斜长片麻岩夹斜长角闪片岩、混合岩；Ar_3-Pt_1D^3—敦煌岩群三岩组：黑云斜长片麻岩、含榴黑云斜长片麻岩夹斜长角闪岩、混合岩；€h—寒武系黑茨沟组：板岩、石英砂岩、微晶灰岩，下部夹灰绿色玄武岩、安山岩、英安岩、中酸性凝灰岩；Nŝ—新近系疏勒河组：灰色、紫色泥质粉砂岩夹砂岩、砾岩、细砂岩，砖红色粉砂岩、粉砂质黏土岩

1）区域地质背景：矿床位于柴北缘华力西褶皱带阿哈提山-小赛什腾山弧形构造带内。

2）地质特征：化石沟斑岩岩体由内向外岩性分带明显，围岩为达肯大坂岩群和牦牛山组。化石沟铜矿位于牦牛山组内，矿化与英云闪长岩关系密切。矿床位于化石沟斑岩岩体西侧龙尾沟-化石沟弧形断裂内，长达 14km，宽 100~200m，总体呈近南北向展布，矿体多分布于英云闪长斑岩、石英闪长玢岩的边部和断裂构造叠加部位，Cu 品位一般为 0.2%~1.13%，最高为 1.2%，平均品位为 0.4%。

3）磁场特征：矿床位于航磁甘 C-2016-301 异常西部背景场中。甘 C-2016-301 异常为负背景场中的升高异常，航磁 ΔT 剖面平面图上曲线呈锯齿状，多条测线有反映，强度弱，幅值为 116nT；航磁 ΔT 等值线平面图上呈近圆形正磁异常，直径约为 4351m（图 7-6），飞行高度为 65m。

4）化探特征：与铜有关元素组合及铜元素化探异常明显。

5）重力特征：区域上位于剩余重力高异常区的外围。

6）遥感特征：遥感影像上矿床位于环形构造影像外接触带上。

化石沟铜矿为斑岩型，岩体岩性为闪长岩、石英闪长岩、石英闪长玢岩、英云闪长岩、英云闪长斑岩等，磁场上呈弱磁异常，矿体产于岩体附近的弧形构造带内，无磁异常反映。斑岩岩体在磁场图上呈现的航磁环形异常是找矿的间接找矿标志。另外，对应斑岩岩体在区域重力高、化探铜矿化指示元素异常和遥感环形异常为重要找矿标志。

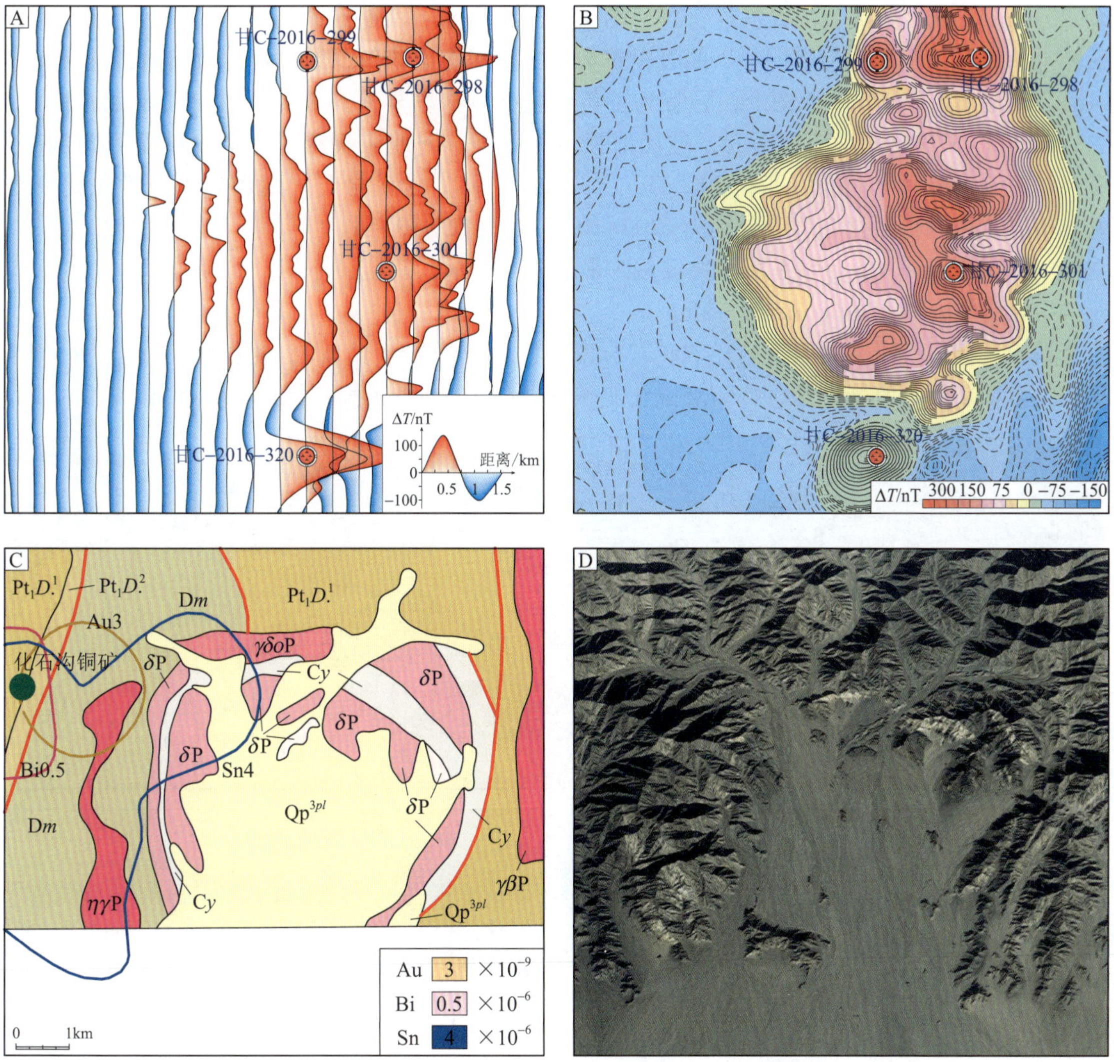

图 7-6 化石沟铜矿区域地质、物化探、遥感特征

A—航磁 ΔT 剖面平面图；B—航磁 ΔT 等值线平面图；C—1∶25 万地质矿产图+化探 Sn、Bi、Au 异常图；D—遥感影像图。1∶25 万地质矿产图图例：$Pt_1D_\cdot^1$—达肯大坂岩群一岩组：黑云石英片岩、十字石二云石英片岩、黑云角闪斜长片麻岩；$Pt_1D_\cdot^2$—达肯大坂岩群二岩组：绢云绿泥片岩、绿泥石英片岩、黑云角闪奥长片麻岩；Dm—泥盆系牦牛山组：砂岩、长石砂岩、千枚状钙质粉砂岩；Cy—石炭系羊虎沟组：灰黑色炭质页岩；Qp^{3pl}—上更新统洪积物；δP—二叠纪闪长岩；γδoP—二叠纪英云闪长岩；ηγP—二叠纪二长花岗岩；γβP—二叠纪黑云母花岗岩

（五）余石山铌钽矿（与火山岩地层有关的稀有金属矿）

余石山铌钽矿床位于甘肃省阿克塞哈萨克族自治县西约 238°方向 106km 处。余石山铌钽矿在阿尔金山地区首次发现，含矿岩石具有强磁性，利用航磁测量成果找矿具有重要意义。

1）区域背景：矿床位于阿尔金断裂南侧党河南山-拉脊山蛇绿混杂岩带内部。

2）地质特征：余石山铌钽矿位于长城系敖油沟组（Cha）分布区内，目前发现南、北两个矿带，已控制长度在 6km 以上，受区域断裂带控制，总体走向 260°~300°，赋矿地层均为北倾。矿石自然类型有角闪二长变粒岩、角闪斜长变粒岩、二长岩、正长岩、碎裂状角闪二长变粒岩、角闪斜长变粒岩等（贾志磊，2016 年研究：余石山变粒岩的原岩为碱性的中酸性岩浆岩，如正长岩类）。矿床正在勘探中，已圈定 5 个矿体，初步估算 Nb_2O_5 资源量为 20×10^4t，已达大型，长度和深度都未完全控制（目前钻孔控制深度为 180m），找矿潜力巨大。

3）磁场特征：现正在开展“余石山铌钽多金属矿普查”项目，其普查范围与甘 C-2016-188、甘C-2016-210航磁异常带位置基本套合（图7-7，图7-8）。航磁ΔT剖面平面图上，表现为叠加升高异常，在多条测线上反映明显，曲线呈锯齿状，形成多个峰值，北侧伴生有负值，最大幅值为1754nT。航磁ΔT等值线平面图上，异常为正负变化磁场中剧烈升高强磁异常带，呈北东向延伸，范围为5620m×1200m，西部范围大，磁场值强、梯度大，向北东尖灭。地面高精度磁测剖面上，含矿层与正升高异常对应，强度在2000nT左右（图7-9）。含矿岩石（变粒岩）物性磁化率变化较大，不同点位测得磁化率均值分别为2200×10^{-5}SI和6055×10^{-5}SI。

4）化探特征：1∶5万水系沉积物测量的最新成果显示，矿区位于HS-6综合异常东段，其主要元素组合为Nb-Ta-Ce-Y-Zn-Be-Mo。

余石山铌钽矿产于熬油沟组内，含矿岩石为变粒岩（原岩正长岩），化探稀有元素Nb、Ta异常发育，含矿岩石具有强磁性，含矿层位在航磁ΔT剖面平面图上呈现强烈升高异常。

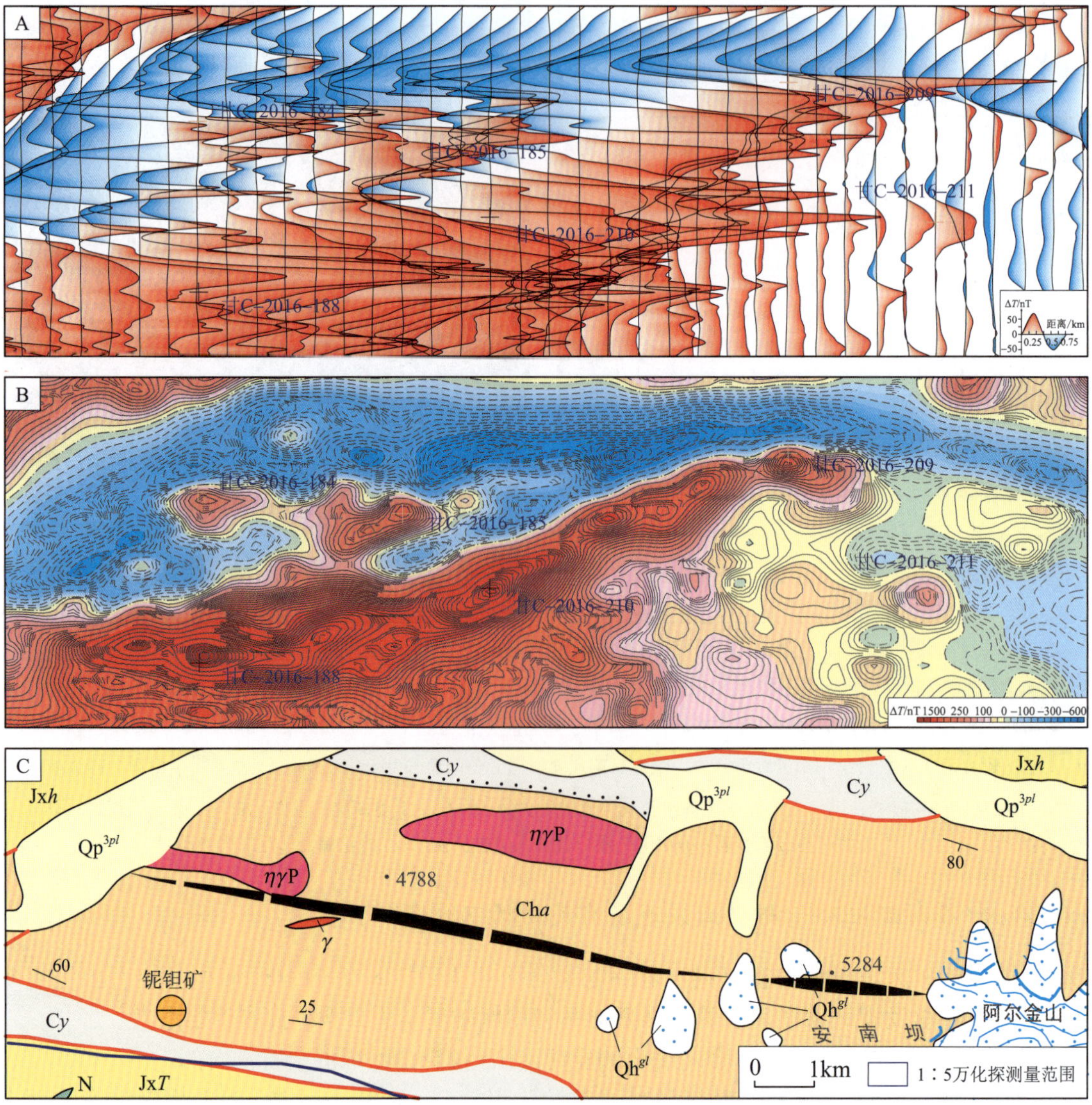

图7-7 余石山铌钽矿区域地质、物化探、遥感特征

A—航磁ΔT剖面平面图；B—航磁ΔT等值线平面图；C—1∶25万地质矿产图。

1∶25万地质矿产图图例：Cha—长城系熬油沟组：安山质-玄武质熔岩—玄武质火山碎屑岩组合；Jxh—蓟县系花儿地组：青灰色白云岩、灰色含硅质白云岩；JxT—蓟县系塔昔达坂群：灰色结晶灰岩、白云质灰岩、砂岩；Cy—石炭系羊虎沟组：灰黑色炭质页岩、砂岩、生物灰岩，夹煤层；Qp^{3pl}—上更新统洪积物；Qh^{gl}—全新统现代冰川；$\eta\gamma$P—二叠纪二长花岗岩；N—基性岩脉；γ—花岗岩脉

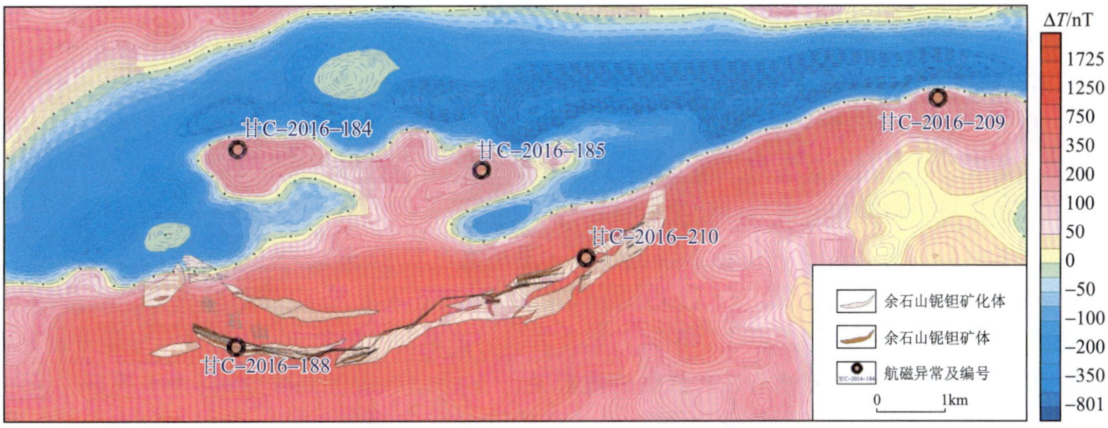

图 7-8 余石山铌钽矿航磁 ΔT 等值线平面图

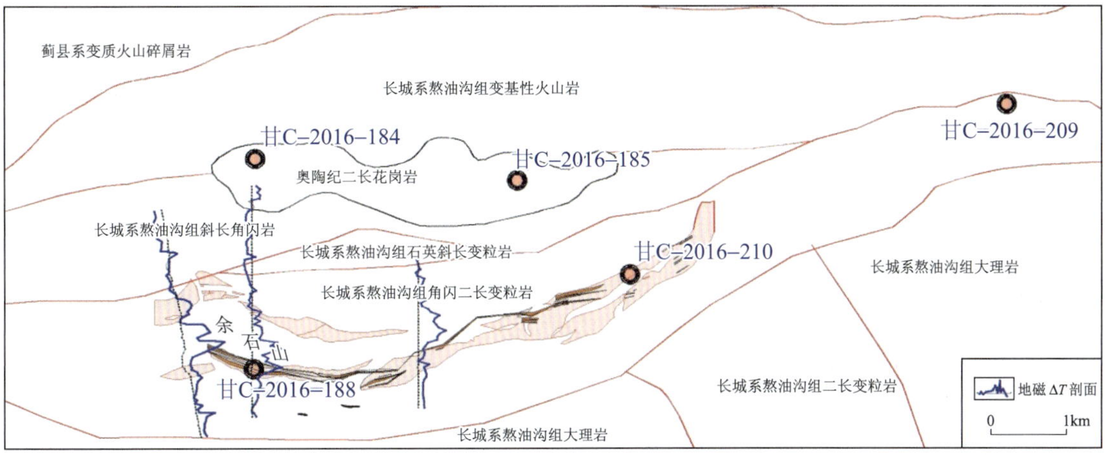

图 7-9 地面磁测剖面与矿体的对应关系

二、找矿标志研究

在分析典型矿床特征的基础上，结合测区其他同类型矿床的地、物、化、遥特征，建立了找矿标志。

（一）岩浆岩型铬铁矿

该类型矿产为受超基性岩体控制明显的一类矿床，受深大断裂控制明显。测区内中南祁连古生代裂谷带内及附近分布量较大。其中，大道尔基以铬铁矿为主，阿尔金山、当金山口和肃北拉排沟地区以铜镍矿为主。

1）成矿元素：Fe、Cr、Co、Ni 等。

2）成矿环境：区域拉张、裂陷环境。

3）成矿时代：加里东期。

4）控矿构造：与北西西向和北东东向区域性大断裂空间关系密切（F_4、F_5、F_6）。

5）成矿岩体：超基性岩体。

6）地球化学：Cr、Ni、Co 异常为主。

7）重力异常：重力高异常。

8）航磁异常：尖峰状强磁异常，规模大、梯度大。

9）典型矿床：大道尔基铬铁矿床、黑达坂铬铁矿点、付家沟镍矿。

（二）沉积变质型铁矿

该类型矿产分布在敦煌基底隆起区、中元古代隆起区以及中南祁连古生代裂谷带内。

1）成矿元素：Fe、Cu、Au 等。

2）地质背景：敦煌基底隆起、中元古代隆起、古生代中南祁连裂谷。

3）成矿环境：拉张裂解或局部拉张。

4）含矿岩系：新太古代—中元古代碎屑岩-中基性火山岩-碳酸盐岩建造中。

5）地球化学：Cu、Zn、Co、Cr、Ni、Au、Ag、Pb、Zn、As、Sb 组合异常。

6）围岩蚀变：硅化、绿泥石化、绢云母化及岩石的普遍退色现象。

7）地表标志：条带状铁建造、含铁碳酸盐岩层。

8）航磁异常：明显的强磁尖峰状异常。

9）典型型矿床：德勒诺尔铁矿、大水峡铁矿、红柳峡铁矿。

（三）构造矽卡岩型铅锌矿

该类型矿产主要分布在鹰嘴山和党河南山等地。

1）成矿元素：Pb、Zn 等。

2）成矿环境：区内的各种环境中均有产出。

3）含矿围岩：既有产在变质岩系内，也可产于火山-沉积岩系内。

4）围岩蚀变：黄铁绢英岩化、硅化（脉）、绿泥石化等。

5）成矿时代：加里东期、华力西期。

6）控矿构造：大断裂或大型剪切带旁侧的次级构造内。

7）地球化学：Pb、Zn、Mn、As、Sb、Bi 等元素异常。

8）地表标志：黄钾铁矾化、褐铁矿化。

9）重力异常：产于区域布格重力异常梯度带中。

10）航磁异常：线性异常带、串珠状异常带。

11）典型矿床：掉石沟铅锌矿。

（四）与中酸性岩体有关的 Cu、Au、Pb、Zn 等多金属矿

该类型矿产丰富，但成型的矿床较少，矿化普遍有较大的找矿潜力。

1）成矿元素：Cu、Au、Pb、Zn 为主，伴生 Ag、Pb、Zn、As、Sb。

2）成矿背景：区内的各种环境中均有产出。

3）成矿时代：加里东期、华力西期。

4）控矿构造：矿床多产于区域性大断裂旁侧，次级断裂控制成矿岩体产出。

5）成矿岩体：中酸性浅成小侵入体附近。

6）围岩蚀变：硅化、矽卡岩化、云英岩化、黄铁矿化、萤石化、绢云母化。

7）地球化学：Cu、Au、Pb、Zn、Cd、Co、Ag、Sn、W、Sb、As 等元素异常。

8）重力异常：重力低异常附近。

9）航磁异常：区域负磁场上的局部正磁异常附近，或中酸性岩体边部的局部小异常。

10）典型矿床：化石沟铜矿、多坝沟金矿。

（五）与变质火山岩地层有关的铌钽矿

该类型矿产在测区内发现一处大型矿床，即余石山铌钽矿，并且正在勘探中，但由于发现大量同类型磁异常，具有较大找矿潜力，特别是在熬油沟组分布区有较大找矿潜力，因此据现有资料初

步建立了找矿标志，可为进一步找矿提供借鉴和参考。

1）成矿元素：Nb、Ta、Ce、Y、Au。

2）成矿环境：党河南山-拉脊山蛇绿混杂岩带内。

3）成矿时代：长城纪、加里东期。

4）控矿构造：多产于区域性大断裂旁侧及断裂交汇部位。

5）成矿岩体：正长岩。

6）成矿地层：中元古界长城系熬油沟组。

7）围岩蚀变：硅化、矽卡岩化、云英岩化、黄铁矿化、萤石化、绢云母化。

8）矿床组合：空间上与热液矿床共生，构成成矿系列。

9）重力异常：多产于重力梯级带、不同重力场的边界线、异常形态明显扭曲或位移的特征部位。

10）航磁异常：强磁异常区带内。

11）典型矿床：余石山铌钽矿。

（六）与基性岩有关的铁、铜镍矿

该类型矿产没有典型矿床，但根据异常查证成果，认为该类型矿产在测区内有较大找矿潜力，特别是在敦煌盆地内大量异常指示有较大找矿潜力，因此根据现有的资料进行概括总结找矿标志如下：

1）成矿元素：Cu、Ni、Cr、Co、Fe 等。

2）成矿环境：区域拉张、裂陷环境。

3）成矿时代：元古宙、加里东期。

4）控矿构造：与北西西向和北东东向区域性大断裂空间关系密切，如且末-敦煌断裂、阿尔金断裂及中南祁连裂谷带内（F_1、F_2、F_4、F_5、F_6）。

5）成矿岩体：基性岩体。

6）地球化学：Cr-Ni-Co-Cu 异常为主。

7）重力异常：重力高异常。

8）航磁异常：尖峰状强磁异常，规模大、梯度大。

第三节　找矿远景预测

一、找矿远景区划分

研究区域成矿规律，以航磁调查数据为基础，结合基础地质、物探、化探、遥感等资料以及目前的勘查技术能力，综合分析异常分布特征及找矿潜力，划分找矿远景区。远景区按照找矿意义和潜力分级，可具体划分为 3 个级别。

Ⅰ级找矿远景区：成矿地质构造条件十分有利，航空物探异常提供的找矿直接和间接找矿信息丰富，具体为本次航磁调查评价的乙类异常集中分布区，找矿标志明显，有已知矿床或者通过查证发现有新的重要找矿线索，可能有地球化学和遥感找矿信息支持，推测通过进一步地面勘查工作，具有良好找矿前景的地区。

Ⅱ级找矿远景区：成矿地质条件有利，本次航空物探调查反映较好找矿信息，以乙类异常为主，异常特征符合找矿标志，有已知矿产分布，有地球化学和遥感找矿信息支持。具有发现新的矿产地的可能或者扩大已知矿产地规模的潜力。

Ⅲ级找矿远景区：成矿地质条件比较有利，有对找矿有利的航空物探异常分布，具有发现新的

矿产地或者扩大已知矿产地规模的可能，找矿潜力有待于进一步研究。

共划分找矿远景区 17 处（附图 7；附表 3）。其中，Ⅰ级找矿远景区 7 处，Ⅱ级找矿远景区 5 处，Ⅲ级找矿远景区 5 处。

Ⅰ级找矿远景区 7 处：

鸣沙山-红柳井子铜镍钴铁金多金属找矿远景区（$Ⅰ_1$）；

掉石沟-梧桐沟铁铅锌多金属找矿远景区（$Ⅰ_2$）；

萨果-青崖子-博罗转井铁铜镍铬找矿远景区（$Ⅰ_3$）；

安南坝-阿尔金山铌钽铁金稀有金属找矿远景区（$Ⅰ_4$）；

当金山口铁金铜找矿远景区（$Ⅰ_5$）；

柳树沟铜镍铬铅锌金多金属找矿远景区（$Ⅰ_6$）；

大道尔基铬铁矿多金属找矿远景区（$Ⅰ_7$）。

Ⅱ级找矿远景区 5 处：

阿克塞沟铜镍铁多金属找矿远景区（$Ⅱ_1$）；

阿克塞县铜镍铁多金属找矿远景区（$Ⅱ_2$）；

芦草沟铁铜铅锌多金属找矿远景区（$Ⅱ_3$）；

雁丹图南-黑达坂铜镍铬铁金多金属找矿远景区（$Ⅱ_4$）；

党河南山扎子沟金铜铅锌多金属找矿远景区（$Ⅱ_5$）。

Ⅲ级找矿远景区 5 处：

火焰山铜铅锌铁铬钴镍多金属找矿远景区（$Ⅲ_1$）；

大水峡铁多金属找矿远景区（$Ⅲ_2$）；

大红山金铅锌铁铜多金属找矿远景区（$Ⅲ_3$）；

野马河南稀有金属铁金多金属找矿远景区（$Ⅲ_4$）；

月牙山金多金属找矿远景区（$Ⅲ_5$）。

二、找矿远景区分述

（一）鸣沙山-红柳井子铜镍钴铁金多金属找矿远景区（$Ⅰ_1$）

鸣沙山-红柳井子铜镍钴铁金多金属找矿远景区位于测区北部，地理坐标：94°26′37″~95°15′16″E，39°48′32″~40°02′22″N，总体呈东西走向，面积约 323km²。

远景区位于敦煌地块敦煌基底杂岩隆起区内，基岩出露少，为沙漠戈壁地貌景观。出露岩石几乎全部为敦煌岩群和中元古代基性、中酸性侵入体。敦煌岩群（Ar_3-$Pt_1D.$）是太古宙—古元古代不同时代地质体的混杂，主要由斜长片麻岩类、石英片岩类、斜长角闪岩类、大理岩类和变质火山岩类岩石组成，夹石英岩类、千枚岩类、云母片岩类和混合岩类等。其原岩为海相砂泥质岩-碳酸盐岩-火山岩建造。变质程度较深，为绿帘角闪岩相—角闪岩相，侵入体主要为中元古代的石英闪长岩、英云闪长岩和辉长岩。

本次航磁调查结果显示，该区为测区内最大的强磁异常群。异常分两类，一类是剑锋状强磁异常，靠近或分布在基岩出露区内；另一类是宽缓强磁异常，规模大、强度高（图 7-10）。

剑锋状强磁异常以甘 C-2015-37、甘 C-2015-39、甘 C-2015-45、甘 C-2015-46，甘 C-2011-11 为代表，幅值在 1300~2150nT 之间。其中，甘 C-2011-11 异常，甘肃省核工业 202 大队进行了 1∶5000 高精度磁测，地面磁测异常最大值为 3500nT，并实施钻探工程，在 70~270m 段发现多层铜镍钴工业矿体和低品位铁矿体。该段钻孔岩石磁化率在 50000×10^{-5}SI 左右，岩石为辉长岩和辉石岩，在辉石岩中含磁铁矿和铜镍钴矿。

分布在覆盖区的宽缓强磁异常以甘 C-2015-49、甘 C-2015-50、甘 C-2015-51、甘 C-2015-

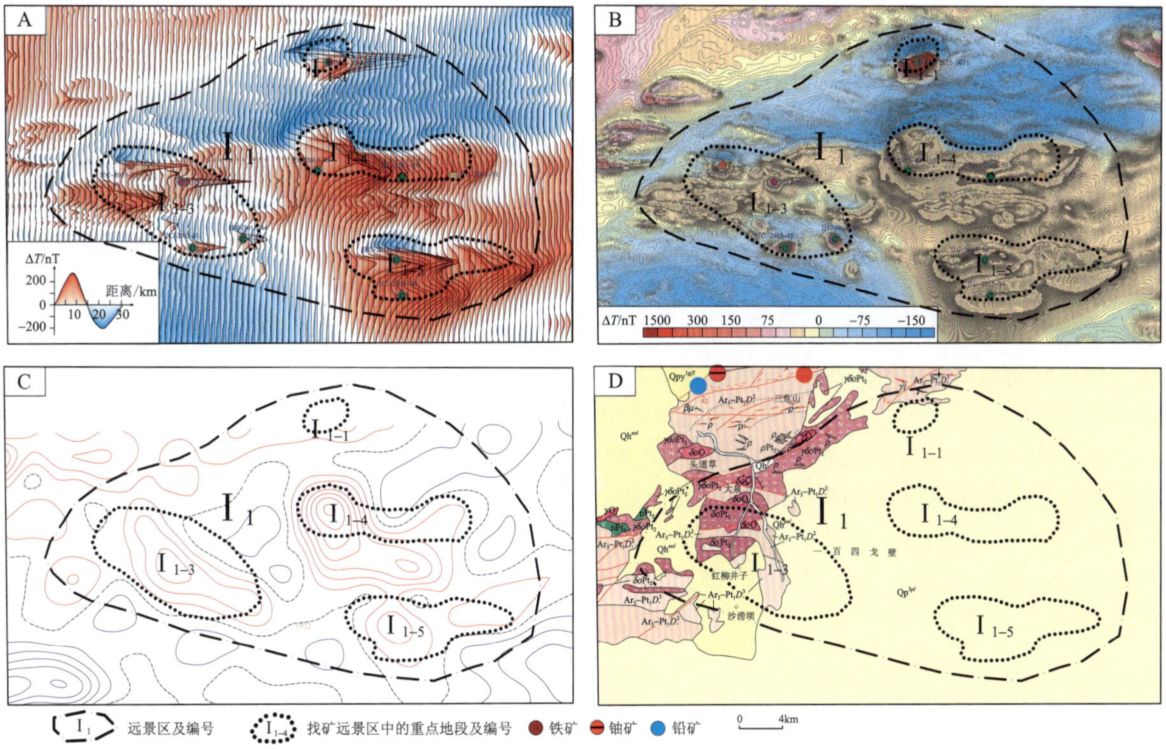

图 7-10　鸣沙山-红柳井子铜镍钴铁金多金属找矿远景区

A—1∶5 万航磁 ΔT 剖面平面图；B—1∶5 万航磁 ΔT 等值线平面图；C—1∶20 万剩余重力异常图；D—1∶25 万地质矿产图。1∶25 万地质矿产图图例：$Ar_3-Pt_1D^2$—敦煌岩群二岩组：白云质大理岩、含榴黑云斜长片麻岩；$Ar_3-Pt_1D^3$—敦煌岩群三岩组：黑云斜长片麻岩、含榴黑云斜长片麻岩；Qp^{3pl}—上更新统洪积物；Qh^{eol}—全新统风积物；Qh^{f}—全新统沼泽堆积物；υPt_2—中元古代辉长岩：深灰、灰黑色，由斜长石、角闪石、透辉石、磁铁矿及微量磷灰石组成；$\gamma\delta o Pt_2$—中元古代英云闪长岩；$\delta o Pt_2$—中元古代石英闪长岩；$\delta o O$—奥陶纪石英闪长岩；γO—奥陶纪花岗岩；$\beta\mu$—辉绿岩脉；ρ—伟晶岩脉；γ—花岗岩脉；γl—花岗细晶岩脉

56、甘 C-2015-57、甘 C-2015-94 为代表，幅值在 1000nT 左右，长 2~7km，宽 1.5~3.5km。该类异常在航磁 ΔT 等值线平面图上呈椭圆形、长条形，异常之间彼此界线清晰，航磁 ΔT 剖面平面图上曲线光滑、对称性好。推测该类异常为隐伏的基性、超基性岩体引起，切线法计算该磁性体顶板埋藏深度为 600~700m。

根据重力资料，本区上述两类异常都对应重力高异常，说明磁性体密度高于周边地质体密度，进一步说明磁性体属于基性、超基性岩体的可能性更大。目前基岩出露区内的异常钻孔验证有已知矿体（铜镍钴铁矿体）存在，覆盖区内异常强度高、规模大，找矿潜力更大。

根据上述综合分析，推断该区是一个与基性、超基性岩有关的铜镍钴铁金等多金属找矿的重要地区。

（二）掉石沟-梧桐沟铁铅锌多金属找矿远景区（I_2）

掉石沟-梧桐沟铁铅锌多金属找矿远景区位于阿尔金断裂北缘，地理坐标：95°17′30″~95°45′00″E，39°42′13″~39°49′26″N，呈长条状，面积约 300km^2。

远景区位于敦煌地块敦煌基底杂岩隆起区内，受控于阿尔金断裂，北东东向分布。地层为敦煌岩群二岩组（$Ar_3-Pt_1D^2$）、三岩组（$Ar_3-Pt_1D^3$）。二岩组岩性为斜长角闪岩、片麻岩夹伟晶岩、石英岩；三岩组岩性为大理岩夹石英岩。部分古生代糜棱岩化花岗岩、花岗闪长岩不规则镶嵌于敦煌岩群老变质岩区内，区内褶皱构造和断裂构造发育，方向以北西西向为主，断裂有局部被同方向不同角度的断裂错断现象，褶皱构造几乎分布在整个老变质岩区，规模较大，一般长 50~100km。

断裂和褶皱与已知矿产地关系密切。如掉石沟铁铅锌矿位于褶皱的核部。

远景区内磁场以平静背景场上分布多条带状异常为特征（图7-11），异常带有两组方向，北西西和北东东向。北西西向正磁异常带主要有3条，平行分布，异常带宽1.5km左右，长10~20km，带内局部异常呈串珠状排列。航磁ΔT剖面平面图上，异常带呈单峰定向和多峰定向排列，峰值高度相差不大，最大幅值在300nT左右。北东东向异常带沿阿尔金断裂分布，局部呈剑锋状异常，最大幅值为488nT（甘C-2015-112）。

1：20万化探异常在区内显示有Cu、Pb、Zn、Ag、Co、Ni、W、Mo、As、Sb、Sr、La等多金属及热液成分的指示元素异常分布。遥感ETM数据提取了羟基和铁染异常。北西西和北东东向分布的磁异常带上都有遥感蚀变异常分布，羟基蚀变异常显著，强度达三级，有明显的高值中心。遥感、化探异常反映该区磁异常带与热液活动关系密切。

远景区内已知矿产以矽卡岩型和热液型铁铅锌多金属矿产为主，已发现的矿产地有掉石沟铅锌矿、掉石沟铁矿、白台沟铁矿点、红柳峡小型铁矿床等。其中，掉石沟铅锌矿和掉石沟铁矿属于矽卡岩型，位于甘C-2015-113号异常区内。该异常位于测区最北部的一条磁异常带中，推断该类磁异常都具有同类型成矿的潜力，具体有找矿潜力的异常有甘C-2015-97、甘C-2015-109、甘C-2015-110、甘C-2015-111、甘C-2015-112、甘C-2015-100、甘C-2015-101、甘C-2015-119、甘C-2015-122等。其中，甘C-2015-112异常查证发现低品位铁矿体。

综合分析，该区铁铅锌多金属矿产与热液活动关系密切，受构造控制明显，以矽卡岩化为主，航磁异常找矿意义明确。

（三）萨果-青崖子-博罗转井铁铜镍铬找矿远景区（I_3）

远景区位于测区中西部阿尔金山主峰一带，呈长条状，地理坐标：93°15′23″~94°34′17″E，39°16′18″~39°28′19″N，面积349km^2。

远景区位于阿尔金断裂南缘北东东向的党河南山-拉脊山蛇绿混杂岩带内。北东东向断裂控制地层和岩体的分布。出露地层以中元古界蓟县系花儿地组为主，岩性为青灰色白云岩、含硅质白云岩、含燧石结核白云岩。青崖子-萨木萨克基性、超基性岩浆岩带侵入花儿地组内，本区出露长27km，宽100~800m。岩体分带明显，北带为超基性岩带，南带为基性岩带。超基性岩由蛇纹岩组成，蛇纹岩普遍含铬铁矿，基性岩由蚀变辉长辉绿岩组成。

已知矿产地有红柳沟东支铁矿点、红柳沟铁矿点、阿克塞沟铁矿点、安南坝铁矿点、大鄂博图铜矿点、红柳沟脑铁矿点、阿克塞博罗转井铁矿点、长草沟铁矿点、大鄂博图铜矿点、半鄂博图铜矿点。以沉积变质型铁矿和热液型铜矿为主。

本次的航磁调查，远景区位于高背景正磁异常区内，异常呈剑锋状，密集分布，航磁ΔT剖面平面图上异常界线不清，航磁ΔT剩余异常平面图上异常清晰，呈北东东向带状分布（图7-12）。异常带与已知出露的基性、超基性岩带对应，并且向东、西两侧延伸，分别延伸50km和37km。基性、超基性岩带是铜镍铬多金属矿化的有利地区，东西向延伸的强磁异常带是寻找铜、镍、铬、铁等多金属矿产的有利地区。另外，远景区内大量分布的铁矿点品位低，目前都处于停产状态。

远景区对应剩余重力高异常带，同时有Cr、Ni、Co、As、Sb、Bi、La、Ag、Cu、Mo等化探异常带分布。高密度和铁族元素富集是基性、超基性岩带的反映，同时As、Sb、Bi、La、Ag、Cu、Mo等异常指示有热液型多金属矿化潜力。

远景区成矿构造复杂，岩浆岩发育，化探异常丰富，是铁、铜、镍、铬等多金属找矿的有利地区，但是目前已发现的矿产地品位低、规模小，不足以解释现有异常和成矿条件，因此应该继续加大工作投入，进一步寻找有工业价值的矿产地。

（四）安南坝-阿尔金山铌钽铁金稀有金属找矿远景区（I_4）

远景区位于阿尔金山主峰，呈东西向延伸长条状，地理坐标：93°22′13″~94°09′05″E，39°12′13″~

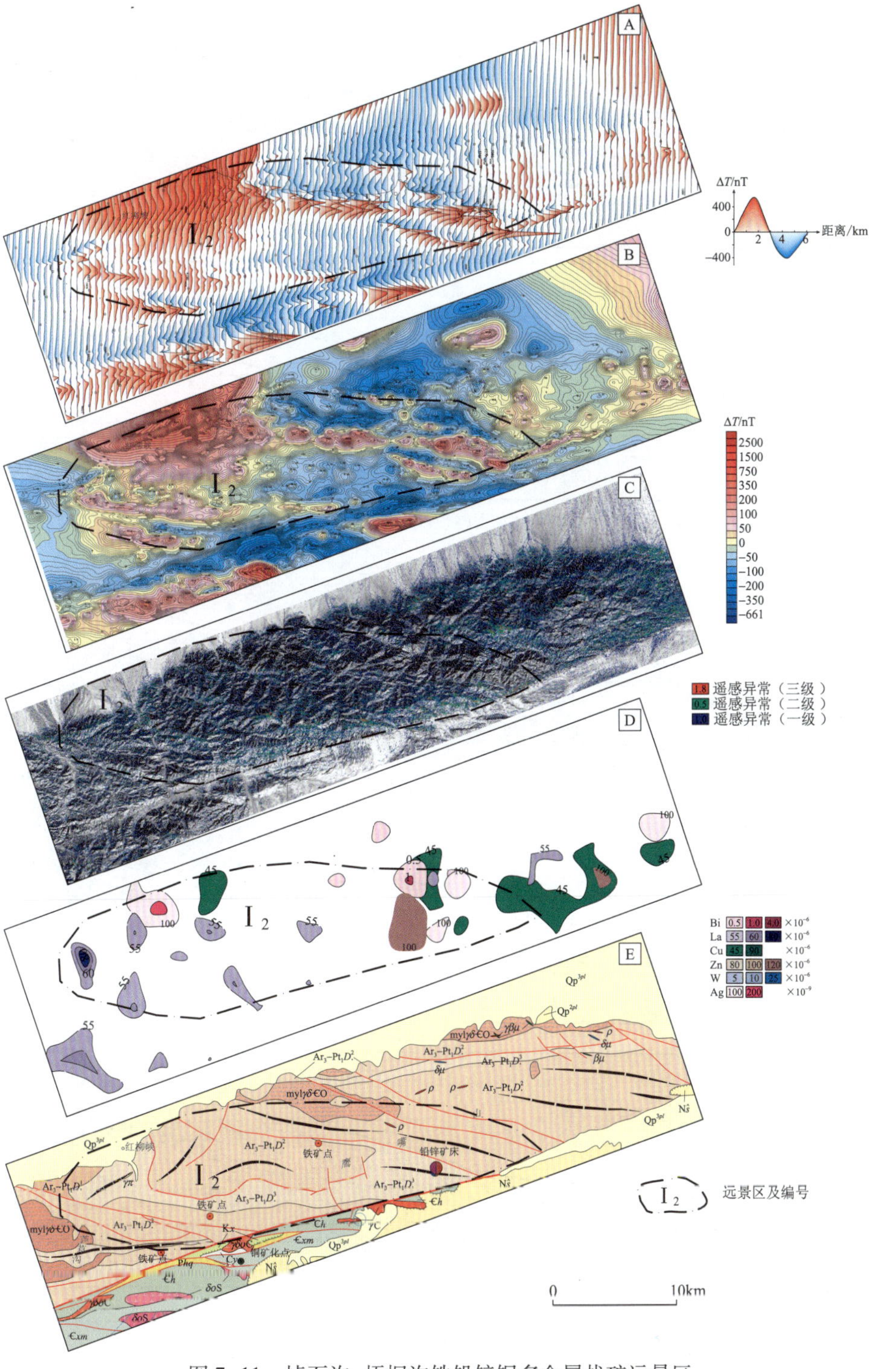

图 7-11　掉石沟-梧桐沟铁铅锌铜多金属找矿远景区

A—航磁 ΔT 剖面平面图；B—航磁 ΔT 等值线平面图；C—羟基、碳酸盐化蚀变异常图；D—化探异常图；E—1∶25 万地质矿产图。1∶25 万地质矿产图图例：Ar_3-Pt_1D_1—敦煌岩群一岩组：黑云斜长片麻岩、黑云石英片岩、含榴二云片岩；Ar_3-Pt_1D_2—敦煌岩群二岩组：白云质大理岩、含榴黑云斜长片麻岩；Ar_3-Pt_1D_3—敦煌岩群三岩组：黑云斜长片麻岩、含榴黑云斜长片麻岩；ϵxm—寒武系香毛山组：板岩、变质砂岩、灰岩、硅质岩；ϵh—寒武系黑茨沟组：板岩、石英砂岩、微晶灰岩；Cy—石炭系羊虎沟组：砂岩、页岩，含煤层；Kx—白垩系下沟组：粉砂岩、泥岩；Phq—二叠系红泉组：砂岩、含砾粗砂岩；$N\hat{s}$—新近系疏勒河组：灰色、紫色泥质粉砂岩夹砂岩、砾岩、细砂岩，砖红色粉砂岩、粉砂质黏土岩；Qp^{2pl}—中更新统洪积物；Qp^{3pl}—上更新统洪积物；myl$\gamma\delta\epsilon O$—寒武纪—奥陶纪糜棱岩化花岗闪长岩；$\delta o S$—志留纪石英闪长岩；γC—石炭纪花岗岩；$\gamma\delta o C$—石炭纪石英花岗闪长岩；γ—花岗岩脉；ρ—伟晶岩脉；$\delta\mu$—闪长玢岩脉；$\beta\mu$—辉绿岩脉、辉绿玢岩脉；$\gamma\pi$—花岗斑岩脉

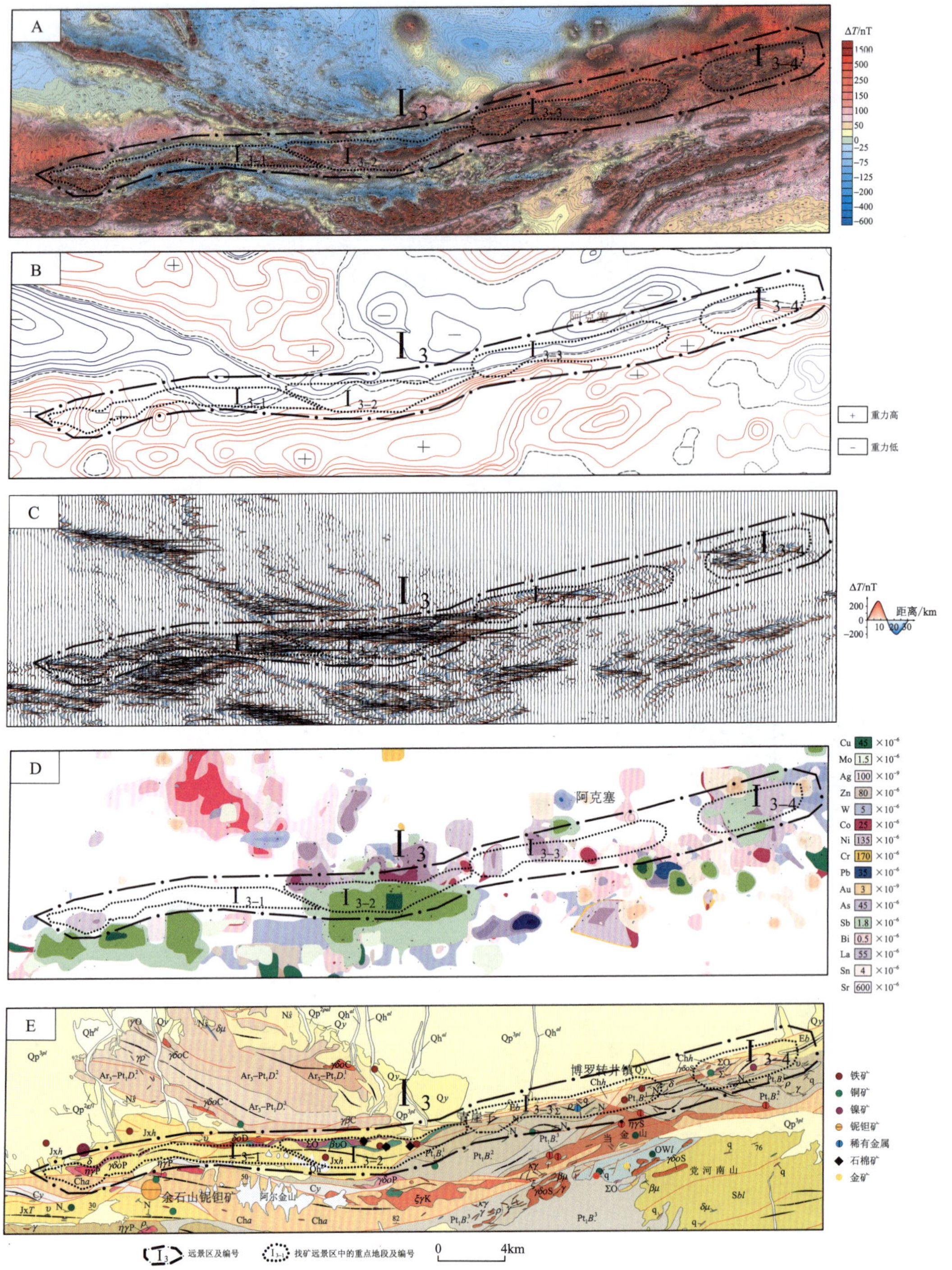

图 7-12 萨果-青崖子-博罗转井铁铜镍铬找矿远景区

A—航磁 ΔT 等值线平面图；B—剩余重力异常图；C—航磁 ΔT 剩余异常剖面平面图；D—化探异常图；E—1∶25 万地质矿产图。1∶25 万地质矿产图图例：$Ar_3-Pt_1D^1$—敦煌岩群一岩组；$Ar_3-Pt_1D^2$—敦煌岩群二岩组；$Ar_3-Pt_1D^3$—敦煌岩群三岩组；Pt_1B^1—北大河岩群一岩组；Pt_1B^2—北大河岩群二岩组；Pt_1B^3—北大河岩群三岩组；Ch*h*—长城系桦树沟组；Ch*a*—长城系熬油沟组；Jx*h*—蓟县系花儿地组；Jx*T*—蓟县系塔昔达坂群；O*Wl*—奥陶系吾力沟群；S*bl*—志留系巴龙贡嘎尔组；C*y*—石炭系羊虎沟组；E*b*—古近系白杨河组；Q*y*—第四系玉门组；Qp^{2pal}—中更新统洪冲积物；Qp^{2gfl}—中更新统冰水堆积物；Qp^{3pl}—上更新统洪积物；Qh^{pl}—全新统洪积物；Qh^{al}—全新统冲积物；Qh^{gl}—全新统现代冰川；ΣO—奥陶纪超基性岩；*υ*O—奥陶纪辉长岩；*βυ*O—奥陶纪辉长辉绿岩；*ηγ*P—二叠纪二长花岗岩；*γδο*P—二叠纪英云闪长岩；*γβ*C—石炭纪黑云母花岗岩；*γδο*C—石炭纪英云闪长岩；*ξγ*K—白垩纪正长花岗岩；*γδο*S—志留纪英云闪长岩；*ηγ*S—志留纪二长花岗岩；*δο*D—泥盆纪石英闪长岩；*γ*—花岗岩脉；q—石英脉；*ρ*—伟晶岩脉；*γρ*—花岗伟晶岩脉；*υ*—辉长岩脉；*κγ*—钾长花岗岩脉；*δ*—闪长岩脉；*δμ*—闪长玢岩脉；*βμ*—辉绿岩脉、辉绿玢岩脉；*γο*—石英花岗岩；N—基性岩脉；Σ—超基性岩脉

39°18′12″N。面积为 341km²。

远景区位于阿尔金断裂南缘北东东向的党河南山-拉脊山蛇绿混杂岩带内。

出露地层以中元古界长城系熬油沟组为主，岩石组合为安山质-玄武质熔岩—玄武质火山岩碎屑岩组合。远景区东部分布规模较大的白垩纪正长花岗岩岩体。地层分布受东西向近弧形分布的深大断裂 F_4、F_6 控制。

磁场上，表现为杂乱、多峰强磁异常带，强度高达 1000~2000nT。航磁 ΔT 等值线平面图上，呈现密集等值线升高异常，异常分布与熬油沟组对应极好，边界清晰（图 7-13）。受北东、北西向断裂切割，集中分布成 3 块强磁异常带。其中，甘 C-2016-188 和甘 C-2016-210 异常对应正在勘查的余石山铌钽矿床。

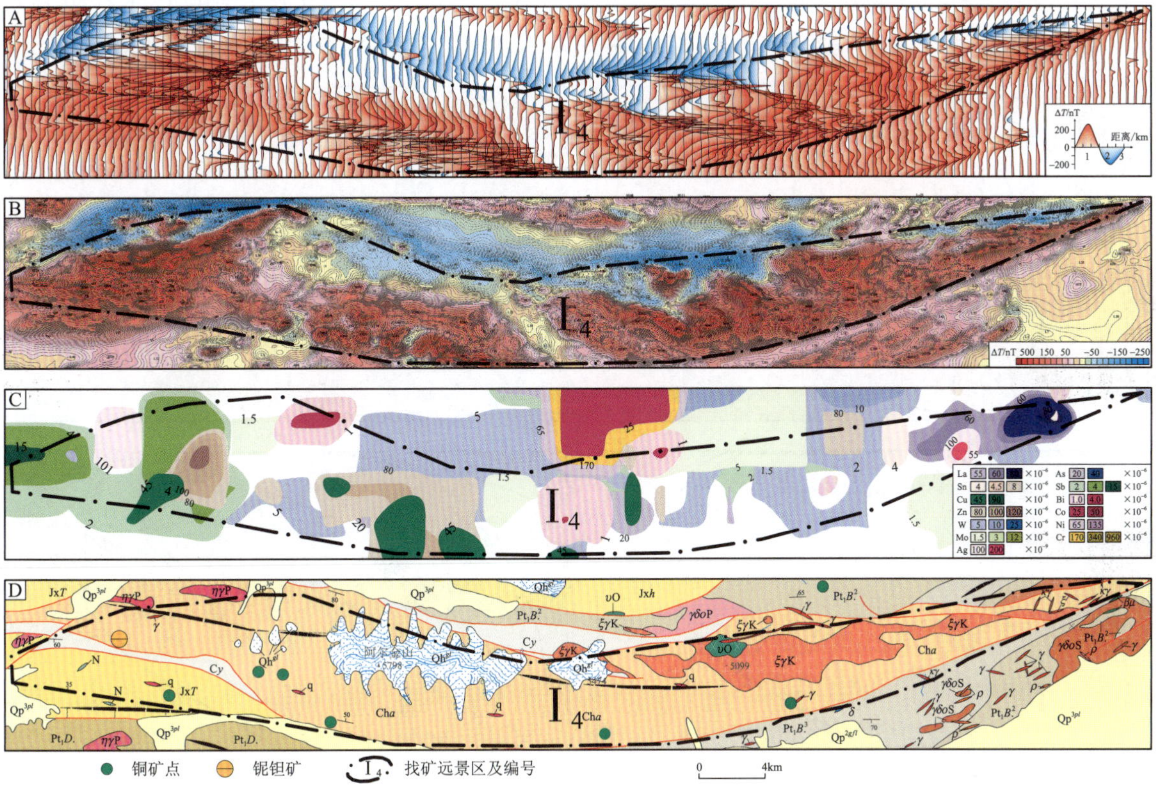

图 7-13　安南坝-阿尔金山铌钽铁金稀有金属找矿远景区

A—1∶5 万航磁 ΔT 剖面平面图；B—1∶5 万航磁 ΔT 等值线平面图；C—化探异常图；D—1∶25 万地质矿产图。

1∶25 万地质矿产图图例：Pt_1D.—古元古界达肯大坂岩群；Pt_1B^2—北大河岩群二岩组；Pt_1B^3—北大河岩群三岩组；Cha—长城系熬油沟组；Jxh—蓟县系花儿地组；JxT—蓟县系塔昔达坂群；Cy—石炭系羊虎沟组；Qp^{2gfl}—中更新统冰水堆积物；Qp^{3pl}—上更新统洪积物；Qh^{gl}—全新统现代冰川；υO—奥陶纪辉长岩；ξγK—白垩纪正长花岗岩；γδoS—志留纪英云闪长岩；γδoP—二叠纪英云闪长岩；ηγP—二叠纪二长花岗岩；γ—花岗岩脉；q—石英脉；N—基性岩脉；ρ—伟晶岩脉；κγ　钾长花岗岩脉；βμ—辉绿岩脉；ξ—正长岩脉；δ—闪长岩脉

余石山铌钽矿床初步估算 Nb_2O_5 资源量为 20×10^4t，已达大型，伴生 ZrO_2、HfO_2 及稀土氧化物（REO）。目前地表控制长度 6km，钻孔控制深度 180m，都没有达到边界，矿床有进一步找矿潜力。含矿岩石以变粒岩为主，磁性强，原岩为偏碱性的正长岩。本次异常查证含矿层与地磁异常高值区对应，物性测量含矿岩石变粒岩具有强磁性，因此推断强磁异常是找矿的主要标志。

该远景区内具同类型强度高与火山岩地层密切相关的异常还有甘 C-2016-189、甘 C-2016-216、甘 C-2016-217、甘 C-2016-218、甘 C-2016-219、甘 C-2016-235、甘 C-2016-241、甘 C-2016-240、甘 C-2016-238、甘 C-2016-237、甘 C-2016-253、甘 C-2016-254 等，是进一步找矿的有利地区。

（五）当金山口铁金铜找矿远景区（I_5）

远景区位于阿尔金山东段当金山口。地理坐标：94°11′32″~94°17′33″E，39°15′29″~39°19′07″N。面积为 38km^2。

远景区位于党河南山-拉脊山蛇绿混杂岩带附近。出露地层以吾力沟群火山岩为主，岩石组合为灰岩-砂岩-玄武岩-安山岩建造，含磁铁矿。侵入岩以志留纪石英闪长岩岩株为主，中酸性、中基性岩脉分布广泛。地层和岩体受北东向构造控制整体呈北东向展布，地层内部断裂发育。

航磁 ΔT 剖面平面图上，表现为正磁背景场上叠加尖峰状正异常，曲线规则，强度大，最大幅值为 1264nT，梯度为 1766nT/km；航磁 ΔT 等值线平面图上，呈椭圆形，异常向北东向延伸，形成带状异常（图 7-14）。异常区对应 1∶20 万剩余重力高异常区。与 1∶20 万化探肃北—当金山幅综合异常 HS-33 位置套合，主元素为 Ni、Cr、Co、Cu、Au，元素组合较好，浓度分带较好。

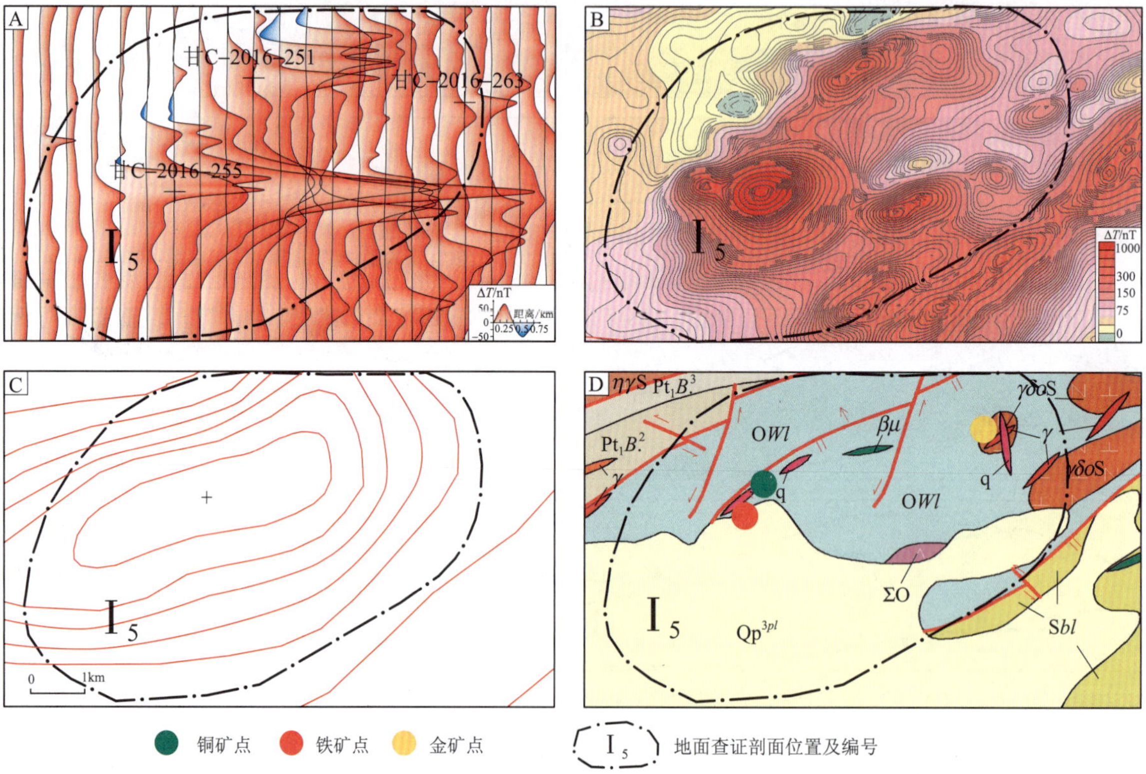

图 7-14　当金山口铁金铜找矿远景区

A—1∶5 万航磁 ΔT 剖面平面图；B—1∶5 万航磁 ΔT 等值线平面图；C—1∶20 万剩余重力异常图；D—1∶25 万地质矿产图。1∶25 万地质矿产图图例：Pt_1B^2—北大河岩群二岩组：白云石英片岩、含榴二云石英片岩、含矽线二云石英片岩；Pt_1B^3—北大河岩群三岩组：白云石大理岩、硅质大理岩；OWl—奥陶系吾力沟群：玄武岩-安山岩组合；Sbl—志留系巴龙贡嘎尔组：英安岩；Qp^{3pl}—上更新统洪积物：松散砂砾石、含粉砂黏土；ΣO—奥陶纪超基性岩（蛇纹石化斜辉橄石岩）；$\eta\gamma S$—志留纪二长花岗岩；$\gamma\delta oS$—志留纪英云闪长岩；$\beta\mu$—辉绿岩脉、辉绿玢岩脉；γ—花岗岩脉；q—石英脉

异常三级查证发现铁矿带，铁矿石磁化率为 19446×10^{-5}SI。经地表采集岩石样分析：TFe 平均品位为 15.3%，最高为 35.29%；mFe 平均品位为 13%，最高为 31%。土壤测量样品结果显示，在玄武岩与片理化英安岩接触带上，Au、As、Ag、Cu、Zn 等元素呈强烈富集特征，Au 元素最高含量为 1848×10^{-9}，已达金矿边界品位，地表拣块样 Au 最高含量为 0.23×10^{-6}。1∶5 万矿调在该区发现当金山口南西铜矿点、当金山口南西铁矿点、当金山口南金矿点、当金山口东铜矿化点。当金山口南金矿点赋存于奥陶纪火山岩地层当中，地面采集岩样化验结果显示 Au 含量最高达 19×10^{-6}，连续 3 个样品达到工业品位，与该处韧性剪切带关系密切。

远景区内铁、铜、金多金属矿化普遍，其中铁矿石磁性强，磁异常是铁矿的直接找矿标志。多金属铜、金与吾力沟群和中酸性侵入体及构造活动关系密切，与磁异常关系有待于进一步研究。

远景区西南部甘 C-2016-255 号航磁异常为隐伏的基性岩体引起，推测是进一步金、铁、铜多金属找矿的有利地区。

（六）柳树沟铜镍铬铅锌金多金属找矿远景区（I_6）

柳树沟铜镍铬铅锌金多金属找矿远景区位于测区中部党河南岸，党河南山北坡柳树沟—长虫达坂一带。地理坐标：95°06′32″~95°22′15″E，39°15′12″~39°24′00″N。呈北西向长条状分布，面积为 189km^2。

远景区位于党河南山-拉脊山蛇绿混杂岩带与中祁连隆起区的接触部位。区内出露地层和岩体受区域构造控制呈北西向分布。出露地层简单，主要为古元古界北大河群（$Pt_1B.$）二、三岩组。二岩组（$Pt_1B.^2$）岩性为二云石英片岩、二云片岩夹斜长角闪岩；三岩组（$Pt_1B.^3$）岩性为大理岩、白云质大理岩夹二云片岩、石英片岩。出露岩体主要为柳树沟基性岩体——志留纪辉长岩（υS），岩体长 12.6km，宽 1.8km。远景区南部大牛沟分布志留纪石英闪长岩（δoS）、花岗闪长岩（$\gamma\delta$S）、泥盆纪正长花岗岩（$\zeta\gamma$S）。地层区内部偶有中酸性岩株、岩脉分布（图 7-15）。

1∶20 万剩余重力图上分布的重力高异常与柳树沟基性岩体对应。1∶20 万化探异常图上表现为发育极好的金及多金属矿化指示元素异常，有 Au、Ag、Cu、Pb、Zn、Mo、W、As、Sb、Bi、Cr、Co、Ni 等，异常强度高、吻合好、浓集中心明显。从异常元素组合特征来看，金、铜、铅、锌等多金属矿化与热液活动有关，与基性岩浆活动有关。Aster 数据提取了高岭土、云母、绿泥石、铁染等蚀变矿物异常。异常分布在环形影像放射状水系内和中酸性岩体与地层的接触带上。

航磁调查结果显示，远景区表现为负背景场中北西向延伸的正磁异常带，异常沿柳树沟岩体分布，航磁 ΔT 等值线平面图上有多个异常中心，定向排列，彼此衔接。航磁 ΔT 剖面平面图上，呈现强度变化不等的剑锋状异常，幅值变化在 250~650nT 之间。物性测量显示磁化率较高的岩石为辉石岩，均值为 1218×10^{-5}SI，异常是志留纪辉长岩岩体的反映。

区内只有铜、铁矿化点分布，本次异常查证在甘 C-2015-212（查证编号 C-15）、甘 C-2015-213（查证编号 C-16）异常区内 4 条土壤剖面上发现多处连续点位 Cu、Ni 含量达到和超过工业品位，其中 Cu 最大值为 2100×10^{-6}，Ni 最大值为 2757×10^{-6}，Cr 最大值为 1616×10^{-6}。由于三级查证工作量有限，异常的含矿性和找矿意义有待于进一步工作，但已经取得了很好的找矿线索。

区内构造发育、成矿条件良好，基性、中酸性岩体与大理岩、白云质大理岩、石英片岩的接触带是矽卡岩型、热液型金及多金属矿产赋存的有利地区。丰富的化探异常指示有较大的找矿潜力，遥感提取的蚀变异常提供了找矿有利的蚀变异常信息，航磁异常进一步细化了磁性体（岩体）的位置和范围，为进一步找矿提供空间指示意义。本次地面三级查证工作在查找异常源的同时发现了较好的找矿线索。说明该区是一个极有潜力的多金属找矿有利地区。有找矿意义的具体异常为甘 C-2015-213、甘 C-2015-214、甘 C-2015-252、甘 C-2015-265、甘 C-2015-268、甘 C-2015-270、甘 C-2015-211、甘 C-2015-212 等。

（七）大道尔基铬铁矿多金属找矿远景区（I_7）

大道尔基铬铁矿多金属找矿远景区位于测区东部，呈半圆形，未封闭。地理坐标：95°36′40″~95°46′00″E，39°10′00″~39°16′10″N。面积为 98km^2。

远景区位于党河南山-拉脊山蛇绿混杂岩带北侧，属于中祁连岩浆弧。航磁推断的 F_{125} 断裂呈北东向分布，错断了党河南山断裂带，错距 6.4km，从矿床的空间分布特征来看，矿床位于党河南山深大断裂与 F_{125} 断裂的交汇处，F_{125} 断裂阻断了大道尔基超基性岩体的向西延伸，同时限制了大道尔基铬铁矿床的分布。大道尔基志留纪超基性岩体（ΣS）为大道尔基铬铁矿床的含矿母岩，岩

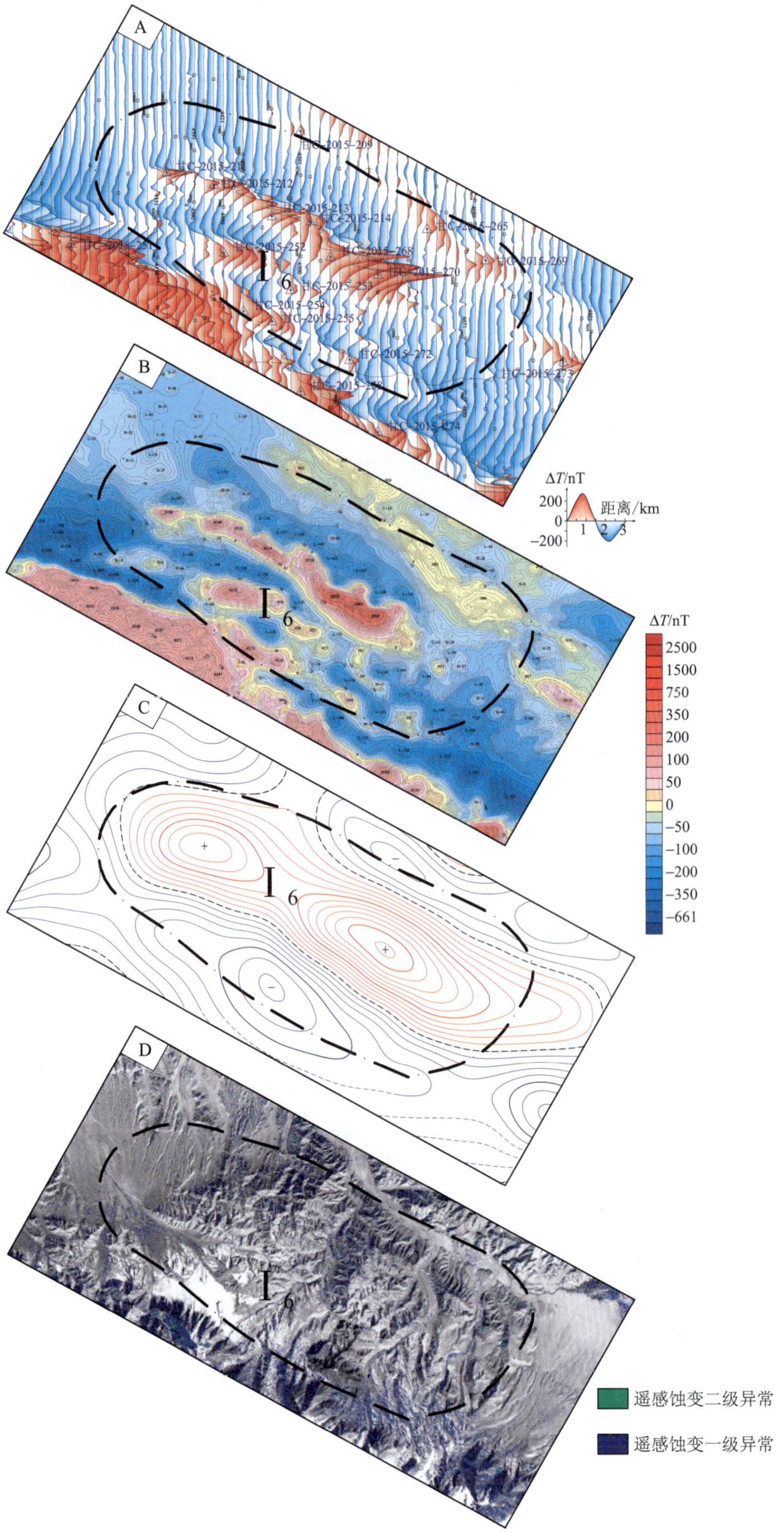

图 7-15　柳树沟铜铅锌金钴镍多金属找矿远景区

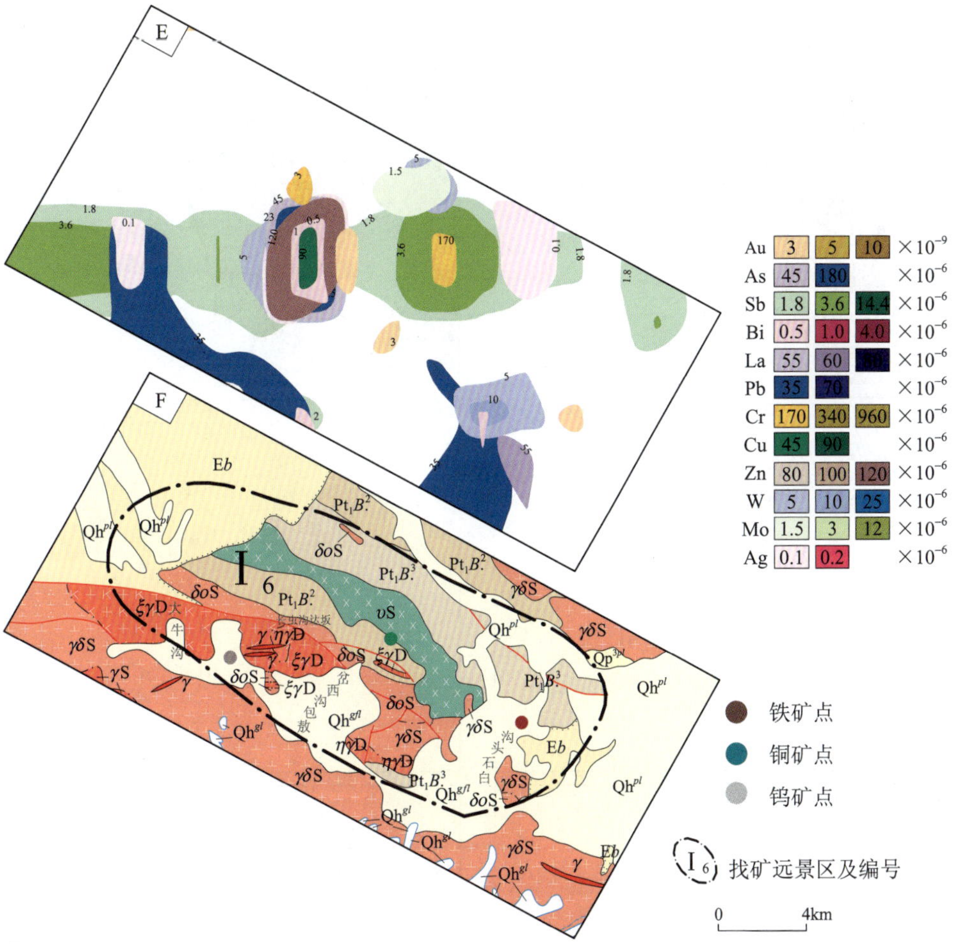

图 7-15 柳树沟铜铅锌金钴镍多金属找矿远景区（续）

A—1∶5 万航磁 ΔT 剖面平面图；B—1∶5 万航磁 ΔT 等值线平面图；C—1∶20 万剩余重力异常图；D—遥感蚀变异常图；E—1∶20 万化探异常图；F—1∶25 万地质矿产图。

1∶25 万地质矿产图图例：$Pt_1B_*^2$—北大河岩群二岩组：白云石英片岩、含榴二云石英片岩；$Pt_1B_*^3$—北大河岩群三岩组：白云石大理岩、硅质大理岩；Eb—古近系白杨河组：长石石英砂岩、泥岩、砾岩及石膏层；Qp^{3pl}—上更新统洪积物；Qh^{pl}—全新统洪积物；Qh^{gfl}—全新统冰水堆积物；Qh^{gl}—全新统现代冰川；υS—志留纪辉长岩；$\gamma\delta S$—志留纪花岗闪长岩；$\delta o S$—志留纪石英闪长岩；γS—志留纪花岗岩；$\eta\gamma D$—泥盆纪二长花岗岩；$\xi\gamma D$—泥盆纪正长花岗岩；γ—花岗岩脉

体主要由蛇纹石化纯橄岩、单辉辉石岩组成，流动构造和次生断裂发育，蛇纹石化和次闪石化普遍，纯橄岩铬含量高于单辉辉石岩。超基性岩体外围分布志留纪花岗岩、花岗闪长岩和北大河岩群变质地层（图 7-16）。

1∶20 万化探铁族元素 Cr、Ni、Co 异常套合好，遥感影像上环形异常明显。

本次航磁调查，远景区表现为区内最强的磁异常群，正负伴生，北西向分布，东部未封闭。航磁 ΔT 剖面平面图上表现为多峰强磁异常，梯度大，其中甘 C-2014-204 号强度最大，幅值为 3001nT，异常西北甘 C-2015-289 幅值为 1928nT，两个异常与大道尔基铬铁矿床对应。大道尔基矿床外围发现多处次级强异常，幅值在 1000nT 左右，有进一步找同类型矿床的可能，包含有甘 C-2015-288、甘 C-2015-290、甘 C-2015-291 等。

1∶20 万重力反映超基性岩为重力高异常。根据重磁异常推断的超基性岩体 Σ19 与大道尔基铬铁矿床对应。Σ18、Σ20、Σ21、Σ22、Σ23 岩体是矿区外围找矿的有利地区。

（八）芦草沟铁铜铅锌多金属找矿远景区（$Ⅱ_3$）

芦草沟铁铜铅锌多金属找矿远景区位于测区北部阿尔金断裂南侧芦草沟—大泉一带。地理坐

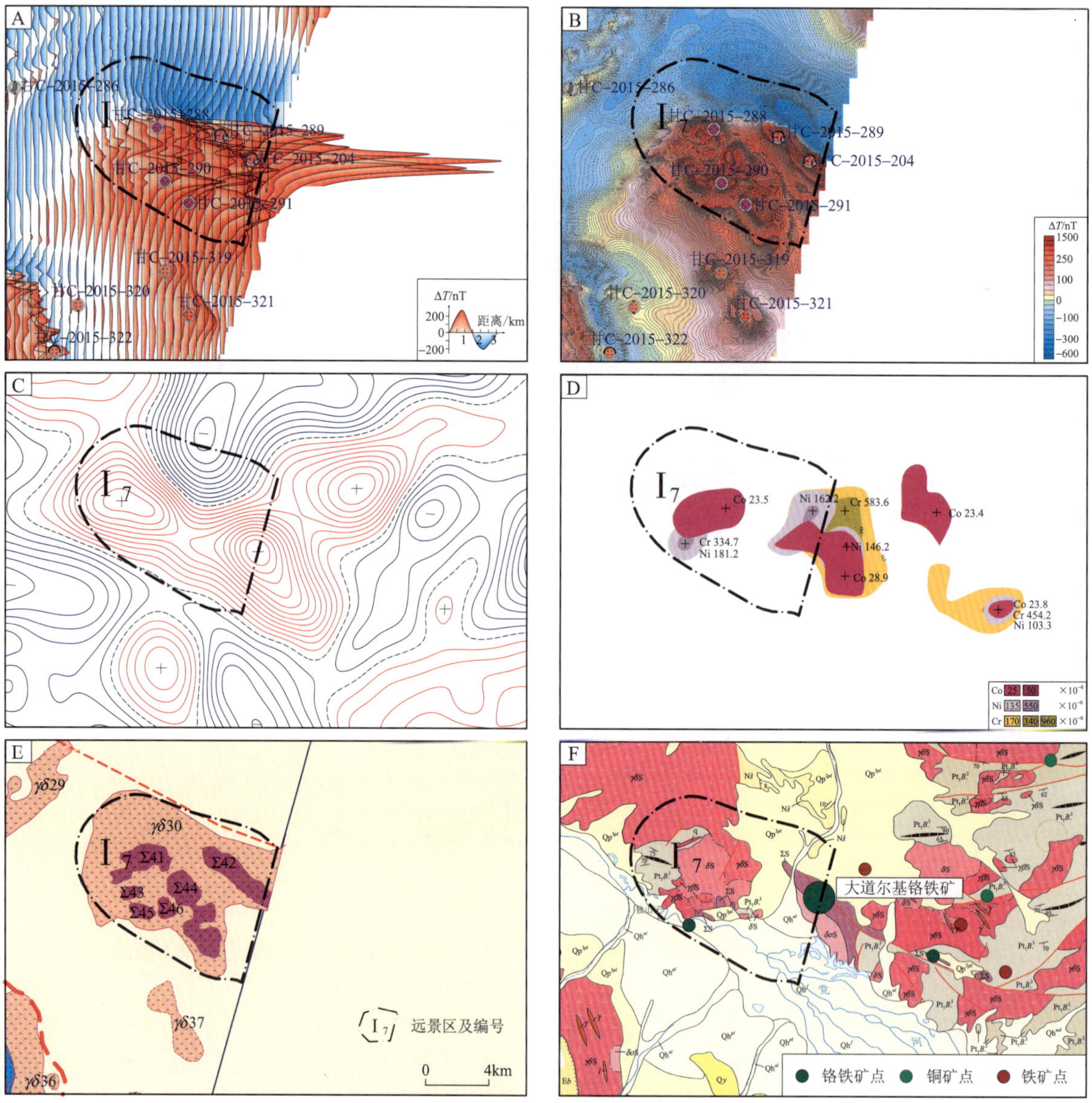

图 7-16　大道尔基铬铁矿多金属找矿远景区

A—航磁 ΔT 剖面平面图；B—航磁 ΔT 等值线平面图；C—剩余重力异常图；

D—化探异常图；E—推断岩性构造图；F—1∶25 万地质矿产图。

1∶25 万地质矿产图图例：$Pt_1B_c^2$—北大河岩群二岩组：白云石英片岩、含榴二云石英片岩；$Pt_1B_c^3$—北大河岩群三岩组：白云石大理岩、硅质大理岩；E*b*—古近系白杨河组；N*ŝ*—新近系疏勒河组；Q*y*—第四系玉门组；Qp^{2pl}—中更新统洪积物；Qp^{3pl}—上更新统洪积物；Qh^{al}—全新统冲积物；Qh^{pl}—全新统洪积物；Qh^{f}—全新统沼泽堆积物；Qh^{eol}—全新统风积物；ΣS—志留纪辉石橄榄岩；*ξ*S—志留纪正长岩；*δ*S—志留纪闪长岩；*γδ*S—志留纪花岗闪长岩；*γβ*S—志留纪黑云母花岗岩；*δο*S—志留纪石英闪长岩；*γ*—花岗岩脉；*l*—细晶岩脉；q—石英脉。推断岩性构造图图例：*γδ*29—中酸性岩体及编号；Σ44—超基性岩体及编号

标：94°53′00″~95°11′11″E，39°32′10″~39°39′39″N。呈北东东向分布，楔形，面积约 158km^2。

远景区位于阿尔金断裂和北祁连南缘断裂带交汇处，北祁连岩浆弧盆西端尖灭区。出露地层以早古生代地层为主：寒武系黑茨沟组（€*h*）火山碎屑岩、中基性火山熔岩，岩性为板岩、石英砂岩、微晶灰岩，下部夹灰绿色玄武岩、安山岩、英安岩、英安质凝灰熔岩、玄武质凝灰熔岩；寒武系香毛山组（€*xm*）灰岩，夹少量硅质岩，板岩、变质砂岩等变质细碎屑岩，泥岩，碳酸盐岩，火山岩建造。区内分布多处古生代中酸性侵入体（*δο*S、*γδο*、*γβ*S、*ζγ*C、*γδο*C）。除了肃北县城附近有较大的中酸性岩基出露外，其他地区中酸性岩皆以岩株、岩脉等形式分布。受阿尔金北东东向控制，岩体和地层也基本以北东东向分布（图 7-17）。

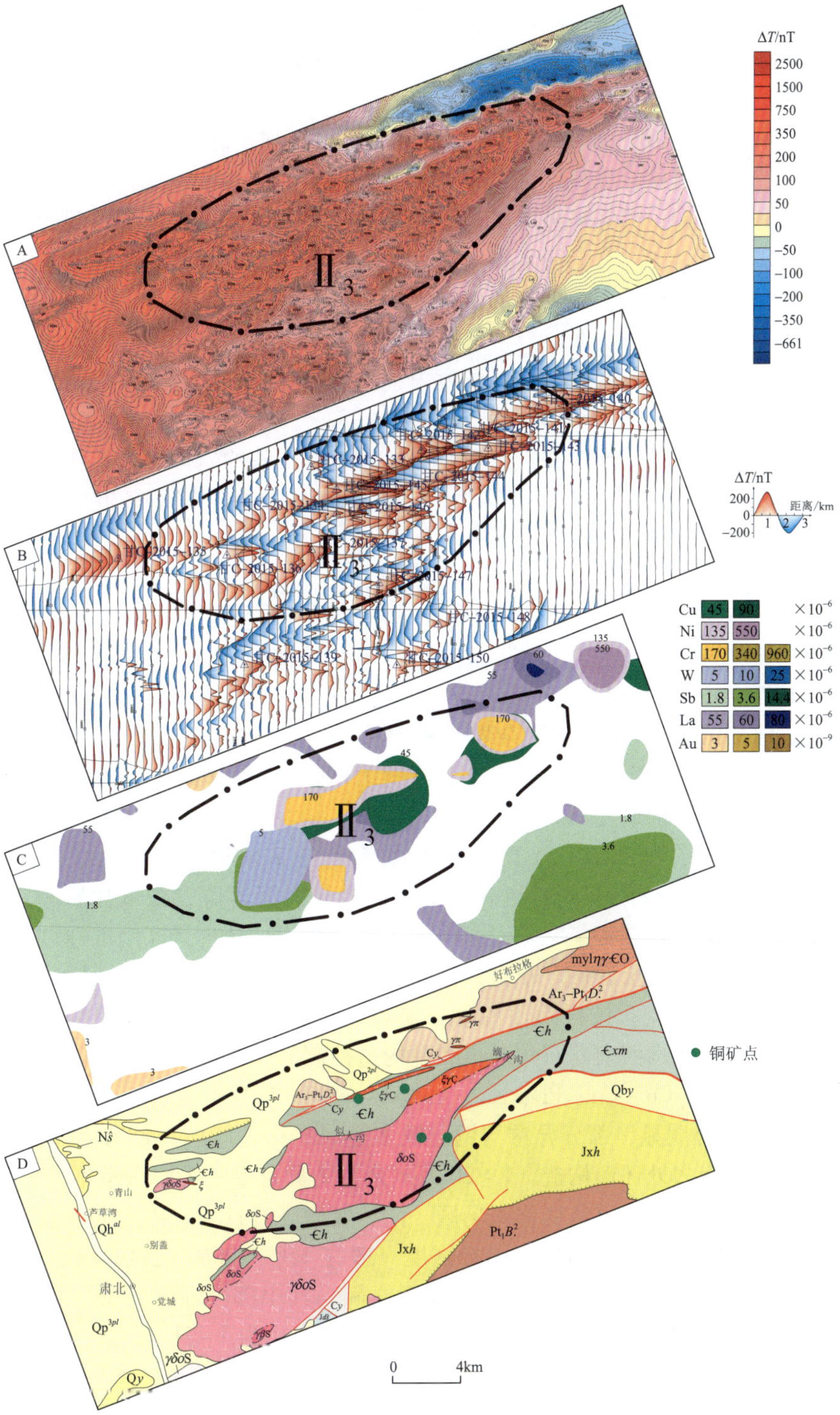

图 7-17　芦草沟铁铜铅锌多金属找矿远景区

A—航磁 ΔT 等值线平面图；B—航磁 ΔT 剖面平面图；C—化探异常图；D—1∶25 万地质矿产图。

1∶25 万地质矿产图图例：Ar_3-$Pt_1D_c^2$—敦煌岩群二岩组：白云质大理岩、含榴黑云斜长片麻岩；$Pt_1B_c^2$—北大河岩群二岩组：白云石英片岩、含榴二云石英片岩；J*xh*—蓟县系花儿地组，青灰色白云岩、灰色含硅质白云岩；Qb*y*—青白口系窑洞沟组：角砾状灰岩、鲕状灰岩、砂质板岩；€*xm*—寒武系香毛山组：砂板岩，石灰岩；€*h*—寒武系黑茨沟组：板岩、砂岩、玄武岩、安山岩；J*dŝ*—侏罗系大山口组：砂砾岩、粉砂岩；C*y*—石炭系羊虎沟组；N*ŝ*—新近系疏勒河组：砂岩夹泥岩、砾岩；Q*y*—第四系玉门组；Qp^{2pl}—中更新统洪积物；Qp^{3pl}—上更新统洪积物；Qh^{al}—全新统冲积物；*δo*S—志留纪石英闪长岩；*γδo*S—志留纪英云闪长岩；*γβ*S—志留纪黑云母花岗岩；*ξγ*C—石炭纪正长花岗岩；myl*ηγ*€O—寒武纪—奥陶纪糜棱岩化英云闪长岩；q—石英脉；*ξ*—正长岩脉；*γπ*—花岗斑岩脉本次航磁调查，远景区呈现变化磁场区，异常杂乱，以高背景正磁异常为特征，异常呈北东东向分布。航磁 ΔT 剩余异常平面图上异常清晰，异常以带状分布为主，定向排列的剑锋状异常受岩体、断裂控制明显。

1∶20 万化探 Au、Mo、Ag、Bi、Sb、Ni、Co、Cr 等多金属矿化指示元素和铁族元素异常。异常分布受地层和构造控制明显，反映该区具有多金属找矿潜力。

区内是测区铁、铜、铅、锌等多金属矿产分布最为密集的地区，从现有发现的矿产地来看，规模有限，以矿点、矿化点为主，有老湾子铜矿点、尕秀铜矿点、三个泉铅矿点、康沟铜矿点、黄硐子沟脑铜矿点、大泉南铁矿点等。已发现的矿产地与岩浆和热液活动有关。其中，本次异常查证工作在甘 C-2015-143（查证编号 C-8）异常区内发现了孔雀石矿化，拣块样 Cu 含量达到 0.12%。工作区外围同一成矿带上分布有寒山金矿、鹰嘴山金矿、鹰嘴山铁矿、鹰嘴山铅锌矿，属于构造蚀变岩型，受岩体和构造控制。

总结区内已知矿产特征，受岩体和构造控制明显。航磁反映的岩体、构造将为进一步找矿提供有利信息，甘 C-2015-143、甘 C-2015-142、甘 C-2015-144、甘 C-2015-136、甘 C-2015-146、甘 C-2015-145 异常将成为进一步找矿有利地区。

（九）雁丹图南-黑达坂铜镍铬铁金多金属找矿远景区（II_4）

雁丹图南-黑达坂铜镍铬铁多金属找矿远景区位于测区中部党河乡南部。地理坐标：94°35′30″~94°58′20″E，39°19′29″~39°28′26″N。呈反“∽”形，面积为 240km²。

远景区位于党河南山-拉脊山蛇绿混杂岩带和中祁连岩浆弧的接触带内，大鄂博图-黑达坂弧形褶带上。由于北西向的党河断裂错动，整个党河南山-拉脊山蛇绿混杂岩带和中祁连元古宇隆起带向南发生弯曲扭转，地质构造复杂。

出露的地层有：长城系熬油沟组安山质-玄武质熔岩-玄武质火山碎屑岩组合；长城系桦树沟组酸性凝灰岩-安山质凝灰熔岩-玄武岩组合；古元古界北大河岩群二云母片岩-变基性火山岩建造。地层区内超基性岩株、岩脉密集。党河南山中酸性岩浆岩带从远景区南部通过。远景区内与超基性侵入岩体有关的铜、镍多金属矿产丰富，已知矿产地有黑达坂铬铁矿点、铁匠沟脑铜矿点、付家沟脑镍矿点、拉排沟铜矿点、拉排沟西南岔铜矿点、拉排沟西南岔脑铜镍矿点、71 铜矿点等，还有与超基性岩有关的拉排沟西南岔石棉矿点和受构造控制的拉排沟石墨矿等（图 7-18）。

1∶20 万化探 Cr、Ni、Co、Cu、Pb、Zn、Au、As、Sb、Bi 异常发育，其中铁族元素 Fe、Co、Ni、Cr、Cu 异常浓集中心明显，部分异常与铜、镍多金属矿产地吻合。ETM 遥感影像上，反映山体走向发生扭曲转向，有多处环形构造。1∶20 万剩余重力异常反映为剩余重力高异常。

本次航磁调查，远景区呈现正负变化磁场区，南、北为高背景场，中间夹负磁场区。南部分布的正磁异常带与党河南山岩浆岩带对应，磁场强度一般在 150~400nT 之间；北部分布的正磁异常带与元古宙变质地层有关，磁场强度在 100~400nT 之间，其中部分强磁异常与超基性岩有关，强度在 300~600nT 之间，一般呈圆形、椭圆形，面积较小，直径为 1~2km，部分与铜、镍多金属矿产地吻合。

综合分析，该区为大断裂交汇处，深源基性岩浆上侵，与基性、超基性岩浆岩有关的铜、镍矿产丰富，已发现矿产地规模较小，以矿点、矿化点为主，地质、物、化、遥找矿标志明显，特别是航磁异常与已知矿点对应良好。类比分析，同类异常甘 C-2015-191、甘 C-2015-187、甘 C-2015-183、甘 C-2015-180、甘 C-2015-181、甘 C-2015-185 等是寻找与超基性岩有关的铜、镍、铬、铁等多金属矿产的有利地区，由于有多金属化探异常出现，也有金、铜、钨、铅、锌等多金属矿找矿潜力，目前有金、铜、钨等矿权分布。

（十）党河南山扎子沟金铜铅锌多金属找矿远景区（II_5）

党河南山扎子沟金铜铅锌多金属找矿远景区位于测区中东部党河南山上，长 30km，东部延出

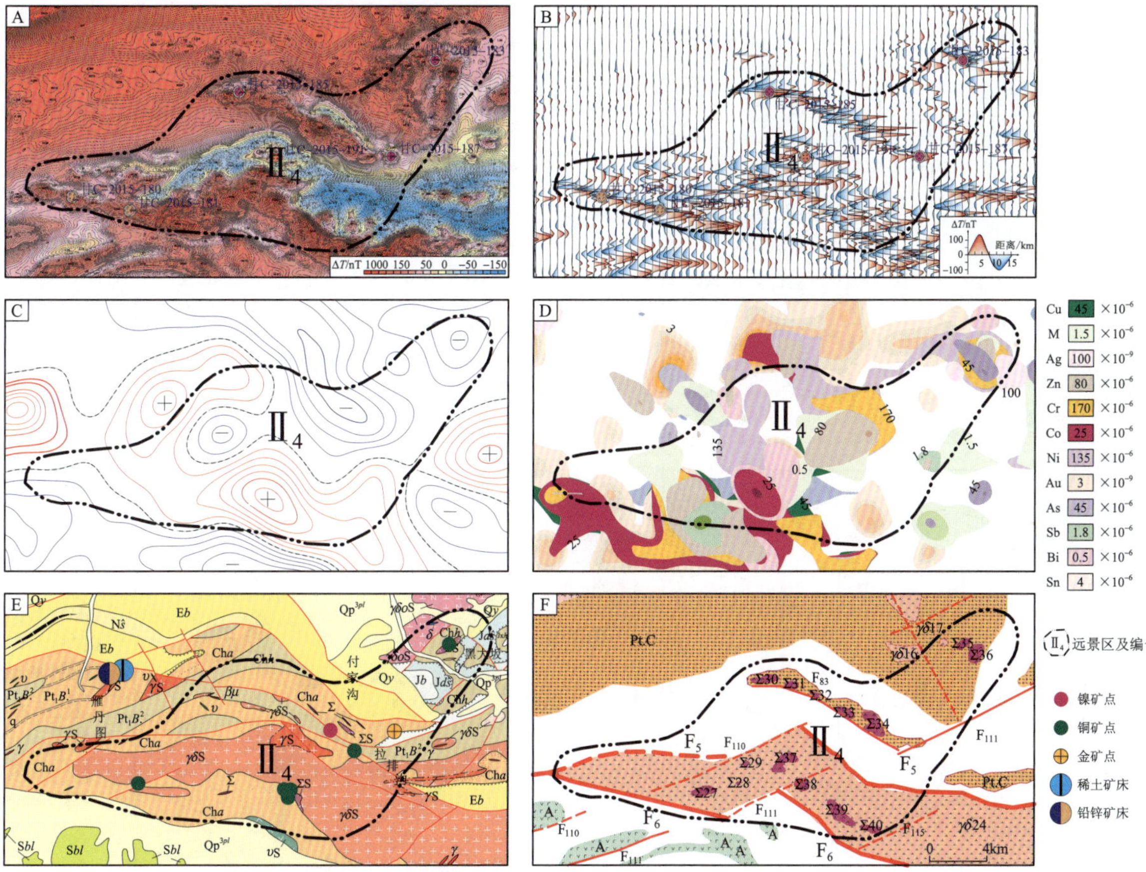

图 7-18 雁丹图南-黑达坂铜镍铬铁金多金属找矿远景区

A—1∶5 万航磁 ΔT 等值线平面图；B—1∶5 万航磁 ΔT 剖面平面图；C—1∶20 万剩余重力异常图；D—1∶20 万化探异常图；E—1∶25 万地质矿产图；F—推断岩性构造图。

1∶25 万地质矿产图图例：Pt_1B^1—北大河岩群一岩组：斜长角闪岩、二云石英片岩、透辉变粒岩、黑云斜长片麻岩；Pt_1B^2—北大河岩群二岩组：石英片岩、二云石英片岩；Cha—长城系熬油沟组：玄武质熔岩、玄武质火山碎屑岩；Ch*h*—长城系桦树沟组：酸性凝灰岩-安山质凝灰熔岩-玄武岩组合；Jx*h*—蓟县系花儿地组：白云岩建造；S*bl*—志留系巴龙贡嘎尔组：砂岩、粉砂岩、泥岩互层建造；J*dŝ*—侏罗系大山口组：砂砾岩、粉砂岩；J*b*—侏罗系博罗组：砾岩、长石石英砂岩；E*b*—古近系白杨河组：长石石英砂岩建造；N*ŝ*—新近系疏勒河组：砂岩建造；Q*y*—第四系玉门组；Qp^{3pl}—上更新统洪积物；ΣS—志留纪辉石橄榄岩；υS—志留纪辉长岩；$\gamma\delta$S—志留纪花岗闪长岩；$\gamma\delta o$S—志留纪英云闪长岩；γS—志留纪花岗岩；Σ—超基性岩脉；υ—辉长岩脉、辉长辉绿岩脉；δ—闪长岩脉；γ—花岗岩脉；q—石英脉。推断岩性构造图图例：Σ30—超基性岩体及编号；Pt.C—元古宙磁性地层；$\gamma\delta$16—中酸性侵入体及编号；A—火山岩地层；F_5、F_6—大断裂及编号；F_{111}——般断裂及编号

测区。地理坐标：95°16′37″~95°39′20″E，39°01′39″~39°14′48″N。面积为 471km^2。

远景区位于党河南山-拉脊山蛇绿混杂岩带内。在扎子沟地区航磁推断的 F_{125} 断裂呈北东向分布，长约 40km，切穿党河南山断裂带，并将东部正磁异常带向东北方向推移 6.4km，远景区位于断裂交汇处。

出露地层为奥陶系盐池湾组（O*yĉ*）和吾力沟群（O*Wl*）。盐池湾组为陆源碎屑浊积岩建造；吾力沟群为玄武安山岩建造、砂板岩-石灰岩建造。出露岩浆岩为志留纪花岗闪长岩（$\gamma\delta$S）和石英闪长岩（δoS）。地层及岩体受党河南山北西向构造带控制呈北西向延伸，同方向次级构造发育，地层及岩体被切割严重，中酸性脉岩发育（图 7-19）。

1∶20 万剩余重力异常图上显示，远景区为重力高异常带。异常带北部出露吾力沟群，由中基性火山岩引起，南部分布盐池湾组，推测盐池湾组下伏吾力沟群。

1∶20 万化探显示，该区是金多金属矿化的有利地区。化探 Ag、As、Au、Sb、Bi、Cu、Pb、Zn、W、Mo、Cr、Ni、Co 异常规模大，强度高，浓集中心明显。峰值：Ag 为 125×10^{-9}，As 为

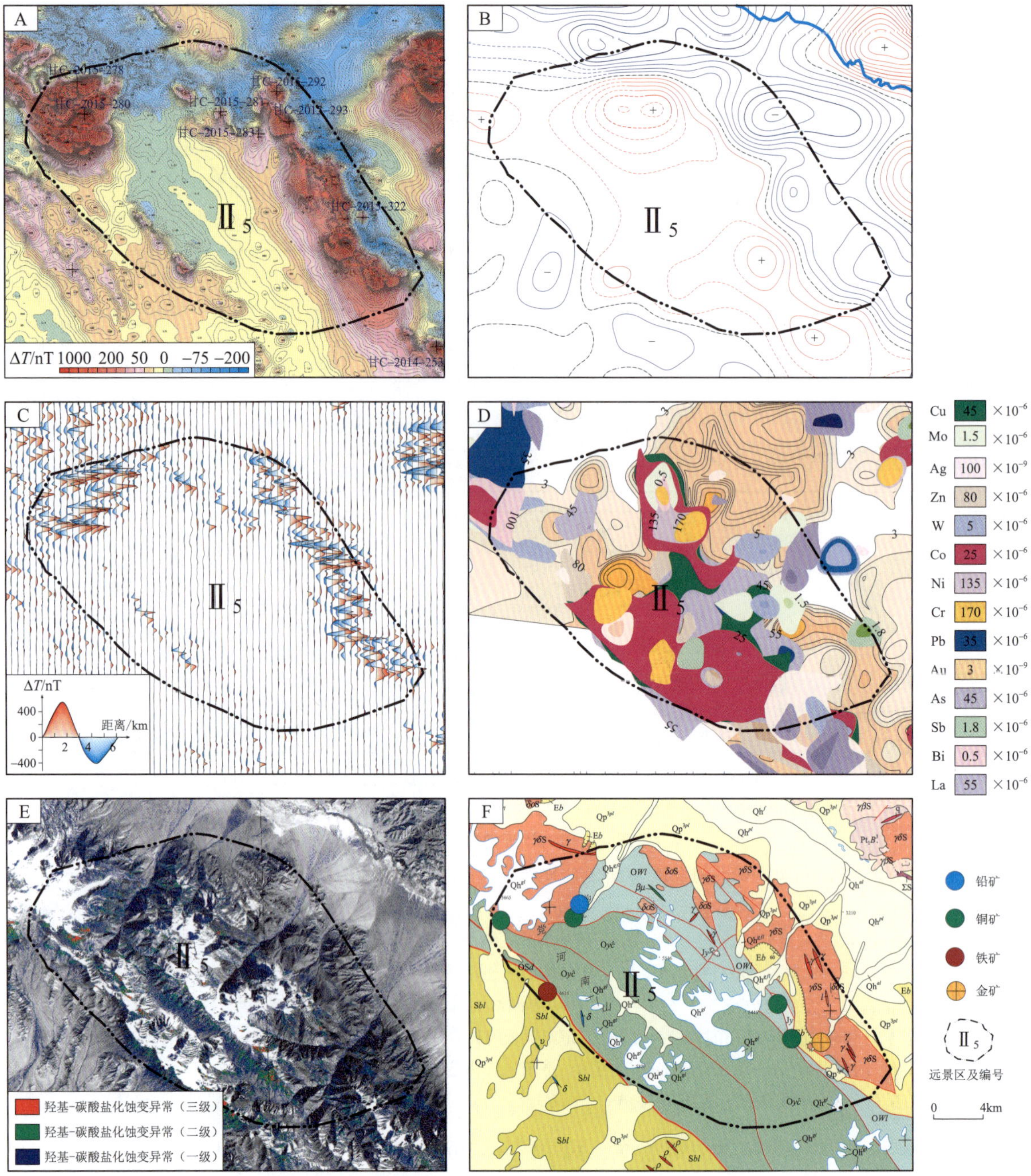

图 7-19　党河南山扎子沟金铜铅锌多金属找矿远景区

A—1∶5 万航磁 ΔT 等值线平面图；B—1∶20 万剩余重力异常图；C—1∶5 万航磁 ΔT 剖面平面图；D—1∶20 万化探异常图；E—遥感蚀变异常图；F—1∶25 万地质矿产图。

1∶25 万地质矿产图图例：Pt_1B^3—北大河岩群三岩组：白云石大理岩、硅质大理岩；O*Wl*—奥陶系吾力沟群：玄武岩-安山岩组合；O*yĉ*—奥陶系盐池湾组；OS*d*—志留系—奥陶系多索曲组；S*bl*—志留系巴龙贡嘎尔组：片理化砂板岩；E*b*—古近系白杨河组；Qp^{3pl}—上更新统洪积物；Qh^{f}—全新统沼泽堆积物；Qh^{pal}—全新统洪冲积物；Qh^{gfl}—全新统冰水堆积物；Qh^{gl}—全新统现代冰川；Qh^{pl}—全新统洪积物；Qh^{al}—全新统冲积物；ΣS—志留纪超基性岩；$\gamma\delta o$S—志留纪英云闪长岩；$\gamma\delta$S—志留纪花岗闪长岩；$\gamma\beta$S—志留纪黑云母花岗岩；δoS—志留纪石英闪长岩；$\beta\mu$—辉绿岩脉；γ—花岗岩脉；q—石英脉；ρ—伟晶岩脉；*l*—细晶岩脉；δ—闪长岩脉；υ—辉长岩脉

61.3×10^{-6}，Au 为 40×10^{-9}，Bi 为 2.3×10^{-6}，Co 为 39.6×10^{-6}，Ni 为 113.3×10^{-6}，Cu 为 127.7×10^{-6}，Zn 为 142.10×10^{-6}，Sn 为 7.4×10^{-6}，Pb 为 36×10^{-6}，Sb 为 5.1×10^{-6} 等。本区发育祁连地区

最大的金地球化学块体，潜力评价项目编号为 Au02，块体产有黑刺沟、贾公台、鸡叫沟等金矿床。

遥感 ETM 数据提取了羟基蚀变异常，异常呈北西向分布，有多条异常带，与构造、岩体及化探异常等相关性很好。

本次航磁调查远景区呈正负变化磁场。背景场（航磁 ΔT 值为 10~25nT）与盐池湾组、吾力沟群对应，磁异常带与党河南山志留纪花岗闪长岩带对应，异常带的北侧伴生负值，幅值在 300~500nT 之间，有多个异常中心。航磁 ΔT 剖面平面图上多峰，并在异常带周围背景场内有局部低缓弱磁异常分布。根据测区磁性测量数据，吾力沟群火山岩层位和党河南山中酸性花岗岩有较高磁性，是引起磁异常的主要来源。

已知矿产地成矿规律研究显示，矿化与火山岩地层和中酸性岩体关系密切。测区外围的黑刺沟、贾公台、鸡叫沟金矿与中酸性岩体有关。本区岩浆岩与地层的接触带及岩浆岩带外围的弱小磁异常是找矿的有利地区，具体有甘 C-2015-317、甘 C-2015-279、甘 C-2015-280、甘 C-2015-281、甘 C-2015-283、甘 C-2015-293、甘 C-2015-292、甘 C-2015-322、甘 C-2015-234、甘 C-2015-253 等。

参考文献及资料

地矿部航空物探总队地质成果研究部．李占奎，李建国，付敖云，等．1985. 祁连山地区构造航磁普查报告［R］.

地质部甘肃省地质局第二区域地质测量队．1970. 昌马幅（J-47-1）1∶20 万区域地质调查报告［R］.

甘肃省地质局地质力学区域测量队．1975. 月牙湖幅（J-46-12）1∶20 万区域地质调查报告［R］.

甘肃省地质局地质力学区域测量队．1976a. 当金山口幅（J-46-11）1∶20 万区域地质调查报告［R］.

甘肃省地质局地质力学区域测量队．1976b. 肃北幅（J-46-5）1∶20 万区域地质调查报告［R］.

甘肃省地质局地质力学区域测量队．1978. 冷湖幅（J-46-10）1∶20 万区域地质调查报告［R］.

甘肃省地质局第二区域地质测量队．1969. 报恩寺幅（K-47-31）1∶20 万区域地质调查报告［R］.

甘肃省地质局第二区域地质测量队．1973. 多坝沟幅（J-46-4）1∶20 万区域地质调查报告［R］.

甘肃省地质局第二区域地质测量队．1974. 敦煌幅（K-46-35）1∶20 万区域地质调查报告［R］.

甘肃省地质局第一区域地质测量队．1966. 安西幅（K-46-36）1∶20 万区域地质调查报告［R］.

甘肃省地质矿产局．1989. 甘肃省区域地质志［M］. 北京：地质出版社．

甘肃省地质矿产局．1997. 甘肃省岩石地层［M］. 武汉：中国地质大学出版社，1~327.

甘肃省地质矿产局区域地质调查队．1985. 鱼卡幅（J-46-18）、喀克吐蒙克幅（J-46-13）、哈拉湖幅（J-46-14）和瓦乌斯·多索卡幅（J-46-15）1∶20 万区域地质调查报告［R］.

甘肃省地质矿产勘查开发局第四地质矿产勘查院．刘百成，宋轼儒，任让军，等．2013. 甘肃省肃北蒙古族自治县红柳沟铅锌矿普查报告［R］.

甘肃省地质调查院．梁明宏，霍勤知，王云斌，等．2005. 甘肃省 1∶250000 玉门镇幅（K47C004001）区域地质调查报告［R］.

甘肃省地质调查院．何海军，李绪善，王忠，等．2009. 甘肃祁连山重要成矿带西段 1∶20 万区域重力调查综合研究成果报告［R］.

甘肃省地质调查院．何海军，王忠，赵波波，等．2013. 新疆 1∶25 万巴什库尔干、石棉矿、阿克塞县幅区域重力调查成果报告［R］.

甘肃省地质调查院．滕汉仁．2003. 甘肃 1∶200000 别盖幅区域重力调查技术说明书［R］.

甘肃省地质调查院．滕汉仁．2004. 甘肃 1∶200000 肃北幅区域重力调查技术说明书［R］.

甘肃省地质调查院．王方成，余超，梁明宏，等．2013. 甘肃省矿产资源潜力评价成果报告［R］.

甘肃省地质调查院．郑亮英，任让军，孔维琼，等．2013. 甘肃省阿克塞县化石沟铜矿调查成果报告［R］.

甘肃省地质调查院第三地质调查所．苏建平，冯备战，王云斌，等．2003. 甘肃省祁连西段昌马幅（J47C001001）、酒泉幅（J47C001002）1∶25 万区域遥感地质调查报告［R］.

甘肃省地质调查院第四地质调查所．丁启福，魏志军，许延龙，等．2000. 祁连山肃北—昌马一带金、多金属资源评价报告［R］.

甘肃省革委会地质局第二区域地质测量队．1973a. 别盖幅（J-46-6）1∶20 万区域地质调查报告［R］.

甘肃省革委会地质局第二区域地质测量队．1973b. 玉门关幅（K-46-34）1∶20 万区域地质调查报告［R］.

国家地震局地质研究所，国家地震局兰州地震研究所．1993. 祁连山-河西走廊活动断裂系［M］. 北京：地质出版社．

国土资源部地质勘查司．叶天竺，李庭栋，黄崇轲，等．2001. 中华人民共和国 1∶50 万数字地质图数据库［DB］.

青海省地质调查院．2010. 青海省 1∶250000 鱼卡幅（J46C002004）建造构造图［R］.

西安地质矿产研究所．贾群子，杨忠堂，肖朝阳，等．2006. 祁连成矿带重大找矿疑难问题研究成果报告［R］.

有色金属矿产地质调查中心．吴德文，李领军，郑跃鹏，等．2003. 阿尔金东段地区遥感找矿异常提取方法研究报告［R］.

中国地质科学院地球物理地球化学勘查研究所．谢学锦，向运川，吴传璧，等．2001. 大型特大型矿床地球化学预测研究［R］.

中国地质科学院地质研究所．杨经绥，许志琴，张建新，等．2003. 祁连山—阿尔金地区基本构造格架及成矿地质背景调查与研究［R］.

中国地质调查局发展研究中心．2015. 全国 1∶50 万数字地质图［R］.

中国地质调查局发展研究中心．李仰春，孙仁斌，任邦方，等．2019. 中华人民共和国 1∶250 万地质图［R］.

中国地质调查局西安地质调查中心（西安地质矿产研究所）. 徐学义，何世平，王洪亮，等．2006. 祁连及邻区成矿地质背景图 1∶1000000 说明书［R］.

中国地质调查局西安地质调查中心．董福辰，谭文娟，姜寒冰，等．2013a. 西北地区矿产资源潜力评价成果报告（矿产预测篇）［R］.

中国地质调查局西安地质调查中心．刘宽厚，冯治汉，郭培虹，等．2013b. 西北地区矿产资源潜力评价成果报告（重磁资料应用篇）［R］.

中国国土资源航空物探遥感中心．李占奎．1985. 祁连地区构造航磁报告［R］.

中国科学院，北京地质学院．祁连山地质志（第一卷）［M］．北京：科学出版社，1960.
中华人民共和国国土资源部．2010. 航空磁测技术规范（DZ/T 0142—2010）［S］．北京：中国大地出版社．
鲍佩声，王希斌．1989. 对大道尔吉铬铁矿床成因的新认识［J］．矿床地质，（1）：3~18.
陈柏林，崔玲玲，白彦飞，等．2010. 阿尔金断裂走滑位移的确定——来自阿尔金山东段构造成矿带的新证据［J］．岩石学报，26（11）：3387~3396.
陈晔，张春宇．2011. 化石沟铜矿地质地球物理特征及找矿模型［J］．甘肃科技，27（16）：40~41+12.
陈晔，王方成，蔡晓菊．2012. 甘肃西部化石沟铜矿地质特征及其找矿标志［J］．甘肃地质，21（2）：42~49.
陈荫祥．2010. 地球的源涌构造与深渊高能强爆热动力学［M］．北京：地质出版社．
陈毓川，王登红，朱裕生，等．2007. 中国成矿体系与区域成矿评价［M］．北京：地质出版社．
崔军文，张晓卫，李朋武．2002. 阿尔金断裂：几何学、性质和生长方式［J］．地球学报，23（6）：509~516.
丁启福．1999. 甘肃省北祁连西段鹰嘴山金矿的成因特征［J］．甘肃地质学报，8（增刊）：32~35.
丁启福．2005. 车路沟山金控矿条件及找矿方向［J］．甘肃科技，21（11）：110~113.
董焕成．1993. 重磁勘探教程［M］．北京：地质出版社，1~234
董显扬，李金铭．1981. 大道尔吉铬铁矿矿床成矿期的构造作用［J］．西北地质科学，（1）：23~39.
杜发，张秀萍，毛立全，等．2018. 航磁在阿尔金东段铌钽稀有金属找矿中的应用［J］．物探与化探，42（5）：902~908.
杜远生，朱杰，徐亚军，等．2009. 北祁连造山带加里东—早海西期沉积地质学研究［M］．武汉：中国地质大学出版社．
范俊杰，路彦明，丛润祥，等．2008. 祁连山西段党河南山北坡 3 个不同特征的金矿床研究［J］．地质找矿论丛，23（1）：48~53.
冯备战，等．2005. 南祁连早古生代裂谷带开合规模及岩石学约束［J］．甘肃科技纵横，34（6）：10~11.
傅景海．1995. 北祁连山西段构造单元划分及演化［J］．甘肃地质学报，4（2）：62~69.
苟国朝，田培昭，张新虎，等．1994. 大道尔吉蛇绿岩型超镁铁岩铬铁矿中铂族元素分布特征［J］．西北地质，15（1）：11~19.
管志宁．2005. 地磁场与磁力勘探［M］．北京：地质出版社，1~309.
郭志宏，熊盛青，曹建平．2004. 航磁异常总梯度模反演方法的实用化改进及软件研制［J］．物探与化探，28（6）：518~522.
何永鲸．1986. 关于北祁连山西段早古生代的两个不整合问题［J］．中国区域地质，1：64~69.
黄临平，管志宁，等．1998. 祁连成矿带矿产资源现状及思考［J］．华东地质学院学报，21（2）：143~150.
黄增保．2012. 甘肃大道尔吉铬铁矿矿床成矿岩体地球化学特征及其研究意义［D］．成都理工大学．
贾群子，杨钟堂，肖朝阳，等．2002. 祁连成矿带成矿区划和找矿潜力［J］．西北地质，35（4）：86~100.
贾群子，杨钟堂，肖朝阳，等．2006. 祁连成矿带成矿规律和找矿方向［J］．西北地质，39（2）：38~49.
贾群子，杨忠堂，肖朝阳，等．2007. 祁连山铜金铁钨铅锌矿床成矿规律和成矿预测［M］．北京：地质出版社．
贾志磊，窦小雨，王金荣，等．2016. 甘肃南祁连地区余石山地区变粒岩原岩恢复［J］．甘肃地质，25（2）：9~14.
姜寒冰，杨合群，谭文娟，等．2015. 敦煌成矿带地质建造的成矿系列家族［J］．西北地质，48（1）：63~71.
李厚民，王崇礼，刘志武，等．2003. 南祁连党河南山北坡两个不同特征的金矿床［J］．矿床地质，22（2）：191~198.
李文渊．2004. 祁连山主要矿床组合及其成矿动力学分析［J］．地球学报，25（3）：313~320.
李文渊，董福辰，姜寒冰，等．2006. 西北地区重要金属矿产成矿特征及其找矿潜力［J］．西北地质，39（2）：1~16.
李长龙，许文进．2009. 甘肃掉石沟铅锌矿同位素特征及其意义［J］．甘肃科技，25（23）：29~32.
刘训，王永．1995. 塔里木板块及其周缘地区有关的构造运动简析［J］．地球学报，（3）：246~260.
刘轶莹，金秉福．2015. 敦煌鸣沙山砂质组成与结构［J］ 鲁东大学学报（自然科学版），31（1）：84~91.
刘志武，王崇礼，石小虎．2006. 南祁连党河南山花岗岩类特征及其构造环境［J］．现代地质，20（4）：545~554.
刘志武，王崇礼．2007. 南祁连党河南山花岗岩类地球化学及其金铜矿化［J］．地质与勘探，43（1）：64~73.
潘桂棠，肖庆辉．2015. 中国大地构造图（1∶250 万）说明书［M］．北京：地质出版社．
沈其韩．2007. 变质矿床成因分类的讨论［J］．高校地质学报，（3）：371~382.
谭光裕，彭起陆，刘土改．2011. 甘肃省阿克塞县化石沟斑岩型铜矿床特征研究［J］．甘肃地质，20（3）：51~59.
汤中立，白云来．2001. 北祁连造山带两种构造基底岩块及成矿系统［J］．甘肃地质学报，10（2）：1~11.
童晓华，叶得金．2004. 甘肃北祁连西段鹰咀山-车路沟山金矿综合信息成矿预测［J］．甘肃地质学报，13（2）：79~89.
汪禄波，戴霜，张莉莉，等．2014. 甘肃贾公台金矿床地质特征与流体包裹体研究［J］．地球科学与环境学报，36（1）：111~119.
王宝华．2013. 甘肃党河南山贾公台金矿成矿模式探讨［J］．甘肃地质，22（2）：50~55.
王方成，刘伯崇，蔡晓菊．2010. 甘肃掉石沟铅锌矿矿床特征及找矿思路［J］．地质与勘探，46（5）：836~843.
王小萍，张铖，张翔，等．2012. 甘肃省石板墩铁矿矿床地质特征及找矿标志［J］．矿产与地质，26（5）：417~422.
王学求．2000. 巨型矿床与大型矿集区勘查地球化学［J］．矿床地质，（1）：76~87.
王永和，孙南一．2001. 北祁连造山带西段前造山期伸展构造特征——以肃北县鱼儿红地区为例［J］．西北地质，34（4）：1~8.

邬介人，任秉琛．2004. 华北陆块及其陆缘古生代重要成矿作用类型和加里东构造成矿旋回的历史地位［J］. 矿床地质，23（增刊）：99~111.
夏林圻，夏祖春，任有祥，等．2001. 北祁连山构造-火山岩浆-成矿动力学［M］. 北京：中国大地出版社．
向鼎璞．1982. 祁连山火山岩及火山作用［J］. 兰州大学学报，（1）：91~105.
肖安成，杨树锋，程晓敢，等．2006. 柴达木盆地北缘的右行走滑冲断系统及其动力学［J］. 石油天然气地质，27（4）：482~494.
肖朝阳，邹湘华，贾群子，等．2003. 祁连成矿带成矿区划和找矿潜力［J］. 西北地质，36（3）：86~100.
谢志峰，蒙轸，周志杰，等．2016. 从磁异常探讨德勒诺尔铁矿构造对矿体的控制作用［J］. 甘肃地质，25（2）：56~61.
杨国庆，杨春茂．2009. 甘肃省肃北县石硐沟铅锌银矿床地质特征及找矿方向［J］. 甘肃地质，18（4）：9~15.
杨树清．2009. 甘肃省化石沟铜矿矿床地质特征［J］. 甘肃科技，25（17）：47~49+38.
杨再朝，校培喜，高晓峰，等．2014. 阿尔金山东段余石山铌钽矿区靡辉正长岩的LA-IPC-MS定年及对成矿时代的制约［J］. 西北地质，47（4）：187~197.
于浦生，邬介人，韩生福，等．2000. 北祁连山火山岩带金矿［M］. 北京：地质出版社．
余君鹏，张新虎，李建国，等．2012. 甘肃阿尔金山余石山铌钽稀有金属矿找矿发现及意义［J］. 矿床地质，31（增）：391~392.
余学中，薛春纪，丛丽娟，等．2016. 中亚大型—超大型矿床找矿中值得重视环形遥感影像［J］. 地学前缘，23（2）：238~250.
俞胜，张永全，张铖，等．2012. 浅析肃北县德勒诺尔铁矿区的构造特征［J］. 甘肃地质，21（2）：37~41.
张铖，张翔，刘宏赟，等．2010. 甘肃德勒诺尔铁矿地质特征及找矿方向［J］. 甘肃地质，19（4）：41~45.
张翔，黄万堂，俞有峰，等．2005. 北祁连成矿带地球化学块体资源潜力预测［J］. 矿产与地质，19（5）：546~552.
张翔，刘建宏，黎志恒，等．2006. 北祁连成矿带地球化学块体含矿性评价［J］. 地质与勘探，42（3）：42~48.
张新虎，荀国朝，展积宝．1997. 北祁连地区主要金属矿床成矿系列及区域成矿作用［J］. 地球科学进展，12（4）：331~339.
张新虎，刘建宏，徐家乐，等．2005. 再论甘肃省的板块构造［J］. 甘肃地质学报，14（2）：1~10.
张新虎，刘建宏，梁明宏，等．2013. 甘肃省区域成矿及找矿［M］. 北京：地质出版社．
张新虎，任丰寿，余超，等．2015. 甘肃成矿系列研究及矿产勘查新突破［J］. 矿床地质，34（6）：1130~1142.
张永军，张开均．2007. 根据航磁数据探讨阿尔金断裂带的结构及构造演化［J］. 物探与化探，31（6）：489~494.
赵建仓，裴耀真，冯娟．2015. 甘肃省瓜州县大水峡铁矿床工业指标论证［J］. 甘肃科技，31（17）：22~25.
赵晓平，张铖，周志杰．2013. 高精度磁测在德勒诺尔铁矿评价中的应用［J］. 甘肃地质，22（2）：71~77.
朱裕生，肖克炎，宋国耀，等．2007. 中国主要成矿区（带）成矿地质特征及矿床成矿谱系［M］. 北京：地质出版社．

附表1 敦煌—阿克塞地区航磁推断侵入岩体参数简表

序号	岩体编号	名称（位置）	规模 km^2	ΔT 磁场特征	地质概况	出露情况	推断岩性	备注
1	Σ1	小多坝沟超基性岩体	1.48	局部正异常，伴生负值	岩体位于敦煌岩群三岩组，地表出露奥陶纪超基性岩体	半隐伏	超基性岩	
2	Σ2	和平乡西南超基性岩体1	1.14	中等—较强正异常	地表出露蓟县系塔昔达坂群砂岩-灰岩建造	隐伏	超基性岩	
3	Σ3	和平乡西南超基性岩体2	0.82	中等—较强正异常，伴生负值	地表出露蓟县系塔昔达坂群砂岩-灰岩建造	隐伏	超基性岩	
4	Σ4	和平乡西南超基性岩体3	1.12	中等—较强正异常	地表出露蓟县系塔昔达坂群砂岩-灰岩建造	隐伏	超基性岩	
5	Σ5	和平乡南超基性岩体	0.33	局部正异常	地表出露蓟县系塔昔达坂群砂岩-灰岩建造，1∶20万化探显示Ni异常	隐伏	超基性岩	
6	Σ6	和平乡东南超基性岩体1	0.95	中等—较强正异常，伴生负值	地表出露蓟县系塔昔达坂群砂岩-灰岩建造，1∶20万化探显示Ni异常	隐伏	超基性岩	附近分布安南坝铁矿点
7	Σ7	和平乡东南超基性岩体2	0.62	中等—较强正异常	岩体位于长城系熬油沟组安山质-玄武质火山岩建造，出露奥陶纪超基性岩体，1∶20万化探显示Ni异常	出露	超基性岩	
8	Σ8	赛马沟西南超基性岩体1	2.16	中等—较强正异常	岩体位于长城系熬油沟组与桦树沟组交界处，出露超基性岩脉，1∶20万化探显示Ni异常	半隐伏	超基性岩	
9	Σ9	赛马沟西南超基性岩体2	0.98	中等—较强正异常	岩体位于长城系熬油沟组与蓟县系花儿地组交界处，1∶20万化探显示Ni异常	隐伏	超基性岩	
10	Σ10	赛马沟南超基性岩体	3.1[illegible]	中等—较强正异常	地表出露蓟县系花儿地组白云岩建造	隐伏	超基性岩	
11	Σ11	青石沟南超基性岩体	2.19	局部正异常，伴生负值	地表出露蓟县系花儿地组白云岩建造	隐伏	超基性岩	
12	Σ12	萨木萨克西北超基性岩体1	0.17	局部正异常	地表出露蓟县系花儿地组白云岩建造	隐伏	超基性岩	
13	Σ13	萨木萨克西北超基性岩体2	0.41	局部正异常	岩体位于蓟县系花儿地组白云岩建造，出露奥陶纪超基性岩体	半隐伏	超基性岩	
14	Σ14	萨木萨克北超基性岩体1	9.94	剑锋状强正异常带，伴生负值	岩体位于蓟县系花儿地组，地表出露奥陶纪超基性岩体，1∶20万化探显示Ni、Co、Cr异常	半隐伏	超基性岩	南部为红柳沟脑铁矿点
15	Σ15	萨木萨克北超基性岩体2	2.73	中等—较强正异常，伴生负值	岩体位于蓟县系花儿地组区内，海拔高，常年积雪覆盖	隐伏	超基性岩	
16	Σ16	萨木萨克东北超基性岩体1	4.[illegible]9	剑锋状强正异常带，伴生负值	岩体位于蓟县系花儿地组，地表出露奥陶纪超基性岩体，1∶20万化探显示Ni、Co、Cr异常	半隐伏	超基性岩	红柳沟脑铁矿

续表

序号	岩体编号	名称（位置）	规模 km²	ΔT 磁场特征	地质概况	出露情况	推断岩性	备注
17	Σ17	萨木萨克东北超基性岩体 2	0.3	剑锋状强正异常带，伴生负值	地表出露蓟县系花儿地组，1：20 万化探显示 Ni、Co、Cr 异常	隐伏	超基性岩	
18	Σ18	萨木萨克东北超基性岩体 3	5.44	剑锋状强正异常带，伴生负值	岩体位于蓟县系花儿地组，地表出露奥陶纪超基性岩体和奥陶纪辉长辉绿岩体，1：20 万化探显示 Ni、Co、Cr 异常	半隐伏	超基性岩	红柳沟之支沟铁矿点，阿克塞铁矿点，红柳沟东侧铁矿点
19	Σ19	大鄂博图东超基性岩体 1	0.24	高背景场中叠加的较强正异常	岩体位于长城系桦树沟组与古元古界北大河岩群二岩组交界处，地表出露超基性岩脉	半隐伏	超基性岩	
20	Σ20	大鄂博图东超基性岩体 2	0.77	较强正异常	地表出露北大河岩群一岩组斜长角闪岩-黑云斜长片麻岩-石英二云片岩建造	隐伏	超基性岩	
21	Σ21	博罗转井南超基性岩体	0.5	中等—较强正异常	地表出露长城系桦树沟组	隐伏	超基性岩	
22	Σ22	博罗转井东南超基性岩体	0.13	中等—较强正异常	岩体位于长城系桦树沟组与古元古界北大河岩群一岩组交界处	隐伏	超基性岩	
23	Σ23	半戈洼南超基性岩体	0.27	中等—较强正异常	地表出露长城系桦树沟组，1：20 万化探显示 Ni、Co、Cr 异常	隐伏	超基性岩	半鄂博铜矿点
24	Σ24	半鄂博图超基性岩体	1.3	高背景场中叠加的中等—较强正异常	岩体位于长城系桦树沟组与北大河岩群二岩组交界处，出露超基性岩脉，对应 1：20 万剩余重力高异常区，1：20 万化探显示 Ni、Co、Cr 异常	半隐伏	超基性岩	
25	Σ25	加尔乌增超基性岩体	0.57	高背景场中叠加的中等—较强正异常	地表出露长城系熬油沟组，对应 1：20 万剩余重力高异常区，1：20 万化探显示 Ni、Co、Cr 异常	隐伏	超基性岩	南部分布加尔乌增沟镍矿点
26	Σ26	加尔乌增东超基性岩体	1.23	高背景场中叠加的中等—较强正异常	岩体位于长城系桦树沟组，出露超基性岩脉，对应 1：20 万剩余重力高异常区，1：20 万化探显示 Ni、Co、Cr 异常	半隐伏	超基性岩	南部分布加尔乌增沟镍矿点
27	Σ27	铁匠沟脑南超基性岩体	0.83	中等—较强正异常	地表出露志留纪花岗闪长岩，对应 1：20 万剩余重力高异常区，1：20 万化探显示 Ni、Co、Cr 异常	隐伏	超基性岩	
28	Σ28	铁匠沟脑东南超基性岩体	0.05	中等—较强正异常	地表出露长城系熬油沟组，对应 1：20 万剩余重力高异常区，1：20 万化探显示 Ni、Co、Cr 异常	隐伏	超基性岩	南部分布拉排沟西南岔铜矿点
29	Σ29	铁匠沟脑东超基性岩体	0.12	低缓正异常	地表出露志留纪花岗闪长岩，对应 1：20 万剩余重力高异常区，1：20 万化探显示 Ni、Co、Cr 异常	隐伏	超基性岩	
30	Σ30	拉排沟西北超基性岩体 1	0.72	中等—较强正异常	地表出露长城系熬油沟组，对应 1：20 万剩余重力高异常区	隐伏	超基性岩	
31	Σ31	拉排沟西北超基性岩体 2	0.41	中等—较强正异常	地表出露长城系熬油沟组	隐伏	超基性岩	

续表

序号	岩体编号	名称（位置）	规模 km^2	ΔT 磁场特征	地质概况	出露情况	推断岩性	备注
32	Σ32	拉排沟西北超基性岩体 3	0.17	低缓正异常	地表出露长城系熬油沟组	隐伏	超基性岩	
33	Σ33	拉排沟西北超基性岩体 4	0.53	中等—较强正异常	岩体位于长城系熬油沟组	半隐伏	超基性岩	
34	Σ34	拉排沟西北超基性岩体 5	1.49	低缓正异常	岩体位于长城系熬油沟组，地表出露超基性岩脉	半隐伏	超基性岩	付家沟脑镍矿点，南部分布拉排沟铜矿点
35	Σ35	黑达坂铬铁矿点西北隐伏超基性岩体	0.5	中等—较强正异常	地表出露长城系桦树沟组，1∶20 万化探显示 Ni、Co、Cr 异常	隐伏	超基性岩	黑达坂铬铁矿
36	Σ36	黑达坂铬铁矿点超基性岩本	1.07	中等—较强正异常	地表出露长城系桦树沟组，有超基性岩体出露，1∶20 万化探显示 Ni、Co、Cr 异常	半隐伏	超基性岩	黑达坂铬铁矿
37	Σ37	拉排沟西南岔脑隐伏超基性岩体 1	1.25	中等—较强正异常	地表出露志留纪花岗闪长岩，对应 1∶20 万剩余重力高异常区，1∶20 万化探显示 Ni、Co、Cr 异常	隐伏	超基性岩	
38	Σ38	拉排沟西南岔脑隐伏超基性岩体 2	0.67	中等—较强正异常	岩体位于长城系熬油沟组与志留纪花岗闪长岩交界处，对应 1∶20 万剩余重力高异常区，1∶20 万化探显示 Ni、Co、Cr 异常	隐伏	超基性岩	东部有拉排沟西南岔脑铜镍矿点
39	Σ39	拉排沟西南岔脑超基性岩体	1.57	中等—较强正异常	岩体位于长城系熬油沟组与志留纪花岗闪长岩交界处，对应 1∶20 万剩余重力高异常区，1∶20 万化探显示 Ni、Co、Cr 异常	半隐伏	超基性岩	拉排沟铜矿点，71 铜矿点
40	Σ40	拉排沟西南岔脑隐伏超基性岩体 3	0.53	中等—较强正异常	分布在志留纪花岗闪长岩岩体内部，对应 1∶20 万剩余重力高异常区，1∶20 万化探显示 Ni、Co、Cr 异常	隐伏	超基性岩	
41	Σ41	独山子超基性岩体 1	4.91	局部正异常、较强正异常	岩体位于北大河岩群三岩组大理岩建造地层与志留纪花岗岩交界处，对应 1∶20 万剩余重力高异常区	隐伏	超基性岩	
42	Σ42	大道尔基超基性岩体	5.81	局部强磁异常	大道尔基超基性岩体，西部部分地表为第四系洪积物覆盖，东部延出测区，对应 1∶20 万剩余重力高异常区，1∶20 万化探显示 Ni、Co、Cr 异常	半隐伏	超基性岩	大道尔基铬铁矿
43	Σ43	独山子超基性岩体 2	0.83	局部较强正异常	志留纪花岗闪长岩分布区，对应 1∶20 万剩余重力高异常区	隐伏	超基性岩	
44	Σ44	独山子超基性岩体 3	8.39	局部较强正异常	岩体位于志留纪花岗闪长岩内，部分进入第四系覆盖区，对应 1∶20 万剩余重力高异常区	隐伏	超基性岩	

续表

序号	岩体编号	名称（位置）	规模 km²	ΔT 磁场特征	地质概况	出露情况	推断岩性	备注
45	Σ45	独山子超基性岩体 4	1. 17	局部较强正异常	岩体位于志留纪花岗闪长岩内，部分进入第四系覆盖区，对应 1：20 万剩余重力高异常区	半隐伏	超基性岩	野人沟铬铁矿点
46	Σ46	独山子超基性岩体 5	1. 17	局部较强正异常	岩体位于志留纪花岗闪长岩内，部分进入第四系覆盖区，对应 1：20 万剩余重力高异常区	半隐伏	超基性岩	
47	Σ47	安南坝西南超基性岩体 1	0. 37	局部正异常，伴生负值	地表出露古元古界达肯大坂岩群一岩组	隐伏	超基性岩	
48	Σ48	安南坝西南超基性岩体 2	0. 87	低缓正异常	地表出露古元古界达肯大坂岩群一岩组	隐伏	超基性岩	
49	Σ49	安南坝南超基性岩体	1. 6	低缓正异常	岩体位于古元古界达肯大坂岩群一岩组，地表出露奥陶纪超基性岩体	半隐伏	超基性岩	
50	Σ50	金泉山超基性岩体 1	0. 73	局部正异常	地表出露古元古界达肯大坂岩群一岩组	隐伏	超基性岩	
51	Σ51	金泉山超基性岩体 2	0. 38	局部正异常	地表出露古元古界达肯大坂岩群一岩组，对应 1：20 万剩余重力高异常区	隐伏	超基性岩	
52	Σ52	金泉山超基性岩体 3	0. 75	中等—较强正异常，伴生负值	岩体位于古元古界达肯大坂岩群一岩组，地表出露奥陶纪超基性岩体，对应 1：20 万剩余重力高异常区	出露	超基性岩	
53	Σ53	金泉山超基性岩体 4	1. 89	剑锋状强正异常，伴生负值	岩体位于古元古界达肯大坂岩群一岩组，地表出露奥陶纪超基性岩体，对应 1：20 万剩余重力高异常区，1：20 万化探显示 Ni 异常	半隐伏	超基性岩	金泉山镍矿化点
54	Σ54	金泉山超基性岩体 5	0. 25	局部正异常	地表出露古元古界达肯大坂岩群一岩组，对应 1：20 万剩余重力高异常区，1：20 万化探显示 Ni 异常	隐伏	超基性岩	
55	Σ55	金泉山超基性岩体 6	0. 28	剑锋状局部正异常	岩体位于古元古界达肯大坂岩群一岩组，地表出露超基性岩脉，对应 1：20 万剩余重力高异常区	半隐伏	超基性岩	
56	Σ56	金泉山超基性岩体 7	0. 68	中等—较强正异常	地表出露古元古界达肯大坂岩群一岩组斜长角闪岩-黑云斜长片麻岩-石英二云片岩建造，对应 1：20 万剩余重力高异常区	隐伏	超基性岩	附近分布一步沟钨矿点
57	Σ57	阿得扎果塞鲁他鲁源泉北超基性岩体 1	0. 56	中等—较强正异常，伴生负值	地表出露古元古界达肯大坂岩群一岩组斜长角闪岩-黑云斜长片麻岩-石英二云片岩建造	隐伏	超基性岩	
58	Σ58	阿得扎果塞鲁他鲁源泉北超基性岩体 2	0. 54	局部正异常，剑锋状	地表出露古元古界达肯大坂岩群一岩组斜长角闪岩-黑云斜长片麻岩-石英二云片岩建造	隐伏	超基性岩	

续表

序号	岩体编号	名称（位置）	规模 km²	ΔT 磁场特征	地质概况	出露情况	推断岩性	备注
59	Σ59	阿得扎果塞鲁他鲁源泉北超基性岩体 3	0. 34	局部正异常	地表为第四系洪积物覆盖	隐伏	超基性岩	
60	Σ60	阿得扎果塞鲁他鲁源泉北超基性岩体 4	0. 17	低缓正异常	地表为第四系洪积物覆盖	隐伏	超基性岩	
61	Σ61	阿得扎果塞鲁他鲁源泉北超基性岩体 5	0. 33	低缓正异常	地表为第四系洪积物覆盖	隐伏	超基性岩	
62	Σ62	阿得扎果塞鲁他鲁源泉北超基性岩体 6	0. 36	低缓正异常	地表为第四系洪积物覆盖	隐伏	超基性岩	
63	Σ63	阿得扎果塞鲁他鲁源泉南超基性岩体	0. 75	低缓正异常	地表为第四系洪积物覆盖	隐伏	超基性岩	
64	Σ64	阿得扎果塞鲁他鲁源泉西南超基性岩体	1. 14	中等—较强正异常，伴生负值	地表出露古元古界达肯大坂岩群二岩组云母片岩-变基性岩建造	隐伏	超基性岩	
65	Σ65	阿得扎果塞鲁他鲁源泉东南超基性岩体 1	1. 26	中等—较强正异常	地表为第四系洪积物覆盖，对应 1∶20 万剩余重力高异常区	隐伏	超基性岩	
66	Σ66	阿得扎果塞鲁他鲁源泉东南超基性岩体 2	1. 19	中等—较强正异常	地表为第四系洪积物覆盖，对应 1∶20 万剩余重力高异常区	隐伏	超基性岩	
67	Σ67	阿得扎果塞鲁他鲁源泉东南超基性岩体 3	0. 7	中等—较强正异常	地表为第四系洪积物覆盖，对应 1∶20 万剩余重力高异常区	隐伏	超基性岩	
68	N1	青山梁基性岩体 1	[illegible]. 12	局部正异常	地表出露敦煌岩群二岩组	隐伏	基性岩	
69	N2	青山梁基性岩体 2	0. 85	低缓正异常	岩体位于敦煌岩群二岩组，南部出露奥陶纪辉长辉绿岩	出露	基性岩	
70	N3	青山梁基性岩体 3	0. 45	低缓正异常	地表为第四系风积物覆盖	隐伏	基性岩	
71	N4	青山梁基性岩体 4	0. 69	低缓正异常	地表为第四系风积物覆盖	隐伏	基性岩	
72	N5	青山梁基性岩体 5	0. 26	低缓正异常	地表为第四系风积物覆盖	隐伏	基性岩	
73	N6	青山梁基性岩体 6	0. 83	低缓正异常	地表为第四系风积物覆盖	隐伏	基性岩	
74	N7	崔木土山西基性岩体	5. 38	低缓正异常	岩体位于敦煌岩群三岩组内，与出露的崔木土奥陶纪辉长辉绿岩岩体吻合	出露	基性岩	

续表

序号	岩体编号	名称（位置）	规模/km^2	ΔT 磁场特征	地质概况	出露情况	推断岩性	备注
75	N8	崔木土山南基性岩体	0.53	低缓正异常	地表为第四系风积物覆盖	隐伏	基性岩	
76	N9	鸣沙山西北基性岩体	0.96	局部次级低缓正异常	地表为第四系风积物覆盖	隐伏	基性岩	
77	N10	鸣沙山基性岩体	12.25	平缓背景场中的强正异常，伴生负值，曲线圆滑宽缓	地表为第四系风积物覆盖，为甘肃敦煌鸣沙山风景区	隐伏	基性岩	
78	N11	千佛洞北基性岩体	0.6	低缓正异常	地表为第四系沉积物覆盖	隐伏	基性岩	
79	N12	千佛洞东北基性岩体	0.08	低缓正异常	地表为第四系沉积物覆盖	隐伏	基性岩	
80	N13	火焰山基性岩体	2.37	局部正异常、中等—较强正异常	地表出露敦煌岩群一岩组云母片岩-变基性岩建造	隐伏	基性岩	
81	N14	火焰山南基性岩体	5.03	剑锋状强磁异常	地表为第四系洪积物覆盖	隐伏	基性岩	地表钻孔发现铜镍铁矿化
82	N15	青山西基性岩体	22.43	中等—较强正异常	地表为第四系洪积物覆盖	隐伏	基性岩	
83	N16	青山东南基性岩体	13.42	较强正异常	地表为第四系洪积物覆盖	隐伏	基性岩	北部为大水峡铁矿
84	N17	榆林窟南基性岩体	9.28	中等—较强正异常	地表为第四系洪积物覆盖	隐伏	基性岩	
85	N18	长沙梁基性岩体	7.24	局部正异常、强磁异常，伴生负值	敦煌岩群二岩组地层区出露中元古代英云闪长岩，对应 1：20 万剩余重力高异常	半隐伏	基性岩	
86	N19	鸣沙山南基性岩体 1	1.94	局部正异常	岩体位于敦煌岩群三岩组区内	隐伏	基性岩	
87	N20	鸣沙山南基性岩体 2	1.34	局部正异常	岩体位于敦煌岩群二岩组与中元古代英云闪长岩交界处	出露	基性岩	
88	N21	鸣沙山南基性岩体 3	0.83	局部低缓正异常	地表为第四系风积物覆盖	隐伏	基性岩	
89	N22	鸣沙山南基性岩体 4	0.4	局部正异常	地表为第四系风积物覆盖	隐伏	基性岩	
90	N23	红柳井子西基性岩体	1.76	局部中等—较强正异常	岩体位于中元古代英云闪长岩岩体内，西侧出露花岗岩岩脉	隐伏	基性岩	
91	N24	红柳井子西北基性岩体	0.59	局部较强正异常	岩体位于敦煌岩群三岩组与奥陶纪石英闪长岩交界处	隐伏	基性岩	
92	N25	红柳井子东北基性岩体	0.23	局部较强正异常	岩体位于敦煌岩群三岩组变质岩区内，南侧出露伟晶岩岩脉	隐伏	基性岩	
93	N26	红柳井子东南基性岩体 1	1.63	局部中等—较强正异常	岩体位于第四系洪积物覆盖区内，北部敦煌岩群三岩组，地层内出露伟晶岩岩脉	隐伏	基性岩	
94	N27	红柳井子东南基性岩体 2	0.93	局部中等—较强正异常	地表为第四系洪积物覆盖	隐伏	基性岩	

续表

序号	岩体编号	名称（位置）	规模 km^2	ΔT 磁场特征	地质概况	出露情况	推断岩性	备注
95	N28	大泉东基性岩体	19.68	大规模强正异常，伴生负值	地表为第四系洪积物覆盖	隐伏	基性岩	
96	N29	好布拉格北基性岩体 1	10.04	大规模强正异常，伴生负值	地表为第四系洪积物覆盖	隐伏	基性岩	
97	N30	好布拉格北基性岩体 2	10.93	大规模强正异常，伴生负值	地表为第四系洪积物覆盖	隐伏	基性岩	
98	N31	好布拉格北基性岩体 3	13.86	大规模强正异常，伴生负值	地表为第四系洪积物覆盖	隐伏	基性岩	
99	N32	红柳峡北基性岩体 1	23.55	大规模强正异常	地表为第四系洪积物覆盖	隐伏	基性岩	黄羊泉南西铅锌矿点，平顶山铅矿点
100	N33	红柳峡北基性岩体 2	1.56	中等—较强正异常	地表为第四系洪积物覆盖	隐伏	基性岩	
101	N34	红柳峡北基性岩体 3	1.65	较强正异常	地表为第四系洪积物覆盖	隐伏	基性岩	
102	N35	青山南基性岩体	4.26	中等—较强正异常	地表为第四系洪积物覆盖	隐伏	基性岩	
103	N36	鹰嘴山西北基性岩体	1.13	负值背景场中的局部正异常	地表为第四系洪积物覆盖	隐伏	基性岩	白水井铁矿点
104	N37	鹰嘴山东北基性岩体	2.37	局部正异常	岩体位于寒武纪—奥陶纪糜棱岩化二长花岗岩，东南侧出露辉绿岩岩脉与花岗岩岩脉	隐伏	基性岩	
105	N38	石包城北基性岩体	7.57	大规模中等—较强正异常	地表为第四系洪积物覆盖	隐伏	基性岩	
106	N39	石包城东北基性岩体	0.49	剑锋状中等—较强正异常	岩体位于奥陶纪花岗闪长岩与石英闪长岩交界处	出露	基性岩	
107	N40	沙肃线 30km 道班西北基性岩体	6.98	负背景场中分布的正异常	地表为第四系覆盖区	隐伏	基性岩	
108	N41	沙肃线 30km 道班北北西 3.6km 基性岩体	4.29	负背景场中分布的正异常	地表为第四系洪积物覆盖，对应 1：20 万剩余重力高异常	隐伏	基性岩	
109	N42	沙肃线 30km 道班北北东 5.8km 基性岩体	6.89	负背景场中分布的正异常	地表为第四系洪积物覆盖，对应 1：20 万剩余重力高异常	隐伏	基性岩	
110	N43	沙肃线 30km 道班东北基性岩体	0.67	负背景场中分布的正异常	地表为第四系洪积物覆盖，对应 1：20 万剩余重力高异常	隐伏	基性岩	
111	N44	五个庙西北基性岩体 1	16.61	正背景场中的叠加较强正异常	第四系覆盖区，对应 1：20 万剩余重力高异常区	隐伏	基性岩	
112	N45	五个庙西北基性岩体 2	10.02	正背景场中的叠加较强正异常	第四系覆盖区，对应 1：20 万剩余重力高异常区	隐伏	基性岩	
113	N46	五个庙北基性岩体 1	11.96	正背景场中的叠加中等—较强正异常	第四系覆盖区，对应 1：20 万剩余重力高异常区	隐伏	基性岩	

续表

序号	岩体编号	名称（位置）	规模 km^2	ΔT 磁场特征	地质概况	出露情况	推断岩性	备注
114	N47	五个庙北北东 10km 基性岩体	1.55	正负变化磁场交界处的正异常	第四系覆盖区，对应 1：20 万剩余重力高异常区	隐伏	基性岩	
115	N48	五个庙北基性岩体 2	6.2	正背景场中的叠加中等—较强正异常	第四系覆盖区，对应 1：20 万剩余重力高异常区	隐伏	基性岩	
116	N49	五个庙东北基性岩体	2	正负变化磁场交界处的正异常	地表为第四系洪积物覆盖，对应 1：20 万剩余重力高异常区	隐伏	基性岩	
117	N50	大红山西基性岩体	2.64	较强正异常	岩体位于敦煌岩群三岩组，出露辉长岩岩体	隐伏	基性岩	
118	N51	红柳沟北基性岩体 1	0.58	低缓正异常	地表为第四系洪积物覆盖	隐伏	基性岩	
119	N52	红柳沟北基性岩体 2	81.19	负背景场中的大规模中等—较强正异常	地表为第四系洪积物覆盖	隐伏	基性岩	
120	N53	红柳沟南基性岩体	5.5	负背景场中的局部正异常	地表为第四系洪积物覆盖，对应 1：20 万剩余重力高异常区	隐伏	基性岩	
121	N54	赛马沟南基性岩体 1	7.62	东西向分布的较强正异常带	岩体位于长城系桦树沟组与熬油沟组交界处，北部出露二叠纪英云闪长岩	隐伏	基性岩	
122	N55	库尔勒克基性岩体	26.67	东西向分布的较强正异常带，北侧伴生负值	地表出露蓟县系花儿地组	隐伏	基性岩	
123	N56	萨木萨克北基性岩体 1	14.47	东西向分布的较强正异常带，北侧伴生负值	岩体位于蓟县系花儿地组，地表出露奥陶纪辉长辉绿岩	半隐伏	基性岩	
124	N57	萨木萨克北基性岩体 2	17.66	东西向分布的较强正异常带，北侧伴生负值	岩体位于蓟县系花儿地组，地表出露奥陶纪辉长辉绿岩，1：20 万化探显示 Ni、Co、Cr 异常	半隐伏	基性岩	红柳沟脑铁矿点
125	N58	萨木萨克北基性岩体 3	5.29	东西向分布的正磁异常带	岩体位于蓟县系花儿地组，地表出露现代冰川	隐伏	基性岩	
126	N59	青崖子基性岩体	21.45	局部正异常，北侧伴生负值	岩体位于蓟县系花儿地组与北大河岩群二岩组交界处，地表出露奥陶纪辉长辉绿岩，1：20 万化探显示 Ni、Co、Cr 异常	半隐伏	基性岩	阿克塞沟铁矿点
127	N60	萨木萨克东基性岩体	6.76	东西向分布的正磁异常带，强度较弱	地表出露蓟县系花儿地组	隐伏	基性岩	
128	N61	大鄂博图西北基性岩体	9.39	阿尔金北陆核区高背景场中的叠加正磁正异常	地表为第四系洪积物覆盖，1：20 万化探显示 Ni、Co、Cr 异常	隐伏	基性岩	

续表

序号	岩体编号	名称（位置）	规模 km^2	ΔT 磁场特征	地质概况	出露情况	推断岩性	备注
129	N62	博罗转井镇北基性岩体	9.44	阿尔金北陆核区高背景场中的叠加正磁正异常	地表为第四系洪积物覆盖	隐伏	基性岩	
130	N63	岔路口道班东基性岩体	48.39	负背景场中分布的大规模正负伴生异常，强度高，幅值为2200nT	地表为第四系洪积物覆盖，对应1：20万剩余重力高异常区	隐伏	基性岩	
131	N64	博罗转井镇东基性岩体	3.63	阿尔金北陆核区高背景场中的叠加正磁正异常	地表为第四系洪积物覆盖	隐伏	基性岩	
132	N65	加尔乌宗北基性岩体	7.64	阿尔金北陆核区高背景场中的叠加正磁正异常	地表为第四系洪积物覆盖	隐伏	基性岩	
133	N66	阿克塞哈萨克族自治县东南基性岩体	9.63	阿尔金北陆核区高背景场中的叠加正磁正异常	地表为第四系洪积物覆盖	隐伏	基性岩	
134	N67	五个庙西14km基性岩体	2.74	阿尔金北陆核区高背景场中的叠加正磁正异常	第四系覆盖区，对应1：20万剩余重力高异常区	隐伏	基性岩	
135	N68	五个庙西12.3km基性岩体	1.31	阿尔金北陆核区高背景场中的叠加正磁正异常	第四系覆盖区，对应1：20万剩余重力高异常区	隐伏	基性岩	
136	N69	石板墩西基性岩体1	3.12	平缓背景场中的局部中等—较强正异常	出露蓟县系花儿地组灰岩建造，对应1：20万布格重力异常梯度带	隐伏	基性岩	南部为小冰沟铅矿点
137	N70	石板墩西基性岩体2	1.31	平缓背景场中的局部低缓正异常	新近系疏勒河组分布区，对应1：20万布格重力异常梯度带	隐伏	基性岩	南部为小冰沟铅矿点
138	N71	石板墩西基性岩体3	0.71	平缓背景场中的局部低缓正异常	青白口系龚岔群窑洞沟组分布区，对应1：20万布格重力异常梯度带	隐伏	基性岩	南部为小冰沟铅矿点
139	N72	多若诺尔基性岩体1	6.27	平缓背景场中的局部中等—较强正异常	岩体位于青白口系龚岔群哈什哈尔组，出露辉长岩岩体，对应1：20万剩余重力高异常区，1：20万化探显示Ni、Co、Cr异常	半隐伏	基性岩	
140	N73	多若诺尔基性岩体2	0.43	平缓背景场中分布的正异常	地表出露青白口系龚岔群哈什哈尔组，出露辉长岩岩体，对应1：20万剩余重力高异常区	半隐伏	基性岩	南部为德勒诺尔铁矿

续表

序号	岩体编号	名称（位置）	规模 km^2	ΔT 磁场特征	地质概况	出露情况	推断岩性	备注
141	N74	多若诺尔基性岩体 3	0.52	平缓背景场中的正异常	出露奥陶纪辉长岩，对应 1：20 万剩余重力高异常区	出露	基性岩	南部为德勒诺尔铁矿
142	N75	多若诺尔基性岩体 4	2	平缓背景场中的正异常	岩体位于青白口系龚岔群哈什哈尔组，对应 1：20 万剩余重力高异常区	半隐伏	基性岩	南部为德勒诺尔铁矿
143	N76	多若诺尔山东基性岩体 1	1.35	平缓背景场中的正异常	岩体位于青白口系龚岔群哈什哈尔组，对应 1：20 万剩余重力高异常区	隐伏	基性岩	
144	N77	多若诺尔山东基性岩体 1	2.5	平缓背景场中的中等—较强正异常	岩体位于青白口系龚岔群哈什哈尔组，对应 1：20 万剩余重力高异常区	隐伏	基性岩	
145	N78	多若诺尔山东基性岩体 1	4.71	平缓背景场中分布的中等—较强正异常	岩体位于青白口系龚岔群哈什哈尔组，西北出露辉长岩岩体，对应 1：20 万剩余重力高异常区	半隐伏	基性岩	
146	N79	柳树沟基性岩体	19.99	负背景场中分布的北西走向的正磁异常带，北侧伴生负值，幅值为 900nT	地表出露志留纪辉长岩岩体，对应 1：20 万剩余重力高异常区	半隐伏	基性岩	半截沟铜矿化点，异常查证发现铜镍钴矿化
147	δ1	吐火洛泉西中性岩体 1	44.9	负背景场中分布的中等—较强正异常	地表为第四系湖积物覆盖	隐伏	中性岩	
148	δ2	吐火洛泉西中性岩体 2	22.69	负背景场中分布的中等—较强正异常	地表为第四系湖积物覆盖	隐伏	中性岩	
149	δ3	吐火洛泉西中性岩体 3	14.11	低缓正异常	地表为第四系湖积物覆盖	隐伏	中性岩	
150	δ4	弯窑南中性岩体	21.35	低缓正异常	地表为第四系湖积物覆盖	隐伏	中性岩	
151	δ5	弯窑东北中性岩体	7.91	低缓正异常	地表为第四系湖积物覆盖	隐伏	中性岩	
152	δ6	吐火洛泉东中性岩体	7.43	低缓正异常	地表为第四系湖积物覆盖	隐伏	中性岩	
153	δ7	火烧湖南中性岩体	20.95	低缓正异常	地表为第四系湖积物覆盖	隐伏	中性岩	
154	δ8	火烧湖东中性岩体 1	2.28	低缓正异常	地表为第四系洪积物覆盖	隐伏	中性岩	
155	δ9	火烧湖东中性岩体 2	2.14	未封闭弱磁异常	地表为第四系洪积物覆盖	隐伏	中性岩	
156	δ10	芦草井子中性岩体	29.35	低缓正异常	地表为第四系洪积物覆盖	隐伏	中性岩	
157	δ11	崔木土沟北中性岩体	13.27	低缓正异常	地表为第四系洪积物覆盖	隐伏	中性岩	

续表

序号	岩体编号	名称（位置）	规模 km²	ΔT 磁场特征	地质概况	出露情况	推断岩性	备注
158	δ12	山水沟北中性岩体	4.03	低缓正异常	地表为第四系洪积物覆盖	隐伏	中性岩	
159	δ13	芦草井子东南中性岩体	49.91	宽缓正异常	地表为第四系洪积物覆盖	隐伏	中性岩	
160	δ14	小红山西北中性岩体 1	4.53	低缓正异常	地表为第四系风积物覆盖	隐伏	中性岩	
161	δ15	小红山西北中性岩体 2	15.44	低缓正异常	地表为第四系风积物覆盖	隐伏	中性岩	
162	δ16	小多坝沟中性岩体	7.69	低缓正异常	地表为第四系洪积物覆盖	隐伏	中性岩	
163	δ17	小多坝沟东南中性岩体	14.13	低缓正异常	地表为第四系洪积物覆盖	隐伏	中性岩	
164	δ18	崔木土沟北中性岩体	21.45	低缓正异常	地表为第四系洪积物覆盖，对应 1：20 万剩余重力高异常	隐伏	中性岩	
165	δ19	崔木土沟中性岩体 1	6.84	低缓正异常	地表出露奥陶纪闪长岩岩体，对应 1：20 万剩余重力高异常	出露	中性岩	
166	δ20	崔木土沟中性岩体 2	27.87	低缓正异常	地表出露奥陶纪闪长岩岩体，对应 1：20 万剩余重力高异常	半隐伏	中性岩	高台县红沟窑西南铀矿点
167	δ21	青山梁南中性岩体 1	0.29	低缓正异常	地表为第四系风积物覆盖	隐伏	中性岩	
168	δ22	青山梁南中性岩体 2	5.59	局部正异常	地表为第四系风积物覆盖	隐伏	中性岩	
169	δ23	崔木土山东北中性岩体 1	1.52	局部正异常	地表为第四系风积物覆盖	隐伏	中性岩	
170	δ24	崔木土山东北中性岩体 2	5.46	局部正异常	地表为第四系风积物覆盖	隐伏	中性岩	
171	δ25	崔木土山东北中性岩体 3	3.7	局部正异常	地表为第四系风积物覆盖	隐伏	中性岩	
172	δ26	阳关东南中性岩体 1	15.51	局部正异常	地表为第四系洪积物覆盖，对应 1：20 万剩余重力高异常	隐伏	中性岩	
173	δ27	阳关东南中性岩体 2	6.21	局部正异常	地表为第四系洪积物覆盖	隐伏	中性岩	
174	δ28	大坡井子南中性岩体	3.83	局部正异常	地表为第四系洪积物覆盖	隐伏	中性岩	
175	δ29	党河地区—百四戈壁中性岩体	270.94	正磁背景场中叠加分布的较强正异常	地表为第四系洪积物覆盖，对应 1：20 万剩余重力高异常区	隐伏	中性岩	
176	δ30	红柳井子中性岩体 1	10.25	中等—较强正异常	地表出露英云闪长岩	半隐伏	中性岩	
177	δ31	红柳井子中性岩体 2	1.47	中等—较强正异常	地表出露英云闪长岩	出露	中性岩	
178	δ32	红柳井子中性岩体 3	2.61	局部正异常	地表出露敦煌岩群二岩组	隐伏	中性岩	
179	δ33	红柳井子东—百四戈壁中性岩体	62.56	大规模中等—较强正异常	第四系洪积物覆盖区，对应 1：20 万剩余重力高异常	隐伏	中性岩	

续表

序号	岩体编号	名称（位置）	规模 km^2	ΔT 磁场特征	地质概况	出露情况	推断岩性	备注
180	δ34	红柳井子东南一百四戈壁中性岩体	64.93	大规模中等—较强正异常	地表为第四系洪积物覆盖，对应1∶20万剩余重力高异常	隐伏	中性岩	
181	δ35	青山头西南中性岩体	143.48	大规模中等—较强正异常	地表为第四系洪积物覆盖	隐伏	中性岩	黄羊泉南西铅锌矿点，平顶山铅矿点
182	δ36	红柳峡东北中性岩体	8.02	中等—较强正异常	地表为第四系洪积物覆盖	隐伏	中性岩	
183	δ37	榆林河电站中性岩体	8.49	中等—较强正异常	地表为第四系洪积物覆盖	隐伏	中性岩	
184	δ38	榆林河电站东南中性岩体	2.13	低缓正异常	地表为第四系洪积物覆盖	隐伏	中性岩	
185	δ39	榆林河电站南中性岩体	101.34	大规模强磁异常	地表为第四系洪积物覆盖	隐伏	中性岩	
186	δ40	擴坝拉河北中性岩体	34.27	中等—较强正异常	地表为第四系洪积物覆盖，对应1∶20万剩余重力高异常	隐伏	中性岩	
187	δ41	好布拉格东中性岩体1	0.98	局部正异常	地表出露石炭纪英云闪长岩	出露	中性岩	
188	δ42	好布拉格东中性岩体2	0.63	局部正异常	地表出露志留纪黑云母花岗岩，对应1∶20万剩余重力高异常	隐伏	中性岩	
189	δ43	好布拉格东中性岩体3	0.21	中等—较强正异常	岩体位于寒武系黑茨沟组和中志留世黑云母花岗岩的接触带，对应1∶20万剩余重力高异常	隐伏	中性岩	
190	δ44	红崖沟北中性岩体1	1.46	中等—较强正异常	岩体位于寒武系黑茨沟组和中志留世黑云母花岗岩的接触带，对应1∶20万剩余重力高异常	隐伏	中性岩	大泉南铁矿点
191	δ45	红崖沟北中性岩体2	5.63	较强正异常	岩体位于寒武系黑茨沟组地层区，对应1∶20万剩余重力高异常	隐伏	中性岩	大泉铁矿点
192	δ46	红崖沟北中性岩体3	0.84	局部正异常	岩体位于寒武系黑茨沟组地层区，对应1∶20万剩余重力高异常	隐伏	中性岩	
193	δ47	西洞沟大坂南中性岩体	3.95	较强正异常	地表为第四系玉门组，对应1∶20万剩余重力高异常	隐伏	中性岩	肃北蒙古族自治县土达坂铅矿点
194	δ48	科特勒乌苏南中性岩体	22.32	中等—较强正异常	地表为第四系洪积物覆盖，对应1∶20万剩余重力高异常	隐伏	中性岩	
195	δ49	科特勒乌苏东中性岩体	20.94	中等—较强正异常	地表为第四系洪积物覆盖，对应1∶20万剩余重力高异常	隐伏	中性岩	
196	δ50	大水沟西中性岩体1	2.23	局部正异常	地表出露寒武系香毛山组	隐伏	中性岩	
197	δ51	大水沟西中性岩体2	1.32	局部正异常	地表出露寒武系香毛山组	隐伏	中性岩	
198	δ52	大水沟东中性岩体1	0.37	局部正异常	地表出露寒武系香毛山组	隐伏	中性岩	
199	δ53	大水沟东中性岩体2	0.65	局部正异常	地表出露寒武系香毛山组	隐伏	中性岩	
200	δ54	大水沟东中性岩体3	2.71	局部正异常	地表出露寒武系香毛山组，对应1∶20万剩余重力高异常	隐伏	中性岩	

续表

序号	岩体编号	名称（位置）	规模 km^2	ΔT 磁场特征	地质概况	出露情况	推断岩性	备注
201	δ55	大水沟东中性岩体 4	1.58	中等—较强正异常	地表出露寒武系香毛山组，对应 1：20 万剩余重力高异常	隐伏	中性岩	
202	δ56	红崖沟东中性岩体	1.94	局部正异常	地表为第四系洪积物覆盖	隐伏	中性岩	
203	δ57	向阳煤矿北中性岩体	54.27	正磁背景场中叠加的宽缓正异常	地表为第四系洪积物覆盖	隐伏	中性岩	红柳沟东支沟铁矿点
204	δ58	赛马沟东中性岩体 1	13.93	正磁背景场中叠加的宽缓弱正异常	地表出露蓟县系花儿地组	隐伏	中性岩	赛马沟东铁矿点
205	δ59	赛马沟东中性岩体 2	1.99	局部强度较弱的正异常	地表为第四系洪积物覆盖	隐伏	中性岩	阿克塞哈萨克族自治县萨尔哈布塔拉铜矿点
206	δ60	柳城子东南中性岩体 1	0.95	低缓正异常	岩体位于敦煌岩群一岩组与达肯大坂岩群二岩组交界处	隐伏	中性岩	
207	δ61	柳城子东南中性岩体 2	1.66	低缓正异常	地表为第四系洪积物覆盖	隐伏	中性岩	
208	δ62	柳城子东南中性岩体 3	6.81	宽缓正异常	地表为第四系洪积物覆盖，1：20 万化探显示 Ni、Co、Cr 异常	隐伏	中性岩	
209	δ63	大鄂博图北中性岩体	17.28	正磁背景场中分布的宽缓正异常	地表为第四系洪积物覆盖	隐伏	中性岩	
210	δ64	博罗转井镇北中性岩体 1	1.22	正磁背景场中分布的局部正异常	地表为第四系洪积物覆盖	隐伏	中性岩	
211	δ65	博罗转井镇北中性岩体 2	1.67	正磁背景场中分布的局部正异常	地表为第四系洪积物覆盖	隐伏	中性岩	
212	δ66	博罗转井镇北中性岩体 3	29.15	正磁背景场中分布的中等—较强正异常	地表为第四系洪积物覆盖	隐伏	中性岩	
213	δ67	半戈洼北中性岩体	98.49	正磁背景场中分布的大规模中等—较强正异常	地表为第四系洪积物覆盖	隐伏	中性岩	
214	δ68	芦草湾北中性岩体	11.14	正磁背景场中分布的中等—较强正异常	地表为第四系洪积物覆盖	隐伏	中性岩	东部为尕山金铜矿点
215	δ69	芦草湾东中性岩体	5.67	正磁背景场中分布的中等—较强正异常	地表出露志留纪石英闪长岩	半隐伏	中性岩	西部为尕山金铜矿点

续表

序号	岩体编号	名称（位置）	规模 km^2	ΔT 磁场特征	地质概况	出露情况	推断岩性	备注
216	δ70	康沟东中性岩体	0.37	正负变化磁场中分布的局部正磁异常	地表出露蓟县系花儿地组	隐伏	中性岩	
217	δ71	康沟南中性岩体	4.71	正负变化磁场中分布的局部正磁异常	地表出露北大河岩群二岩组，对应1：20万剩余重力高异常	隐伏	中性岩	北部为马场北钡矿点
218	δ72	扎子湖北中性岩体1	4.03	正负变化磁场中分布的局部正磁异常	地表出露北大河岩群二岩组，对应1：20万剩余重力高异常	隐伏	中性岩	
219	δ73	扎子湖北中性岩体2	0.94	正负变化磁场中分布的局部正磁异常	地表出露蓟县系花儿地组，对应1：20万剩余重力高异常	隐伏	中性岩	
220	δ74	扎子湖北中性岩体3	1.57	正负变化磁场中分布的局部正磁异常	地表出露北大河岩群二岩组，对应1：20万剩余重力高异常	隐伏	中性岩	
221	δ75	南东草沟北中性岩体	1.46	低缓正异常	地表出露北大河岩群二岩组，对应1：20万剩余重力高异常区	隐伏	中性岩	
222	δ76	南东草沟东中性岩体1	5.47	局部正异常	地表出露志留纪闪长岩，对应1：20万剩余重力高异常区	出露	中性岩	别盖菱镁矿点
223	δ77	西东草沟东中性岩体2	3.93	中等—较强正异常	地表出露志留纪闪长岩，对应1：20万剩余重力高异常区	出露	中性岩	
224	δ78	白水泉南中性岩体	7.29	低缓正异常	地表出露古近系白杨河组	隐伏	中性岩	
225	δ79	羊门沟北中性岩体	0.33	低缓正异常	地表为第四系洪积物覆盖	隐伏	中性岩	
226	δ80	小红泉北中性岩体1	0.62	低缓正异常	地表出露蓟县系花儿地组	隐伏	中性岩	
227	δ81	小红泉北中性岩体2	1.69	局部正异常	地表出露奥陶纪闪长岩	出露	中性岩	
228	δ82	小红泉北中性岩体3	1.63	中等—较强正异常	地表出露奥陶纪闪长岩	出露	中性岩	
229	δ83	小红泉东中性岩体1	0.9	局部正异常	地表出露蓟县系花儿地组	隐伏	中性岩	
230	δ84	小红泉东中性岩体2	2.07	局部正异常	地表出露蓟县系花儿地组	隐伏	中性岩	
231	δ85	小红泉东中性岩体3	0.63	局部正异常	地表出露奥陶纪闪长岩	出露	中性岩	
232	δ86	小红泉东中性岩体4	4.62	局部正异常	地表出露敦煌岩群二岩组	隐伏	中性岩	
233	δ87	野人布拉格北中性岩体1	0.34	局部正异常	地表为第四系洪积物覆盖	隐伏	中性岩	
234	δ88	野人布拉格北中性岩体2	1.95	中等—较强正异常	地表出露奥陶纪石英闪长岩	出露	中性岩	
235	δ89	野人布拉格北中性岩体3	1.47	较强正异常	地表出露奥陶纪石英闪长岩	出露	中性岩	

续表

序号	岩体编号	名称（位置）	规模 km²	ΔT 磁场特征	地质概况	出露情况	推断岩性	备注
236	δ90	野人布拉格北中性岩体 4	1.15	强磁异常	地表出露奥陶纪石英闪长岩	半隐伏	中性岩	
237	δ91	和平乡西中性岩体	10.36	正磁背景场中分布的宽缓正异常	地表为第四系洪积物覆盖	隐伏	中性岩	
238	δ92	安南坝南基性岩体 1	0.26	低缓正异常	岩体位于古元古界达肯大坂岩群内，对应 1：20 万剩余重力高异常区	隐伏	中性岩	
239	δ93	安南坝南基性岩体 2	0.37	低缓正异常	岩体位于古元古界达肯大坂岩群内，对应 1：20 万剩余重力高异常区	隐伏	中性岩	
240	δ94	安南坝南基性岩体 3	0.1	低缓正异常	岩体位于古元古界达肯大坂岩群内	隐伏	中性岩	
241	δ95	安南坝南基性岩体 4	58.28	中等—较强正异常	地表为第四系洪积物覆盖，出露侏罗纪英云闪长岩，对应 1：20 万剩余重力高异常区	半隐伏	中性岩	
242	δ96	安南坝南基性岩体 5	0.35	低缓正异常	地表出露志留纪闪长岩，对应 1：20 万剩余重力高异常区	出露	中性岩	
243	δ97	安南坝南基性岩体 6	1.95	中等—较强正异常	地表出露志留纪闪长岩，对应 1：20 万剩余重力高异常区	半隐伏	中性岩	
244	δ98	安南坝南基性岩体 7	2.12	局部正异常	地表为第四系洪积物覆盖	隐伏	中性岩	
245	δ99	安南坝南基性岩体 8	1.29	局部正异常	地表为第四系洪积物覆盖	隐伏	中性岩	
246	δ100	阿得扎果塞鲁他鲁源泉南中性岩体 1	0.15	低缓正异常	地表出露达肯大坂岩群二岩组，对应 1：20 万剩余重力高异常区	隐伏	中性岩	
247	δ101	阿得扎果塞鲁他鲁源泉南中性岩体 2	0.08	低缓正异常	地表出露达肯大坂岩群二岩组，对应 1：20 万剩余重力高异常区	隐伏	中性岩	一步沟铁矿点
248	δ102	阿得扎果塞鲁他鲁源泉南中性岩体 3	0.3	低缓正异常	地表出露达肯大坂岩群二岩组，对应 1：20 万剩余重力高异常区	隐伏	中性岩	
249	δ103	阿得扎果塞鲁他鲁源泉南中性岩体 4	0.91	低缓正异常	地表为第四系洪积物覆盖，对应 1：20 万剩余重力高异常区	隐伏	中性岩	
250	δ104	阿得扎果塞鲁他鲁源泉南中性岩体 5	0.4	低缓正异常	地表出露达肯大坂岩群二岩组，对应 1：20 万剩余重力高异常区	隐伏	中性岩	
251	δ105	阿得扎果塞鲁他鲁源泉南中性岩体 6	0.74	低缓正异常	地表为第四系洪冲积物覆盖，对应 1：20 万剩余重力高异常区	隐伏	中性岩	
252	δ106	阿得扎果塞鲁他鲁源泉南中性岩体 7	2.12	低缓正异常	地表为第四系洪冲积物覆盖，对应 1：20 万剩余重力高异常区	隐伏	中性岩	

续表

序号	岩体编号	名称（位置）	规模 km^2	ΔT 磁场特征	地质概况	出露情况	推断岩性	备注
253	δ107	阿得扎果塞鲁他鲁源泉南中性岩体 8	1.3	低缓正异常	地表为第四系洪冲积物覆盖，对应 1∶20 万剩余重力高异常区	隐伏	中性岩	
254	δ108	阿得扎果塞鲁他鲁源泉南中性岩体 9	3.34	局部正异常	地表为第四系洪冲积物覆盖，对应 1∶20 万剩余重力高异常区	隐伏	中性岩	
255	δ109	化石沟中酸性岩体 1	13.66	局部正异常	地表出露化石沟二叠纪闪长岩，对应 1∶20 万剩余重力高异常区	半隐伏	中性岩	西部为化石沟铜矿床
256	δ110	化石沟中酸性岩体 2	1.34	中等—较强正异常	地表为第四系洪冲积物覆盖	隐伏	中性岩	
257	δ111	托腊依格大坂东中性岩体	8.66	局部正异常	岩体位于第四系洪冲积物覆盖区内，北部分布北大河岩群三岩组	隐伏	中性岩	
258	δ112	小苏干湖西北中性岩体	6.2	低缓正异常	地表为第四系洪积物覆盖	隐伏	中性岩	
259	δ113	当金山口中性岩体	8.24	局部正异常	地表出露奥陶系吾力沟群，1∶20 万化探显示 Ni、Co、Cr 异常	隐伏	中性岩	存在铜矿点
260	δ114	小苏干湖北中性岩体	11.23	局部正异常	地表为第四系洪积物覆盖	隐伏	中性岩	
261	δ115	苏干湖北中性岩体 1	0.25	低缓正异常	地表为第四系洪积物覆盖，对应 1∶20 万剩余重力高异常区	隐伏	中性岩	
262	δ116	苏干湖北中性岩体 2	0.93	低缓正异常	地表为第四系洪积物覆盖，对应 1∶20 万剩余重力高异常区	隐伏	中性岩	
263	δ117	苏干湖北中性岩体 3	0.37	低缓正异常	地表为第四系洪积物覆盖，对应 1∶20 万剩余重力高异常区	隐伏	中性岩	
264	δ118	苏干湖北中性岩体 4	0.37	低缓正异常	地表出露托赖岩群下岩组，对应 1∶20 万剩余重力高异常区	隐伏	中性岩	
265	δ119	苏干湖东中性岩体 1	1.25	低缓正异常	地表为第四系沼泽—化学沉积物覆盖，对应 1∶20 万剩余重力高异常区	隐伏	中性岩	
266	δ120	苏干湖东中性岩体 2	1.75	低缓正异常	地表为第四系沼泽—化学沉积物覆盖	隐伏	中性岩	苏干湖钾盐矿点
267	δ121	苏干湖东中性岩体 3	9.14	低缓正异常	地表为第四系沼泽—化学沉积物覆盖	隐伏	中性岩	
268	δ122	苏干湖东南中性岩体 1	5.85	低缓正异常	地表出露新近系疏勒河组，对应 1∶20 万剩余重力高异常区	隐伏	中性岩	苏干湖钾盐矿点
269	δ123	苏干湖东南中性岩体 2	18.82	低缓正异常	地表为第四系沼泽—化学沉积物覆盖	隐伏	中性岩	苏干湖钾盐矿点
270	δ124	小苏干湖东中性岩体 1	52.21	局部正异常	地表为第四系洪积物覆盖，对应 1∶20 万剩余重力高异常区	隐伏	中性岩	
271	δ125	小苏干湖东中性岩体 2	0.86	局部正异常	地表为第四系洪积物覆盖，对应 1∶20 万剩余重力高异常区	隐伏	中性岩	
272	δ126	小苏干湖东中性岩体 3	23.99	局部正异常	地表为第四系洪积物覆盖，对应 1∶20 万剩余重力高异常区	隐伏	中性岩	
273	δ127	大哈勒河中性岩体	9.34	局部正异常	地表为第四系洪积物覆盖，对应 1∶20 万剩余重力高异常区	隐伏	中性岩	
274	δ128	德宗马海湖东北中性岩体 1	1.91	低缓正异常	地表为第四系风积物覆盖	隐伏	中性岩	

续表

序号	岩体编号	名称（位置）	规模 km^2	ΔT 磁场特征	地质概况	出露情况	推断岩性	备注
275	δ129	德宗马海湖东北中性岩体 2	6.97	低缓正异常	地表为第四系风积物覆盖	隐伏	中性岩	
276	δ130	德宗马海湖东北中性岩体 3	21.9	低缓正异常	地表为第四系风积物覆盖	隐伏	中性岩	
277	ζ1	崔木土正长岩体 1	1.64	低缓正异常	地表出露敦煌岩群三岩组	隐伏	正长岩	
278	ζ2	崔木土正长岩体 2	3.47	低缓正异常	地表出露二叠纪正长花岗岩	出露	正长岩	
279	ζ3	崔木土正长岩体 3	0.8	低缓正异常	地表为第四系洪积物覆盖，北部出露正长花岗岩岩体	半隐伏	正长岩	
280	ζ4	崔木土正长岩体 4	3.14	局部正异常	岩体位于敦煌岩群三岩组内，局部出露二叠纪正长花岗岩	半隐伏	正长岩	
281	ζ5	崔木土正长岩体 5	2.46	低缓正异常	岩体位于敦煌岩群三岩组内，局部出露二叠纪正长花岗岩	半隐伏	正长岩	
282	ζ6	崔木土正长岩体 6	5.47	低缓正异常	岩体位于敦煌岩群三岩组内，局部出露二叠纪正长花岗岩	半隐伏	正长岩	
283	ζ7	崔木土正长岩体 7	0.43	低缓正异常	地表出露二叠纪正长花岗岩	出露	正长岩	
284	ζ8	三个泉钾长花岗岩-石英正长岩体	6.75	中等—较强正异常	北部出露寒武系黑茨沟组，南部出露石炭纪钾长花岗岩—石英正长岩	半隐伏	正长岩	尕秀铜矿点、三个泉铅矿点
285	ζ9	大牛沟西正长岩体	6.19	低缓正异常	岩体位于党河南山花岗岩带北侧，分布泥盆纪正长花岗岩	半隐伏	正长岩	
286	ζ10	熬油沟西岔北正长岩体	22.15	局部正异常	岩体位于党河南山花岗岩带北侧，分布泥盆纪正长花岗岩	半隐伏	正长岩	白石头钨矿
287	ζ11	敖包沟西岔东正长岩体	0.53	低缓负异常	岩体位于党河南山花岗岩带北侧，分布泥盆纪正长花岗岩，岩体隐伏于第四系覆盖区下	隐伏	正长岩	
288	ζ12	古勒布达乌西北正长岩体	1.68	中等—较强负异常，化极带状正磁异常	岩体位于古元古界北大河岩群三岩组，对应 1∶20 万剩余重力高异常区	隐伏	正长岩	为测区东边界，不完整
289	ζ13	野马河南角闪正长岩-石英闪长岩体	24.85	正负伴生强磁异常	地表出露奥陶纪闪长岩和石英闪长岩，对应 1∶20 万剩余重力高异常区，1∶20 万化探显示 Sr、La 异常	隐伏	正长岩	为测区东边界，不完整
290	ζ14	阿尔金山正长岩体 1	24.79	局部正异常	岩体位于长城系熬油沟组地层区内，对应 1∶20 万剩余重力高异常区	隐伏	正长岩	
291	ζ15	阿尔金山正长岩体 2	5.21	中等—较强正异常	岩体位于长城系熬油沟组内，地表出露白垩纪正长花岗岩，对应 1∶20 万剩余重力高异常区	半隐伏	正长岩	
292	ζ16	阿尔金山正长岩体 3	4.27	中等—较强正异常	岩体位于长城系熬油沟组内，地表出露白垩纪正长花岗岩，对应 1∶20 万剩余重力高异常区	半隐伏	正长岩	
293	ζ17	阿尔金山正长岩体 4	3.25	中等—较强正异常	岩体位于长城系熬油沟组内，对应 1∶20 万剩余重力高异常区	隐伏	正长岩	

续表

序号	岩体编号	名称（位置）	规模 km^2	ΔT 磁场特征	地质概况	出露情况	推断岩性	备注
294	$\zeta18$	阿尔金山正长岩体 5	12.37	中等—较强正异常	地表出露白垩纪正长花岗岩，对应 1：20 万剩余重力高异常区	出露	正长岩	存在铜矿点
295	$\zeta19$	阿尔金山正长岩体 6	9.68	中等—较强正异常	地表出露白垩纪正长花岗岩，对应 1：20 万剩余重力高异常区	出露	正长岩	
296	$\zeta20$	阿尔金山正长岩体 7	0.94	中等—较强正异常	岩体位于长城系熬油沟组内，地表出露白垩纪正长花岗岩，对应 1：20 万剩余重力高异常区，1：20 万化探显示 La 异常	半隐伏	正长岩	
297	$\zeta21$	阿尔金山正长岩体 8	2.53	局部正异常	岩体位于长城系熬油沟组内，地表出露白垩纪正长花岗岩，对应 1：20 万剩余重力高异常区，1：20 万化探显示 La 异常	半隐伏	正长岩	
298	$\zeta22$	当金山正长岩体 1	1.12	局部正异常	地表出露志留纪二长花岗岩，对应 1：20 万剩余重力高异常区	隐伏	正长岩	
299	$\zeta23$	土尔根达坂正长岩体 1	15.47	局部低缓正异常	地表为第四系风积物覆盖	隐伏	正长岩	
300	$\zeta24$	土尔根达坂正长岩体 2	30.66	局部正异常	第四系覆盖区，东南部出露早二叠世灰红色似斑状—斑杂状石英正长岩	半隐伏	正长岩	
301	$\gamma\delta1$	小红山中酸性岩体	4.33	低缓正异常	地表出露石炭纪英云闪长岩，对应 1：20 万剩余重力低异常区	半隐伏	中酸性岩	
302	$\gamma\delta2$	小红山东南中酸性岩体 1	9.02	低缓正异常	地表为第四系洪积物覆盖，对应 1：20 万剩余重力低异常区	隐伏	中酸性岩	
303	$\gamma\delta3$	小红山东南中酸性岩体 2	0.79	低缓正异常	地表为第四系洪积物覆盖，对应 1：20 万剩余重力低异常区	隐伏	中酸性岩	
304	$\gamma\delta4$	小红山南中酸性岩体 1	2.07	低缓正异常	地表为第四系洪积物覆盖	隐伏	中酸性岩	
305	$\gamma\delta5$	小红山南中酸性岩体 2	2.64	低缓正异常	地表为第四系洪积物覆盖	隐伏	中酸性岩	
306	$\gamma\delta6$	小红山南中酸性岩体 3	0.37	低缓正异常	地表为第四系洪积物覆盖	隐伏	中酸性岩	
307	$\gamma\delta7$	小红山南中酸性岩体 4	2.35	低缓正异常	地表为第四系洪积物覆盖	隐伏	中酸性岩	
308	$\gamma\delta8$	大红山东中酸性岩体 1	0.91	低缓正异常	地表为第四系洪积物覆盖	隐伏	中酸性岩	
309	$\gamma\delta9$	大红山东中酸性岩体 2	0.72	低缓正异常	地表为第四系洪积物覆盖	隐伏	中酸性岩	
310	$\gamma\delta10$	大红山东中酸性岩体 3	3.37	低缓正异常	地表为第四系洪积物覆盖	隐伏	中酸性岩	
311	$\gamma\delta11$	大红山东中酸性岩体 4	3.41	低缓正异常	地表为第四系洪积物覆盖	隐伏	中酸性岩	
312	$\gamma\delta12$	青石沟中酸性岩体	0.77	低缓正异常	岩体位于敦煌岩群二岩组内	隐伏	中酸性岩	
313	$\gamma\delta13$	青石沟东中酸性岩体	2.98	低缓正异常	岩体位于敦煌岩群二岩组内	隐伏	中酸性岩	
314	$\gamma\delta14$	别盖乡中酸性岩体	7.33	中等—较强正异常	地表为第四系洪积物覆盖	隐伏	中酸性岩	
315	$\gamma\delta15$	东山中酸性岩体	16.34	中等—较强正异常	地表出露志留纪斜长花岗岩	隐伏	中酸性岩	

续表

序号	岩体编号	名称（位置）	规模 km^2	ΔT磁场特征	地质概况	出露情况	推断岩性	备注
316	γδ16	付家沟北中酸性岩体	2.17	中等—较强正异常	岩体位于第四系玉门组内	隐伏	中酸性岩	东部为康沟南镍矿点
317	γδ17	付家沟东中酸性岩体	0.22	局部正异常	地表出露志留纪英云闪长岩	半隐伏	中酸性岩	东部为康沟南镍矿点
318	γδ18	大别盖东南中酸性岩体	5.18	低缓正异常	岩体位于北大河岩群二岩组分布区	隐伏	中酸性岩	
319	γδ19	冬草沟南中酸性岩体	5.52	低缓正异常	地表出露志留纪花岗闪长岩体	出露	中酸性岩	
320	γδ20	西东草沟南中酸性岩体	2.22	低缓正异常	岩体位于野马南山北大河岩群二岩组分布区内	隐伏	中酸性岩	
321	γδ21	南东草沟西中酸性岩体	1.34	低缓正异常	岩体位于野马南山北大河岩群二岩组分布区内，出露志留纪花岗闪长岩	半隐伏	中酸性岩	
322	γδ22	南东草沟中酸性岩体	0.33	低缓正异常	岩体位于野马南山北大河岩群二岩组分布区内	隐伏	中酸性岩	
323	γδ23	安南坝西南中酸性岩体	13.44	局部正异常	岩体位于达肯大坂岩群一岩组内	隐伏	中酸性岩	
324	γδ24	党河南山中酸性岩体	404.5	北西西向强磁异常带	出露志留纪花岗闪长岩，对应1：20万剩余重力低异常带	出露	中酸性岩	包含大量铜、铅、金矿点
325	γδ25	白石头沟北中酸性岩体	1.3	低缓正异常	地表为第四系水系堆积物覆盖	隐伏	中酸性岩	
326	γδ26	白石头沟东中酸性岩体1	0.93	低缓正异常	地表为第四系水系堆积物覆盖	隐伏	中酸性岩	
327	γδ27	白石头沟东中酸性岩体2	23.35	低缓正异常	地表为第四系洪积物覆盖	隐伏	中酸性岩	
328	γδ28	野马南山中酸性岩体	4.81	低缓正异常	地表出露野马南山志留纪花岗闪长岩，对应1：20万剩余重力高异常区	出露	中酸性岩	
329	γδ29	野人达坂中酸性岩体	17.52	低缓正异常	出露野人达坂志留纪花岗闪长岩岩体	半隐伏	中酸性岩	
330	γδ30	独山子中酸性岩体	81.62	较强正异常	地表部分为第四系洪积物覆盖，局部出露独山子中细粒石英闪长岩，1：20万化探显示Ni、Co、Cr异常	半隐伏	中酸性岩	为测区东部边界，不完整，野人沟铬铁矿点，大道尔基铬铁矿
331	γδ31	扎子沟东中酸性岩体1	1.41	低缓正异常	岩体位于奥陶系吾力沟群内	隐伏	中酸性岩	
332	γδ32	扎子沟东中酸性岩体2	1.42	低缓正异常	岩体位于奥陶系吾力沟群内	隐伏	中酸性岩	
333	γδ33	扎子沟东中酸性岩体3	1.26	低缓正异常	岩体位于奥陶系吾力沟群内	隐伏	中酸性岩	
334	γδ34	平草湖南中酸性岩体1	11.2	局部正异常	岩体位于奥陶系吾力沟群内，地表出露党河南山志留纪花岗闪长岩	半隐伏	中酸性岩	

续表

序号	岩体编号	名称（位置）	规模 km^2	ΔT 磁场特征	地质概况	出露情况	推断岩性	备注
335	$\gamma\delta$35	平草湖南中酸性岩体 2	58.64	局部正异常	岩体位于奥陶系吾力沟群内，地表出露党河南山志留纪花岗闪长岩	半隐伏	中酸性岩	半截沟铜矿化点，钓鱼钩铜矿化点
336	$\gamma\delta$36	平草湖南中酸性岩体 3	0.61	局部正异常	岩体位于奥陶系吾力沟群内，地表出露党河南山志留纪花岗闪长岩	半出露	中酸性岩	
337	$\gamma\delta$37	蓝泉中酸性岩体	6.64	局部正异常	地表为第四系洪积物覆盖，对应 1：20 万剩余重力高异常区	隐伏	中酸性岩	
338	$\gamma\delta$38	大泉西中酸性岩体	2.28	低缓正异常	地表为第四系洪积物覆盖	隐伏	中酸性岩	
339	$\gamma\delta$39	小红沟西南中酸性岩体	9	局部正异常	岩体位于奥陶系吾力沟群内	隐伏	中酸性岩	
340	$\gamma\delta$40	大库来木西南中酸性岩体	0.27	低缓弱正异常	岩体位于志留系巴龙贡噶尔组内	隐伏	中酸性岩	
341	$\gamma\delta$41	大库来木东南中酸性岩体	0.72	低缓正异常	岩体位于志留系巴龙贡噶尔组内	隐伏	中酸性岩	
342	$\gamma\delta$42	月牙山中酸性岩体	118.29	局部正异常	部分地表为第四系洪积物覆盖，出露月牙山志留纪英云闪长岩	隐伏	中酸性岩	
343	$\gamma\delta$43	月牙山西中酸性岩体	12.64	局部正异常	岩体位于志留系巴龙贡噶尔组内，与地表志留纪英云花岗闪长岩岩株对应，对应 1：20 万剩余重力低异常	半隐伏	中酸性岩	
344	$\gamma\delta$44	月牙山南中酸性岩体 1	14.54	低缓正异常	地表为第四系洪积物覆盖	隐伏	中酸性岩	
345	$\gamma\delta$45	月牙山南中酸性岩体 2	14.24	低缓正异常	地表为第四系洪积物覆盖	隐伏	中酸性岩	
346	$\gamma\delta$46	月牙山南中酸性岩体 3	99.3	低缓正异常	地表为第四系洪积物覆盖	隐伏	中酸性岩	
347	$\gamma\delta$47	月牙山南中酸性岩体 4	5.26	低缓正异常	地表为第四系洪积物覆盖	隐伏	中酸性岩	
348	$\gamma\delta$48	月牙山南中酸性岩体 5	2.74	低缓正异常	地表为第四系洪积物覆盖	隐伏	中酸性岩	
349	$\gamma\delta$49	月牙山南中酸性岩体 6	2.61	低缓正异常	地表为第四系洪积物覆盖	隐伏	中酸性岩	
350	$\gamma\delta$50	小哈勒滕口子东中酸性岩体 1	3.81	局部低缓正异常	地表为第四系冲积物覆盖，东部出露晚泥盆世灰色中细粒黑云母花岗闪长岩	半隐伏	中酸性岩	
351	$\gamma\delta$51	小哈勒滕口子南中酸性岩体 1	4.23	局部低缓正异常	地表为第四系洪积物覆盖	隐伏	中酸性岩	
352	$\gamma\delta$52	小哈勒滕口子南中酸性岩体 2	37.56	局部低缓正异常	地表出露二叠系巴音河群鞘门沟组—草地沟组	隐伏	中酸性岩	为测区南边界，不完整
353	$\gamma\delta$53	小哈勒滕口子东北中酸性岩体	15.46	局部正异常	地表出露晚泥盆世灰色中细粒黑云母花岗闪长岩，北部出露晚泥盆世肉红色中粒黑云母二长花岗岩	出露	中酸性岩	

续表

序号	岩体编号	名称（位置）	规模 km^2	ΔT 磁场特征	地质概况	出露情况	推断岩性	备注
354	γδ54	小哈勒滕口子东中酸性岩体 2	1.37	局部低缓正异常	地表出露晚泥盆世灰色中细粒黑云母花岗闪长岩，中部出露花岗斑岩岩脉	出露	中酸性岩	
355	γδ55	小哈勒滕口子南南东 8km 中酸性岩体	12.53	局部低缓正异常	第四系覆盖区	隐伏	中酸性岩	
356	γδ56	小哈勒滕口子东南中酸性岩体	48.87	局部正异常	地表出露晚泥盆世灰色中细粒黑云母花岗闪长岩	半隐伏	中酸性岩	
357	γδ57	克泽勒塔斯苏东南中酸性岩体	8.97	局部正异常	地表出露晚泥盆世灰色中细粒黑云母花岗闪长岩	出露	中酸性岩	为测区东边界，不完整
358	ηγ1	八龙沟二长花岗岩体 1	0.07	低缓负异常	地表为第四系风积物覆盖	隐伏	酸性岩	
359	ηγ2	八龙沟二长花岗岩体 2	0.22	低缓正异常	地表为第四系风积物覆盖	隐伏	酸性岩	
360	ηγ3	八龙沟二长花岗岩体 3	0.13	低缓正异常	地表为第四系风积物覆盖	隐伏	酸性岩	
361	ηγ4	八龙沟二长花岗岩体 4	0.15	低缓负异常	地表为第四系风积物覆盖	隐伏	酸性岩	
362	ηγ5	八龙沟二长花岗岩体 5	0.57	低缓正异常	岩体位于敦煌岩群三岩组内	隐伏	酸性岩	
363	ηγ6	八龙沟二长花岗岩体 6	11.26	低缓正异常	出露敦煌岩群三岩组、二叠纪二长花岗岩	半隐伏	酸性岩	八龙沟铌钽矿点
364	ηγ7	八龙沟二长花岗岩体 7	0.41	低缓正异常	岩体位于敦煌岩群三岩组分布区	隐伏	酸性岩	
365	ηγ8	八龙沟二长花岗岩体 8	0.1	低缓正异常	地表为第四系风积物覆盖	隐伏	酸性岩	
366	ηγ9	八龙沟二长花岗岩体 9	0.08	低缓正异常	岩体位于敦煌岩群三岩组内，东部分布二叠纪二长花岗岩	半隐伏	酸性岩	
367	ηγ10	八龙沟二长花岗岩体 10	0.4	低缓负异常	岩体位于敦煌岩群三岩组内	隐伏	酸性岩	
368	ηγ11	八龙沟二长花岗岩体 11	0.09	低缓负异常	岩体位于敦煌岩群三岩组内	隐伏	酸性岩	
369	ηγ12	八龙沟二长花岗岩体 12	0.34	低缓正异常	地表为第四系风积物覆盖	隐伏	酸性岩	
370	ηγ13	八龙沟二长花岗岩体 13	0.25	低缓正异常	岩体位于敦煌岩群三岩组内	隐伏	酸性岩	
371	ηγ14	八龙沟二长花岗岩体 14	0.09	低缓负异常	岩体位于敦煌岩群三岩组内	隐伏	酸性岩	
372	ηγ15	多坝沟西酸性岩体 1	5.64	低缓正异常	岩体位于敦煌岩群三岩组分布区	隐伏	酸性岩	
373	ηγ16	多坝沟西酸性岩体 2	4.26	低缓正异常	岩体位于敦煌岩群三岩组内，东部出露多坝沟二叠纪二长花岗岩岩体	隐伏	酸性岩	
374	ηγ17	多坝沟东酸性岩体 1	5.9	低缓正异常	岩体位于多坝沟二长花岗岩岩体北部敦煌岩群三岩组内	隐伏	酸性岩	

续表

序号	岩体编号	名称（位置）	规模 km^2	ΔT 磁场特征	地质概况	出露情况	推断岩性	备注
375	$\eta\gamma 18$	多坝沟东酸性岩体 2	6. 71	低缓正异常	岩体位于多坝沟二长花岗岩岩体南部第四系风积物覆盖区内，剩余重力低异常区内	隐伏	酸性岩	
376	$\eta\gamma 19$	海子湾西酸性岩体	30. 67	中等—较强正异常至较强异常	对应崔木土黑云母花岗岩钾长花岗岩	半隐伏	酸性岩	
377	$\eta\gamma 20$	海子湾北酸性岩体	0. 24	低缓正异常	对应崔木土黑云母花岗岩钾长花岗岩	隐伏	酸性岩	
378	$\eta\gamma 21$	大红山北酸性岩体	103. 7	低缓负异常—低缓正异常	地表为第四系洪积物覆盖，部分出露二叠纪黑云母花岗岩	半隐伏	酸性岩	大红山铌钽矿化点
379	$\eta\gamma 22$	大红山西酸性岩体	5. 12	较强正异常	三叠纪二长花岗岩出露区	出露	酸性岩	
380	$\eta\gamma 23$	大红山酸性岩体	0. 78	局部正异常	地表出露二叠纪黑云母花岗岩	出露	酸性岩	
381	$\eta\gamma 24$	敖包沟西岔酸性岩体	3. 44	局部正异常	地表为第四系水系堆积物覆盖，对应 1：20 万剩余重力低异常区	隐伏	酸性岩	
382	$\eta\gamma 25$	白石头沟西酸性岩体	1. 12	低缓正异常	岩体位于北大河岩群三岩组内，部分出露泥盆纪二长花岗岩，对应 1：20 万剩余重力低异常区	半隐伏	酸性岩	
383	$\eta\gamma 26$	白石头沟酸性岩体	1. 05	低缓负异常	地表为第四系水系堆积物覆盖，对应 1：20 万剩余重力低异常区	隐伏	酸性岩	
384	$\eta\gamma 27$	托腊依格大坂南酸性岩体	4. 41	低缓正异常	出露二叠纪黑云母花岗岩，对应 1：20 万剩余重力低异常区	出露	酸性岩	
385	SK1	芦草沟东北矽卡岩化变质岩 1	0. 45	局部低缓正异常	地表出露古元古界—新太古界敦煌岩群三岩组，对应 1：20 万布格重力异常梯度带		矽卡岩	
386	SK2	芦草沟东北矽矽卡岩化变质岩 2	0. 26	局部正异常	地表出露古元古界—新太古界敦煌岩群二岩组，对应 1：20 万布格重力异常梯度带		矽卡岩	
387	SK3	芦草沟东北矽卡岩化变质岩 3	0. 83	局部低缓正异常	地表出露古元古界—新太古界敦煌岩群二岩组，对应 1：20 万布格重力异常梯度带		矽卡岩	
388	SK4	芦草沟东北矽卡岩化变质岩 4	0. 22	局部低缓正异常	地表出露古元古界—新太古界敦煌岩群二岩组，对应 1：20 万布格重力异常梯度带		矽卡岩	
389	SK5	芦草沟东北矽卡岩化变质岩 5	0. 82	局部低缓正异常	地表出露古元古界—新太古界敦煌岩群二岩组，对应 1：20 万布格重力异常梯度带		矽卡岩	红柳峡铁矿点
390	SK6	掉石沟北矽卡岩化变质岩 1	0. 42	局部正异常	地表出露古元古界—新太古界敦煌岩群二岩组，对应 1：20 万布格重力异常梯度带		矽卡岩	南部为红柳沟磁铁矿

续表

序号	岩体编号	名称（位置）	规模 km²	ΔT 磁场特征	地质概况	出露情况	推断岩性	备注
391	SK7	掉石沟北矽卡岩化变质岩2	0.12	局部低缓正异常	地表出露古元古界—新太古界敦煌岩群二岩组，对应1∶20万布格重力异常梯度带		矽卡岩	南部为红柳沟磁铁矿
392	SK8	掉石沟北矽卡岩化变质岩3	0.84	局部正异常	地表出露古元古界—新太古界敦煌岩群二岩组，对应1∶20万布格重力异常梯度带		矽卡岩	南部为红柳沟磁铁矿
393	SK9	掉石沟北矽卡岩化变质岩4	1.22	局部正异常	地表出露古元古界—新太古界敦煌岩群二岩组，对应1∶20万布格重力异常梯度带		矽卡岩	
394	SK10	掉石沟北矽卡岩化变质岩5	0.22	局部正异常	地表出露古元古界—新太古界敦煌岩群二岩组，对应1∶20万布格重力异常梯度带		矽卡岩	
395	SK11	掉石沟矽卡岩化变质岩1	0.17	局部正异常	地表出露古元古界—新太古界敦煌岩群三岩组，对应1∶20万布格重力异常梯度带		矽卡岩	掉石沟铅锌矿
396	SK12	掉石沟矽卡岩化变质岩2	0.33	局部正异常	地表出露古元古界—新太古界敦煌岩群三岩组，对应1∶20万布格重力异常梯度带		矽卡岩	掉石沟铅锌矿
397	SK13	掉石沟矽卡岩化变质岩3	0.1	局部正异常	地表出露古元古界—新太古界敦煌岩群三岩组，对应1∶20万布格重力异常梯度带		矽卡岩	掉石沟铅锌矿
398	SK14	掉石沟北矽卡岩化变质岩6	0.57	局部中等—较强正异常	地表出露古元古界—新太古界敦煌岩群二岩组，对应1∶20万布格重力异常梯度带		矽卡岩	
399	SK15	科特勒乌苏西北矽卡化变质岩	0.7	局部低缓正异常	地表出露古元古界—新太古界敦煌岩群三岩组，对应1∶20万布格重力异常梯度带		矽卡岩	西南部为小必台南硫铁矿，东南部为土达坂铅矿
400	SK16	哈儿木格图东南矽卡化变质岩	2.26	局部正异常	地表出露古元古界—新太古界敦煌岩群二岩组，对应1∶20万布格重力异常梯度带		矽卡岩	

注：低幅值正异常：负值~100nT；中高正异常：100~300nT；中、高值正异常：300~800nT；高值正异常：800~2000nT；强磁异常：大于2000nT。

附表 2　敦煌—阿克塞地区航磁推断断裂构造特征简表

断裂编号	断裂走向	航磁特征	物、化、遥特征	地质构造意义	级别	测区内长度/km
F_1	北东东	不同特征磁场分界线，磁场梯度带	在遥感影像图上，为北东东向线性影像特征，断裂两侧的色调、纹理、地貌等特征差异明显。在布格重力异常图上，该断裂与布格重力异常梯度带的延伸方向一致，其北东侧是重力高异常带，南东侧是北西向分布的正负相间的重力异常带。DEM 数据高程图显示地势北低南高，断裂为笔直的沟谷和断陷盆地边缘。位于阿尔金山北麓，该断裂构成青藏高原与塔里木盆地的地貌分界。两侧地球化学场差异显著，化探铁族元素呈串珠状沿断裂分布，热液及多金属矿化指示元素在断裂南侧富集，北侧稀少	与地质上的阿尔金断裂基本重合，以该断裂为界，北部为塔里木板块的敦煌地块，南部为秦祁昆造山系的北祁连弧盆系、中南祁连弧盆系和全吉地块	深大断裂	290
F_2	北东东	不同特征磁场分界线，磁场梯度带	在遥感影像图上，具有线性影像特征，断裂两侧的色调、纹理、地貌等特征差异明显。在布格重力异常图上，该断裂与重力高异常梯度带北侧边缘延伸方向一致	与地质上的若羌-敦煌断裂（阿尔金北缘断裂）基本重合，控制着敦煌基底杂岩隆起带北东东向分布	大断裂	194
F_3	北东东	不同特征磁场分界线，磁场梯度带	在遥感影像图上，具有线性影像特征，断裂两侧的色调、纹理、地貌等特征差异明显。断裂北侧 Au、Sb、Cu、Pb、Bi、Ag 等多金属矿化及热液活动特征指示元素异常丰富	北祁连早古生代火山岩地层和中酸性侵入体和中南祁连元古宙基底隆起的地质分界线	大断裂	104
F_4	北西西转北东东	不同特征磁场分界线	在遥感影像图上，具有线性影像特征，断裂两侧的色调、纹理、地貌等特征差异明显。断裂南侧稀有放射性元素 La、Sr、Sn 和铁族元素 Cr、Ni、Co 等呈现强异常特征	与地质上的阿尔金山主峰北侧断层基本重合，整体呈舒缓波状弯曲，断层西段被大熊湖-萨果断层切截，断层两盘相对位移较大，两盘地层产状突变，破碎带较普遍且发育，沿断层有二叠纪二长花岗岩侵入	大断裂	92. 3
F_5	北西西	不同特征磁场分界线	在遥感影像图上，具有线性影像特征，断裂两侧的色调、纹理、地貌等特征差异明显。稀有放射性元素 La、Sr、Sn 和多金属矿化指示元素 Au、As、Sb、Bi、Cu、Pb、Zn 等在断裂南侧发育，特别是金异常规模大、强度高。1：20 万布格重力异常图上，断裂位于重力梯度带上	对党河南山志留纪花岗闪长岩岩体及早古生代火山岩控制作用明显	推断大断裂	103

续表

断裂编号	断裂走向	航磁特征	物、化、遥特征	地质构造意义	级别	测区内长度/km
F_6	北东东转北西	不同特征磁场分界线，磁场梯度带	在遥感影像图上，具有线性影像特征，断裂两侧的色调、纹理、地貌等特征差异明显。断裂北侧稀有放射性元素 La、Sr、Sn，多金属矿化指示元素 Au、As、Sb、Bi、Cu、Pb、Zn 和铁族元素 Cr、Ni、Co 等呈现强异常特征。1∶20 万布格重力异常图上，断裂位于重力梯度带上。DEM 高程影像表现为以深切沟谷为主和断陷盆地边缘	该断裂整体呈波状展布，横贯测区，与地质上的阿尔金山主峰南侧断裂基本重合，沿断裂北侧分布着党河南山-拉脊山蛇绿混杂岩带，对古生代陆内裂谷中的地层和岩体的分布控制作用明显	大断裂	239
F_7	北西转北北西	不同特征磁场分界线	该断裂与重力异常梯度带的延伸方向一致，其北西侧是重力高异常带，遥感影像图上显示为地貌单元分界线	是全吉地块和中南祁连地块的分界线	推断大断裂	86
F_8	北东	不同特征磁场分界线，磁场梯度带		对隐伏岩体控制作用明显	一般推断断裂	45
F_9	北西	磁场梯度带		对隐伏岩体控制作用明显，错断 F_8 断裂	一般推断断裂	13
F_{10}	北东东	不同特征磁场分界线，磁场梯度带		对隐伏岩体和敦煌岩群的出露有一定控制作用	一般推断断裂	116
F_{11}	东西	磁场梯度带		对隐伏岩体有一定控制作用	一般推断断裂	36
F_{12}	北北西	线性异常，磁场梯度带		对隐伏岩体有一定控制作用	一般推断断裂	29
F_{13}	北北西	磁场梯度带		对隐伏岩体有一定控制作用	一般推断断裂	28
F_{14}	北西	不同特征磁场分界线，磁场梯度带		对隐伏岩体有一定控制作用	一般推断断裂	42
F_{15}	北东东	磁场梯度带		对隐伏岩体有一定控制作用	一般推断断裂	84
F_{16}	北西	磁场梯度带		对小红山岩体和八龙沟二长花岗岩有控制作用，对小红山出露岩体和隐伏岩体形成的环形磁异常有明显的破坏作用	一般推断断裂	44
F_{17}	北东	不同特征磁场分界线，磁场梯度带	布格重力异常图上，显示重力梯度带位置	对隐伏岩体有一定控制作用	一般推断断裂	42
F_{18}	北西西	磁场梯度带和串珠状异常长轴方向的定向排列		对敦煌岩群和隐伏岩体控制作用明显	一般推断断裂	33

续表

断裂编号	断裂走向	航磁特征	物、化、遥特征	地质构造意义	级别	测区内长度/km
F_{19}	北东东	不同特征磁场分界线，磁场梯度带	在遥感影像图上，具有线性影像特征，断裂两侧的色调、纹理、地貌等特征差异明显	对敦煌岩群火山岩组、小多坝沟超基性岩体控制作用明显，断裂两侧地层、岩体被错断发生相对位移	一般断裂	58
F_{20}	北东	线性异常，磁场梯度带		对崔木土黑云母二长花岗岩岩体控制作用明显	一般断裂	20
F_{21}	北东东	串珠状异常，磁场梯度带		对洞子湾地区出露和隐伏的基性岩体有一定控制作用	一般推断断裂	30
F_{22}	北西西	磁场梯度带		控制隐伏基底变质地层敦煌岩群的分布	一般推断断裂	18
F_{23}	北东	磁场梯度带	1∶20万布格重力异常图上，北东向分布的重力梯度带上	控制隐伏基底变质地层敦煌岩群的分布	一般推断断裂	18
F_{24}	北西西	不同特征磁场分界线，磁场梯度带		控制隐伏基底变质地层敦煌岩群的分布	一般推断断裂	21
F_{25}	北东	串珠状异常，磁场梯度带		对崔木土闪长岩岩体控制作用明显	一般推断断裂	18
F_{26}	北北东	磁场梯度带		控制隐伏基底变质地层敦煌岩群的分布	一般推断断裂	17
F_{27}	北北东	磁场梯度带		控制隐伏基底变质地层敦煌岩群的分布	一般推断断裂	20
F_{28}	东西	不同特征磁场分界线，磁场梯度带	布格重力异常图上，显示重力梯度带位置	控制隐伏基底变质地层敦煌岩群的分布	一般推断断裂	30
F_{29}	东西	线性异常		控制隐伏基底变质地层敦煌岩群的分布	一般推断断裂	25
F_{30}	北西	磁场梯度带		控制隐伏基底变质地层敦煌岩群的分布	一般推断断裂	13
F_{31}	北东东	不同特征磁场分界线		控制隐伏基底变质地层敦煌岩群和隐伏岩体的分布	一般推断断裂	37
F_{32}	北东	串珠状异常，磁场梯度带		控制隐伏基底变质地层敦煌岩群和隐伏岩体的分布	一般推断断裂	21
F_{33}	北东东	线性异常		控制隐伏基底变质地层敦煌岩群和隐伏岩体的分布	一般推断断裂	19

续表

断裂编号	断裂走向	航磁特征	物、化、遥特征	地质构造意义	级别	测区内长度/km
F_{34}	北西西	不同特征磁场分界线，磁场梯度带	遥感线性影像和不同地貌单元分界线	控制出露基底变质地层敦煌岩群和岩体的分布	一般推断断裂	89
F_{35}	北东	不同特征磁场分界线，磁场梯度带	在遥感影像图上，具有线性影像特征，断裂两侧的色调、纹理、地貌等特征差异明显	控制出露基底变质地层敦煌岩群和岩体的分布	一般推断断裂	16
F_{36}	北东	不同特征磁场分界线，磁场梯度带	在遥感影像图上，具有线性影像特征，断裂两侧的色调、纹理、地貌等特征差异明显	对中元古代英云闪长岩及敦煌岩群的发育起到明显控制作用，断层两侧地质体发生了相对位移	一般断裂	13
F_{37}	北东	不同特征磁场分界线，磁场梯度带	地貌上为北东向平直沟谷，断层两侧地质体发生了相对位移	与地质上的石板墩斜冲断层基本重合，断层发育在敦煌岩群变质岩和中元古代英云闪长岩中	一般断裂	22
F_{38}	北西西	不同特征磁场分界线		对隐伏岩体有一定控制作用	一般推断断裂	21
F_{39}	北西西	线性异常，磁场梯度带		对隐伏岩体控制作用明显	一般推断断裂	49
F_{40}	北北西	磁场梯度带		对隐伏岩体有明显控制作用	一般推断断裂	20
F_{41}	北东东	线性异常，磁场梯度带		对隐伏岩体有明显控制作用	一般推断断裂	25
F_{42}	北东东	不同特征磁场分界线，磁场梯度带		对敦煌岩群的分布和隐伏岩体有一定控制作用	一般推断断裂	68
F_{43}	北东东转东西	线性异常，磁场梯度带	在遥感影像图上，具有线性影像特征，断裂两侧的色调、纹理、地貌等特征差异明显	断层西段与地质图上的老君堂压性断层基本重合，断层北盘为敦煌岩群三岩组，南盘为敦煌岩群四岩组；断层中段为第四系戈壁掩盖，东段与地质图上的东巴兔山北逆断层基本重合，沿断裂的附近有石炭纪花岗岩岩体的侵入	一般断裂	62
F_{44}	北西	串珠状异常、磁场梯度带		对敦煌岩群的分布有一定控制作用	一般推断断裂	8
F_{45}	北西	不同特征磁场分界线，磁场梯度带		对敦煌岩群的分布有一定控制作用	一般推断断裂	13

续表

断裂编号	断裂走向	航磁特征	物、化、遥特征	地质构造意义	级别	测区内长度/km
F_{46}	北东东	线性异常，磁场梯度带	遥感线性影像清晰	断裂西段与大水峡逆断层基本重合，断裂北盘为敦煌岩群二岩组和三岩组，南盘为敦煌岩群四岩组；断裂中段与东巴兔山西逆断层基本重合，发育在敦煌岩群三岩组中；东段与蘑菇台逆断层基本重合，断层发育于敦煌岩群二岩组，控制了大水峡铁矿异常的分布	一般断裂	58
F_{47}	东西	不同特征磁场分界线	遥感线性影像清晰	对隐伏岩体控制作用明显	一般推断断裂	28
F_{48}	北北东	磁场梯度带		对隐伏岩体有一定控制作用	一般推断断裂	17
F_{49}	北北东转北东	串珠状异常，磁场梯度带		对隐伏岩体有一定控制作用	一般推断断裂	18
F_{50}	北东东	磁场梯度带		对隐伏岩体有一定控制作用	一般推断断裂	22
F_{51}	北西西	不同特征磁场分界线，磁场梯度带		对隐伏岩体有一定控制作用	一般推断断裂	22
F_{52}	北东东转东西	不同特征磁场分界线，磁场梯度带	在遥感影像图上，表现为不同地貌单元的分界线，北侧大风成沙地貌，南侧为变质地层分布呈现的暗色色调和不规则影纹的山体地貌	控制敦煌岩群的出露	一般推断断裂	59
F_{53}	北西	不同特征磁场分界线，磁场梯度带	在遥感影像图上，具有线性影像特征	控制敦煌岩群的出露	一般推断断裂	88
F_{54}	北西西	串珠状异常，呈带状分布	在遥感影像图上，具有线性影像特征。在 1∶20 万布格重力异常图上，断裂位于重力梯度带上	对隐伏岩体和地层有一定控制作用	一般推断断裂	22
F_{55}	北西西	线性异常，磁场梯度带	在遥感影像图上，具有线性影像特征。在 1∶20 万布格重力异常图上，断裂位于重力梯度带上	对隐伏岩体有一定控制作用	一般推断断裂	10
F_{56}	北西西	串珠状异常，呈带状分布	在遥感影像图上，具有线性影像特征	对隐伏岩体和地层有一定控制作用	一般推断断裂	22
F_{57}	北西	线性异常，磁场梯度带	在遥感影像图上，具有线性影像特征	控制掉石沟铁铅锌矿异常带	一般推断断裂	6
F_{58}	北西西	不同特征磁场分界线，磁场梯度带		对隐伏岩体控制作用明显	一般推断断裂	90

续表

断裂编号	断裂走向	航磁特征	物、化、遥特征	地质构造意义	级别	测区内长度/km
F_{59}	北东	不同磁场分界线		对隐伏岩体和地层有一定控制作用	一般推断断裂	8
F_{60}	北西西	不同磁场分界线	线性影像，不同地貌单元分界线	控制敦煌岩群的出露	一般推断断裂	10
F_{61}	北东	不同磁场分界线，磁场梯度带		控制敦煌岩群的出露	一般推断断裂	15
F_{62}	北西西	不同特征磁场分界线，磁场梯度带	在1∶20万布格重力异常图上，北西西向分布的重力梯度带上。该断裂是重力异常带的分界线，其北侧是重力高异常带，南侧是重力低异常带	该断裂东段与地质上的红柳沟-赛马沟压扭性冲断裂的西段基本重合，对北大河岩群二岩组及三岩组控制作用明显，断裂南段被 F_1 断裂错断，断裂西段隐伏于第四系之下，对隐伏岩体及基底变质地层控制作用明显	一般断裂	90
F_{63}	北北西	线性异常	在遥感影像图上，具有线性影像特征	阿克塞帚状构造的一部分，对帚状构造的地质体控制作用明显	一般推断断裂	22
F_{64}	北东东	不同磁场分界线	布格重力异常梯级带上	阿克塞帚状构造的一部分，对帚状构造的地质体控制作用明显	一般推断断裂	9
F_{65}	北西	不同磁场分界线	布格重力异常梯级带上	阿克塞帚状构造的一部分，对帚状构造的地质体控制作用明显	一般推断断裂	15
F_{66}	北西	磁场梯度带		对隐伏岩体控制作用明显	一般推断断裂	7
F_{67}	北东东	线性异常		对隐伏磁性地质体控制作用明显	一般推断断裂	19
F_{68}	北东东	磁场梯度带		对隐伏磁性地质体控制作用明显	一般推断断裂	20
F_{69}	北西	不同磁场面貌分界线，磁异常等值线扭动、异常分离	DEM高程影像表现为北东东向阿尔金山脉中段，有党河水系分布	北祁连弧盆系与阿尔金断裂汇集处	一般推断断裂	40
F_{70}	北西	磁场梯度带	布格重力异常梯级带上	对隐伏基底变质地层有一定控制作用	一般推断断裂	31
F_{71}	北东	磁场梯度带	布格重力异常梯级带上	对塔昔达坂群变质地层的分布有一定的控制作用	一般推断断裂	10
F_{72}	北东转东西转北东	不同特征磁场分界线，磁场梯度带	在遥感影像图上，具有线性影像特征，断裂两侧的色调、纹理、地貌等特征差异明显	整体呈波状展布，控制青崖子-萨木萨克基性、超基性岩带的分布	一般推断断裂	35

续表

断裂编号	断裂走向	航磁特征	物、化、遥特征	地质构造意义	级别	测区内长度/km
F_{73}	北东	不同特征磁场分界线，磁场梯度带	DEM 影像图上为深切沟谷，遥感影像图上显示连续山脉被错断推移	与地质上的大熊湖-萨果断层基本重合，为压扭性断层，使石炭系羊虎沟组和蓟县系塔昔达坂群断错扭动，错断 F_4 和 F_6 两个断层	一般断裂	15
F_{74}	北东	不同特征磁场分界线，磁场梯度带	遥感影像上山体被错断	对隐伏岩体控制作用明显，错断 F_4 和 F_6 两个断层	一般推断断裂	13
F_{75}	北东	不同特征磁场分界线，磁场梯度带		对隐伏岩体有一定控制作用	一般推断断裂	7
F_{76}	南北	不同特征磁场分界线，磁场梯度带	DEM 影像图上为深切沟谷	对隐伏岩体有一定控制作用	一般推断断裂	5
F_{77}	北西	线性异常，磁场梯度带		当金山地区黑沟钾长花岗岩的西部边界	一般推断断裂	12
F_{78}	东西转北东	不同特征磁场分界线，磁场梯度带	在遥感影像图上，具有线性影像特征，断裂两侧的色调、纹理、地貌等特征差异明显	东部与地质上的萨木萨克-阿克塞沟断层基本重合，西部被第四系覆盖，断续出露；东部为北大河岩群二岩组和蓟县系花儿地组的断层接触界线	一般断裂	30
F_{79}	北西	不同磁场分界线		发育于北大河岩群内，反映断裂两侧地层磁性成分变化较大	一般推断断裂	8
F_{80}	北东东	线性异常，磁场梯度带		当金山二长花岗岩的西北部与北大河岩群断层接触	一般推断断裂	20
F_{81}	北东东	线性异常，磁场梯度带		与地质上的哲兰德-半鄂博斜冲断层基本重合，为长城系桦树沟组、熬油沟组和北大河岩群的断层接触界线，航磁反映断层北侧有超基性岩带	一般断裂	11
F_{82}	北东东	不同磁场分区界线		控制东山斜长花岗岩的南部分布	一般推断断裂	15
F_{83}	北西	串珠状异常带		与地质上的五个泉子斜冲断层的中段基本重合，长城系熬油沟组和北大河岩群二岩组接触界线，同时控制出露和隐伏超基性岩带的分布	一般断裂	12

续表

断裂编号	断裂走向	航磁特征	物、化、遥特征	地质构造意义	级别	测区内长度/km
F_{84}	北东东	带状异常，磁场梯度带		对隐伏岩体控制作用明显	一般推断断裂	23
F_{85}	北西	磁场梯度带		向斜翼部顺层断裂，对隐伏岩体有一定控制作用，错动 F_{84} 断裂	一般推断断裂	6
F_{86}	北东东	带状异常		对岩体有一定控制作用	一般推断断裂	18
F_{87}	北东	线性异常　磁场梯度带	在遥感影像图上，具有线性影像特征，断裂两侧的色调、纹理、地貌等特征差异明显	与地质上的三个泉-小冰沟斜冲断层基本重合，为一条压扭性断裂，呈波状展布，控制豹子沟石英闪长岩岩体分布	一般断裂	22
F_{88}	北西西	磁场梯度带	遥感线性影像明显	东段与大黑沟-冰沟斜冲断层的东段重合，对隐伏岩体有一定控制作用	一般推断断裂	17
F_{89}	北东	异常带中断		对隐伏的中酸性岩体有一定控制作用	一般推断断裂	5
F_{90}	东西转北西西	线性异常，磁场梯度带		对志留纪石英闪长岩和小冰沟黑云母花岗岩岩体控制作用明显	一般推断断裂	21
F_{91}	北西西	带状异常边界		与地质上的三个泉-小冰沟斜冲断层的东段基本重合，为一条压扭性断裂，对志留纪黑云母花岗岩和寒武系香毛山组控制作用明显	一般断裂	11
F_{92}	北东东转北西	不同特征磁场分界线，磁场梯度带		与地质上的芦草沟-大泉斜冲断层的东段重合，发育于中寒武统与二叠系之间，往东隐伏于第四系之下	一般断裂	17
F_{93}	东西	磁场分区界线		控制古元古界达肯大坂岩群中磁性层的分布	一般推断断裂	17
F_{94}	北西	线性异常，磁场梯度带		对隐伏岩体有一定控制作用	一般推断断裂	16
F_{95}	北西	串珠状异常，磁场梯度带	在遥感影像图上，具有线性影像特征，断裂两侧的色调、纹理、地貌等特征差异明显	控制古元古界达肯大坂岩群内部超基性岩带的分布	一般推断断裂	41
F_{96}	北西西转北北西	线性异常，磁场梯度带	线性影像明显	控制古元古界达肯大坂岩群中磁性层的分布	一般推断断裂	51
F_{97}	北西西	线性异常，磁场梯度带		控制古元古界达肯大坂岩群中磁性层的分布	一般推断断裂	26

续表

断裂编号	断裂走向	航磁特征	物、化、遥特征	地质构造意义	级别	测区内长度/km
F_{98}	北东东	多条异常带中断并发生转向	DEM 高程影像和遥感影像上反映为宽阔沟谷	破坏古元古界达肯大坂岩群内磁性层的连续分布	一般推断断裂	26
F_{99}	北东	磁场梯度带		对隐伏岩体有一定控制作用	一般推断断裂	9
F_{100}	北西	带状异常中断，磁场梯度带		对隐伏岩体有一定控制作用	一般推断断裂	13
F_{101}	北东	带状异常被错断并发生位移		对隐伏岩体有一定控制作用	一般推断断裂	7
F_{102}	北西	不同特征磁场分界线，磁场梯度带		对隐伏岩体有一定控制作用	一般推断断裂	7
F_{103}	北东	不同特征磁场分界线		对隐伏岩体有一定控制作用	一般推断断裂	11
F_{104}	北西	不同特征磁场分界线，磁场梯度带		对隐伏岩体控制作用明显	一般推断断裂	16
F_{105}	北西	异常带中断并转向		对隐伏岩体有一定控制作用	一般推断断裂	19
F_{106}	北东东	多条异常带中断并发生转向	DEM 高程影像和遥感影像上反映为宽阔沟谷	破坏古元古界达肯大坂岩群内磁性层的连续分布，与 F_{98} 东部重合、西部分离	一般推断断裂	52
F_{107}	南北	不同特征磁场分界线	遥感线性影像明显，两侧色调纹理不同	对隐伏岩体控制作用明显	一般推断断裂	8
F_{108}	南北	不同特征磁场分界线	遥感线性影像明显，两侧色调纹理不同	整体呈波状展布，对隐伏岩体有一定控制作用	一般推断断裂	18
F_{109}	北西	带状异常中断，不同特征磁场分界线，磁场梯度带		对隐伏岩体有一定控制作用	一般推断断裂	25
F_{110}	北北西转北东东	线性异常，磁场梯度带		控制巴龙贡噶尔组地层内部的磁性层分布和隐伏区中酸性岩体分布	一般推断断裂	125
F_{111}	北北东	线性异常，磁场梯度带	遥感影像图上表现为不同地貌单元分界线，DEM 高程影像上东部表现为切割山体的线性边界。1：20 万布格重力异常图上断裂位于重力梯度带上	与阿尔金断裂同方向，左行错动古元古界北大河岩群、蓟县系花儿地组地层区400~500m；对志留系巴龙贡噶尔组和党河南山的晚古生代花岗岩带破化性较大。错动 F_6 断裂	一般推断断裂	112

续表

断裂编号	断裂走向	航磁特征	物、化、遥特征	地质构造意义	级别	测区内长度/km
F_{112}	北东东	线性异常带		控制巴龙贡噶尔组内部的磁性层分布	一般推断断裂	23
F_{113}	北东东	不同特征磁场分界线		控制巴龙贡噶尔组内部的磁性层分布	一般推断断裂	97
F_{114}	北西西	串珠状异常，磁场梯度带		控制巴龙贡噶尔组内部的磁性层分布	一般推断断裂	44
F_{115}	北东	党河南山强磁异常带上的局部异常，异常定向排列		控制后唐花岗闪长岩的分布	一般推断断裂	7
F_{116}	北东	党河南山强磁异常带上的局部异常，异常定向排列		控制后唐花岗闪长岩的分布	一般断裂	10
F_{117}	北北西	党河南山强磁异常带中断，局部异常定向排列		控制扎子沟花岗闪长岩体的分布	一般推断断裂	10
F_{118}	北西	强磁异常带的边界，磁场梯度带		控制柳树沟基性岩体的分布	一般推断断裂	13
F_{119}	北西	串珠状异常，磁场梯度带	在遥感影像图上，表现为线性沟谷	控制野马南山磁性较强的中酸性岩体的分布	一般推断断裂	27
F_{120}	北西西	磁场梯度带	在遥感影像图上，表现为线性沟谷	与地质上的东草沟冲断层基本重合，对前震旦系和加里东中期斜长花岗岩岩体影响较大，与野马南山复背斜褶轴近于平行，为压性断裂，挤压破碎带发育	一般断裂	33
F_{121}	北西	磁场梯度带		对中酸性岩体有一定控制作用	一般推断断裂	51
F_{122}	北西西	串珠状异常，磁场梯度带		对古近系白杨河组、蓟县系花儿地组以及奥陶纪二长花岗岩和闪长岩岩体控制作用明显	一般推断断裂	26

续表

断裂编号	断裂走向	航磁特征	物、化、遥特征	地质构造意义	级别	测区内长度/km
F_{123}	北西	线性异常，磁场梯度带		与地质上的红西峡-扁麻沟冲断层的中段基本重合，与大雪山复向斜褶轴大致平行，对蓟县系花儿地组和长城系桦树沟组控制作用明显，特别是控制德勒诺尔铁矿带的分布	一般断裂	11
F_{124}	北西西	线性异常，磁场梯度带		控制多若诺尔辉长岩岩体及隐伏的基性岩体的分布	一般推断断裂	33
F_{125}	北东	错断北西向多组异常带，包括党河南山强磁异常带	遥感影像和 DEM 高程影像表现为线性沟谷和山脊线错动	对隐伏岩体控制作用明显，错断 F_5 和 F_6	一般推断断裂	36
F_{126}	东西转北北西转东西	不同特征磁场分界线，磁场梯度带		控制巴龙贡噶尔组内部的磁性层分布	一般推断断裂	106
F_{127}	北西	多组带状异常带被错断，并顺时针方向位移		与地质上的清水沟西南沟-骆驼沟西断裂基本重合，骆驼沟口以南没于第四系洪积物之下，破坏巴龙贡噶尔组的连续分布	一般断裂	36
F_{128}	北东东转北北西	不同特征磁场分界线，磁场梯度带		整体呈波状展布，控制巴龙贡噶尔组内部的磁性层分布	一般推断断裂	111
F_{129}	北西西转北北西	不同特征磁场分界线		控制巴龙贡噶尔组内部的磁性层分布	一般推断断裂	445
F_{130}	北东	异常带中断		控制巴龙贡噶尔组内部的磁性层分布	一般推断断裂	8
F_{131}	北北东	异常带中断		控制巴龙贡噶尔组内部的磁性层分布	一般推断断裂	16
F_{132}	北东	不同特征磁场分界线，磁场梯度带		控制月牙山志留纪英云闪长岩岩体的分布，岩体分布在南盘，错断 F_{126} 和 F_{128} 断裂	一般推断断裂	26
F_{133}	北东	不同特征磁场分界线，磁场梯度带		控制月牙山志留纪英云闪长岩岩体的分布，岩体分布在北盘，错断 F_{126} 和 F_{128} 断裂	一般推断断裂	28

续表

断裂编号	断裂走向	航磁特征	物、化、遥特征	地质构造意义	级别	测区内长度/km
F_{134}	北东	异常带中断		错断巴龙贡噶尔组的连续分布，错断 F_{126} 和 F_{128} 断裂	一般推断断裂	11
F_{135}	北西	磁异常区被割裂		区域上与 F_{109} 处于同一构造带上，控制隐伏岩体的分布	一般推断断裂	45
F_{136}	北北西	多组带状异常带被错断，并顺时针方向位移		错断巴龙贡噶尔组的连续分布，错断 F_{114} 和 F_{113} 断裂	一般推断断裂	11
F_{137}	北东	异常带被错断并发生位移		对隐伏岩体有一定控制作用	一般推断断裂	21
F_{138}	北西	不同特征磁场分界线，磁场梯度带	在遥感影像图上，具有线性影像特征，断裂两侧的色调、纹理、地貌等特征差异明显	控制出露和隐伏的正长岩岩体的分布	一般推断断裂	55
F_{139}	北东东转北东	不同磁场分界线		对巴龙贡噶尔组和泥盆纪花岗闪长岩岩体控制作用明显	一般推断断裂	91
F_{140}	北北东	异常带断续		对巴龙贡噶尔组控制明显	一般推断断裂	7
F_{141}	北西西	不同特征磁场分界线，磁场梯度带		对隐伏岩体有一定控制作用	一般推断断裂	16
F_{142}	北西	不同特征磁场分界线，磁场梯度带		对隐伏岩体有一定控制作用	一般推断断裂	14

附表 3　敦煌—阿克塞地区找矿远景区一览表

类别	序号	远景区名称	范围	面积/km^2	远景区地质、物、化、遥特征
I	I 1	鸣沙山-红柳井子铜镍钴铁金多金属找矿远景区	94°26′37″~95°15′16″E，39°48′32″~40°02′22″N	323	大地构造背景：敦煌基底杂岩隆起区
					地质特征：以第四系覆盖区为主，西部边缘有敦煌岩群变质地层和中元古代石英闪长岩（$\delta o Pt_2$）、英云闪长岩（$\gamma\delta o Pt_2$）、辉长岩体（υPt_2）出露
					构造特征：阿尔金北缘断裂（若羌-敦煌断裂）南侧，相对稳定，有航磁推断的隐伏构造分布，北北东、北北西向分布
					磁场特征：异常以平缓负背景场中的升高正磁场为特征，正磁异常强度高、规模大，形态近椭圆形，长轴方向以近东西向为主，航磁 ΔT 剖面平面图上呈梯度较大的剑锋状，幅值在 1000nT 左右，最高达 1800nT
					重力场特征：对应 1∶20 万剩余重力高异常区
					化探特征：分布局部 Au 异常，单点孤立异常较多，强度较高，最大峰值有 33.10×10^{-9} 和 14.10×10^{-9} 等
					遥感特征：戈壁滩，风成沙地貌景观
					矿产分布：核工业异常查证钻孔资料显示辉长岩岩体含铜、镍、铁矿化层位
					找矿方向及找矿潜力：异常强度高、规模大，与基性岩体有关的铁、钴、镍、铜矿产找矿前景极好
					重点异常：甘 C-2011-11、甘 C-2015-37、甘 C-2015-39、甘 C-2015-40、甘 C-2015-46，甘 C-2015-49、甘 C-2015-50、甘 C-2015-51，甘 C-2015-56、甘 C-2015-57、甘 C-2015-94、甘 C-2015-28 等
	I 2	掉石沟-梧桐沟铁铅锌多金属找矿远景区	95°17′30″~95°45′00″E，39°42′13″~39°49′26″N	300	大地构造背景：位于敦煌古元古界隆起区，受控于北东东向阿尔金断裂，北东东向分布
					地质特征：分布敦煌岩群变质地层的二岩组（Ar_3-Pt_1D^2）和三岩组（Ar_3-Pt_1D^3）。二岩组岩性为斜长角闪岩、片麻岩夹伟晶岩、石英岩；三岩组为大理岩夹石英岩。侵入体以寒武纪—奥陶纪糜棱岩化二长花岗岩和糜棱岩化花岗闪长岩为主，同时地层区内分布有大量中酸性岩脉
					构造特征：发育多组北西西向构造，南部边界被北东东向阿尔金断裂截断
					磁场特征：正负变化磁场区。异常明显受构造和地层控制，出现多组北西西向带状、串珠状排列的异常带，异常强度中等，幅值为 200~400nT
					化探特征：局部分布 Cu、Pb、Zn、Ag、Mo、Sr、La 等异常，多金属矿化指示元素异常发育好
					遥感特征：出露地质体整体色调较暗，以黄褐色夹灰绿色色调为主，变化不均匀。宏观上呈现网格状影纹，为北东东向山体被北西向深谷切割所致。整体反映为敦煌岩群变质地层被构造切割的影像特征，地层主体呈北东东向分布，构造以北西西向较发育

续表

类别	序号	远景区名称	范围	面积/km²	远景区地质、物、化、遥特征
Ⅰ	Ⅰ₂	掉石沟-梧桐沟铁铅锌多金属找矿远景区	95°17′30″~95°45′00″E，39°42′13″~39°49′26″N	300	矿产分布：掉石沟铅锌矿、掉石沟铁矿、白台沟铁矿点、红柳峡小型铁矿床等。另外，有大量以铅锌矿为主的多金属勘查矿权分布，是目前甘肃省的找矿重点地区
					找矿方向及找矿潜力：层控矽卡岩型铁、铅锌矿产和沉积变质型铁等多金属矿产，找矿潜力极好，有大量铅、锌、铁、铜等多金属探矿权分布，正在开展大量找矿工作
					重点异常：甘 C-2015-97、甘 C-2015-109、甘 C-2015-110、甘 C-2015-111、甘 C-2015-112、甘 C-2015-98、甘 C-2015-99、甘 C-2015-100、甘 C-2015-101、甘 C-2015-114、甘 C-2015-119
	Ⅰ₃	萨果-青崖子-博罗转井铁铜镍铬找矿远景区	93°15′23″~94°34′17″E，39°16′18″~39°28′19″N	349	大地构造背景：党河南山-拉脊山蛇绿混杂岩带内
					地质特征：长 27km、宽 100~800m 的青崖子-萨木萨克基性、超基性岩带侵入蓟县系花儿地组白云岩地层区内
					构造特征：受近北北东向分布阿尔金断裂控制，区内断裂以北北东向为主，同时有北东、北西向断裂相互切割
					磁场特征：剑锋状强磁异常带，规模大、强度高，异常带与青崖子-萨木萨克基性、超基性岩带吻合，并且向东、西两侧分别延伸 37km 和 50km
					重力场特征：对应剩余重力高异常带
					化探特征：Ag、Cu、Mo、W、As、Sb、Bi、Cr、Co、Ni、La 等异常呈带状分布，规模大、强度高
					矿产分布特征：红柳沟东支铁矿点、红柳沟铁矿点、阿克塞沟铁矿点、安南坝铁矿点、大鄂博图铜矿点、红柳沟脑铁矿点、余石山铌钽稀有金属矿点、阿克塞博罗转井铁矿点、长草沟铁矿点、大鄂博图铜矿点、半鄂博图铜矿点
					找矿方向及找矿潜力：铁、铜、稀有金属等
					重点异常：甘 C-2016-180、甘 C-2016-182、甘 C-2016-200、甘 C-2016-206、甘 C-2016-201、甘 C-2016-202、甘 C-2016-203、甘 C-2016-208、甘 C-2016-204、甘 C-2016-225、甘 C-2016-226、甘 C-2016-227、甘 C-2016-228、甘 C-2016-141、甘 C-2016-147、甘 C-2016-148、甘 C-2016-157、甘 C-2016-156、甘 C-2016-153、甘 C-2016-155
	Ⅰ₄	安南坝-阿尔金山铌钽铁金稀有金属找矿远景区	93°22′13″~94°09′05″E，39°12′13″~39°18′12″N	341	大地构造背景：党河南山-拉脊山蛇绿混杂岩带内
					地质特征：长城系熬油沟组火山岩地层分布区，岩石组合为安山质-玄武质熔岩—玄武质火山岩碎屑岩组合，其间分布白垩纪正长花岗岩。岩体和地层受构造控制近东西向分布，两端呈楔形尖灭
					构造特征：南部受控于大断裂 F_6，北部受控于大断裂 F_4，两端呈楔形尖灭，整体近东西向分布，其间有北东、北西向断裂分布
					磁场特征：杂乱、多峰强磁异常带，强度高达 1000~2000nT。航磁 ΔT 等值线平面图上呈现密集等值线升高异常，异常分布与熬油沟组对应极好，边界清晰。受北东、北西向断裂切割，集中分布成 3 块强磁异常带

续表

类别	序号	远景区名称	范围	面积/km^2	远景区地质、物、化、遥特征
I	I$_4$	安南坝-阿尔金山铌钽铁金稀有金属找矿远景区	93°22′13″~94°09′05″E，39°12′13″~39°18′12″N	341	重力场特征：对应1∶20万剩余重力高异常区
					化探特征：铁族元素异常发育好，异常Fe、Co、Ni、Cr等强度高，稀有元素La和热液组分元素Sb异常发育
					遥感特征：海拔多在4000m以上，主峰高达5798m，大多常年积雪覆盖
					已知矿床：余石山铌钽矿
					找矿方向及找矿潜力：铌、钽、铜、铅、锌多金属矿产
					重点异常：甘C-2016-188、甘C-2016-189、甘C-2016-210、甘C-2016-216、甘C-2016-217、甘C-2016-218、甘C-2016-219、甘C-2016-235、甘C-2016-241、甘C-2016-240、甘C-2016-238、甘C-2016-237、甘C-2016-253、甘C-2016-254
	I$_5$	当金山口铁金铜找矿远景区	94°11′32″~94°17′33″E，39°15′29″~39°19′07″N	38	大地构造背景：党河南山-拉脊山蛇绿混杂岩带南侧
					地质特征：吾力沟群火山岩分布区，岩石组合为灰岩-砂岩-玄武岩-安山岩建造，含磁铁矿。石英闪长岩呈岩株出露，中酸性、中基性岩脉分布广泛
					构造特征：北东向构造发育。地层及岩体受构造控制北东向展布
					磁场特征：航磁ΔT剖面平面图上，表现为正异常场背景场叠加的尖峰状正异常，曲线规则，强度大，最大幅值为1264nT，梯度为1766nT/km；航磁ΔT等值线平面图上呈椭圆形，异常向北东向延伸，形成带状异常
					重力场特征：对应1∶20万剩余重力高异常区
					化探特征：与1∶20万化探肃北—当金山幅综合异常HS-33位置套合，主元素为Ni、Cr、Co、Cu、Au，元素组合较好，浓度分带较好
					遥感特征：遥感解译环形构造，与火山、岩浆活动有关
					已知矿床：当金山口金矿、铜矿、铁矿
					找矿方向及找矿潜力：铁、金多金属找矿有利地区
					重点异常：甘C-2016-251、甘C-2016-255
	I$_6$	柳树沟铜镍铬铅锌金多金属找矿远景区	95°06′32″~95°22′15″E，39°15′12″~39°24′00″N	189	大地构造背景：位于党河南山-拉脊山蛇绿混杂岩带与中祁连隆起区的接触部位
					地质特征：出露地层为古元古界北大河群变质地层（Pt_1B^2、Pt_1B^3）。Pt_1B^2岩性为二云石英片岩、二云片岩夹斜长角闪岩；Pt_1B^3岩性为大理岩、白云质大理岩夹二云片岩、石英岩。出露岩浆岩有志留纪辉长岩岩体（νS）、志留纪石英闪长岩（δoS）、泥盆纪正长花岗岩（$\xi\gamma$D）等

类别	序号	远景区名称	范围	面积/km²	远景区地质、物、化、遥特征
I	I_6	柳桉沟铜镍铬铅锌金多金属找矿远景区	95°06′32″~95°22′15″E，39°15 12″~39°24′00″N	189	构造特征：北西向构造发育，控制了地层和岩体的分布
					磁场特征：正负变化磁场，异常呈串珠状和带状北西向分布，异常正负值伴生，幅值在 250~300nT 之间，最高可达 650nT，另外在负背景场中分布多处孤立的弱小异常
					重力场特征：对应 1∶20 万剩余重力高异常区
					化探特征：Au、Ag、Cu、Pb、Zn、Mo、W、As、Sb、Bi、Cr、Co、Ni 等金及多金属矿化指示元素异常发育极好，异常强度高，吻合好，浓集中心明显
					遥感特征：Aster 数据提取了大量蚀变矿物异常，包括绢云母、绿泥石、绿泥石、铁染等，有环形构造分布
					矿产分布：已知矿产地较少，只有鄂博沟铜矿化点；但是本次异常查证发现 Cu、Ni 矿化达到工业品位。目前有铜、金矿权分布在新发现矿化地段的外围
					找矿方向及找矿潜力：与基性岩体、中酸性岩体有关的金、铜、钴、镍金属矿产找矿潜力大
					重点异常：甘 C-2015-213、甘 C-2015-214、甘 C-2015-252、甘 C-2015-253、甘 C-2015-268、甘 C-2015-270、甘 C-2015-211、甘 C-2015-212
	I_7	大道尔基铬铁矿多金属找矿远景区	95°36′40″~95°46′00″E，39°10°00″~39°16°10″N	98	大地构造背景：中祁连岩浆弧内，党河南山-拉脊山蛇绿混杂岩带北侧
					地质特征：志留纪超基性岩体（νS），岩体主要由蛇纹石化纯橄岩、单辉辉石岩组成，流动构造和次生断裂发育，蛇纹石化和次闪石化普遍。纯橄岩铬含量高于单辉辉石岩。超基性岩体外围分布志留纪花岗岩、花岗闪长岩和北大河群变质地层
					构造特征：深成侵入岩体受控于两组断裂交汇处。南受控于党河南山 F_5、F_6 断裂带，西受控于 F_{125}
					磁场特征：强大正负伴生磁异常群。其中，甘 C-2014-204 和甘 C-2015-289 异常对应于已知大道尔基超基性岩体和矿体。异常呈带状北西向分布，宽 1. 8km，区内长 4. 5km，向东南方向延出工作区外。航磁 ΔT 剖面平面图上呈剑锋状，异常幅值为 3001nT 和 1928nT。矿体外围还分布大量强磁异常。矿体西南分布 3 个强磁异常，强度分别为 626nT、1026nT、884nT
					重力场特征：对应 1∶20 万剩余重力高异常区
					化探特征：铁族元素异常发育好，异常 Fe、Co、Ni、Cr 等强度高，浓集中心明显，吻合好
					遥感特征：遥感解译环形构造，与火山、岩浆活动有关
					已知矿床：大道尔基大型铬铁矿床
					找矿方向及找矿潜力：与超基性岩体有关的铬铁矿，大道尔基大型铬铁矿床外围分布多处强磁异常，有进一步找矿潜力
					重点异常：甘 C-2015-288、甘 C-2015-290、甘 C-2015-291 等

续表

类别	序号	远景区名称	范围	面积/km²	远景区地质、物、化、遥特征
Ⅱ	Ⅱ₁	阿克塞沟铜镍铁多金属找矿远景区	93°49′37″~94°03′42″E，39°27′47″~39°40′53″N		大地构造背景：敦煌基底杂岩隆起区
					地质特征：第四系覆盖区
					构造特征：阿尔金断裂和且末-敦煌断裂之间
					磁场特征：椭圆形强磁异常，正负伴生，规模大，强度高
					重力场特征：对应 1：20 万剩余重力高异常
					找矿方向：与基性岩有关的铜、镍、铁等多金属矿产
					重点异常：甘 C-2016-106、甘 C-2016-134
	Ⅱ₂	阿克塞县铜镍铁多金属找矿远景区	94°17′19″~94°27′28″E，39°32′14″~39°39′46″N		大地构造背景：敦煌基底杂岩隆起区
					地质特征：第四系覆盖区
					构造特征：阿尔金断裂和且末-敦煌断裂之间
					磁场特征：椭圆形强磁异常，正负伴生，规模大，强度高
					重力场特征：对应 1：20 万剩余重力高异常
					找矿方向：与基性岩有关的铜、镍、铁等多金属矿产
					重点异常：甘 C-2016-107
	Ⅱ₃	芦草沟铁铜铅锌多金属找矿远景区	94°53′00″~95°11′11″E，39°32′10″~39°39′39″N	158	大地构造背景：阿尔金断裂和北祁连南缘断裂带交汇处，北祁连弧盆西端尖灭区域
					地质特征：发育早古生代地层，以火山岩为主夹碎屑岩、砂质岩等。黑茨沟组以火山碎屑岩、中基性火山熔岩为主；香毛山组为变质细碎屑岩、泥岩、碳酸盐岩、火山岩建造。区内分布多处志留纪石英闪长岩、云英闪长岩，石炭纪花岗岩、云英闪长岩
					构造特征：受控于阿尔金断裂和北祁连南缘断裂，区内分布大量北东东向和近东西向断裂构造
					磁场特征：杂乱多峰强磁异常区，异常强度多在 300~400nT 之间
					化探特征：Cu、Mo、Ag、Bi、Sb、Ni、Co、Cr 等多金属矿化指示元素和铁族元素异常。异常分布受地层和构造控制明显
					遥感特征：次级线性构造波状起伏，总体走向与阿尔金断裂一致
					矿产分布：分布大量热液型多金属矿点，如老湾子铜矿点、尕秀铜矿点、三个泉铅矿点、康沟铜矿点、黄硐子沟脑铜矿点、大泉南铁矿点。工作区外围同一成矿带上分布有寒山金矿，鹰嘴山金矿、铁矿、铅锌矿。目前有多处矿权分布，以铅锌、金、铜等多金属找矿为主
					找矿方向：岩浆热液型、构造蚀变岩型铜、铅、锌、金等多金属矿产
					重点异常：甘 C-2015-136、甘 C-2015-145、甘 C-2015-146、甘 C-2015-142、甘 C-2015-143、甘 C-2015-144 等

续表

类别	序号	远景区名称	范围	面积/km²	远景区地质、物、化、遥特征
Ⅱ	$Ⅱ_4$	雁丹图南-黑达坂铜镍铬铁金多金属找矿远景区	94°35′30″~94°58′20″E，39°19′29″~39°28′26″N	240	大地构造背景：党河南山-拉脊山蛇绿混杂岩带和中祁连岩浆弧的接触带内，大鄂博图-黑达坂弧形褶带上，被北西向的党河断裂错动发生扭曲的部位
					地质特征：长城系熬油沟组安山质-玄武质熔岩-玄武质火山碎屑岩组合，长城系桦树沟组酸性凝灰岩-安山质凝灰熔岩-玄武岩组合，古元古界北大河岩群二云母片岩-变基性火山岩建造。超基性岩出露密集。志留纪中酸性岩浆岩带（$\gamma\delta S$、γS）分布于远景区南部
					矿产分布：与超基性侵入岩体有关的铜、镍多金属矿产丰富，已知矿产地有黑达坂铬铁矿点、铁匠沟脑铜矿点、付家沟脑镍矿点、拉排沟铜矿点、拉排沟西南岔铜矿点、拉排沟西南岔脑铜镍矿点、71 铜矿点等，还有与超基性岩有关的拉排沟西南岔石棉矿点和受构造控制的拉排沟石墨矿等。目前有金、铜、钨等矿权分布
					构造特征：付家沟以西构造为北西向，付家沟以东构造为北东向
					磁场特征：正负变化磁场区内，局部剑锋状正磁异常呈带状分布，异常强度在 300~500nT 之间
					化探特征：Cr、Ni、Co、Cu、Pb、Zn、Au、As、Sb、Bi 异常发育
					遥感特征：山体走向发生扭曲转向，有多处环形构造
					找矿方向及找矿潜力：与超基性岩有关的铜、镍、铬、铁等多金属矿产
					重点异常：甘 C-2015-180、甘 C-2015-181、甘 C-2015-183、甘 C-2015-184、甘 C-2015-185、甘 C-2015-186、甘 C-2015-187、甘 C-2015-191、甘 C-2015-192、甘 C-2015-193、C-2015-194 等
	$Ⅱ_5$	党河南山扎子沟金铜铅锌多金属找矿远景区	95°16′37″~95°39′20″E，39°01′39″~39°14′48″N	471	大地构造背景：党河南山-拉脊山蛇绿混杂岩带内
					地质特征：古生代构造岩浆岩带上，出露地层主要有：奥陶系盐池湾组陆源碎屑浊积岩建造，岩性为变长石砂岩、变长石石英砂岩、变长石石英粉砂岩、绢云千枚岩板岩；奥陶系吾力沟群玄武安山岩建造、砂板岩-石灰岩建造，岩性为变砂岩、变长石砂岩、碎屑灰岩、砂质灰岩，下部夹灰绿色玄武岩、安山岩、英安岩、中基性角砾熔岩和生物碎屑岩建造。岩浆岩为呈带状侵入古生代地层内的志留纪花岗闪长岩，受控于中南祁连之间 F_4、F_5
					构造特征：北西西向分布的二级断裂 F_4、F_5 和北东向分布三级断裂 F_{125} 交汇处
					磁场特征：北西西向带状分布的强磁异常带，在扎子沟地区被错断，南部向东北方向位移约 7.6km，异常区多峰、杂乱
					化探特征：Au 异常范围大、强度高，覆盖整个远景区。伴生 As、Sb、Bi、Cu、Pb、Zn、W、Mo、Cr、Ni、Co 等多金属元素异常
					遥感特征：北西西向线性构造发育

续表

类别	序号	远景区名称	范围	面积/km²	远景区地质、物、化、遥特征
Ⅱ	Ⅱ$_5$	党河南山扎子沟金铜铅锌多金属找矿远景区	95°16′37″~95°39′20″E，39°01′39″~39°14′48″N	471	矿产分布：已知矿产地以矿点、矿化点为主，已发现的有5672高地铜矿点、扎子沟铜矿化点、扎子沟西铅矿化点、半截沟铜矿化点、钓鱼钩铜矿化点。近年在该成矿带东南延伸部位，发现贾公台、黑刺沟、鸡叫沟等造山带型金矿，矿体产于奥陶系碎屑岩中的层间破碎带内，与中酸性岩体有关，为本区金矿找矿提供重要参考价值。目前有大量矿权分布，以找金为主
					找矿方向及找矿潜力：与中酸性岩体有关的构造蚀变岩型金矿，热液型铜、铅锌矿
					重点异常：甘C-2015-318、甘C-2015-278、甘C-2015-279、甘C-2015-280、甘C-2015-281、甘C-2015-283、甘C-2015-292、甘C-2015-293、甘C-2015-322、甘C-2015-323、甘C-2015-325等
Ⅲ	Ⅲ$_1$	火焰山铜铅锌铁铬钴镍多金属找矿远景区	94°52′35″~95°13′16″E，40°01′12″~40°08′00″N	201	大地构造背景：敦煌古元古界隆起区
					地质特征：敦煌岩群片麻岩-混合岩和大理岩-石英岩建造
					构造特征：北东东向构造和北东向构造切穿老变质岩层。南部出露青白口纪片麻状花岗岩、石英闪长岩
					磁场特征：低缓正磁场区，异常强度低，变化弱，幅值在200nT左右
					矿产分布：有多处金属矿产地，如千佛洞东铅矿化点、1318高点赤铁矿矿化点、火焰山铅锌矿点
					找矿方向及找矿潜力：与小型中酸性岩体有关的热液型和矽卡岩型多金属矿产
					重点异常：甘C-2015-5、甘C-2015-10、甘C-2015-11、甘C-2011-1180、甘C-2011-1177、甘C-2011-1189、甘C-2011-1180、甘C-2011-1162、甘C-2011-1171
	Ⅲ$_2$	大水峡铁多金属找矿远景区	95°27′27″~96°06′00″E，40°04′17″~40°07′07″N	150	大地构造背景：敦煌古元古界隆起区
					地质特征：出露敦煌岩群二、三岩组，斜长片麻岩-斜长角闪岩建造和大理岩夹石英岩、片岩变质建造
					构造特征：受近东西向构造控制，呈东西向带状分布
					磁场特征：平静背景场内分布剑锋状异常带
					矿产分布：有已知大水峡铁矿床分布，矿区外围有铁矿权分布，正在进一步找矿工作
					找矿方向及找矿潜力：大水峡铁矿外围．近东西向构造带上，与大水峡铁矿位于同一构造环境下还有大量类似异常，有继续找矿潜力
					重点异常：甘C-2011-1185、甘C-2011-41、甘C-2015-18、甘C-2011-1178、甘C-2015-19、甘C-2015-20、甘C-2011-64等
	Ⅲ$_3$	大红山金铅锌铁铜多金属找矿远景区	90°52′05″~93°15′47″E，39°29′24″~39°36′02″N	343	大地构造背景：阿尔金北敦煌基底杂岩隆起区
					地质特征：出露敦煌岩群三岩组黑云斜长片麻岩、含榴黑云斜长片麻岩，夹斜长角闪岩、混合岩。大红山志留纪二长花岗岩岩体出露，与地层东西向接触

续表

类别	序号	远景区名称	范围	面积/km²	远景区地质、物、化、遥特征
Ⅲ	Ⅲ$_3$	大红山金铅锌铁铜多金属找矿远景区	90°52′05″~93°15′47″E，39°29′24″~39°36′02″N	343	构造特征：东西向构造控制地层和岩体
					磁场特征：多条正磁异常近东西向带状分布
					矿产特征：区内无已知矿床
					化探特征：1∶20 万化探发现 Au、As、Ag、Pb、Zn、Mo、Fe、Co、Ni、Cr 异常，面积大，异常强度高，浓集中心吻合好
					找矿方向：与岩浆热液活动有关的金、铜、铅、锌等多金属矿产
					重点异常：甘 C-2016-109、甘 C-2016-110、甘 C-2016-111、甘 C-2016-73、甘 C-2016-74、甘 C-2016-75、甘 C-2016-76、甘 C-2016-87、甘 C-2016-88、甘 C-2016-90、甘 C-2016-91、甘 C-2016-92、甘 C-2016-93、甘 C-2016-96 等强磁异常
	Ⅲ$_4$	野马河南稀有金属铁金多金属找矿远景区	95°42′18″~95°49′49″E，39°18′28″N~39°25′17″N	344	大地构造背景：中祁连岩浆弧
					地质特征：野马河南角闪正长岩-石英闪长岩岩体，长 5~7km，宽 20km，面积 160km²，呈岩基侵入元古宙地层和加里东期石英闪长岩，后被加里东中期斜长花岗岩侵入。岩基分异较好，各相带出露完全：中心相为似斑状角闪正长岩，内部相为似斑状角闪辉石二长岩，过渡相为石英二长岩、石英闪长岩，边缘相为石英闪长岩
					构造特征：区域构造东西向，控制岩体及地层展布
					磁场特征：平静背景场中分布一个强磁异常群，幅值高达 2449nT
					化探特征：La、Sr、Sn 异常强度高、吻合好，规模强大，与岩基对应较好，异常区内部出现 Au、Sb 局部异常
					遥感特征：环形影像特征明显
					矿产分布：有小型白云岩矿床，产于大理岩与闪长岩岩体接触处，热液成因
					找矿方向与找矿潜力：稀有金属和金及多金属矿产
					重点异常：甘 C-2015-236、甘 C-2015-237、甘 C-2015-238、甘 C-2014-171 等
	Ⅲ$_5$	月牙山金多金属找矿远景区	94°40′31″~95°05′48″E，39°02′41″~39°11′17″N	245	大地构造背景：南祁连岩浆弧
					地质特征：出露地层单一，为志留系巴龙贡噶尔组灰色—灰绿色片理化砂岩、英安岩。南部出露月牙山志留纪云英岩化花岗闪长岩
					构造特征：围绕月牙山分布弧形断裂
					磁场特征：平静背景场分布弧形走向的磁异常带，异常强度弱，幅值在 100nT 以内。东部分布圆形磁异常，强度为 314nT
					矿产分布：本次异常查证在甘 C-2015-311 处发现金高值异常，Au 最大值为 289×10^{-9}
					找矿方向：接触交代型
					重点异常：甘 C-2015-311、甘 C-2015-300、甘 C-2015-298、甘 C-2015-294 等

附图 1　敦煌—阿克塞地区航磁 ΔT 剖面平面图

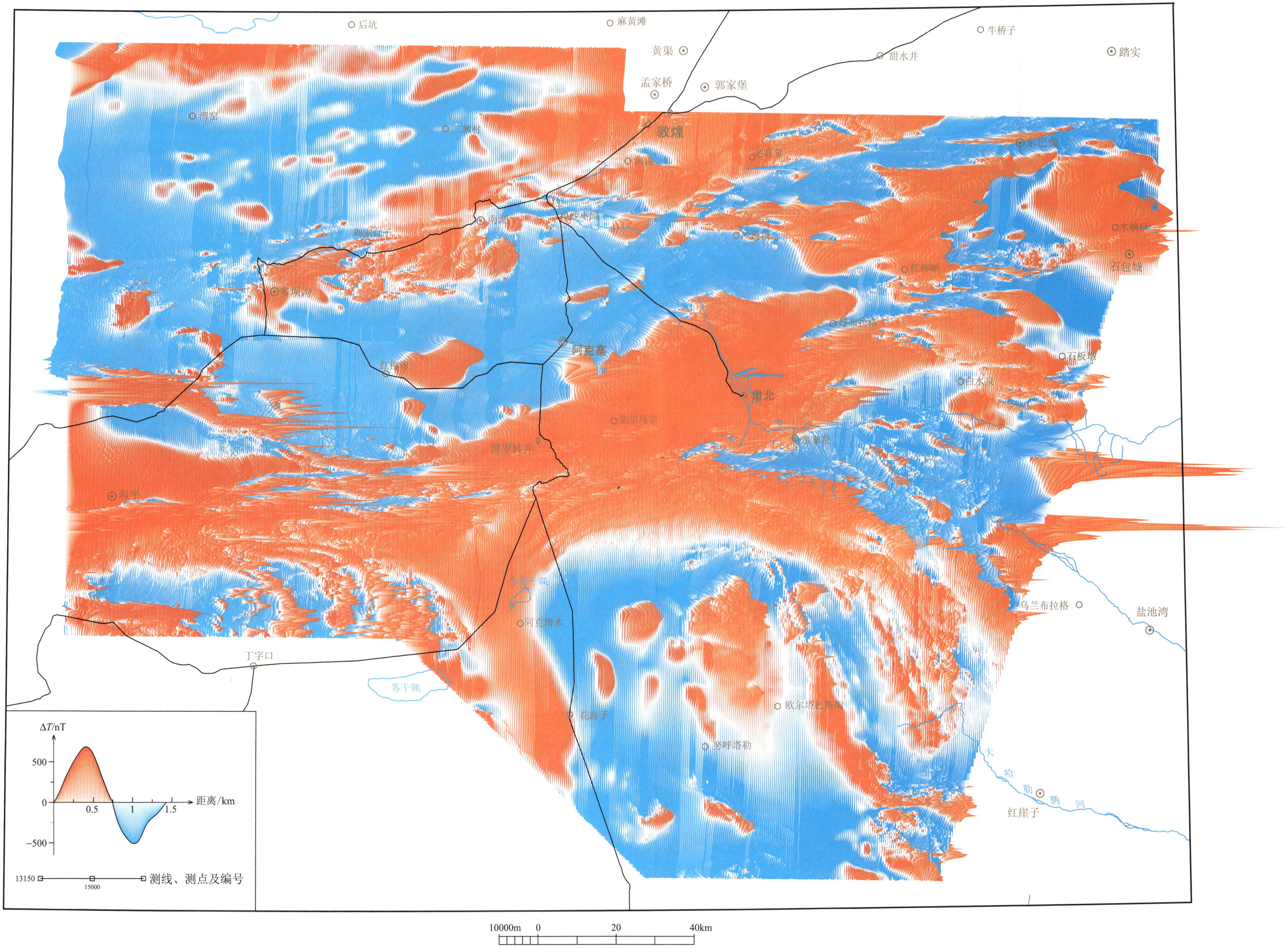

附图2　敦煌—阿克塞地区航磁ΔT等值线平面图

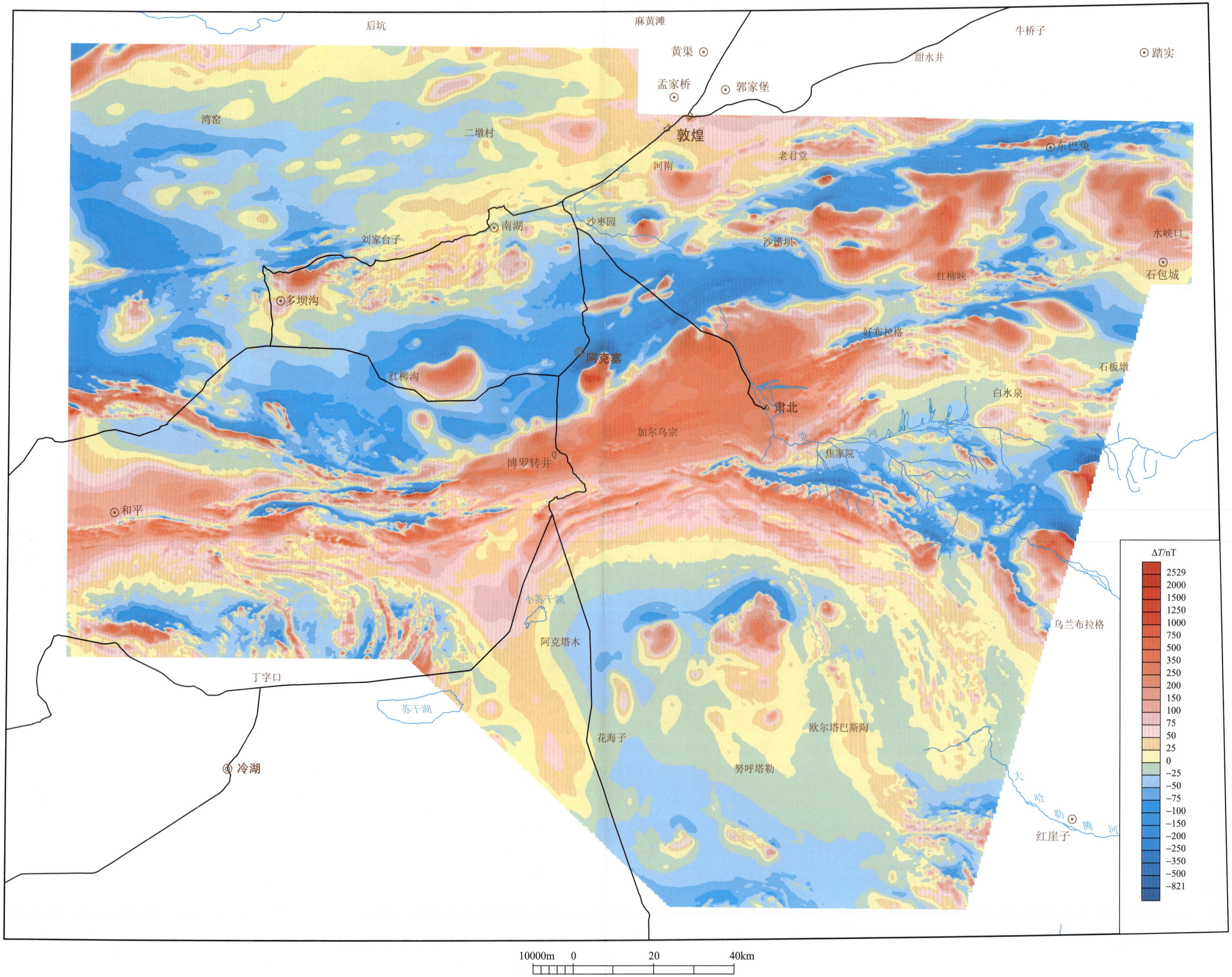

附图2　敦煌—阿克塞地区航磁 ΔT 等值线平面图

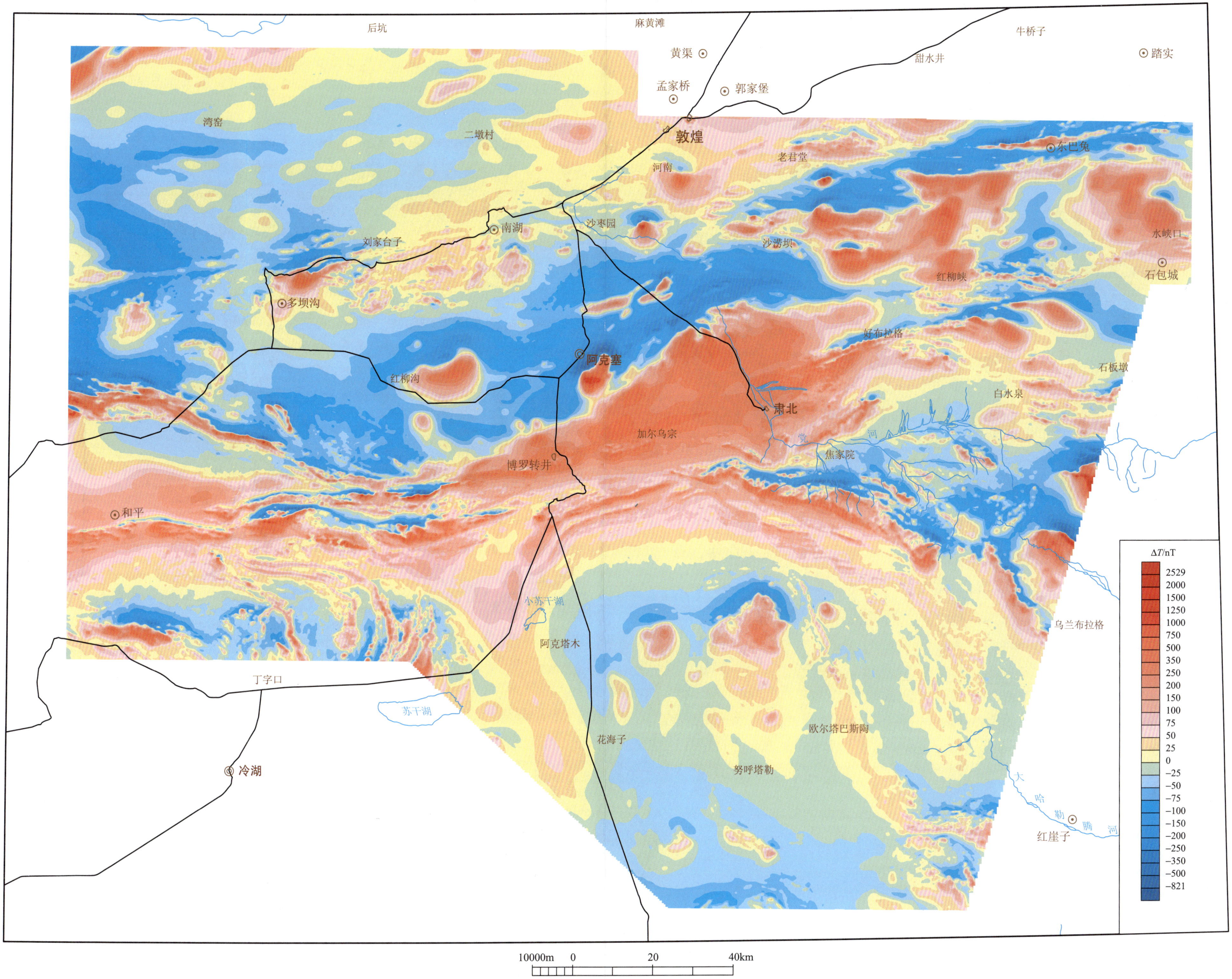

附图1　敦煌—阿克塞地区航磁ΔT剖面平面图

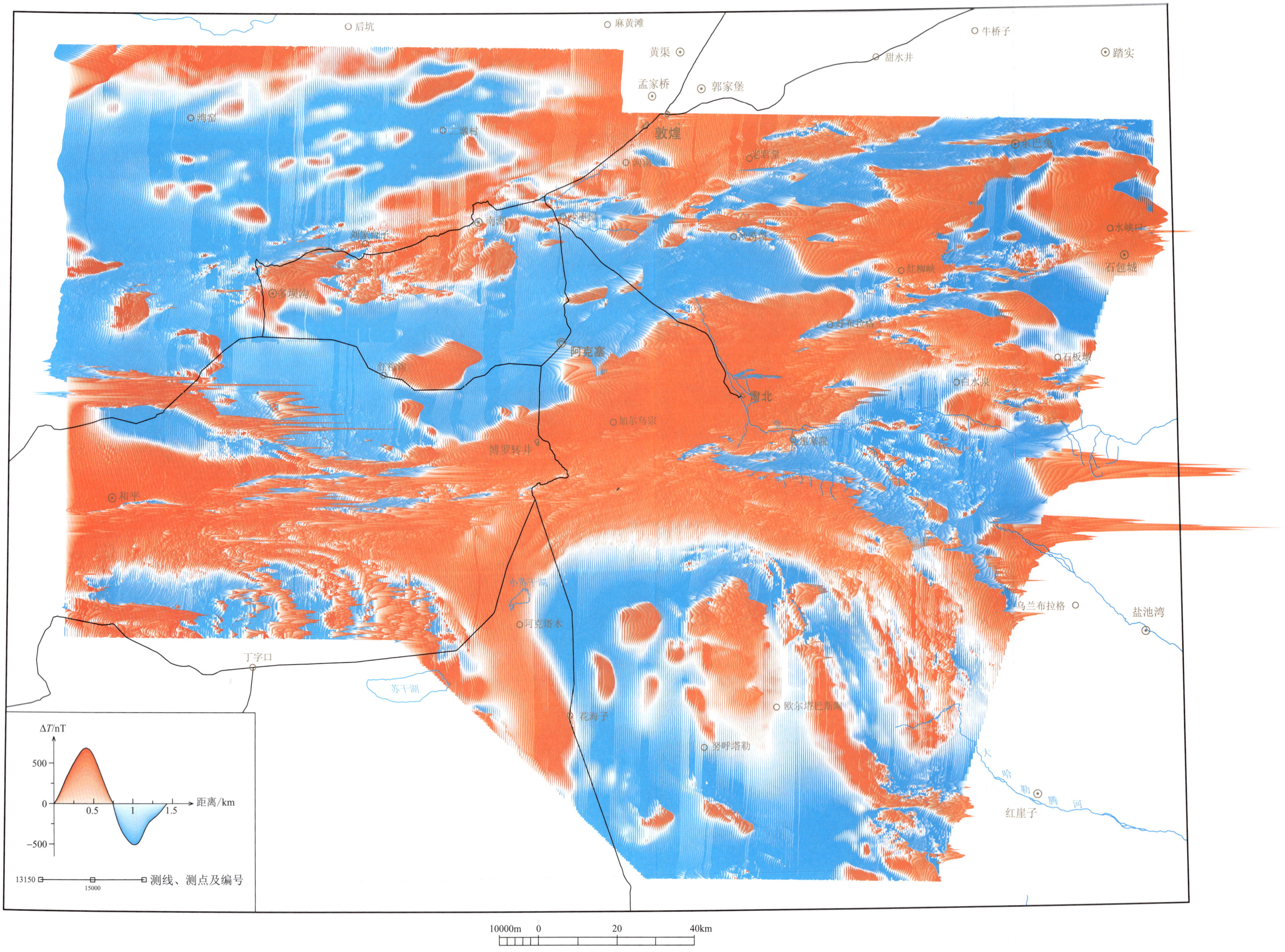

附图4　敦煌—阿克塞地区航磁 ΔT 化极垂向一阶导数等值线平面图

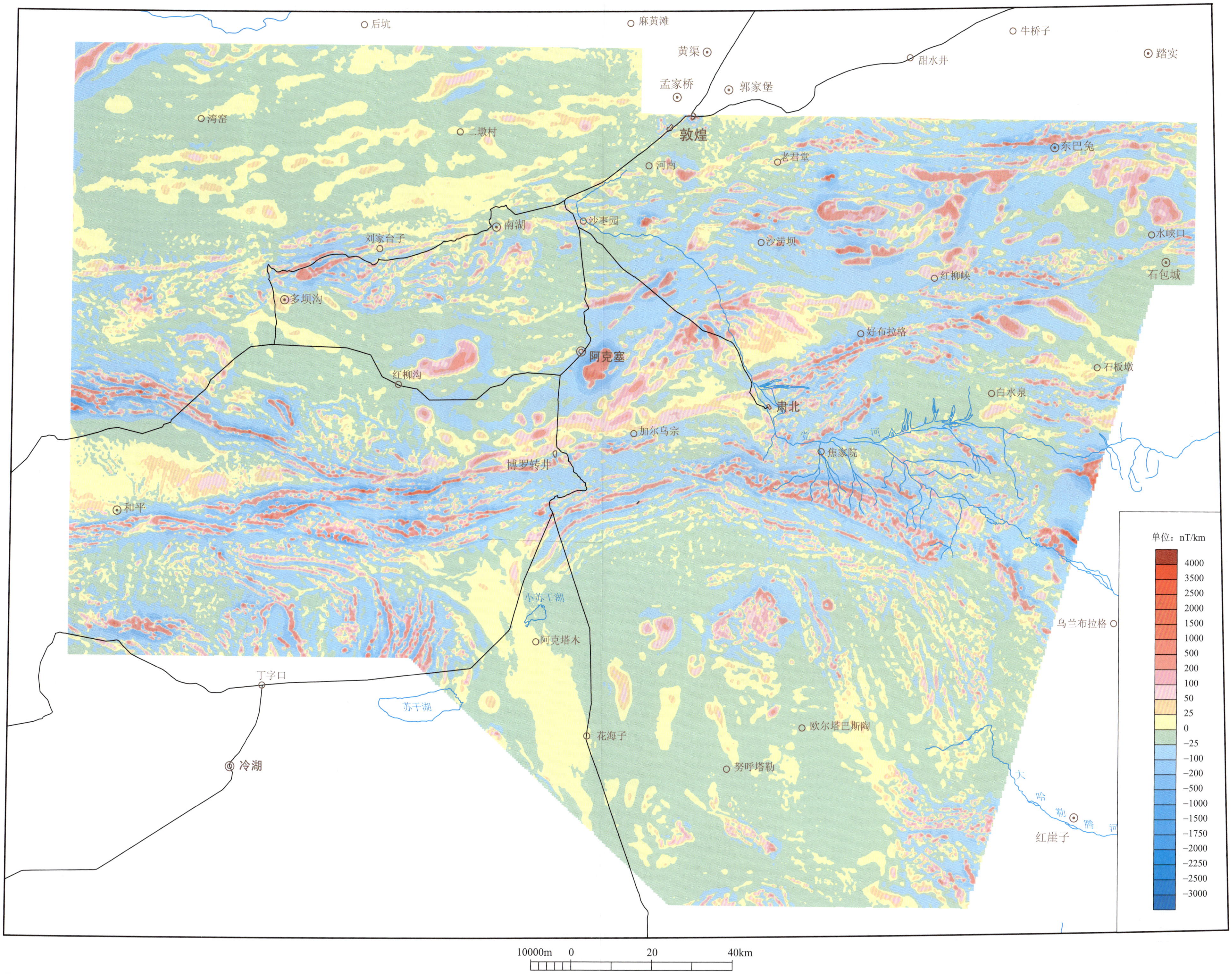

附图3　敦煌—阿克塞地区航磁ΔT化极等值线平面图

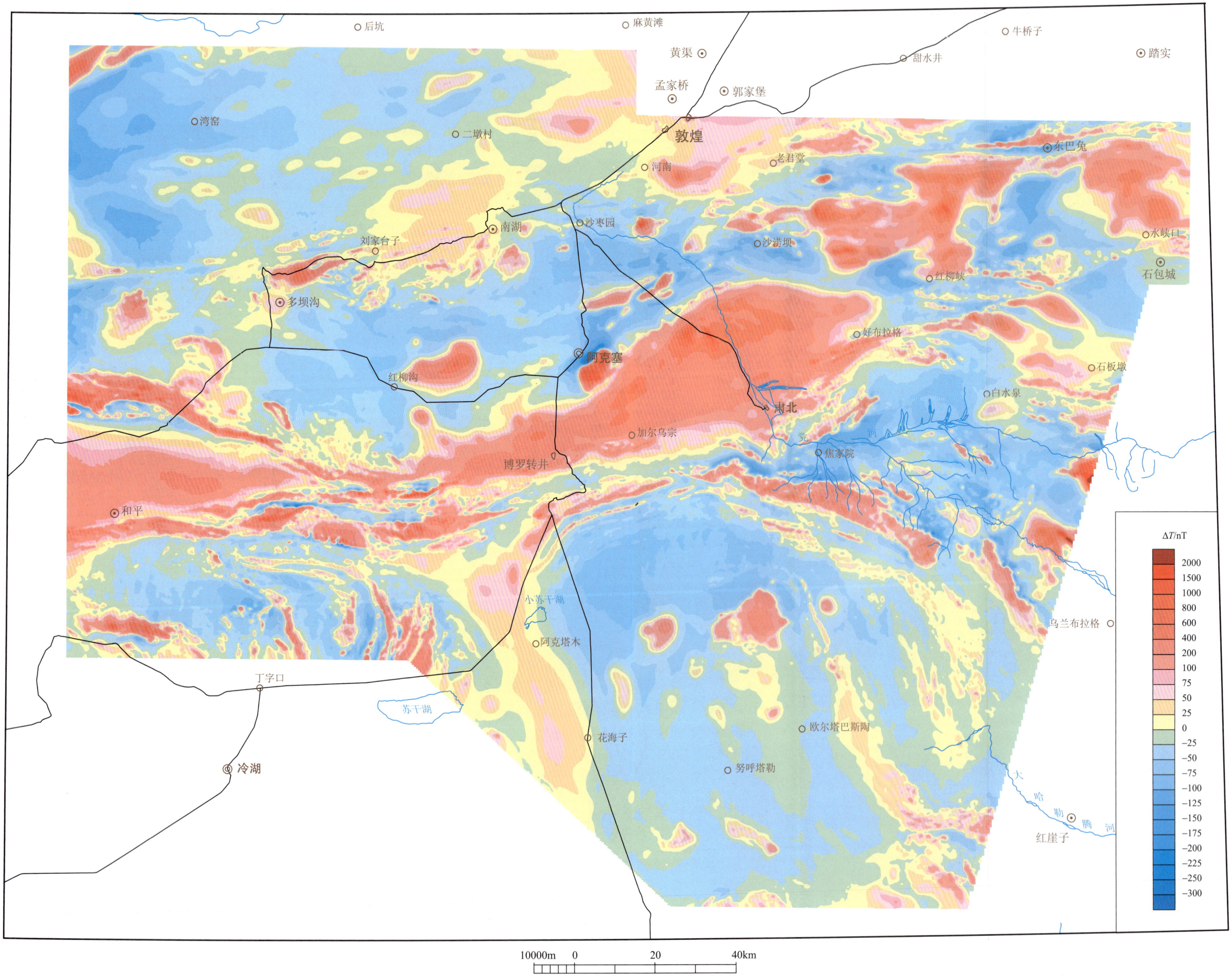

附图5　敦煌—阿克塞地区航磁ΔT剩余异常剖面平面图

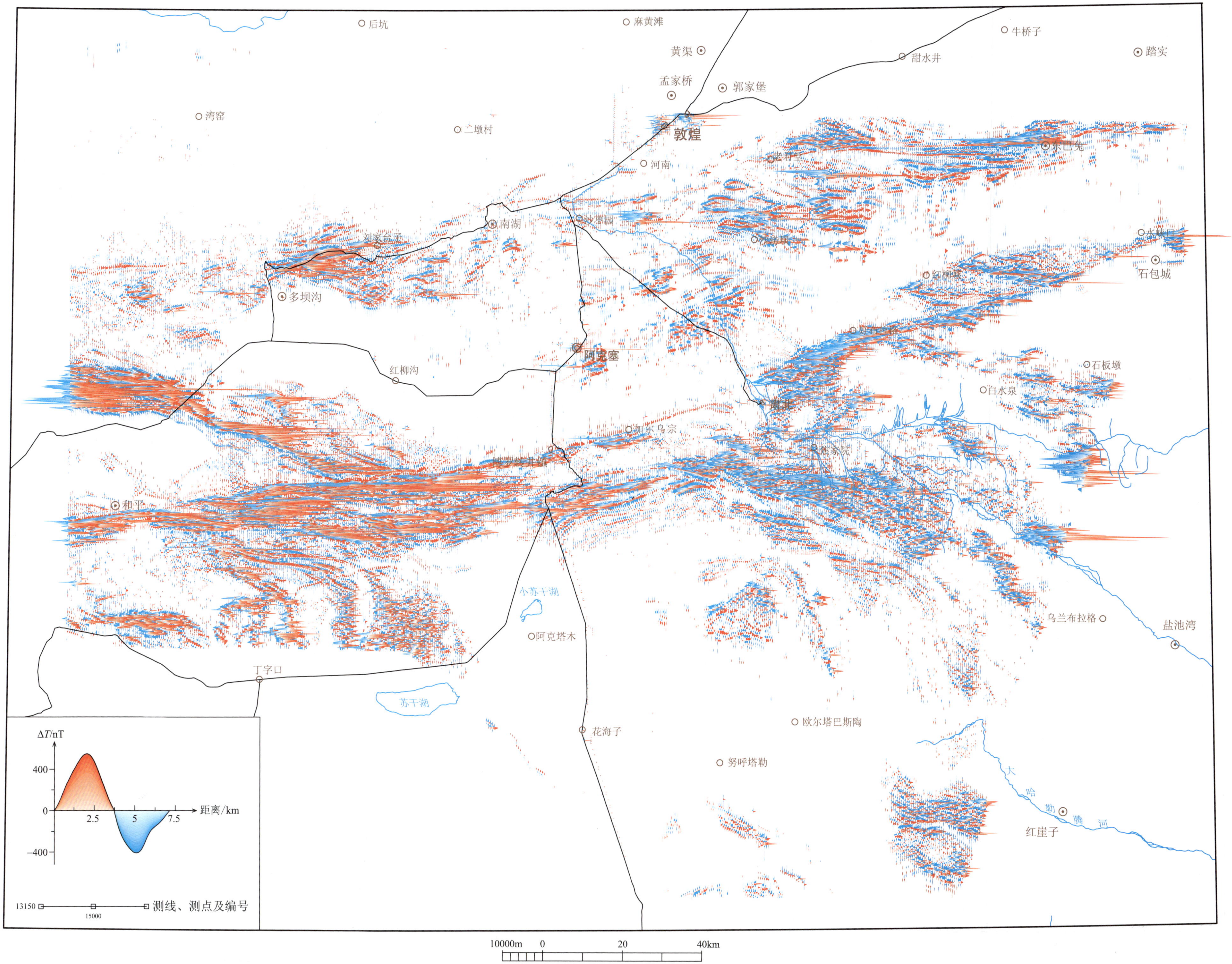

附图6　敦煌—阿克塞地区岩性构造图

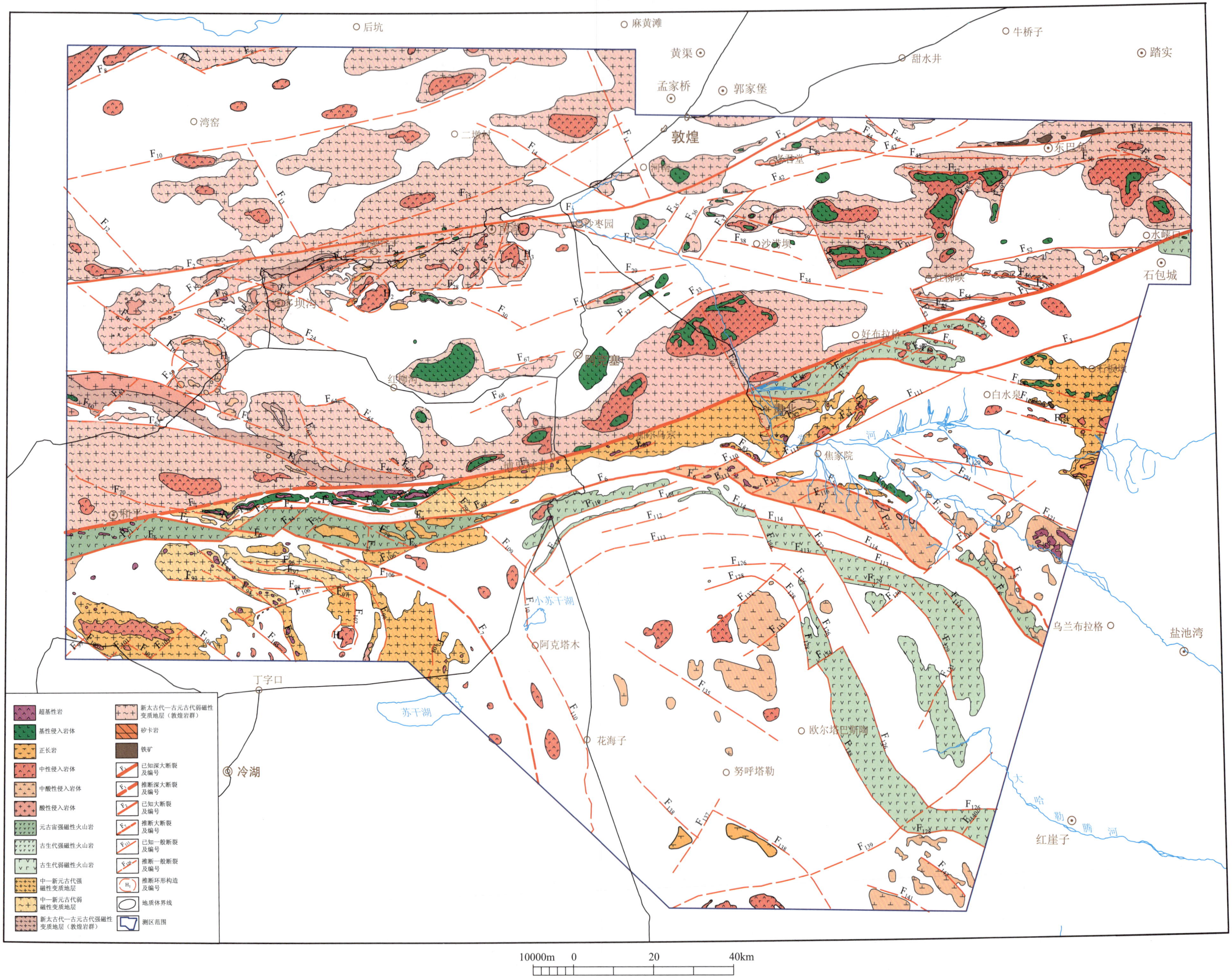

附图7　敦煌—阿克塞地区找矿远景预测图

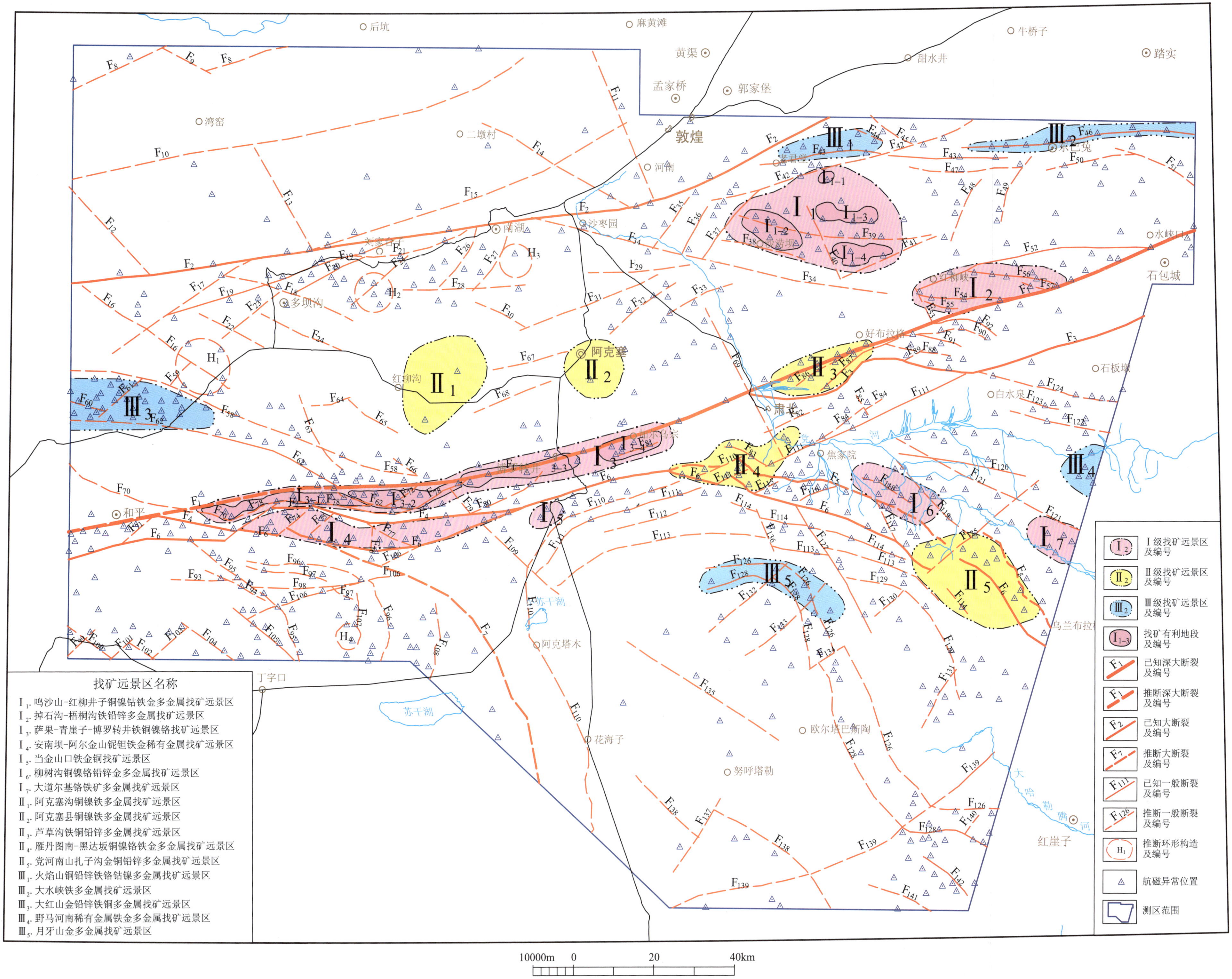